矿山水环境保护

KUANGSHAN SHUIHUANJING BAOHU

张永波　郑强　徐树媛　唐莉　吴艾静　著

中国水利水电出版社
www.waterpub.com.cn
·北京·

内 容 提 要

本书以采煤对地下水、地表水环境的影响及煤矿酸性老窑水对水土环境的影响与修复等三个关键科学问题为核心，综合运用采矿工程、水文地质学、工程水文学及水环境化学等多学科的前沿理论，采用野外调查、现场实测、相似材料模拟试验、渗透试验、室内淋滤试验及数值模拟计算等多种方法，研究采动覆岩移动、变形及其渗透性变化规律，探讨采煤对地下水的影响及其变化规律；研究采空区特殊下垫面对地表径流的影响机制及其变化规律；研究煤矿酸性老窑水的形成机制及其对水土环境的影响，探讨酸性老窑水的生态修复技术。

本书研究内容可为我国矿区水环境影响评价及煤矿酸性老窑水的修复等提供理论依据。本书适合水文地质、工程地质、环境地质的科研人员、工程技术人员阅读。

图书在版编目（CIP）数据

矿山水环境保护 / 张永波等著. -- 北京 ： 中国水利水电出版社，2023.3
ISBN 978-7-5226-1150-1

Ⅰ. ①矿… Ⅱ. ①张… Ⅲ. ①矿山开采－关系－地下水保护－研究 Ⅳ. ①TD8②X523

中国国家版本馆CIP数据核字(2023)第039930号

书 名	矿山水环境保护 KUANGSHAN SHUIHUANJING BAOHU
作 者	张永波 郑强 徐树媛 唐莉 吴艾静 著
出版发行	中国水利水电出版社 （北京市海淀区玉渊潭南路 1 号 D 座　100038） 网址：www.waterpub.com.cn E-mail：sales@mwr.gov.cn 电话：（010）68545888（营销中心）
经 售	北京科水图书销售有限公司 电话：（010）68545874、63202643 全国各地新华书店和相关出版物销售网点
排 版	中国水利水电出版社微机排版中心
印 刷	清淞永业（天津）印刷有限公司
规 格	170mm×240mm　16 开本　24.75 印张　485 千字
版 次	2023 年 3 月第 1 版　2023 年 3 月第 1 次印刷
定 价	**128.00 元**

前　言

在我国西北部厚黄土覆盖区往往存在着厚度较大、水质良好、水量较丰富的松散含水层，是居民生活用水最重要的供水水源。在薄基岩矿区，地下矿井的开采破坏了上覆松散含水层，造成含水层地下水位下降，水资源供需矛盾加剧，生态环境恶化；在采深较大的矿区，煤层开采对松散含水层未造成直接影响，越流引起的松散含水层地下水持续下渗、漏失常常被忽视。因此，开展厚黄土覆盖区煤矿开采对松散含水层地下水影响机理的研究工作，对于我国矿区水资源的保护具有重要的理论意义。

我国煤炭资源丰富，采煤对经济社会的发展具有重要作用。随着采空塌陷范围的扩大，在许多地区，洪水的形成过程与采空区地表裂隙的贯通息息相关。复杂的地表水和地下水系统对水文过程有聚集与延迟作用，对洪峰和洪量的影响较为显著。为准确预报采空区特殊下垫面条件下的洪水过程，深入开展采空区产汇流机制、地表水和地下水的转换和相互联系等方面的研究工作是十分必要的。

酸性老窑水是我国许多闭坑矿区突出的环境问题之一。随着煤矿的关停，老窑区不断得到各种途径的水源补给，导致水位逐渐抬升，在适宜的地点溢出，成为地表水体、土壤以及地下水的"长期性污染源"，对当地居民的生活及生产用水水源构成严重威胁。因此，开展对酸性老窑水的形成、迁移转化与修复机理的研究已迫在眉睫，对保护水资源及生态环境具有重要的理论及现实意义。

2015—2021年，作者共承担了六个与矿山水环境有关的科研项目，本书是这些研究成果的集成。

全书共分三部分。第一部分为厚黄土区松散含水层地下水对煤矿开采响应机制研究，以山西潞安集团常村煤矿为试验研究基地，运用相似材料模拟实验、采空区渗透实验、数值模拟计算等方法，分析厚黄土覆盖区煤矿开采引起松散含水层的变形破坏规律，研究采动岩体裂隙发育及其渗透性变化规律，探讨煤矿不同开采条件对松散含水层地下水的影响及隔水底板厚度和渗透性质改变对松散含水层疏干过程的影响等。

第二部分为采空区特殊下垫面的产汇流机制及水文模型研究，以汾河流域汾河水库控制流域为研究区域，通过调查研究区采空塌陷及地裂缝发育和入渗情况，分析采空区特殊下垫面对地表产汇流的影响机制；依据室内模拟实验，研究不同采空区地表裂隙发育对产汇流过程的影响程度及所对应的水文参数取值，并通过现场试验验证所引入模型参数及取值范围的合理性，最终构建采空区特殊下垫面的水文模型，进行场次洪水预报。

第三部分为闭坑煤矿区酸性老窑水的形成、迁移转化及修复机理研究，以娘子关泉域山底河流域酸性老窑水水质形成机制、酸性老窑水在地表水-下垫面-地下水的耦合迁移转化规律以及 PRB 系统协同材料与湿地植物联合修复酸性老窑水机理三个具体科学问题为核心，采用水文地质调查、理论分析、室内试验、数值模拟等多种方法，开展系统的理论研究。

本书撰写分工如下：第 1 章、第 2 章、第 5 章由徐树媛撰写；第 3 章由唐莉撰写；第 4 章 4.2、4.3、4.4 由张永波撰写，第 4 章 4.1、4.5、4.6、4.7 由郑强撰写，4.8 由吴艾静撰写。张永波对全书进行统稿。

本书研究成果是在国家重点研发计划水专项、国家自然科学基金、山西省自然科学基金、山西省水利厅等研究项目资助下完成的。研究工作及撰写过程中先后得到多位专家及学者的大力协助与支持，并提出了许多宝贵意见。在本书编写过程中，还得到了辛宇峰、王凯、陈佩、耿逸鹏、王雪、梁蓉蓉、刘强、黄慧、张艺馨、张书凯、张国伟、李佳敏等研究生的大力支持和帮助。在本书出版之际，谨向为本书研究和出版工作给予支持和帮助的所有单位和个人致以最诚挚的谢意。本书引用了许多专家学者的观点及图表，在此表示衷心的感谢！

由于作者水平有限，书中难免出现疏漏和不足之处，恳请读者批评指正。

作者

2022 年 5 月

目　　录

第1章 绪 论

1.1 研究背景与意义

煤炭是我国的主体能源。2018 年，我国一次性能源生产和消费结构中，原煤占比分别为 69% 和 59%[1]；且在今后相当长一段时间里，以煤为主的能源供给现状不会发生根本性改变[2-4]。山西省素有"煤海"之誉，是我国重要的能源供应基地。我国《能源发展战略行动计划（2014—2020）》重点建设的 14 亿 t 级大型煤炭基地中，晋北、晋中与晋东三大基地位于山西省。截至 2017 年年底，全省累计查明的煤炭保有资源量占全国的 1/3；自新中国成立至今，山西累计生产原煤 180 亿 t，占全国总产量的 1/4，为全国经济发展提供了强大的能源支撑[5-7]。同时，山西地处世界最大的黄土堆积区——黄土高原[8] 的东部，是典型的黄土广泛覆盖的山地高原，黄土覆盖厚度多在百米以上；气候属于干旱半干旱大陆性季风气候，降水偏少，蒸发强烈；全省范围内水资源十分贫乏，生态环境脆弱，是我国水资源严重短缺的省份之一。数十年大规模、大面积、高强度的煤炭资源开采给山西的生态地质环境系统造成了直接破坏和严重影响[9-10]，尤其是对水环境的干扰和破坏[11-12]。

在覆岩厚度较大的晋东南厚黄土覆盖地区，导水裂隙带往往没有触及上覆松散含水层的隔水底板，煤层开采不会对松散含水层造成直接影响，但开采对地层的扰动破坏会造成采动影响带内的含水层地下水位下降甚至疏干。地下水原始平衡状态被打破，松散含水层内的浅层地下水在水头压力作用下会通过其底部弱透水层以越流的方式向下渗漏，对下伏基岩含水层的补给增强，从而造成松散含水层中地下水持续下渗、漏失，而这一原因却常常被忽视。轻微且持续的渗漏虽然对矿山安全没有威胁，但对松散含水层中地下水量的减少与生态环境的破坏影响不容忽视。地下水不仅是人类社会生存与发展的宝贵资源，更是生态系统中的关键要素。为促进人类社会的可持续发展和生态环境恢复，如何减少或避免地下开采活动对上覆松散含水层的破坏就成为亟待解决的社会与环境问题。

大规模的煤炭开采也使许多地区形成了大面积采空区，已有资料显示山西全省范围内已形成约 5000km² 煤矿采空区，占全省总面积的 3.3%[13-14]。在许多地区，地表水的形成与采空区地表水和地下水的水力贯通联系息息相关[15-18]，主要表现为在采空区引起的地面沉降、地裂缝等条件下形成了复杂的地表水和地下水系统，对水文过程有聚集作用，对洪峰和洪量的影响将较为显著[19-23]。而准确的水文预报是防洪非工程措施的重要内容之一，直接为防汛抢险、水资源合理利用与保护、水利工程建设和调度运用管理及工农业的安全生产服务[24-30]，所以为准确预报山西省采空区特殊下垫面条件下的水文过程，深入理解采空区产汇流机制是十分必要的[31-33]。

煤层开采后形成采空区，已停止开采且地表移动变形衰退期已经结束的采空区会成为老采空区[34]。老空区成为地下水汇聚的空间，煤层中硫化矿物在氧化环境中及微生物作用下发生一系列物理化学变化，反应后的物质溶于水中并在老空区汇聚，积水循环缓慢，呈现酸性老窑水特征[35-36]。随着越来越多的老窑停采、关闭，老窑水不断得到各种途径的水源补给，导致水位逐渐抬升，并在矿区适宜地点溢出，成为地表水体以及土壤的"长期性污染源"。在一些矿区，溢出的酸性老窑水最终流入河道，并通过下游碳酸盐岩渗漏段补给岩溶水，对当地居民的生活及生产用水水源构成严重威胁。为了控制酸性老窑水所带来的风险，使水资源及生态环境得到有效保护，必须重视闭坑煤矿区的酸性老窑水问题。因此，对酸性老窑水的形成、迁移转化与修复机理研究已迫在眉睫。

近年来，"绿色矿山建设"与"科学采矿"已成为我国生态文明建设的关键环节，是我国矿业发展的重要方向[37-38]。因此，针对我国西北地区资源型缺水问题，发展绿色矿业，严格水资源保护是加快构建资源节约、环境友好型生产方式的重要举措。总结厚黄土区内矿井开采对地下水资源的影响机理，研究松散含水层地下水对煤矿开采的响应机制；准确预报采空区特殊下垫面条件下的洪水过程，开展采空区产汇流机制、地表水和地下水的转换和相互联系等方面的研究工作；以及分析酸性老窑水的形成与迁移转化规律，研究酸性老窑水的修复机理等，对于我国西北部生态脆弱矿区水资源保护及水资源管理体制探索，具有重要的理论指导意义，可为我国能源基地的建设提供水资源保障研究，是实现煤炭开采与生态保护相协调的理论依据。

1.2 国内外研究现状

1.2.1 采动破坏对上覆松散含水层的影响

矿物开采引起的地表和岩层的移动变形及破坏都属于开采沉陷学科的研究内容，开采沉陷学形成于20世纪50年代[39]，60年代取得了蓬勃发展。国外对开采沉陷的研究经历地面观测分析、规律理论研究与沉陷控制治理的过程，取得了丰富的研究成果。我国岩层移动与地表沉降的科学研究工作始于中华人民共和国成立后。1978 年，钱鸣高院士提出"砌体梁平衡"假说；20 世纪 90 年代，钱鸣高院士等学者建立岩层控制的"关键层"理论，并创立"采动岩体力学"学科，为采矿安全与环境保护提供了理论依据和技术途径。

煤层采出后，顶板覆岩产生移动破断，并形成采动裂隙，严重影响了水资源与生态环境。早在 15—16 世纪，人们就注意到地下采矿引起的地表和岩层移动对人类生活和生产造成的影响。1839 年，比利时颁布法令并成立专门委员会，调查矿井开采对地下含水层的破坏情况[4]。20 世纪 70 年代起，美国、德国、加拿大和澳大利亚等发达国家，制定了严格的矿区含水层保护和地下水资源监测等法律制度[40]。我国的地下水保护制度落后于发达国家[41]。20 世纪 80 年代，我国颁布《中华人民共和国矿产资源法》；1992 年，范立民[42]针对西北煤矿区的富煤贫水矛盾，首次提出"保水开采"理念；20 世纪 90 年代末，国土资源部对矿区环境进行了较为系统的调查研究，引起了人们对矿区生态地质环境破坏的高度重视。20 世纪末至 21 世纪初，国内外越来越多的学者们从水资源保护的层面研究煤矿开采对地下水的影响。Hill 等[43]从地表下沉、裂隙发育与水位下降等方面证实了煤炭开采对含水层的影响。Stoner[44]、Lines[45]、Booth 等[46-47]、韩宝平等[48]研究认为，采煤破坏了含水层储集和运移地下水的功能，改变了地下水的补、径、排条件。Booth[49]指出采煤形成的裂隙及离层导致上覆基岩含水层地下水流失，造成含水层由承压含水层转变为无压含水层；张发旺等[50]、赵明明等[51]、曾庆铭等[52]研究认为采煤对地下水资源造成严重影响，致使区域地下水位下降和水量减少；冀瑞君等[53]总结煤炭开采对窟野河流域地下水循环的影响；顾大钊等[54]应用地球物理探测法研究现代开采技术条件下，不同阶段覆岩结构与含水性的变化过程，描述地下水赋存环境的变化特征。

对于矿区松散含水层的破坏，Malucha 等[55]研究捷克西里西亚煤田上游地区井下采煤对第四系水文地质条件的影响，指出采煤造成了含水层的破坏，引起供水井地下水的流失；李涛等[56]的研究表明陕北近浅埋煤层开采造成潜水位动态周期性骤降，形成以采空区为中心的地下水位降落漏斗；焦阳等[57]研究不同开采深度条件下，导水裂隙带发育规律以及对松散含水层的影响程度；高学通[58]建立薄基岩矿区覆岩移动变形与松散含水层水压力间的相关性；黄庆享等[59-60]认为松散含水层中地下水的流失关键在于黏土隔水层的稳定性，并对黏土隔水层的破坏规律及其稳定性、裂隙弥合性进行了研究；张志祥等[61-62]、徐树媛等[63]从理论上分析采煤对松散含水层中地下水的影响机理。煤矿开采产生的大量裂隙构成地下水的导水通道，同时造成采空区不同部位岩体的渗透性能发生变化，决定了松散含水层地下水受采煤影响的程度。张金才等[64]计算采动后裂隙岩体的渗透系数；张发旺等[65]从水文地质角度提出"关键隔水层"概念并给出判定公式，并对各带渗透性能进行了研究；陈立[66]研究长治盆地某矿井开采过程中浅层含水层地下水水位波动与地面沉降的关系，并对近地表弯沉带不同平面位置的渗透性进行测定。

采动岩体内的大孔隙、裂隙与离层变化对地下水流动产生影响。21 世纪初，破碎岩体非达西渗流运动特征的研究成为矿井水文地质学一个重要的研究方面。Forchheimer[67]于 1901 年第一次提出大雷诺数条件下水力梯度 J 与流体通量 q 之间的非线性关系，并给出一维运动方程。非达西渗流研究中出现的非线性运动方程主要有 Forchheimer 方程[67]、Izbash 公式[68]、Brinkman 公式[69]、Polubarinova-Kochina 方程[70]、Scheidegger 方程[71]、Bachmat 方程[72]、Ergun 方程[73]、Schneebeli 方程[74]与 Bear 方程[75]等。缪协兴等[76]、胡大伟等[72]建立岩石峰值强度后应力状态下非达西渗流系统的动力学模型；刘卫群[78]得出采动岩体的渗透系数具有随机特征，并对采动后的渗流场进行数值模拟；李顺才等[79]得出不同控制参数可引起系统稳定性变化，揭示突水灾害的发生机制；师文豪等[80]、杨天鸿等[81-82]探索矿山突水流体在破坏岩体中的流动机制，建立破坏岩体突水水流的非线性模型；陈占清等[83]、程宜康等[84]、刘玉[85]、吴金随[86]对裂隙岩体的非线性渗流行为进行研究，分析系统的稳定性；李健等[87-88]获得水流通量与水力梯度之间的非线性关系，并指出非达西流的产生取决于渗透流速的变化与渗透介质的性质；蒋中明等[89]、刘明明等[90]建立高水压条件下裂隙岩体非达西流渗透系数的解析模型；Li 等[91]探究讨论颗粒分布对于渗流流态规律的影响，并提出一种新的非达西渗流判据。

数值模拟方法在国内外地下水流研究中的应用越来越广泛，它可以预报开采对环境带来的影响[92]。方樟等[93]利用 GMS 软件进行了宝清露天煤矿首采区多层含水层数值模拟研究，预测首采区地下水位的下降趋势；殷晓曦等[94]采用 FEFLOW 软件进行了采动影响下主要含水层渗流场特征的数值模拟，表明采煤对含水层地下水流场的影响；李治邦等[95]、邓强伟等[96]应用 Visual Modflow 软件模拟煤矿开采对上覆基岩裂隙含水层的影响，预测地下水位降深及影响面积；赵春虎等[97-99]构建采掘扰动影响下的地下水系统数值评价模型，预测蒙陕矿区不同导水裂缝带范围对松散含水层地下水位与水量的变化特征及影响程度，计算出神东矿区补连塔煤矿开采引起的松散层潜水损失量，构建井工开采与含水层失水协同分析的数值模型；李杨[100]利用 FLAC³D 与 GGU - SS 流体力学仿真程序模拟地下水系统，评价长臂开采覆岩破坏的水文影响。近些年，随着新技术、新方法的广泛应用，科技工作者针对地下水系统数值模型建立过程中出现的问题，在理论和方法上不断创新，将数值模型理论与研究方向相关理论相结合，提高了模拟结果的可靠性。

地下开采对覆岩破坏、隔水岩组失稳以及含水层中地下水流失等问题得到了多角度的理论研究和工程实践。但是，这些研究多针对的是松散含水层下的采煤安全与提高资源回收率等问题，并将相互连通的采动裂隙是否沟通煤层上覆松散含水层判定为含水层是否遭到破坏的决定性因素。对于裂隙带沟通范围之外的松散含水层受开采影响程度和影响机理的研究成果很少，且未从水文地质角度全面分析含水层地下水的流失机理，缺少定量化分析。此外，目前在采用数值模拟法研究采煤对地下水的影响中，较少考虑采后岩体裂隙发育造成的渗透性能改变，使得模拟精度不高。

1.2.2 煤矿开采对地表径流影响研究

自 20 世纪中叶开始，欧美一些国家就制定了有关采矿土地复垦方面的法律、法规，采取了一些措施以治理矿区废弃土地和防止矿区经济衰退。例如，1977 年美国就颁布了《露天采管理与复垦法》，要求矿山经营者通过土地复垦尽量减少对采矿场地及对水文平衡的干扰，尽管如此，煤矿开采也仍不可避免地对地表径流的产汇流过程产生了一些影响[101-105]。我国的煤炭资源储量和开采量都比较大，地下井工开采方式约占整个煤炭产量的 96%。由于我国井工开采模式居多，导致煤矿区存在大量塌陷地，大面积农地被毁，水土流失严重，矿区的生态系统脆弱，因此相对于国外发达国家而言，我国在煤炭开采对地表径流产汇流过程影响方面的研究较多。随着水文模型及统计模型的逐渐发展，我国学者在 21 世纪初开展了大量煤炭开采对地表径流减少影响的定量研究，蒋晓辉等[106]以黄河中游窟野河为研究对象，通过统计学方法以及所建立的水均衡模型，发现 1997—2006 年由煤炭开采所导致的水资源减少量为 2.9 亿 m³/a。张思锋等[107]建立了大柳塔矿区煤炭开采与乌兰木伦河径流量的相关关系，得到在影响乌兰木伦河径流量变化的诸多因素中，自然因素占 10.5%，人为因素占 89.5%，其中采煤活动占人为因素的 77.3%。吕新等[108]以窟野河流域为例，得出开采 1t 煤使得窟野河流 1997—2005 年减少 2.038m³ 基流量。郭巧玲等[109-114]应用黄河月水量平衡模型进行模拟，研究表明煤矿开采对 1999—2010 年窟野河流域年均径流量的影响值达到 29.69mm，约 2.58 亿 m³/a。李舒等[115-117]构建窟野河流域 1979—1996 年与 1997—2009 年的 SWAT 模型，研究表明煤炭开采改变了流域水循环模式与下垫面的坡度及植被覆盖程度，对 1997—2009 年年径流减少的贡献量为 24.20mm。文磊等[118]以山西芦庄小流域为例，对传统的三水源水文模型进行了改进，构建适用于山西芦庄小流域采空区特殊下垫面条件下的水文模型，提高了场次洪水模拟精度。Wu 等[119]根据窟野河径流的变化规律，将研究时段划分为三个时期，采用 SWAT 模型得到煤炭开采对河道径流的影响程度，表明 1999—2010 年煤炭开采造成的径流减少量为 1.7850 亿 m³。丁薇[120]以汾河水库水文站控制流域为研究对象，通过调节双超模型参数，增加模型饱和导水率参数取值范围，提高了汾河水库水文预报精度。

可以看出，以上研究煤矿开采与径流相关关系的方法总体分可为三种：①通过对比分析多年径流资料与煤炭开采量资料，建立河流径流量的减少量与煤矿生产量间的相关关系；②借助现有的水文模型，将降雨径流划分为两个或多个时间段，各时段影响径流的主要因素不同，确定采煤对径流的主要影响时期，通过对比大规模采煤前后径流的变化，定量分析采煤对径流的影响；③通过改进或调节水文模型的参数，提高采空区特殊下垫面的洪水模拟精度。

1.2.3　酸性老窑水的形成、迁移转化与治理研究

酸性老窑水主要是由于在煤矿开采的过程中：一方面，破坏了原有的环境，导致煤层与氧气接触，为含硫矿物氧化创造了条件；另一方面，由于疏干排水，导致地下水位下降，也增强了氧化作用。因此，在水的入渗、氧气与微生物参与的条件下，煤层和含硫矿物经过化学、生物的作用形成游离的硫酸或硫酸盐，使矿井水呈酸性。

国内外关于酸性老窑水进行了研究，取得了丰富的成果。在酸性老窑水形成机理方面，Sracek 等[121]以加拿大魁北克东阳矿山矸石堆为例，研究酸性矿井水的地球化学特征，对于高反应性硫化物废石，在一个废石堆中的物理和地球化学过程是相互连接的，它们不能单独考虑；Holmes 等[122]研究三价铁离子和溶解氧对黄铁矿氧化的动力学，得出在矿物-溶液界面处发生的电化学反应步骤控制溶解速率；Michael 等[123]从溶出速率的角度研究硫酸根离子和温度对黄铁矿浸出的影响；Aninda 等[124]采用同位素追踪法测定硫酸盐中的硫元素变化，结果表明三价铁主要负责黄铁矿的氧化。华凤林等[125]探讨酸性矿井水产生的原因以及影响黄铁矿氧化溶解反应速度的因素，针对形成原因，提出酸性废水的治理措施；刘成[126]以德兴铜矿为例，分析酸性废水的形成原因及其影响因素。岳梅等[127]以永安矿区为例，通过水质分析方法，对水化学特征及其形成原因进行研究，得出不同含硫煤在一定条件下均能形成酸性水；郑仲等[128]从化学和生物氧化机理两个方面分析酸性矿井水的形成原因，探讨氧化亚铁硫杆菌的影响机理。

在酸性老窑水吸附迁移规律的方面，Dold 等[129]以智利北部的蓬塔德尔科布雷地带沉积铁氧化物-铜-金的硫化物尾矿为例，开展元素迁移率的研究。Wisskirchen 等[130]研究在碳酸盐基岩地区，酸性矿井水的 pH 值在 1.0 左右，通过同位素分析、水文地质化学分析、矿物学分析等探究高酸性矿井水处理后天然湖泊的地球化学特征；Delgado 等[131]将稀有元素作为示踪剂研究老窑水排入河流后河流不同断面的 Mn、Cd、Co 含量，揭示重金属吸附迁移状况；Zalack 等[132]、Gammons 等[133]利用硫同位素发现老窑水不仅向地表水体排泄，而且呈现向下伏含水层渗漏现象，对下伏含水层水质产生污染。赵峰华等[134]研究马兰

煤矿酸性老窑水及其沉淀物的化学成分和典型酸性矿井水样品中 Pb、As、Cr 等多种有害元素的迁移特性；Liao 等[135]对土壤和农作物中的重金属的分布与迁移进行分析，指出广东省老窑水影响区域居民的健康评估风险较大。

酸性老窑水给区域水资源及生态环境带来严重的问题，对其进行治理就显得非常必要。国内外学者已就酸性老窑水的污染控制及修复技术展开了广泛的研究，成果也非常丰富。传统的处理方法基本上采用化学中和法处理，如投加碱性药剂或以石灰石、白云石为滤料进行过滤中和[136-137]。但此方法存在设备比较庞杂、环境条件较差、二次污染严重、反应产物处理困难等缺点。Demchik 等[138]采用人工湿地法处理酸性矿井水；张宗元等[139]阐述人工湿地处理酸性煤矿废水机理；Mays 等[140]研究得出，人工湿地和自然湿地中的植物对矿井水中重金属具有相似的去除能力；Whitehead 等[141]以芦苇为主体植物设置湿地对酸性矿井水进行处理，并建立详细的生物学机制；Sheoran 等[142]综述了湿地生态系统对酸性矿井水中重金属的物理、化学及生物去除作用；尹秀贞等[143]分析硫酸盐还原菌处理煤矿酸性废水的机理及其影响因素；赵志怀等[144-145]利用不同时代天然黄土中的脱硫酸菌去除煤矿酸性废水中的硫酸根，并分析黄土处理酸性矿井水的效果；杨军耀等[146]进行了天然排水矿坑生物修复煤矿酸性废水的室内实验；Gillham 等[147-148]在 PRB 工程上尝试利用 FeO 降解氯代脂肪烃；Thomas 等[149]研究微生物活性对不同反应柱长效性的影响；Ayala - Parra 等[150]在 PRB 系统上以 FeO 作为硫酸还原菌电子受体，发现 FeO 可以提高硫酸盐的还原以及重金属的去除效率；Zhu 等[151]研究指出 Pb/Fe 双金属体系可以明显提升渗透反应墙的性能；狄军贞等[152-153]提出以玉米芯为碳源、铁屑协同麦饭石固化 SRB，结合 PRB 原位修复技术处理酸性矿井水；郑刘春等[154]、党志等[155]以农业废弃秸秆为原料处理矿井水，利用化学方法增加秸秆的吸附性能；徐建平等[156]采用活性炭处理酸性矿井废水；蔡昌凤等[157]进行了基于不同形式 MFC 的 PRB 对酸性老窑水处理效果影响研究。

综上所述，尽管国内外学者在酸性老窑水的形成机制、酸性老窑水的吸附迁移规律和酸性老窑水的治理基础理论研究方面有所成就，但仍有许多理论问题需要深入研究。

1.3　研　究　内　容

针对矿山水环境中所面临的问题，本书主要开展了厚黄土区松散含水层地下水对煤矿开采响应机制的研究、采空区特殊下垫面的产汇流机制及水文模型研究，以及闭坑煤矿区酸性老窑水的形成、迁移转化及修复机理研究等三部分的研究工作。

1. 厚黄土区松散含水层地下水对煤矿开采响应机制研究

研究工作选择常村煤矿 S6 采区为研究对象，以松散含水层地下水对煤矿开采的响应机制研究为主线，以保护厚黄土区松散含水层中地下水资源为目的，重点开展以下三个方面的研究：

(1) 研究采动后松散含水层底板相对隔水层的移动和变形破坏规律。采用相似材料模拟实验对煤矿开采引起的覆岩移动破坏及其上覆松散含水层水位下降的全过程进行模拟，观测记录不同开采条件下覆岩顶部松散含水层底板弱透水层的位移及其变形破坏特征，分析含水层底板隔水性能破坏的机理；观测松散含水层地下水水位的变化，研究不同开采条件下松散含水层地下水水位的下降规律，为探讨松散含水层地下水对煤矿开采的响应机制和地下水位变化规律提供依据。

(2) 研究采动岩体裂隙发育及其渗透性变化规律。通过相似材料模型试验，研究采空区顶板采动覆岩裂隙的发育和分布特征。根据采空区冒落带、裂隙带岩体裂隙的发育特征，采用渗透实验测试不同裂隙率岩体的渗透系数，分别建立冒落带与裂隙带破碎岩体渗透系数与裂隙率的相关关系，分析采动岩体渗透性变化规律，为数值模拟研究煤矿开采对松散含水层地下水的影响提供基础资料。

(3) 研究煤矿不同开采条件与地质背景下松散含水层地下水对矿井开采的响应。建立厚黄土区以松散含水层为模拟目标层的三维地下水水流数值模型。分析不同开采条件与地质背景下松散含水层地下水位分布与降深对煤矿开采的响应。综合矿井开采对松散含水层的影响机理与影响程度，揭示厚黄土区松散含水层地下水对煤矿开采的响应机制。

2. 采空区特殊下垫面的产汇流机制及水文模型研究

本书以山西省境内有长系列降雨、径流资料且煤炭开采较为严重的汾河水库控制流域为研究区域，以采空区特殊下垫面对地表径流产汇流影响机理研究为主线，以提高场次洪水预报精度为目的，重点开展以下两个方面的研究：

(1) 采空区特殊下垫面条件下的产汇流机理研究。通过对采空区对产流过程的影响分析，明确采空区对产流过程的影响方式、主要影响因素，为采空区产汇流试验设计提供依据。通过室内试验，对比不同采空区特殊下垫面条件下产汇流过程的变化，揭示采空区特殊下垫面条件下的产汇流机理，并将试验所揭示的采空区特殊下垫面产汇流机制进行参数化。

(2) 采空区特殊下垫面条件下水文模型的建立。将本研究所概化的采空区特殊下垫面水文模拟参数引入到所建立的水文模型中，重新计算研究区采煤影响期的极端降水径流过程，将模拟结果进行对比，最后开展模型合理性分析。

3. 闭坑煤矿区酸性老窑水的形成、迁移转化及修复机理研究

研究以阳泉市山底河流域范围内煤矿老空区为研究对象，通过对山底河流域煤矿相关情况、地质及水文地质情况进行调查，重点开展以下三个方面的研究：

（1）掌握老空区空间分布特点，分析研究区域的补、径、排特点，掌握区域地下水动态过程以及老空区积水的形成过程。针对研究区域出流的老空区水化学特征进行取样分析，分析老空区酸性水的形成机制过程。对老空区酸性水形成进行室内实验，探究其水岩作用规律，研究酸性老窑水形成影响因素。分析河流水质及土壤监测情况，阐明酸性老窑水出流的影响。

（2）采用吸附实验，研究不同因素对吸附材料吸附酸性老窑水中污染物（SO_4^{2-}、Fe、Mn、Zn）的影响，利用扫描电子显微镜、X 射线衍射仪和傅里叶红外光谱仪测试分析吸附材料吸附酸性老窑水的机制。通过淋溶实验和数值模拟，分析 PRB 治理酸性老窑水的动态吸附规律及 PRB 填充材料的配比，明确 PRB 治理酸性老窑水的最优宽度。

（3）基于盆栽实验，研究在酸性老窑水的浇灌下，不同湿地植物自身的生长状况、抗逆性指标以及对污染物的吸收作用；基于水培实验，研究不同湿地植物作用下，酸性老窑水中污染物质的净化效果及净化机理，筛选出适宜修复酸性老窑水的湿地植物。

第2章 厚黄土区松散含水层地下水对煤矿开采响应机制研究

2.1 研究区地质环境背景

2.1.1 自然地理概况

2.1.1.1 地理位置与交通

研究区位于山西省长治市东北部，北起长治盆地的北部边界，南至绛河河谷，东达漳河水库与浊漳南源河流。行政区划隶属于长治市区、屯留区与襄垣县三个区（县），北距太原市 200km，南距长治市 12km。地理坐标为东经 $112°51'26''\sim113°06'49''$，北纬 $36°16'21''\sim36°24'30''$，面积约 180km²。

常村煤矿位于长治市屯留区麟绛镇东藕宋庄—上村镇张家庄—渔泽镇南渔泽—路村乡姬村—襄垣县侯堡镇段河一带，属潞安国家规划矿区的北区。矿井北以文王山南正断层为界，南以安昌断层、藕泽断层及绛河北岸最高洪水位线保留煤柱为界；东与王庄煤矿邻接，西与屯留井田相邻。全境南北长约 17km，东西宽约 7km，井田面积为 107.3818km²。

2.1.1.2 地形地貌

黄土高原是地球上分布最集中且面积最大的黄土堆积区，海拔为 800～3000m，地表覆盖深厚的黄土，地形破碎，沟壑纵横；植被覆盖稀少，水土流失严重。

上党盆地又称"长治盆地"，地势整体较高，是高原盆地；平均海拔为 900～1000m，面积近 2000km²。上党盆地属新生代的断陷盆地，自新生代以来，盆地一直处于相对下降的状态，极其有利于第四系沉积物的堆积，因此造成厚度很大的亚黏土、亚砂土、砂砾石等湖相地层的广泛发育。盆地底面平坦，山前冲洪积平原和盆地内侧坡地的土层堆积较厚。

研究区位于太行山中段西麓，地处山西高原上党盆地西北部绛河与浊漳河二级阶地及山前坡麓平原一带，属我国二级台地黄土高原的一部分。

整个研究区内为第四系沉积物所覆盖，岩性以黏土、黏土质砂及砂质黏土为主，为高原盆地内的河谷平原区。研究区南部由于地堑构造，第四系盖层厚度均在 100m 以上，岩性以黏土为主，漳泽库区渗漏不大。区内地势总体上为西北高，东南低，地形标高为 900.10～1073.00m，最高点位于区西北方向的常庄村东北；最低点位于漳河水库，相对高差 172.90m。

2.1.1.3　气象

研究区东以太行为屏障，形成较强烈的大陆性季风气候，四季分明，春季气温回升快，不稳定，少雨多风；夏季炎热多雨；秋季晴朗风大，冬季寒冷少雪风大。根据屯留区气象站多年统计资料：年最高蒸发量为 2039mm（1978年），年最低蒸发量为 1337mm（1985年），平均蒸发量为 1738.60mm。年最大降水量为 913mm（1971年），最小年降水量为 356mm（1965年），平均降水量为 594.80mm。蒸发量大于降水量。年平均气温为 8.6℃。雨季多集中在 7—9三个月，夏季最高温度为 37.4℃（1974年），冬季最低温度为 −29.1℃（1972年），年主要风向为北西，最大风速为 14～16m/s，冰冻期多在 10 月末开始，次年 4 月开始解冻，年最大冻土厚度为 75cm（1977年），无霜期为 151～184d。

2.1.1.4　水文

研究区内地表水属海河流域漳河水系浊漳河南源支流小流域，水系不发育如图 2.1 所示。

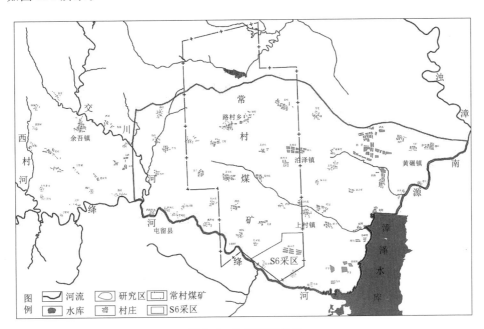

图 2.1　浊漳南源水系

区内主要河流为绛河与浊漳南源。绛河是浊漳河南源最大的一条支流，干流自西向东流过研究区与常村煤矿南部边缘，属常年性河流。河床底标高为 +910～+913m，河流两岸大小沟道很多，大部分沟内有少量清水汇入干流。

干流全长为 84.9km，流量为 0.37～5.06m³/s，流域面积为 880km²。河流中游（研究区西边界外 10km 处）建有屯绛水库，水库以上河道长 38km，占干流全长的 45%，控制流域面积 396km²；河流下游向东流入漳泽水库，最终流入浊漳南源。

浊漳南源是浊漳河三源之一，又是浊漳河第二大支流，发源于长治市长子县西的石哲镇圪洞沟，经石哲、申村后出山进入上党盆地。南源上游河系呈扇形分布，出山后先后接纳陶清河、岚水河、石子河、绛河等支流，穿过漳泽水库，流经长治市郊区、潞城区，在襄垣县甘村与浊漳西源汇合，以后即称浊漳河干流。漳泽水库断面多年平均年径流量为 2.65 亿 m³，平均年输沙量为 363 万 t。

研究区内还有交川河，以及漳泽水库、七一水库两座小型水库。阎村水库大坝标高为 922.80m。

交川河，又称余吾河，为绛河一级支流，河长 12.7km，河床宽约 8m，流量为 0.02～0.17m³/s，纵坡降 7.7‰，发源于研究区西北部外围走马岭一带，至河头村南汇入绛河，流域面积为 38km²。据交川河 2006—2016 年流量观测台账记录，2006 年以来最高水位为 920m；最小流量为 0.02m³/s（2006 年年底至 2007 年年初），最大流量为 0.35m³/s（2010 年 9 月 5 日）。

漳泽水库位于常村煤矿外，为研究区东南边界。水库建于 1960 年，1994 年改建完成后坝高为 22.5m，坝顶高程为 910.00m；水库面积为 30km²，校核洪水位标高为 908.45m，洪水位以下总库容为 4.13 亿 m³，年漏失量为 0.2 亿 m³，为大（1）型水库。

2.1.2 地质环境条件

2.1.2.1 地质条件

1. 地层岩性

研究区位于山西省沁水煤田的中东部，属华北地层区山西地层分区太行山南段分区。区内地层几乎全被新生界第四系黄土层覆盖，仅区北部盆地边界处有二叠系地层零星出露，研究区地质剖面如图 2.2 所示。

据地表出露与地质勘探钻孔揭露，区内古生界二叠系以老地层除缺失石炭系下统、泥盆系、志留系和奥陶系上统地层以外，其他地层均有分布。研究区地层地质情况见表 2.1。

2. 地质构造

研究区在大地构造上位于华北断块区，吕梁—太行断块沁水块坳东部次级构造单元，沾尚—武乡—阳城 NNE 向凹褶带中段，晋获断裂带西侧。主体部分为新生代叠加的长治新裂陷，常村煤矿位于新裂陷的西南部。

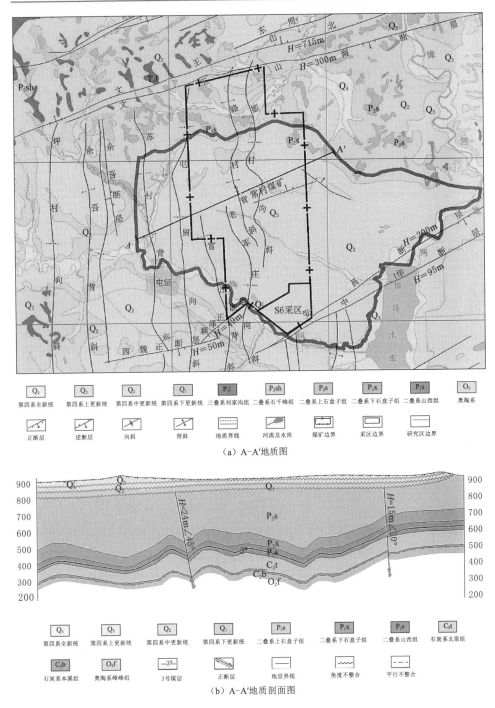

（a）A-A'地质图

（b）A-A'地质剖面图

图 2.2 研究区地质图

表 2.1　　　　　　　　　　　　研究区地层地质情况

界	系	统	组	代号	厚度/m	岩性地层描述
新生界	第四系	全新统		Q_4	0～16	为砂砾石层及砂层，亚砂土、亚黏土、黏土
		上更新统		Q_3	0～18	为灰黄色亚砂土、亚黏土，常含姜状钙质结核
		中更新统		Q_2	0～55	为灰黄、棕黄或浅红色亚砂土和亚黏土，常夹棕红色古土壤及钙质结核层，底部常有砂层、砂砾石层或砾石层
		下更新统		Q_1	0～70	为鲜红色黏土，常夹棕红、棕黄色黏土、亚黏土条带的土状堆积，有时夹钙质结核层。鲜红色黏土中常见铁锰质薄膜及铁锰质结核
上古生界	二叠系	上统	石千峰组	P_2sh		底部以 K_{13} 中粗粒砂岩与上石盒子组连续沉积。岩性为黄绿色、灰绿色细粗粒砂岩与紫色泥岩互层，上部以紫红色、砖红色泥岩为主，间夹薄层紫色细粒长石砂岩、淡水灰岩。出露于研究区外西北部
			上石盒子组	P_2s		底部以 K_{10} 砂岩与下石盒子组整合接触。岩性为灰色、黄绿色、粗粒砂岩，以石英为主，底部含砾，砾石成分以石英、燧石为主，直径达5mm左右。其上为灰色、黄绿色、粗粒砂岩、细粒砂岩及灰绿色、紫红色、暗紫色等杂色泥岩、粉砂岩等
		下统	下石盒子组	P_1x	$\dfrac{43.40\sim76.25}{60.16}$	以 K_8 砂岩与下伏山西组顶部泥岩整合接触。由黄绿色长石硬砂质石英砂岩、灰绿色砂质泥岩、灰色泥岩、紫红色砂质泥岩等交互组成。岩层下界夹1～3层煤线。顶部有两层厚2～8m鲕状铝土质页岩，其间常夹1～4层锰铁矿或富含锰铁质
			山西组	P_1s	$\dfrac{43.65\sim75.47}{54.10}$	底部以 K_7 砂岩整合沉积于太原组地层之上，为本区重要含煤地层。为一套黄绿色、灰白色细、中粒砂岩，深灰色粉砂岩、细粒砂岩，灰色砂质泥岩，炭质泥岩夹菱铁矿薄层及结核，以及煤层等交互出现的岩性组合。3 号煤层为主采煤层，厚4.54～7.32m，平均6.01m；直接顶板为灰黑色粉砂岩或泥岩，厚0～9m；其上灰白色厚层中、粗粒砂岩，有时直接覆于3号煤层之上，为煤层的直接顶板；底板多为深灰色粉砂岩、细粒砂岩
	石炭系	上统	太原组	C_3t	$\dfrac{96\sim143}{109.26}$	连续沉积于本溪组地层之上，是本区的主要含煤地层之一。底部以 K_1 砂岩与本溪组顶部铝土质泥岩整合接触。主要由砂岩、5～6层灰岩、砂质泥岩、炭质泥岩、黏土岩夹7～10层煤层、煤线等组成，岩性和岩石组合特征稳定。其中 15^{-3} 号煤层为可采煤层
		中统	本溪组	C_2b	$\dfrac{2.0\sim28.7}{10.66}$	平行不整合于奥陶系风化起伏面之上。厚度变化大。岩性主要为灰色粉砂岩、灰白色铝质泥岩、铝土质泥岩、炭质泥岩等。底部发育山西式铁矿层
	奥陶系	中统	峰峰组	O_2f		煤系地层基底。下部为灰黄色、灰白色白云质泥灰岩，含丰富的动物化石；中间夹深灰色厚层状石灰岩，局部裂隙溶洞发育；上部为灰黑色、青灰色、深灰色厚层状致密石灰岩，厚约130m

区内总体构造形态为走向北北东—南北向西缓倾的单斜，在此基础上发育方向比较单一的宽缓褶曲，伴有少量断层。屯留区姬村以东，基本为向西倾斜的单斜；姬村以西，则为轴向近南北向的相互平行的背、向斜。研究区主要褶曲及断层特征见表2.2、表2.3。

表 2.2　　　　　　　　　　　　研究区主要褶曲特征

序号	褶曲名称	位　置	产　状		长度/km
			走向	倾角/(°)	
1	姬村向斜	位于研究区中部。北起阎村，向南过屯留区姬村	近 SN	4～6	11.5
2	路村背斜	北起小西岭，向南至王村，被藕泽断层所截	近 SN，呈反 S 形	4～6	10.0
3	老军庄向斜	自路村西经王村、老军庄、双塔村、宋庄往南，被藕泽断层所截	近 SN	6	8.6
4	王村背斜	北起五家庄，南至东兴旺村	近 SN	8	16.0
5	官庄背斜	北起原村，向南被藕泽断层所截	NNW	5～6	6.0
6	屯留向斜	北起自板箱庄，向南经东河北至堰槽村被东贾正断层所截	北部 NNW中南部近 SN	<7	10.5
7	苏村背斜	北起安沟村西，向南经屯留县刘村、后苏村、麟绛镇，南部被西魏断层所截	北部 N28°E 转为中南部近 SN，呈不规则 S 形	东 9西 5	15.5
8	余吾向斜	北起北庄，向南经秦庄至绛河，被西魏断层所截	近 SN	<7	16
9	余吾背斜	北起李村东，向南经余吾镇、魏村延伸至吴家庄	近 SN	东 11西 7	16.5
10	坪村向斜	自襄垣县安沟村，往南经响水头、小庙洼至西庄消失	NNE	7	16.5

表 2.3　　　　　　　　　　　　研 究 区 断 层 特 征

序号	名称	性质	位　置	产　状			落差/m	延展长度/km	备　注
				走向	倾向	倾角/(°)			
1	安昌断层	正	研究区东南部，常村煤矿东南界	N60°E	SE	70	70～170	9.5	落差自东向西逐渐变小，至绛河西南约1km处尖灭
2	中华断层	正	研究区东南部	NEE	NW	70	西 120东 150	7.0	与安昌断层组成地垒构造，两断层在中华村西2km处合并

续表

序号	名称	性质	位　置	产　状			落差 /m	延展长度 /km	备　注
				走向	倾向	倾角/(°)			
3	藕泽断层	正	研究区南界外，藕泽至沙家庄一带	N50°E	SE	70	10～94	4.5	
4	故县断层	正	研究区东部	N50°W	NE	70	10	1.5	王庄矿井下所见
5	余吾断层	逆	研究区西界外，余吾镇东侧	近 SN	NEE	30～45	45～98	9.0	
6	文王山南断层	正	研究区北界外，常村煤矿北部边界	N70°E	SSE	70～80	210～600	35	落差自东向西逐渐变小，与文王山北断层构成地堑构造

常村煤矿构造特征与区域构造特征一致，主构造线近南北，以褶曲为主。地层走向近南北，倾向西且略有起伏，倾角为 3°～6°。区内褶曲自东向西依次为姬村向斜、路村背斜与老军庄向斜，轴向近南北，在南北两端稍有偏转，局部受东西向波状起伏影响，走向略有变化。背、向斜两翼接近对称，倾角不大，多在 5°左右，轴部比较宽缓，幅度最大为 110m，一般为 50m 上下，局部有一些小的东西向起伏。矿区内断裂较少，除北部文王山南断层、西南边界藕泽断层与东南边界安昌、中华两断层规模较大，构成常村煤矿自然边界外，井田范围内仅发育若干落差较小的小中型断层。

2.1.2.2　水文地质特征

研究区位于辛安泉域南部长治盆地水文地质单元内。长治盆地为新生界早期形成的断陷盆地，堆积物最厚可达 300m，并含有若干孔隙含水层；尚有少量中生、古生界的碎屑岩出露，含一系列裂隙含水层，富水性弱。长治盆地范围内奥陶系、寒武系地层埋藏较深。

按照含水层地质年代和含水介质类型，区域含水层系统主要由寒武—奥陶系碳酸盐岩岩溶含水岩系、石炭系碎屑岩夹碳酸盐岩溶裂隙含水岩系、二叠系碎屑岩类裂隙含水岩系、二叠系风化裂隙含水岩系、第四系松散岩类孔隙含水岩系构成。各类含水岩系在空间上上下叠置，以岩性接触性隔水边界为界。各含水层水文地质特征主要受区域地层岩性、地质构造、地形地貌以及埋深条件控制。

1. 研究区主要含水层

研究区内主要含水层自下而上有奥陶系中统峰峰组含水岩组、石炭系上统太原组含水岩组、二叠系下统山西组含水岩组、二叠系下统下石盒子组含水岩组、二叠系上统上石盒子组含水岩组、基岩风化带含水层和第四系孔隙含水岩组等[158]。

常村煤矿现采 3 号煤层顶板以上含水层共 9 个，其特征见表 2.4。

表 2.4   **3 号煤层顶板含水层特征**

编号	含 水 层 名 称	层厚/m	单位涌水量 /[L/(s·m)]	渗透系数 /(m/d)	含水性质
1	第四系中更新统孔隙含水层	2	受大气降水影响		孔隙潜水
2	第四系下更新统砂及砂砾石层含水层	36～60	1.31～16.66		孔隙承压水
3	基岩风化带含水层	50～70	0.046～0.086	0.076～0.501	裂隙水
4	上石盒子组上部中、粗粒砂岩含水层	4.0	0.0556	1.21	裂隙水
5	上石盒子组中部细、中粒砂岩含水层	10.74	0.071	0.27	裂隙水
6	上石盒子组下部中粒砂岩含水层	10.49	0.253	3.88	裂隙水
7	上石盒子组底部 K_{10} 砂岩含水层	1.10～25.50	0.58	2.05	裂隙水
8	下石盒子组底部 K_8 砂岩含水层	19.65	0.0183	0.026	裂隙水
9	3 号煤层顶板砂岩含水层	1.38～25.10	0.043	0.26	裂隙水

含水层自上而下分述如下：

（1）第四系中更新统孔隙含水层。由砂土和姜结核层组成。一般为潜水含水层，厚度约 2m。地下水位埋深为 5～10m，水位动态受大气降水影响明显，多为农村生活和灌溉用水。为富水性较弱的孔隙含水层。

（2）第四系下更新统砂及砂砾石层含水层。由粉砂、细砂、砂质黏土、砂砾层组成，厚 36～60m。钻孔单位涌水量为 1.31～16.66L/(s·m)，水位标高为 927.29～943.74m，为富水性强～极强的孔隙含水层。

（3）基岩风化带含水层。由破碎泥岩、砂岩组成。含水空间为风化裂隙。由于基岩风化程度受构造、岩性、埋藏深度及气候等条件的影响，裂隙发育深度不同，其富水性差异较大。厚度随地形地貌的变化而改变，常村煤矿区内一般为 50～70m，绛河两岸深为 150m 左右。由于被第四系覆盖，此含水层局部具承压性，在绛河两岸钻进时有涌水现象。据抽、放水试验资料，单位涌水量为 0.046～0.086L/(s·m)，渗透系数为 0.076～0.501m/d。含水层富水性弱～中等。该含水层局部地段直接与第四系含水层发生水力联系或出露地表，受大气降水影响明显。

（4）上石盒子组上部中、粗粒砂岩含水层。埋深 118.6m，厚 4.0m。钻孔单位涌水量为 0.0556L/(s·m)，渗透系数为 1.21m/d，为富水性较弱的砂岩裂隙含水层。

（5）上石盒子组中部细、中粒砂岩含水层。埋深 187.50m，厚 10.74m。与该组下部含水层之间可通过其间弱透水层获得底板补给。钻孔单位涌水量为 0.071L/(s·m)，渗透系数为 0.27m/d，为富水性较弱的砂岩裂隙含水层，因

17

其易获得底部含水层的补给，富水性增强。

（6）上石盒子组下部中粒砂岩含水层。埋深207.31m，厚10.49m。与该组上部含水层之间可通过其间弱透水层获得补给。钻孔单位涌水量为0.253L/(s·m)，渗透系数为3.88m/d，为富水性中等的砂岩裂隙含水层。对3号煤层安全开采无影响。

（7）上石盒子组底部 K_{10} 砂岩含水层。全区普遍发育，一般为中、粗粒砂岩。层厚为1.10～25.50m，平均为8.29m。含水层厚度大，面积广，裂隙较发育，具有良好的多年水调节性能，水动态比较稳定，为富水性中等的砂岩裂隙含水层。钻孔单位涌水量为0.58L/(s·m)，渗透系数为2.05m/d。平均下距3号煤层91.83m。矿井生产表明，该含水层能受到顶板冒落裂隙的直接影响，对3号煤层开采造成威胁。

（8）下石盒子组底部 K_8 砂岩含水层。一般为中、粗粒砂岩，局部为细粒砂岩。层厚为0～19.65m，平均为5.16m，厚度变化较大。钻孔单位涌水量为0.0183L/(s·m)，渗透系数为0.026m/d，为富水性弱的砂岩裂隙含水层。含水层平均下距3号煤层31.67m，位于采空区顶板冒落裂隙带范围内。

（9）3号煤层顶板砂岩含水层。一般为细、中粒砂岩。层厚为1.38～25.10m，平均厚约为8m。裂隙不发育，钻孔单位涌水量为0.043L/(s·m)，渗透系数为0.26m/d，为富水性弱的砂岩裂隙含水层。是3号煤层顶板直接充水含水层。

2. 相对隔水层（弱透水层）

研究区内各含水层之间分布有稳定的透水性相当差的砂质泥岩或泥岩，常压下可起到一定的隔水作用，阻隔上下含水层间的水力联系。根据岩性特征，研究区内山西组及以上地层主要隔水层（弱透水层）特征见表2.5。

表2.5　　　　　　　　　山西组及以上地层主要隔水层特征

隔水层位置	厚度/m	岩性
新生界底部	1.51～20.27	黏土、粉质黏土
二叠系碎屑岩类层间	0.50～17.22	砂质泥岩、泥岩
3号煤层底板	2.70～18.85	细粒砂岩、粉砂岩

相对隔水层自上而下分述如下：

（1）新生界底部隔水层。主要由黏土、粉质黏土等组成，连续稳定分布于整个研究区范围，厚度为1.51～20.27m，透水性弱，渗透系数仅为0.06385cm/d。阻隔了下部二叠系裂隙含水层与上部第四系孔隙含水层及大气降水、地表水之间的联系。

（2）二叠系碎屑岩类层间隔水层。岩性主要为砂质泥岩、泥岩等具有显著塑性变形的软岩组成，厚度为 0.50～17.22m。透水性差，平行分布于各含水砂岩层之间。垂向上与砂岩含水层组合，构成平行复合结构。含、隔水层处于分散间隔状态，各含水层间的垂向水力联系被隔水层所隔。

（3）3 号煤层底板隔水层。3 号煤层至山西组底部 K_7 砂岩含水层之间存在一套细粒砂岩、粉砂岩地层，厚度为 2.70～18.85m，平均为 12.98m；分布稳定，具有良好的隔水作用，可有效阻隔 3 号煤层底板 K_7 砂岩承压含水层中的地下水进入巷道。

3. 地下水补给、径流、排泄

第四系松散含水层地下水主要接受大气降水的入渗补给，降雨入渗量占总补给量的 70％左右；另外，尚有山前侧向渗透补给、农田灌溉入渗补给、渠系田灌渗漏补给，以及与下伏基岩风化带的相互补给。地下水总体径流趋势为自西北向东南，排泄于漳泽水库。排泄方式另有潜水蒸发及人工开采等方式，其次在河谷中以泉的形式排泄。

碎屑岩类风化裂隙含水层补给方式主要有降水入渗、沟谷洪流入渗，以及第四系孔隙含水层地下水的越流补给。在研究区中南部第四系覆盖区具有承压性，沿绛河两岸可自流。一般以径流方式流出区外，局部可通过构造补给下伏裂隙含水层。

现采 3 号煤层直接充水含水层为二叠系碎屑岩类裂隙含水层。研究区内无出露，补给条件差，且与上覆风化带含水层、第四系松散含水层，下伏太原组含水层、奥陶系岩溶裂隙含水层均有一定厚度的隔水层相隔，含水岩组中夹数层隔水层形成平行复合结构，若无构造沟通或未遭受破坏，则各含水层相对独立，水力联系微弱。碎屑岩类裂隙水运动主要以层间径流为主，在导水断层或导水陷落柱附近，可能会与其他含水层发生水力联系。

岩溶裂隙含水岩系深埋于地下，主要在矿井外东部裸露区接受大气降水补给，及浊漳河南源流经文王山地垒灰岩河道的地表水入渗补给；研究区内补给源主要是侧向径流。排泄区为区域东部沿浊漳河线状排列的辛安泉群。研究区水文地质剖面如图 2.3 所示。

4. 含水岩组划分

根据研究区含水介质的空隙特征与地质结构，区内地下水含水岩组在垂向上自上而下可划分为第四系松散沉积物含水岩组、二叠系碎屑岩类裂隙含水岩组、石炭系碎屑岩夹碳酸盐岩类裂隙岩溶含水岩组与奥陶系碳酸盐岩类岩溶含水岩组。

区内 3 号煤层顶板以上有第四系松散沉积物含水岩组与二叠系碎屑岩类裂隙含水岩组两大岩组。

第四系松散沉积物含水岩组与外界环境联系密切，含水层内部无稳定隔水

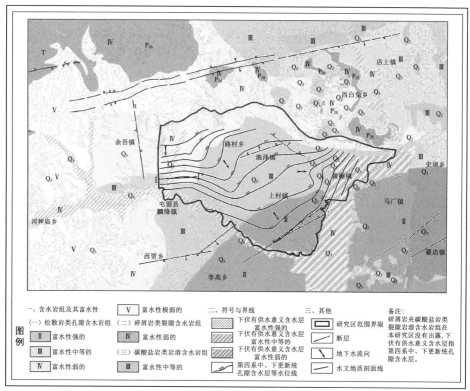

（a）研究区水文地质图

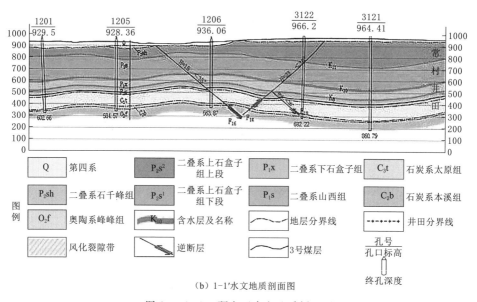

（b）1-1′水文地质剖面图

图 2.3（一）　研究区水文地质剖面图

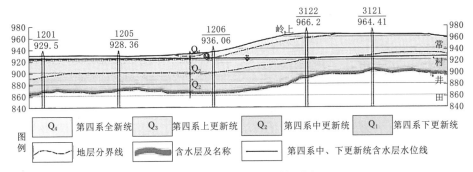

（c）1-1'第四系水文地质剖面图

图 2.3（二）　研究区水文地质剖面图

层（弱透水层），地下水水力特征属潜水—承压水。

二叠系碎屑岩类裂隙含水岩组中地下水基本处于半封闭状态，地下水水力特征为承压水。天然状态下，含水岩组主要接受区外侧向径流的补给，仅北部基岩的零星裸露区接受大气降水补给；地下水通过径流的形式排泄。在此含水岩组中，包含二叠系基岩风化裂隙含水层与下伏二叠系碎屑岩类裂隙含水岩组。

2.1.2.3　工程地质特征

1. 煤层顶底板

3 号煤层伪顶一般为黑色炭质泥岩、泥岩，厚度为 0～0.5m，一般为 0.2～0.3m，随采随落。直接顶板由灰黑色粉砂岩或泥岩、砂质泥岩、细粒砂岩等组成，有时为砂、泥岩互层，厚度为 0～12m，一般为 5～8m，节理发育。其抗压强度为 15.90～117.20MPa，平均为 52.10MPa，强度指数 $D=71\sim120$，初次垮落步距 $L=9\sim18$m，按《缓倾斜煤层采煤工作面顶板分类》，初步定为Ⅱ类中等稳定顶板。老顶为灰白色石英长石砂岩，厚度为 1.38～25.10m，一般为 7～12m，为 3 号煤层顶板砂岩裂隙含水层。

煤层直接底板为灰黑色泥岩或砂质泥岩，厚度一般为 0.50～2.0m，平均为 1.2m，少量裂隙，属中等硬度底板，无底鼓现象，抗压强度为 56.4MPa。老底为中厚层状石英长石砂岩，厚 3～5m，中等硬度，裂隙不发育，稳定性好，抗压强度为 94.6MPa。煤层顶底板力学性质见表 2.6。

2. 黏性上单层土体（Q^{al}）

本土体广泛分布于研究区中部平原与部分丘陵地带，由第四系上更新统、中更新统及下更新统粉土、粉质黏土、黏土组成，局部夹钙质结核及砂砾石层。其天然含水量为 22.3%～27.8%，天然孔隙比为 0.60～0.99，液性指数为

0.05～0.48，多呈硬塑—可塑状态；压缩系数为 0.10～0.39MPa，属中压缩性土；上更新统粉土、粉质黏土多具有大孔隙、垂直节理发育，一般具有Ⅰ级非自重湿陷性。

表 2.6　　　　　　　　　　　　　　煤层顶底板力学性质

位置	岩组名称	饱和抗压强度/MPa 变异范围 平均值	自然抗压强度/MPa 变异范围 平均值	抗拉强度/MPa 变异范围 平均值	抗剪强度	
					凝聚力 C 值/MPa	内摩擦角 Φ
顶板	砂岩类	82.4～49.7 / 76.7	90.9～115.5 / 97.5	4.9～5.3 / 5.0	9.2～12.0 / 10.2	37°39′～41°40′ / 38°49′
	砂质泥岩及粉砂岩类	28.5～42.7 / 37.2	52.8～65.2 / 57.8	3.2～4.0 / 3.7	5.8～10.2 / 7.7	40°20′～43°21′ / 41°30′
	泥岩类	24.5～33.6 / 30.1	27.6～43.5 / 39.6	1.2～1.6 / 1.5	4.1～4.7 / 4.5	33°27′～36°24′ / 34°21′
底板	砂岩类	51.7～87.4 / 78.2	92.2～135.5 / 98.6	4.5～5.7 / 5.1	9.4～13.1 / 11.2	36°40′～43°30′ / 37°29′
	砂质泥岩及粉砂岩类	27.7～46.7 / 39.2	51.3～67.4 / 59.4	3.3～4.3 / 3.6	5.7～9.2 / 7.5	40°30′～42°22′ / 41°50′
	泥岩类	22.3～32.7 / 30.2	25.2～40.5 / 35.6	1.1～1.5 / 1.4	4.2～4.6 / 4.5	31°45′～35°20′ / 33°20′

3. 卵砾石、砂类土及黏性土多层土体（Q^{pl+al}）

该土体广泛分布于河床、河漫滩、一级阶地及河谷，由第四系全新统、上更新统冲洪积灰黄色粉土、砂类土、碎石类土组成。多呈饱和状态，密实度多为中密—松散状态。土质不均匀。

2.1.3　松散含水层地下水储存现状

2.1.3.1　含水层空间分布

第四系松散沉积含水岩系主要包括下更新统（Q_1）和中更新统（Q_2）孔隙含水层，其次有全新统（Q_4）和上更新统（Q_3）孔隙含水层。研究区内具有供水意义的是下更新统孔隙含水层和中更新统孔隙含水层。

下更新统砂土含水层主要分布于平原地带。整个研究区内均有分布，在南部绛河沿岸有零星出露。含水岩性主要为粉砂、细砂、砂质黏土及砂砾。层厚为 36～60m，平均厚度为 48m，水位标高为 927.29～943.74m。含水岩组补给条件好，含水层厚度大，孔隙发育，钻孔单位涌水量为 1.31～16.66L/(s·m)，为富水性强—极强的孔隙含水层,是当地居民主要的供水水源。

中更新统表土含水层在全区分布较广,含水岩性主要为中、细砂和姜结核层,水位变化明显受大气降水补给影响,是当地农村用水的主要取水层;常与下伏含水层构成统一含水体。近年来地下水水位普遍下降,水井水量明显减少甚至干枯无水。

上更新统含水层仅零星分布于河道两岸沿线,沉积厚度较薄,一般含水较差。全新统含水层主要分布于河床及沟谷底部,含水岩性主要为卵砾石,粗、中砂层,富水性较好。

各松散含水层间无稳定隔水层分布,其间水力联系密切,水量交换频繁,构成统一含水系统。

研究区内下更新统和中更新统地层沉积厚度呈现出北薄南厚的特点。含水层层数各地不一,研究区北部边沿的丘陵坡地,地表盖层主要为中更新统红色黏土层,含水岩性主要为单一的姜结核层;丘陵坡地前缘多为黄色厚层中细砂层,偶见姜结核,井水量较充足;研究区中西部及南部一带水井水量丰富,含水层层数增多,含水岩性颗粒自北而南逐步由粗变细,厚度增大;研究区内采区一带水井水位和水量出现明显差异,含水层分布复杂,主要与地下水径流条件有关。

2.1.3.2　地下水补径排条件

根据研究区地形地貌特征和河流水系的分布格局,研究区内水文地质单元属绛河水系。漳泽水库为长治盆地内地形的最低洼处,浅层地下水由盆地四周向漳泽水库一带径流。

1. 地下水补给

研究区北部边界外为丘陵台地地势。自西向东经常庄、小西岭、吴家庄和常村北一线为北部淤泥河水系与南部绛河水系的地表及浅层地下水分水岭,此线至原村、王村、路村、姬村和常村一线之间的丘陵台地地区为平原区地下水的主要补给区。平原区既是地下水的径流区也是补给区。

研究区内地下水补给来源主要为大气降水,其次在区北部可接纳山前侧向补给、支沟河流补给,以及灌溉回归水的渗漏补给。

2. 地下水径流

研究区北部丘陵山地地形切割较深,地下水以垂直下渗为主,地下水具有埋藏浅、径流途径短,补给区与排泄区相接近的特点,地下水多以泉水或泄流形式向邻近沟谷排泄。当地下水由丘陵山区流入平原后,地下水运动由垂直循环逐步过渡为水平径流状态。在丘陵区前缘地下水处于垂直和水平混合流状态;进入平原区地下水以水平二维流为主,水流平缓,径流途径变长,水流变得相对滞缓,水力坡降一般为 2‰～7‰。

研究区浅层地下水流向总体为自西北向东南径流。

3. 地下水排泄

研究区位于漳泽水库的西北部,其浅层地下水总体自西北向南东径流,最后排泄于漳泽水库。区内松散含水层地下水的排泄方式主要包括:

(1) 渗入河流。研究区北面丘陵山区沟谷发育,有利于侵蚀基准面以上地下水以渗流和泄漏成泉的方式向邻近沟谷排泄。在研究区南部临近绛河一带,地下水流水力坡降变陡,水流由水平运动转化为垂直运动,地下水以线状泄流的形式向绛河排泄;地下水在矿区东部以水平潜流形式排出区外。

(2) 矿坑排水。在煤矿采区影响范围内,松散含水层中地下水受到矿坑排水的间接影响,在水头差作用下越流补给下伏基岩含水层,地下水位持续下降,形成降落漏斗。

(3) 人工开采。研究区内有大小村庄约 50 个,大多以浅层的松散含水层地下水作为农业灌溉与生活用水的主要供水来源。

(4) 蒸发和植物蒸腾。在松散沉积物构成的平原地区,土面蒸发与植物蒸腾是地下水排泄的一种方式。研究区中部与南部平原地段的地下水位埋深为 $5\sim10m$,大于我国华北黄土地区的潜水蒸发极限深度,因而本书不考虑蒸发排泄[159]。由于干旱半干旱地区植被蒸腾极限深度为 $5\sim7m$[160],因此区内部分地段松散含水层地下水可以以植物蒸腾方式排泄。

2.1.3.3 地下水水化学特征

研究区位于长治盆地西部,区内松散含水层内孔隙水一般为低矿化度的重碳酸盐型水,矿化度小于 $1g/L$。根据区内 42 件水样的常规水质分析检验结果,研究区内地下水水化学类型可划分为三大类型,且水化学类型分布具有明显的地域特征。

研究区北部盆地边缘一带和南部平原地区,地下水水化学类型以 $SO_4 \cdot HCO_3—Na \cdot Ca$ 或 $HCO_3 \cdot SO_4—Na \cdot Ca$ 型为主。SO_4^{2-} 和 Na^+ 离子普遍偏高,其来源主要与当地环境背景值偏高有关,部分 SO^{4+} 可能来源于酸雨降落。

研究区中部平原地区地下水水化学类型以 $HCO_3 \cdot SO_4—Ca \cdot Na$ 或 $SO_4 \cdot HCO_3—Ca \cdot Na$ 型为主。Ca^{2+} 偏高,因而总硬度相对较高。局部村落出现 $SO_4 \cdot HCO_3—Ca$ 型(常东村)、$HCO_3—Ca \cdot Na$ 型(常村西南)和 $HCO_3 \cdot Cl \cdot SO_4—Ca \cdot Na$ 型(北渔泽)。

研究区中东部平原区的南浒庄、西坡和上村一带,地下水水化学类型以 $HCO_3 \cdot Ca \cdot Mg$ 型为主,局部出现 $HCO_3 \cdot SO_4 \cdot Cl—Ca \cdot Mg \cdot Na$ 型和 $Cl \cdot SO_4 \cdot HCO_3—Ca \cdot Mg$ 型(南浒庄)和 $HCO_3 \cdot Cl—Ca \cdot Mg$ 型(上村)。Mg^{2+} 普遍偏高,水质口感苦涩。

2.1.3.4 地下水动态特征

通过对长治市屯留区 2006—2015 年地下水动态观测资料的分析，松散含水层浅层地下水动态的年际变化规律主要受降水和开采两项因素的直接控制，其中关键因素为开采。利用地下水动态变幅图面积分析量算、地下水年平均埋深计算以及水量平衡关系分析，可知盆地内浅层地下水的过量开采，加之工农业生产与生活取水量的不断增加，以及下伏煤系地层的开采影响，导致盆地内多年地下水位呈逐年下降趋势。2006—2015 年屯留区地下水位下降 4.87m，平均每年下降 0.49m。

松散含水层地下水资源的开采与矿山地下开采等人为活动影响了天然地下水系统的特征，区内松散含水层的动态类型为入渗蒸发型、入渗—径流型、入渗—开采型、入渗—开采—径流型与开采—越流型。

2.2 采动覆岩移动及对松散含水层影响的相似模拟

2.2.1 地质原型概况

本次相似材料模型实验选择常村煤矿 S6 采区 S6-9 工作面开采背景为地质原型。

常村煤矿实际生产能力为 700 万 t/a，属特大型现代化矿井。批采煤层为山西组 3 号煤层与太原组 15^{-3} 号煤层，现开采 3 号煤层。3 号煤层厚度为 4.84～7.32m，平均为 6.05m。开拓方式为立井多水平盘区式，采煤方法为走向长壁分层综采，采用金属网假顶，顶板管理采用全部垮落法。

矿井设置两个开采水平，开采水平标高分别为 520m 和 470m。520m 水平为第一水平，共划分为 9 个采区：北翼 N1～N3 采区，南翼 S1～S6 采区，开采 3 号煤层的浅部，其中 N1、N2、S1、S2、S4 采区已采完封闭。S6 采区位于矿区东南角，绛河北岸的河谷阶地。采区面积为 6.34km²，设计服务年限约为 7 年。S6 采区共布置 10 个工作面，编号为 S6-1～S6-10。采区及工作面分布如图 2.4 所示。

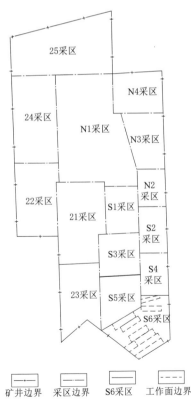

图 2.4　采区及工作面分布

　　S6-9 工作面走向长为 885m，倾向斜长为 255m，现采 3 号煤层，开采能力为 184Mt/a。3 号煤层平均采厚 6.5m，煤层倾角 3°～6°，平均埋深 295m。煤层基本顶为灰白色厚层状细、粗粒砂岩，厚约 7.8m；直接顶为灰黑色泥岩或粉砂岩，厚约 2m；无伪顶。煤系地层之上为二叠系下石盒子组、上石盒子组地层与新生界松散沉积物。工作面顶板及以上地层柱状与岩性见表 2.7。

　　煤层上覆基岩厚 186.9m，黄土覆盖层厚 108.1m。黄土覆盖层中含有 2 层含水层，分别为第四系中更新统潜水含水层与下更新统孔隙承压含水层，其中仅后者分布稳定，具有供水意义，位于第四系黄土层下部。下更新统孔隙含水层总厚度约 42m；其下赋存一层粉质黏土，厚约 20m，土层埋深大，压实程度高，透水性弱，分布稳定，天然状态下为上下含水层间的相对隔水层。

表 2.7　　　　　　　　　　工作面顶板及以上地层柱状与岩性

地层系统			地层序号	标志层编号	累深/m	层厚/m	岩石名称
系	统	组					
第四系 Q			1		2.30	2.30	素填土
			2		12.70	10.40	粉砂质黏土
			3		22.05	9.35	含粉砂黏土
			4		35.18	13.13	粉砂质黏土
			5		37.58	2.40	细砂
			6		45.46	7.88	粉砂质黏土
			7		48.66	3.20	粉砂
			8		52.36	3.70	含粉砂黏土
			9		53.78	1.42	细砂
			10		66.58	12.80	黏土
			11		79.25	12.67	粉砂质黏土
			12		80.70	1.45	含砂质黏土
			13		83.79	3.09	细砂
			14		86.07	2.28	粉砂质黏土
			15		87.48	1.41	含粉砂黏土
			16		90.65	3.17	粉砂质黏土
			17		92.15	1.50	中砂
			18		94.65	2.50	黏土
			19		95.55	0.90	细砂
			20	Q_4	108.1	12.55	黏土

地层系统			地层序号	标志层编号	累深/m	层厚/m	岩石名称
系	统	组					
二叠系 P	上统 P₂	上石盒子组 P₂s	21		112.25	4.15	粉砂岩
			22		122.21	9.96	中粒砂岩
			23		131.13	8.92	粉砂岩
			24		135.51	4.38	粗粒砂岩
			25		138.75	3.24	粉砂岩
			26		143.82	5.07	细粒砂岩
			27		146.54	2.72	中粒砂岩
			28		151.09	4.55	粉砂岩
			29		158.70	7.61	细粒砂岩
			30		176.45	17.75	泥岩
			31		180.03	3.58	粉砂岩
			32		185.36	5.33	细粒砂岩
			33		192.37	7.01	中粒砂岩
			34	K₁₀	199.84	7.47	粗粒砂岩
		下石盒子组 P₂x	35		203.58	3.74	细粒砂岩
			36		212.00	8.42	粉砂岩
			37		236.92	24.92	粗粒砂岩
			38		241.39	4.47	泥岩
			39		242.89	1.50	粗粒砂岩
			40		246.51	3.62	泥岩
			41	K₈	261.81	15.30	中粒砂岩
	下统 P₁	山西组 P₁s	42		269.74	7.93	粉砂岩
			43		273.51	3.77	细粒砂岩
			44		279.07	5.56	泥岩
			45		284.76	5.69	粉砂岩
			46		292.60	7.84	细粒砂岩
			47		293.10	0.50	泥岩
			48		295.00	1.90	粉砂岩
			49	3号煤	301.27	6.27	煤
			50		308.80	7.53	粉砂岩
			51	K₇	310.14	1.34	中粒砂岩

2.2.2　实验方案与模型设计

2.2.2.1　实验方案

相似材料模型实验方法是研究岩石力学、采动破坏与流体运动的重要手段。为进行松散含水层地下水位与采动覆岩破坏情况的相关性研究，并充分理解煤矿开采对松散含水层地下水的影响机理，本书采用相似材料模型实验方法进行。通过观察模型实验过程中采动覆岩的变形、位移、破坏及松散含水层地下水位下降等情况，分析推测地质原型中所发生的情况。

模拟研究按不同覆岩高度设计 3 组实验模型，通过不同地质条件（不同覆岩高度、不同累计采厚）下的 5 次开采实验，改变导水裂隙带发育高度及其与上覆松散含水层底板之间的距离。

相似材料模拟实验方案见表 2.8。

表 2.8　　　　　　　　　　　相似材料模拟实验方案

模型	实验方案	煤层埋深/m	覆岩厚度/m	煤层采厚/m	累计采厚/m	采深采厚比值	导水裂隙带最大高度预测值/m	裂隙带距离松散含水层底板距离/m
模型 Ⅰ	1	295.0	186.9	3	3	98.33	47.35	142.25
	2	295.0	186.9	4	7	42.57	112.65	76.95
	3	295.0	186.9	3	10	30.20	145.95	43.65
模型 Ⅱ	4	259.3	151.2	3	3	86.43	47.35	103.85
模型 Ⅲ	5	210.7	102.6	3	3	72.57	47.35	55.25

注　导水裂隙带最大高度采用《矿区水文地质工程地质勘探规范》（GB 12719—91）中经验公式与矿井地质情况预估。

模型 Ⅰ 设计煤层厚度为 10m，分三层开采，上分层采出后直接依次开采下分层，直至煤层采出完毕；其余开采地质条件与地质原型（表 2.7）一致。模型 Ⅱ、模型 Ⅲ 设计煤层厚度为 3m，一次采全高；覆岩岩性分别选取地质原型中第 7～23 层与第 12～23 层地层岩性，设计覆岩高度分别为 151.2m 与 102.6m。

2.2.2.2　实验材料与模型

3 号煤层倾角一般为 3°～6°，属近水平煤层。因此，为便于模拟分析，实验对相关地质条件与模型进行简化：①模型按水平煤层考虑；②地质原型中各地层的平均容重取各层容重的加权平均值；③不考虑覆岩的原生裂隙与含水率。

本次实验采用二维相似模拟实验台水平成层模型架，几何尺寸为：长×高为 4.3m×3.5m，厚度为 0.4m。根据相似理论与模型架尺寸，结合开挖影响范围与测量精确度要求，本次实验确定实验几何相似常数 α_l 为 100，即模型长度、宽度分别为原型实际值的 1/100。除几何相似外，实验模型与地质原型间还需满足运动相似与动力相似，即容重相似系数 α_γ、时间相似系数 α_t 与应力相似系数 α_σ 为

$$\alpha_t = \sqrt{\alpha_l} \qquad (2.1)$$

$$\alpha_\gamma = \frac{\gamma_p}{\gamma_m} \qquad (2.2)$$

$$\alpha_\sigma = \alpha_l \alpha_\gamma \qquad (2.3)$$

各符号含义及取值见表 2.9。

表 2.9　　　　　　　　　　　相 似 系 数 取 值

相似系数	几何相似常数 α_l	时间相似系数 α_t	容重相似系数 α_γ	应力相似系数 α_σ	围岩平均容重 $\gamma_p/(kN/m^3)$	模拟材料平均容重 $\gamma_m/(kN \cdot m^3)$
取值	100	10	1.54	154	22.62	14.70

采区前后各留设 80cm 的边界煤柱，开采宽度为 270cm。根据工作面尺寸与年生产能力、可采储量等，计算出模拟开采时间为 2.8d。开挖进度按照时间相似系数计算得出，为 10cm/h。

模型实验中岩层的相似材料由骨料和胶结物组成。相似材料的强度性能和变形性能需与岩石相似，且力学性质稳定。根据相似材料的选择原则[161]与性能测定，经反复实验后，本次实验选定石英砂和河砂作为骨料，水泥和石膏等作为胶结物。为了延长石膏和水泥的初凝时间，相似材料在研制过程中需添加缓凝剂，以满足相似材料的成型要求。本次实验缓凝剂选择浓度为 1% 的硼砂溶液。此外，松散含水层及其底板隔水层的模拟材料分别选取研究区内的原状黄土与红黏土。

根据常村煤矿 S6-9 采区地层结构特征与岩石力学性质，通过相似材料的不同配比来模拟不同岩性的地层。首先根据式（2.4）计算出各层状岩石的质量与分配比例，然后将模拟材料按配比搅拌均匀，按岩层顺序逐层装入模型架，耙平，压紧，以满足视密度要求。各岩层间用云母粉隔离。

$$G_i = lmh_i\gamma_{mi} \qquad (2.4)$$

式中　G_i——第 i 层岩层的模拟材料使用量，kg；

l、m——模型长度与厚度，m；

h_i——第 i 层岩层的模拟高度，m；

γ_{mi}——第 i 层岩层的相似材料容重，kg/m³。

地层及相似材料的配比用量见表 2.10。

表 2.10　　　　　　　　　　　地层及相似材料的配比用量

编号	岩石名称	模型层厚/cm	相似材料容重/(kN/m³)	重量/kg	相似材料配比号	各配比材料重量/kg			
						河砂	石灰	石膏	水
1	黄土	108.10							
2	粉砂岩	4.15	14.02	102.09	355	68.91	11.49	11.49	10.21
3	中粒砂岩	9.96	14.02	245.02	437	176.41	13.23	30.87	24.50
4	粉砂岩	8.92	14.02	219.43	355	148.12	24.69	24.69	21.94
5	粗粒砂岩	7.62	14.02	187.45	355	126.53	21.09	21.09	18.75
6	细粒砂岩	5.07	14.02	124.72	437	89.80	6.73	15.71	12.47
7	粉砂岩	7.27	14.02	178.84	355	120.72	20.12	20.12	17.88
8	细粒砂岩	7.61	14.02	187.21	455	134.79	16.85	16.85	18.72
9	泥岩	17.75	14.02	436.65	537	327.49	19.65	45.85	43.67
10	细粒砂岩	8.91	14.02	219.19	337	147.95	14.80	34.52	21.92
11	中粒砂岩	7.01	14.02	172.45	337	116.40	11.64	27.16	17.24
12	粗粒砂岩	7.47	14.02	183.76	437	132.31	9.92	23.15	18.38
13	细粒砂岩	3.74	14.02	92.00	337	62.10	6.21	14.49	9.20
14	粉砂岩	8.42	14.02	207.13	973	167.78[①]	13.05[②]	5.59	20.71
15	粗粒砂岩	24.92	14.02	613.03	955	496.56[①]	27.59[②]	27.59	61.30
16	泥岩	9.59	14.02	235.91	473	169.86	29.73	12.74	23.59
17	中粒砂岩	15.30	14.02	376.38	973	304.87[①]	23.71[②]	10.16	37.64
18	粉砂岩	7.93	14.02	195.08	437	140.46	10.53	24.58	19.51
19	细粒砂岩	3.77	14.02	92.74	337	62.60	6.26	14.61	9.27
20	泥岩	5.56	14.02	136.78	637	105.51	5.28	12.31	13.68
21	粉砂岩	5.69	14.02	139.97	973	113.38[①]	8.82[②]	3.78	14.00
22	细粒砂岩	7.84	14.02	192.86	337	130.18	13.02	30.38	19.29
23	泥岩	2.40	14.02	59.04	455	42.51	5.31	5.31	5.90
24	3 号煤层	7.00	14.02	172.20	673	132.84	15.50	6.64	17.22

注　①代表石英细砂，②代表 500 号矿渣水泥；

　　其中河砂的级配为：>1.2mm—2%，0.6~1.2mm—27.2%，0.3~0.6mm—36.8%，0.15~0.3
　　—21.9%；

　　石英细砂级配为：0.5~1.0mm—1.5%，0.25~0.5mm—29.1%，0.1~0.25mm—67.0%，
　　0.01mm—2.4%；

　　水泥为 500 号矿渣水泥；

　　石膏为乙级建筑石膏。

所有模拟岩层铺设完成后，在岩层顶部再铺一层黏土来模拟松散含水层底

板的相对隔水层，厚度按几何相似比计算后取 20cm。随后，利用四块透明有机玻璃板围成一个长方体框，将其四周密封后，竖直插入并固定于开采空间顶部的黏土中，构成一箱框结构。箱体放置于模型中部，箱底平铺一层渗透系数为 2.1m/d 的砂土，以模拟围岩之上的松散含水层。按照几何相似比，砂土高度为 42cm；而后在箱内注入 14cm 高的水体模拟地下水。实验过程中当水位降幅达 0.5cm 时，向水箱中注水，以保持水头差一定，箱体顶部覆盖有机玻璃板避免水分蒸发。相似模拟实验模型如图 2.5 所示。

（a）模型 I

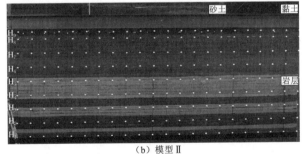

（b）模型 II

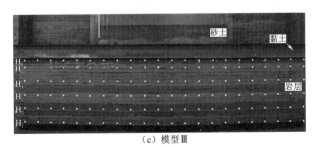

（c）模型 III

图 2.5 相似模拟实验模型

模板架设完成后，在模型表面布置测量装置，以实现开挖过程中围岩位移、裂隙发育与水位变化等情况的测定。

2.2.2.3 实验监测

1. 位移监测

地下水赋存在岩层中，煤层采空后上覆岩层遭到破坏，导致地下水赋存环境受到影响。因此，为了研究松散含水层地下水的流失机理，需对采动覆岩的破坏规律进行研究。

为测量工作面在回采过程中采空区顶板围岩的活动情况，在煤层顶板至松散含水层底板相对隔水层之间的岩层表面横、纵方向每 20cm 布置一条位移监测线。水平方向监测线自下而上编号依次为 H_1、H_2、$\cdots$、H_n，竖直方向监测线自右向左（开切眼至停采线方向）编号依次为 V_1、V_2、$\cdots$、V_{22}，网格交点上布置监测点。模型 I、模型 II、模型 III 三组实验模型由于模型覆岩高度不同，因此水平监测线分别布设 10 条、9 条和 6 条，纵向监测线均为 22 条，监测点总数分别为 215 个、198 个和 132 个。网格化监测点位布设情况如图 2.5 所示。

实验开始前，首先对各监测点的初始位置进行记录。开挖过程中，选择围岩发生明显变形和破坏的时刻，利用 XTDP 三维光学摄影测量系统与 DM - 101AC 全站仪进行监测与拍摄记录。开采完成后，待覆岩变形基本稳定后，对各监测点位置进行记录。

XTDP 测量系统数据收集与分析步骤流程，如图 2.6 所示。

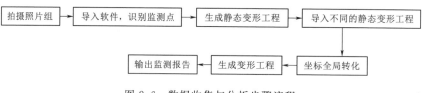

图 2.6 数据收集与分析步骤流程

2. 裂隙发育观测

地下开挖作业引起围岩破坏和变形移动，岩层中形成采动裂隙。从破坏形式与裂隙分布上，采动覆岩的宏观结构形态表现为：垂直方向自下而上依次分为冒落带、裂隙带和弯曲下沉带[39]，其中冒落带与裂隙带为破坏影响带[162]，由于其内开放型的裂隙可将上覆岩层中的地下水导入采煤工作面，故又合称为导水裂隙带[39]。地表由于张拉作用发生下沉，并在采空区两侧形成张拉裂隙。采动裂隙的产生为松散含水层中地下水的漏失与运移提供通道。

采动裂隙的发育是一个动态发展过程。相似模型实验能够直接地观测到采动过程中采动覆岩的裂隙演变。为记录裂隙的演化及分布特征，模拟开采过程中，利用数码照相机定时记录覆岩破坏情况，形成数字图像；随后对文件进行栅格校正，通过建立线文件与区文件分别描绘开采过程中的采动裂缝，读取裂隙长度与面积，并将栅格数据转换成矢量数据；最后运用属性汇总功能对各文件进行属性分析及汇总，统计裂隙发育程度，研究采动覆岩裂隙的发育规律。

　　3. 水位下降速率观测

　　考虑到玻璃箱中用于模拟松散含水层的水砂混合体的水位变化情况不易观测，因此利用连通器原理，在松散含水层中竖直插入一根两端开口的透明玻璃管，附着于靠近观测者一侧的箱体内壁，其上粘贴金属刻度尺以读取水位。模型架设完成后，待含水层底部的黏土弱透水层达到饱和，每 2h 观测一次水位，计算出开采前松散含水层水位下降速率，如图 2.7 所示。

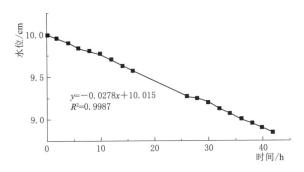

图 2.7　开采前松散含水层水位下降速率

　　三组模型开采前水位平均下降速率分别为 0.0278cm/h、0.0262cm/h 与 0.0283cm/h；算术平均值为 0.0274cm/h，最大差值为 0.0021cm/h，测定结果的绝对差值占比算术平均值的 7.7%，满足不大于 10% 的要求。

　　开采过程中，为监测记录松散含水层地下水位对覆岩变形破坏过程的响应，水位观测仍然为每 2h 一次，开采后期若遇下渗量加大或渗透速率突增，适度增加观测频次。

2.2.3　采动覆岩破坏特征

2.2.3.1　采动覆岩移动变形规律

　　1. 采动覆岩破坏情况

　　开采扰动引起采空区顶板上覆岩层移动、变形与破坏，采动覆岩的稳定性与完整性受到影响。碎裂岩层的分布及其力学特性造成采动覆岩的渗透性能增大数倍甚至更多[163-166]。各开采方案模型实验过程中，不同推进距离 L 对应的覆岩破坏实况如图 2.8～图 2.10 所示。

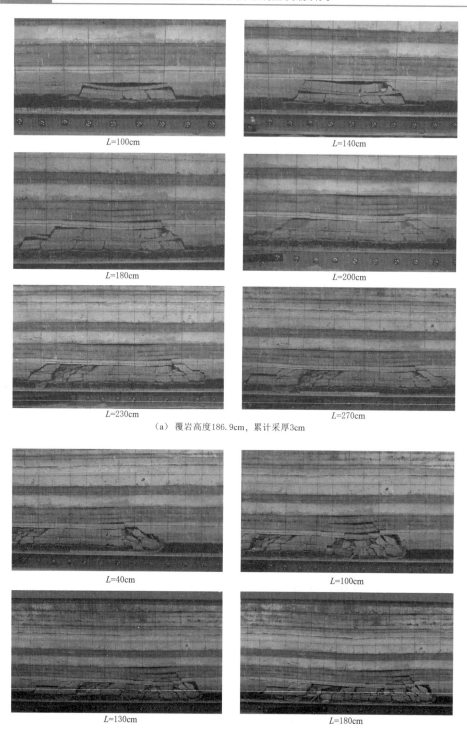

L=100cm

L=140cm

L=180cm

L=200cm

L=230cm

L=270cm

（a）覆岩高度186.9cm，累计采厚3cm

L=40cm

L=100cm

L=130cm

L=180cm

图 2.8（一）　模型 I 采动覆岩破坏实况

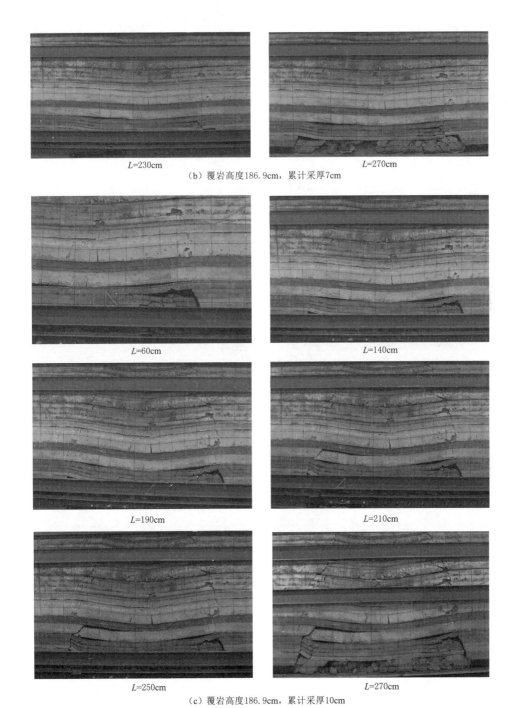

L=230cm　　　　　　　　　　L=270cm

（b）覆岩高度186.9cm，累计采厚7cm

L=60cm　　　　　　　　　　L=140cm

L=190cm　　　　　　　　　　L=210cm

L=250cm　　　　　　　　　　L=270cm

（c）覆岩高度186.9cm，累计采厚10cm

图 2.8（二）　模型 I 采动覆岩破坏实况

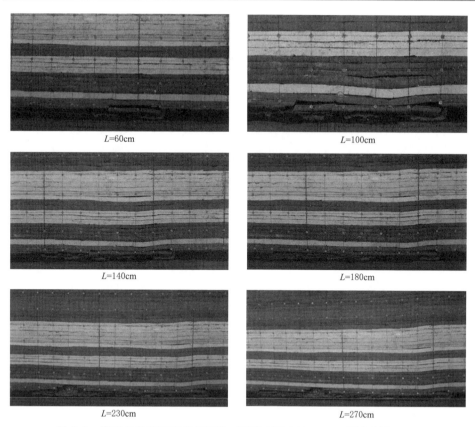

图 2.9　模型Ⅱ采动覆岩破坏实况（覆岩高度 151.2cm，累计采厚 3cm）

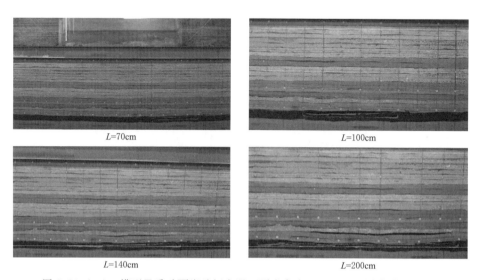

图 2.10（一）　模型Ⅲ采动覆岩破坏实况（覆岩高度 102.6cm，累计采厚 3cm）

 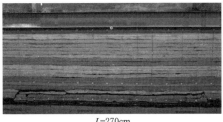

L=230cm   *L*=270cm

图 2.10（二）　模型Ⅲ采动覆岩破坏实况（覆岩高度 102.6cm，累计采厚 3cm）

采空区上覆岩层的运动以垂直运动为主[167]，岩体下沉过程中产生的破断裂隙为地下水涌入矿坑提供通道，造成煤层顶板直接充水含水层地下水位下降。而松散含水层中地下水漏失的首要通道是其底板弱透水层中的采动裂缝，且弱透水层的下沉变形会直接影响其稳定性与渗透性。因此，研究采空区顶板基岩与底板弱透水层的变形破坏规律是了解松散含水层地下水位下降机理的关键。

采空区顶板覆岩移动以岩组为单位，即上部的软弱岩层随下部的坚硬岩层同步运动[168]。松散层底板弱透水层位于基岩顶部，在开采过程中可与覆岩顶部基岩产生协同变形。为了易于理解，下文中将模型开采实验所获得的各项数值折算到地质原型，采用实际数值进行分析评述。

2. 采空区顶板基岩的移动变形

本书选择位于煤层直接顶板之上 1m 的 H_1 测线、裂隙带区间（距离煤层顶板 41m）的 H_3 测线、弯沉带区间（距离煤层顶板 81m）的 H_5 测线，以及覆岩顶部的水平观测线（模型Ⅰ、模型Ⅱ中为 H_9 测线，模型Ⅲ中为 H_6 测线）分别做采厚 3m 时，近水平煤层不同覆岩高度条件下的煤层顶板垂直位移变化曲线，如图 2.11 所示。

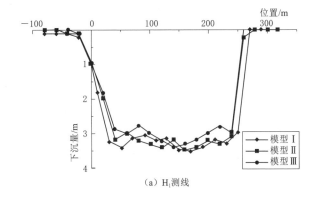

（a）H_1测线

图 2.11（一）　采厚 3m，不同覆岩高度条件下的煤层顶板垂直位移变化曲线

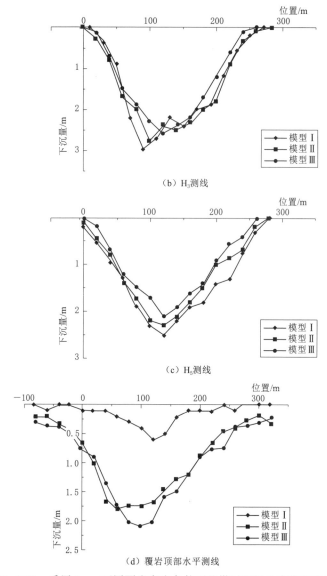

（b）H₃测线

（c）H₅测线

（d）覆岩顶部水平测线

图 2.11（二） 采厚 3m，不同覆岩高度条件下的煤层顶板垂直位移变化曲线

由图 2.10 中 H_1、H_3、H_5 测线垂直位移变化曲线可知：相同采厚、不同覆岩高度条件下，H_1 测线上三组模型煤层顶板冒落部分的平均垂直位移分别为 3.13m、2.98m 和 2.80m。H_3 测线上三组模型覆岩的平均垂直位移量和最大位移量模型为 Ⅰ 为 1.40m 和 3m；模型 Ⅱ 为 1.33m 和 2.80m；模型 Ⅲ 为 1.15m 和 2.60m。H_5 测线上三组模型覆岩的平均垂直位移量和最大位移量模型 Ⅰ 为 1.29m 和 2.50m；模型 Ⅱ 为 1.14m 和 2.30m；模型 Ⅲ 为 1.01m 和 2.10m。覆岩

顶部观测线上三组模型覆岩的最大位移量分别为 0.60m、1.80m 和 2.10m。由此可得:同一层位覆岩的平均下沉量与其覆岩高度呈正相关,即覆岩高度越大,覆岩下沉量平均值越大,且最大下沉量的位置基本位于采空区中部上方;同一模型中,不同高度观测线的覆岩垂直位移量 $H_1 > H_3 > H_5 >$ 覆岩顶部,即开采地质背景相同时,覆岩的垂直位移量随着其与煤层顶板距离的增加,呈减小趋势;且位置越接近煤层,其最大位移量越接近于煤层采厚。

当采深为 186.9m,累计采厚 7m 时,覆岩破坏高度已接近松散层底板相对隔水层;累计采厚 10m 时,松散含水层的底板发生明显位移与断裂。因此选择距离煤层顶板 81m 的 H_5 测线以及覆岩顶部的 H_9 水平观测线分别做相同覆岩高度、不同累计采厚条件下的煤层顶板垂直位移变化曲线,如图 2.12 示。

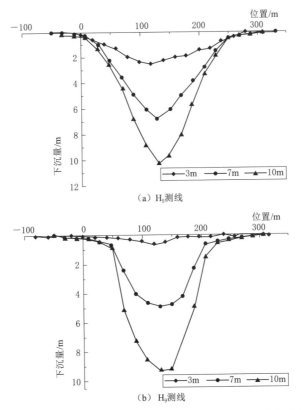

图 2.12 采深 186.9m,不同采厚条件下的煤层顶板垂直位移曲线

由图 2.12 可知:同一覆岩高度、不同累计采厚条件下,H_5 测线上覆岩的平均垂直位移量和最大位移量分别为首分层采后为 1.29m 和 2.50m;二分层采后为 2.24m 和 6.71m;三分层采后为 3.56m 和 10.27m。覆岩顶部 H_9 测线上覆岩的平均垂直位移量和最大位移量分别为首分层采后为 0.14m 和 0.60m;二分层采后为

1.61m 和 4.89m；三分层采后为 3.05m 和 9.27m。由此可得：开采背景相同时，同一层位覆岩的下沉量与煤层累计采厚呈正相关，即累计采厚越大，覆岩下沉量越大，且最大下沉量位于采空区中部上方。同一开采背景下，不同高度观测线的覆岩垂直位移量 $H_1 > H_3 > H_5 > H_9$，即覆岩的垂直位移量随着其与煤层顶板距离的增加，呈减小趋势；且位置越接近煤层，其最大位移量越接近煤层采厚。

　　3. 松散含水层底板相对隔水层（弱透水层）的移动变形

　　松散含水层及其底板黏土弱透水层的变形程度受到下伏采动岩体变形移动的影响[58,165]，因此覆岩顶部水平监测线上岩层的垂直位移量反映了松散含水层底板相对隔水层的下沉变形。

　　根据覆岩顶部水平监测线实测数据，绘制不同覆岩高度条件下，煤层开采过程中松散含水层层黏土隔水底板的最大下沉量，如图 2.13 所示。

　　由图 2.13 可知：同一地质背景与开采条件下，不同覆岩高度的三组模型均表现出底板相对隔水层的下沉量（垂直位移量）随推进距离的增加而增大的规律。煤层开采结束后，模型Ⅰ中 H_9 位移监测线下沉量最小，产生位移的覆岩宽度约为 400m，最大下沉量仅为 0.60m；模型Ⅱ、模型Ⅲ中底板相对隔水层的下沉明显，分别为 1.80m 与 2.10m；即底板相对隔水层的下沉量（垂直位移）与覆岩高度呈负相关。产生位移的覆岩宽度均大于采空区长度，这与野外观测到的地表下沉范围大于开采工作面范围的结果一致。最大下沉值的位置基本位于采空区的上方中部。

　　由于覆岩移动产生的下沉量 ω 与水平移动量 μ 并不相等，因此引起的地层变形可分为倾斜变形 i、曲率 κ、水平变形 ε，如图 2.14 所示。

$$i_{3\sim4} = \frac{\omega_4 - \omega_3}{l_{3\sim4}} = \frac{\Delta\omega}{l} \tag{2.5}$$

$$\kappa = \frac{\Delta i}{l} \tag{2.6}$$

$$\varepsilon_{3\sim4} = \frac{u_4 - u_3}{l_{3\sim4}} = \frac{\Delta u}{l} \tag{2.7}$$

式中　ω_3、ω_4——地表点 3、地表点 4 的下沉量，mm；

　　　　$l_{3\sim4}$——地表点 3～4 间的水平距离，m；

　　　　$i_{3\sim4}$——地表点 3～4 间的倾斜变形，mm/m；

　　　　Δi——间距相等的测点间两线段的平均倾斜变形，mm/m；

　　　　κ——两线段的平均曲率，mm/m²；

　　u_3、u_4——地表点 3、地表点 4 的水平位移，拉伸为正值，压缩为负值，mm；

　　　　$\varepsilon_{3\sim4}$——地表点 3～4 间的水平变形，mm/m。

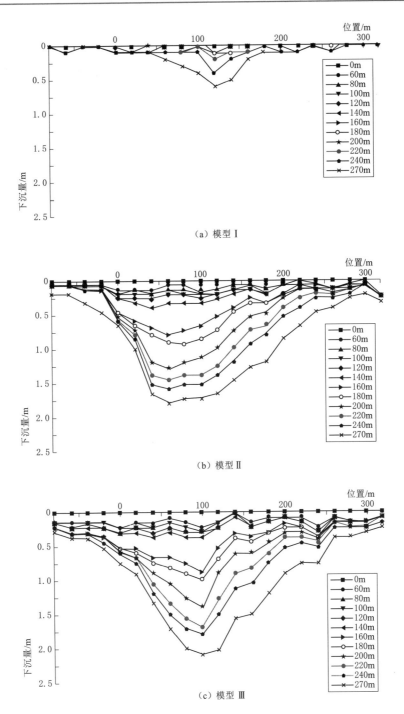

（a）模型Ⅰ

（b）模型Ⅱ

（c）模型Ⅲ

图2.13　松散含水层黏土隔水底板的最大下沉量

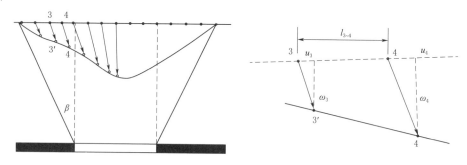

图 2.14 采动后地层移动与变形

煤层开采结束后，相同采厚、不同覆岩高度底板相对隔水层的变形情况如图 2.15 所示，相同覆岩高度、不同累计采厚底板相对隔水层的变形情况如图 2.16 所示。

如图 2.15 所示，采厚同为 3m，覆岩高度分别为 186.9m、151.2m 与 102.6m 的三组模型中，基岩顶部含水层底板的平均倾斜变形绝对值 i 分别为 4.5mm/m、8.3mm/m、9.2mm/m，平均水平变形绝对值 ε 分别为 3.5mm/m、5.0mm/m、6.0mm/m，平均曲率变形绝对值 κ 分别为 0.30mm/m^2、0.35mm/m^2、0.43mm/m^2。即煤层开采厚度相同时，随着煤层上覆岩层厚度的减少，覆岩顶部松散含水层底板相对隔水层的沉降量、倾斜变形、水平变形与曲率变化都整体呈增大趋势；表明了覆岩厚度的增大，可减缓地面变形的程度，从而减小松散层底板受影响的程度。当松散含水层距离采空区足够远时，矿井开采对含水层影响甚微。

如图 2.16 所示，覆岩高度同为 186.9m，累计采厚分别为 3m、7m 与 10m 的三组模型中，基岩顶部含水层黏土底板的平均倾斜变形绝对值分别为 4.5mm/m、25.2mm/m、47.7mm/m，平均水平变形绝对值分别为 3.5mm/m、4.8mm/m、9.1mm/m，平均曲率变形绝对值分别为 0.30mm/m^2、1.07mm/m^2、2.36mm/m^2。即相同覆岩高度条件下，随着煤层累计采厚的增加，在重复开采的影响下，覆岩顶部松散含水层底板相对隔水层的沉降量、倾斜变形、水平变形与曲率变化都整体呈增大趋势，表明了开采厚度的增大，加剧了松散层底板的受影响程度。

2.2.3.2 采动覆岩裂隙发育规律

采动裂隙的产生、发展、连通程度及其是否沟通含水层是地下水流失、含水层遭到破坏的直接原因。因此，本次需对煤层开采后采动覆岩的裂隙演化规律及其分布特征进行研究。

1. 采动裂隙发育情况

随着工作面向前推进，受到采动影响的覆岩范围不断扩大。采空区直接顶、

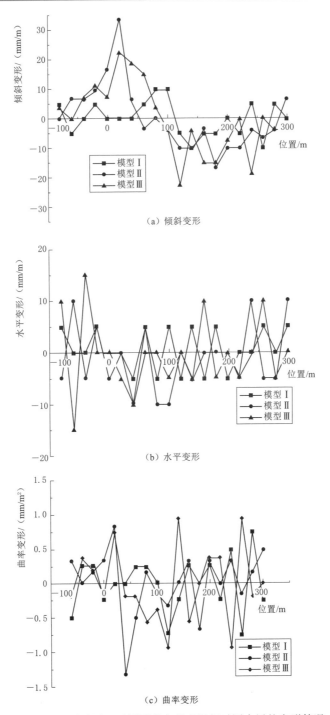

图 2.15　相同采厚、不同覆岩高度底板相对隔水层的变形情况

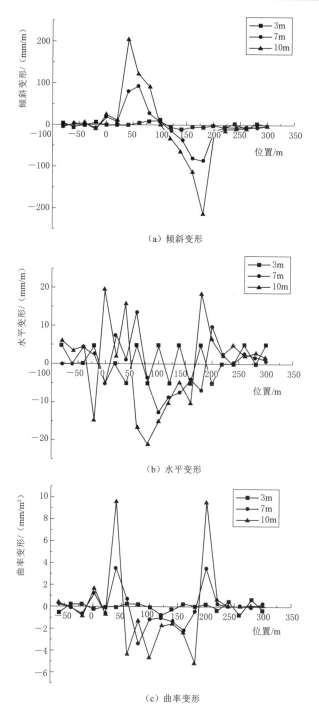

（a）倾斜变形

（b）水平变形

（c）曲率变形

图 2.16　相同覆岩高度、不同累计采厚底板相对隔水层的变形情况

基本顶、上覆岩层相继产生移动和破坏，形成上行裂隙带（导水裂隙带）；此外，采空面积的不断扩大使得地层在下沉过程中产生水平拉力，采动覆岩弯沉带的采空区边缘地段，自地表向下发育张拉裂隙，即"下行裂隙带"[59-60]。上、下行采动裂隙的发育伴随着整个开采过程，且会持续到"三带"发展结束后一段时间。

不同覆岩高度和工作面推进距离下的裂隙网络分布情况如图 2.17 所示，不同采厚和工作面推进距离下的裂隙网络分布情况如图 2.18 所示。

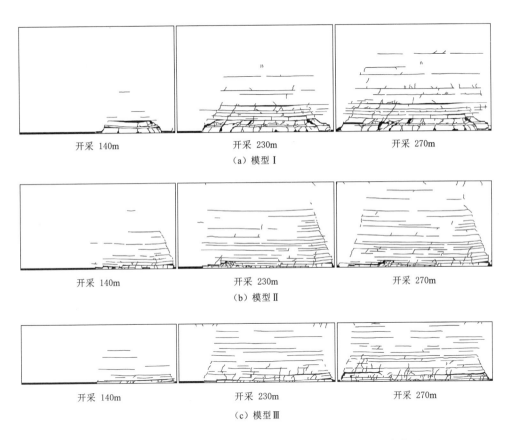

开采 140m　　　　开采 230m　　　　开采 270m

（a）模型 Ⅰ

开采 140m　　　　开采 230m　　　　开采 270m

（b）模型 Ⅱ

开采 140m　　　　开采 230m　　　　开采 270m

（c）模型 Ⅲ

图 2.17　不同覆岩高度和工作面堆进距离下的裂隙网络分布情况

由图 2.17、图 2.18 可以看出：采动裂隙按开裂方向可分为竖向破断裂隙与横向离层裂隙，裂隙富集区主要位于前后煤壁[169]。煤层采厚 3m 时，开采结束后，三组模型的下行裂隙与导水裂隙带均未沟通；竖向破断裂隙主要集中于在煤层顶板 30m 以内，其上以离层裂隙为主。对于模型 Ⅰ，煤层累计采厚 10m 时，推进距离 140m 以后，上、下行裂隙贯通；竖向破断裂隙的发育范围随累计

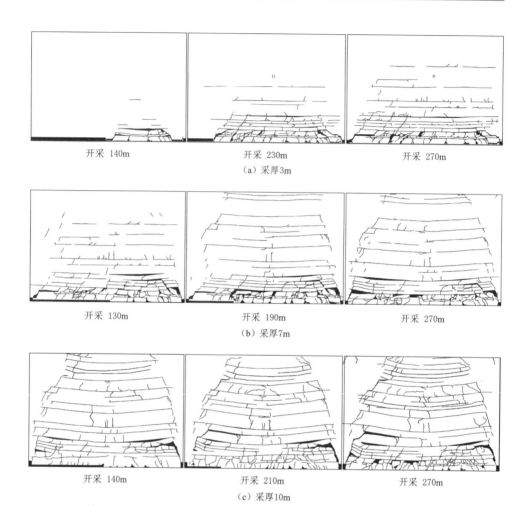

开采 140m　　　　　开采 230m　　　　　开采 270m

（a）采厚3m

开采 130m　　　　　开采 190m　　　　　开采 270m

（b）采厚7m

开采 140m　　　　　开采 210m　　　　　开采 270m

（c）采厚10m

图 2.18　不同采厚和工作面推进距离下的裂隙网络分布情况

采厚的增加而扩大。

2. 采动裂隙长度与面积

采动裂隙发育情况与沟通程度直接影响到煤层顶板覆岩的稳定性与隔水性能，可为上覆松散含水层地下水提供储存场所和运移通道。

采动覆岩裂隙的长度和面积能够反映出岩体受采动影响的程度。通过矢量化程序对开采过程中破断岩体裂隙进行描绘、统计与汇总，得出模拟工作面不同推进距离所对应的裂隙面积与发育长度。由于不规则冒落带内岩块破碎，空隙大而多，连通性强，完全丧失隔水性能，因此本书仅对规则冒落带、裂隙带及弯沉带内的裂隙长度与面积进行统计。利用汇总后的裂隙长度与面积，分别建立不同覆岩高度、不同采厚裂隙发育与工作面推进距离关系曲线，如图 2.19 和图 2.20 所示。

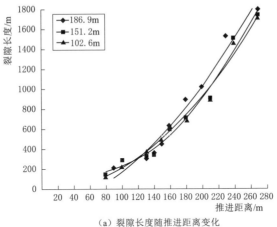

（a）裂隙长度随推进距离变化

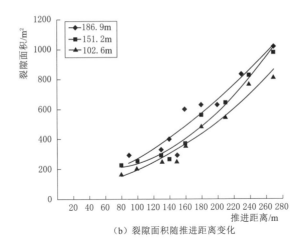

（b）裂隙面积随推进距离变化

图 2.19　不同覆岩高度裂隙发育与工作面推进距离关系曲线

由图 2.18 可以看出：煤层累计采厚一定时，裂隙发育程度随覆岩高度的增加有所增大，但规律性不强。三组模型裂隙长度和面积均随煤层推进距离的增加，经历了一个缓速增大—波动加速—趋缓—加速增大的过程，但程度不同，且期间略有波动，这是由于采动裂隙在发育过程中存在压实闭合。当工作面推进 140m 过程中，裂隙带及弯沉带内裂隙缓慢发育，覆岩破断过程主要发生在冒落带中；其后至工作面推进到 180m 左右时，裂隙增长速率变大，说明裂隙带发育明显；而后趋于稳定；220m 后，裂隙发育又呈加速模式，说明导水裂隙带发育趋于稳定，裂隙发育主要位于弯沉带内。这种现象推断是由于覆岩高度的降

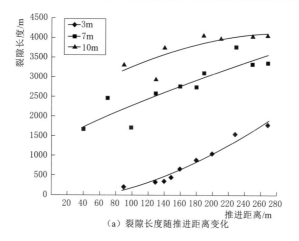

（a）裂隙长度随推进距离变化

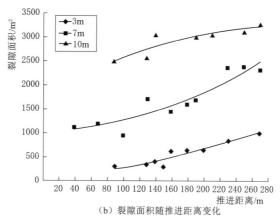

（b）裂隙面积随推进距离变化

图 2.20 不同采厚裂隙发育与工作面推进距离关系曲线

低可使覆岩对采空区的压力减小，导致裂隙发育程度减弱，但规律性不强是由于煤层顶板裂隙发育程度主要与煤层开采厚度有关。

由图 2.19 可以看出：煤层覆岩高度一定时，累计开采厚度的增加导致覆岩受采动影响的程度加剧，裂隙显著增多；但不同采厚的裂隙发育与扩展过程呈现不同的增大规律。首分层开采时，随着推进距离的增大，裂隙发育与扩展进程加快，采动裂隙整体向上发展，裂隙长度的加速更为明显；二分层开采时，采动裂隙持续发育，由于部分微小裂缝被压密闭合，而主裂缝的宽度明显变宽，裂隙最大开度由 1～2m 增大至 2～7m，因此裂隙长度较之面积增速变缓；三分层开采时，裂隙长度与面积增速均较二分层开采减缓，裂隙总长度的增速呈现缓中趋稳的态势，采动裂隙已发育全覆岩顶部。

3. 导水裂隙带发育情况

导水裂隙带内岩体渗透系数增大[163-166]，地下水通过采动裂缝加速流入矿坑。因此，导水裂隙带高度是研究覆岩破坏特征以及地下水受影响程度和范围的重要指标。

在采厚同为 3m、开采方式不变的前提下，不同覆岩高度导水裂隙带发育高度随开采推进距离的变化曲线如图 2.21（a）所示。覆岩高度同为 186.9m 时，不同累计采厚的导水裂隙带高度随开采推进距离的变化曲线如图 2.21（b）所示。

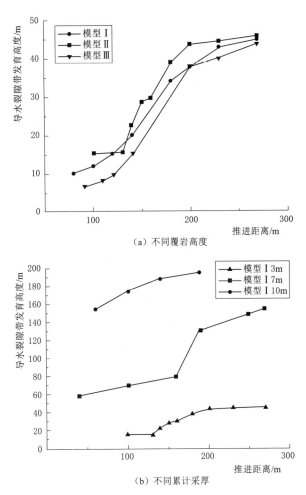

（a）不同覆岩高度

（b）不同累计采厚

图 2.21　导水裂隙带发育高度随开采堆进距离的变化曲线

如图 2.21（a）所示，开采结束后，三组模型最终导水裂隙带发育高度分别约为 45.9m、45.0m 与 44.0m，相差不大，约为平均采厚的 15 倍；说明煤层采深采厚比为 72.6～98.3 时，导水裂隙带的发育高度主要受开采厚度的影响。但煤层覆岩高度越大，开采后覆岩移动的规模也就相对较大，因此导水裂隙也相对发育。

如图 2.20（b）所示，覆岩高度同为 186.9m 时，累计采厚和工作面推进距离的增加使得煤层顶板垮落与破坏范围继续扩大，导水裂隙发育高度持续增大。累计采厚为 3m、7m 和 10m 开采结束时的导水裂隙带发育高度分别为 45.9m、154.4m 与 189.4m，为采厚的 15～22 倍。因此，导水裂隙带的发育高度与采空区长度、累计开采厚度及覆岩高度呈正相关。

常村煤矿 3 号煤层平均采厚 6.27m，区内缺乏导水裂隙带发育高度的实测数据，本次相似材料模拟实验得出采厚 7m、覆岩厚度 186.9m 时的导水裂隙带高度为 154.4m，裂采比约为 22；这与周边地质背景相似矿井的实测裂采比 19～21 相差不大，说明本次模型实验成果较为可靠。

模型实验采动覆岩移动、变形与破坏实况表明：采动覆岩裂隙带的发育是非均速的，其高度和范围随工作面推进呈梯级跃升式发展；开采后期，由于顶板垮落岩体的不断堆积、压实，承载能力增强，裂隙发育高度值的变化趋于平缓。

2.2.3.3　采动裂隙分布特征

岩层作为地下水的赋存环境，受到开采影响。煤层采出后，顶板岩层产生弯曲、移动、开裂、离层、垮落等现象，采动岩体内出现大量不连续面，标志着覆岩层结构发生变化[54]。采空区空洞（空隙）与覆岩采动裂隙相互连通，造成原岩渗透性能发生改变，直接影响采空区渗流特征，加速了地下水的渗漏与渗流。

采动覆岩的破坏特征具有明显的分区分带性，即"横三区""竖三带"[170]。"横三区"是指水平方向上采动覆岩自采空区四周向中心依次划分为煤壁支撑区、裂隙发育区与重新压实区；"竖三带"是指垂直方向上采空区自煤层顶板向上划分为垮落带、裂隙带与弯沉带。不同区域岩体的垮落程度与压实程度不同，导致采动覆岩的裂（孔）隙率存在较大差异。

为了获得采动裂隙场裂隙率与其渗透性能之间的关系，本次选择裂隙发育完全的模型Ⅰ方案三开采实验（采深 189.6m，采厚 10m）结束，覆岩沉降变形稳定后的采动岩体裂隙场进行研究。

本组模型实验开采结束后，采动覆岩受多层煤层重复开采的扰动影响，裂隙带贯穿上覆岩层直达松散层隔水底板，垂向上采动岩体仅存在冒落带与裂隙带两个带。冒落带内煤层顶板完全垮落，岩体不规则，密实度差；其中下部岩块排列极不整齐，而上部岩块由于垮落时自由度受限，块度较大，排列较规则。冒落岩块破碎膨胀基本占满采空区，其上覆岩层呈现为裂缝带。裂缝带内垂直裂隙发育，各岩层之间存在离层现象，渗透性能显著增大。

煤壁支撑影响区位于煤柱上方，开切眼与停采线断裂角外侧，岩体垂直位移不明显；靠近地表一带发育有张拉裂缝；裂隙发育区位于采空区边缘，靠近煤壁支撑端有竖向未贯通的裂缝与大量离层裂隙；重新压实区位于采空区中部，开采沉陷稳定后，冒落带与裂隙带内的破碎岩块被压密，层间裂隙趋于闭合。

　　模拟开采结束后，采动覆岩的分区分带情况如图 2.22 所示。

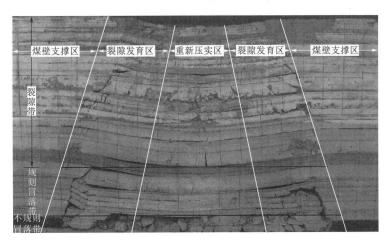

图 2.22　采动覆岩的分区分带情况

　　根据岩体破坏特征及裂隙分布情况，将采动覆岩的横向分区与纵向分带进行组合，并结合岩体不同部位裂隙空间的大小，在采动覆岩分区分带的基础上将采动裂隙场划分为 11 个组，为采动岩体的裂隙率统计与渗透性研究做准备。其中不规则冒落带 3 个组、规则冒落带 3 个组、裂隙带 3 个组、煤壁区 2 个组，如图 2.23 所示。

　　本次研究采用面裂隙率表征裂隙岩体的裂隙发育程度，面裂隙率计算为

$$f = \frac{\sum Lb}{A} \times 100\% \tag{2.8}$$

式中　f——面裂隙率；

　　　L——裂隙长度，m；

　　　b——裂隙宽度，m；

　　　A——所测裂隙单元的面积，m^2。

裂隙岩体各区裂隙率统计见表 2.11。

表 2.11　　　　　　　　　　　裂隙岩体各区裂隙率统计

裂隙率	煤壁支撑区	裂隙发育区	重新压实区	裂隙发育区	煤壁支撑区
裂隙带	16.54（第七组）	28.46（第一组）	17.90（第二组）	28.32（第三组）	16.49（第八组）
规则冒落带		30.29（第四组）	20.15（第五组）	30.91（第六组）	
不规则冒落带		37.23（第九组）	14.56（第十组）	36.55（第十一组）	

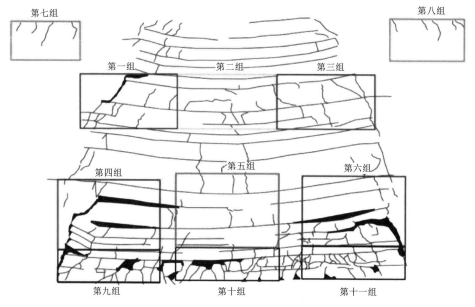

图 2.23　采动裂隙场分组情况

由图 2.22 与表 2.11 可得，采动覆岩残余裂隙的分布特征为：规则冒落带以上的岩体裂隙率总体上呈现自下而上逐渐减少的规律，且采空区两侧裂隙发育区大于中部压实区。支撑区受拉张应力作用，自覆岩顶部向下有裂隙发育，可为地下水向下运移提供通道。不规则冒落带位于采空区及其直接顶板，破断裂隙与采场相连，具有明显开放性；但是采空区中部受上覆岩层的垮落压实影响，部分裂隙闭合，导致裂隙率较两侧发育区小；且不规则冒落带内裂隙率较上部破碎岩体残余裂隙率小。采动裂隙场内规则冒落带裂隙发育区的裂隙发育程度最大。

2.2.4　煤层开采对松散含水层的影响

2.2.4.1　水位下降情况分析

煤层采动后，煤层顶板采动覆岩的破坏与裂隙场的改变造成渗透性能的空间差异，其对煤系地层上覆松散含水层的控制作用主要表现在地下水流速的变化。

煤层开采过程中，各组模型开采实验对应的上覆松散含水层水位下降速率变化情况如图 2.24 所示。

由图 2.24 可知：模型 Ⅰ 中，覆岩高度 186.9m，首分层开采全过程、二分层工作面推进至 200m 过程中，松散含水层地下水平均下渗速率较开采前基本保持不变，仍然为 0.0278cm/h，表明含水层尚未受到开采扰动影响；二分层推进

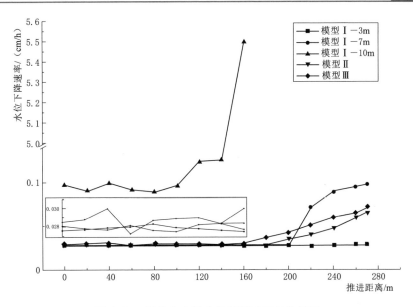

图 2.24　松散含水层水位下降速率变化情况

至 200m 以后，水位下降开始加速，表明含水层受到采动影响，底板相对隔水层的渗透性能发生变化，至 220m 后下降速率减缓，而后趋于稳定，二分层开采结束时水位下降速率达 0.0977cm/h；随后第三分层工作面推进至 100m 过程中，地下水平均下渗速率出现波动，但基本上保持稳定，开采 100m 之后，水位下降明显加速，经历一短暂平稳期后，即工作面推进至 140m 时，含水层中地下水漏失严重，水位急速下降，至 160m 时，地下水下渗速率可达 5.5cm/h，结合采动覆岩破坏情况可知，此时采动覆岩内上、下行裂隙贯通，松散含水层地下水沿采动裂缝直接下渗至开采空间，含水层底板失去隔水作用，转变为透水层。随开采的持续进行，裂隙带范围不断扩大，松散含水层底部黏土层继续变形、破坏，丧失隔水功能，上、下行采动裂缝连通，松散含水层被疏干。

模型 Ⅱ 中，覆岩厚度 151.2m，采厚 3m，一次采全高。工作面推进 180m 过程中水位下降速率较为稳定，与开采前基本一致；此后地下水平均下渗速率开始缓慢增大，至开采结束，水位下降速率增大至 0.066cm/h。

模型 Ⅲ 中，覆岩厚度 102.6m，采厚 3m，一次采全高。水位下降速率随采动进行，变化趋势与模型 Ⅱ 过程相似，即开采前期水位下降速率稳定，含水层未受到采动影响；当工作面推进至 160m 后便随开采的进行逐渐增大到 0.072cm/h。

2.2.4.2　水位下降速率变化原因分析

1. 弯沉带基岩厚度与水位下降速率的关系分析

煤层开采结束后，三组模型五次开采实验的导水裂隙带发育高度 H_{f} 及其顶端距离松散含水层底板相对隔水层的距离（即弯沉带内基岩厚度）H_b，以及开采结束时松散含水层水位下降速率情况见表 2.12。

表 2.12　　　　　　　　　　　弯沉带基岩厚度一览表

模　型	模型 I （覆岩高度 186.9m）			模型 II （覆岩高度 151.2m）	模型 III （覆岩高度 102.6m）
	采厚 3m	采厚 7m	采厚 10m		
导水裂隙带发育高度/m	45.9	154.4	189.4	45.0	44.0
弯沉带基岩厚度值 H_b/m	141.0	32.5	—	106.2	58.6
水位下降速率/(cm/h)	0.0281	0.0977	含水层疏干	0.0660	0.0720

由表 2.12 可知：当导水裂隙发育至松散含水层底板，即弯沉带内基岩层厚度值为 0 时，地下水漏失殆尽。在模型开采实验过程中，模型 I 三分层开采推进至 140m 时，导水裂隙贯通煤层顶板覆岩与含水层底板，松散含水层中地下水沿采动裂隙直接渗入采区，地下水位下降速率出现突增，并随开采进行持续加大，最终导致含水层疏干。

当导水裂隙带局限于煤层顶板覆岩内，且上、下行采动裂隙尚未沟通时，由于松散层底部的粉质黏土的透水性差，且弯沉带内基岩层的扰动裂缝不具导水能力，二者均可有效地阻止松散含水层中地下水位的下降。因此，松散含水层与采空区之间的有效隔水岩组由黏土隔水层（H_c）与基岩隔水层（H_r）构成，如图 2.25 所示。

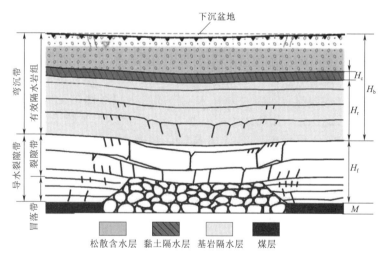

图 2.25　采动覆岩

由于隔水岩组包括黏土层与基岩层两部分。考虑到矿区松散含水层底部的黏土隔水层位于基岩上方，分布广泛且稳定，因此，结合开采过程中松散层水位下降速率变化情况，绘制弯沉带基岩厚度值（基岩隔水层）H_r 与含水层水位下降速率的关系曲线，如图 2.26 所示。

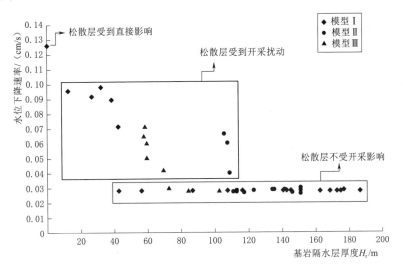

图 2.26　弯沉带基岩厚度与含水层水位下降速率的关系曲线

由图 2.26 可知：地下煤层开采后，若导水裂隙未连通松散含水层与开采空间，覆岩顶部松散含水层受采动影响的程度与其水位下降速率的变化情况取决于含水层底板下的基岩隔水层厚度 H_r，二者大体上呈负相关关系。H_r 值越小，松散含水层地下水位下降速率较采前变化越大；当 H_r 为 0 时，松散含水层受到开采的直接影响。当 H_r 高度足够大时，松散含水层基本不受煤层开采影响。但这种负相关并非线性递减，当 H_r 介于一定范围时，相同的 H_r 值同样会造成含水层受影响程度不同，这是由于采动裂隙的发育演化受开采方式与地质条件等多项因素的综合作用，是一个动态的、骤然的复杂变化过程；且导水裂隙带的发育高度并非松散含水层是否受采动影响及其受影响程度的唯一要素。

2. 开采对松散含水层影响的模式

煤层采出后，按照岩体的破坏程度，采动覆岩自下而上划分为冒落带、裂隙带与弯曲下沉带[171]。冒落带与裂隙带内的岩石破碎，裂隙发育，竖向破断裂隙与横向离层裂隙相互沟通，渗透能力增强，具有导水性，被称作导水裂隙带，属破坏性影响区。弯曲下沉带内岩体完整，但受采动影响存在纵、横向细微裂缝，这些采动裂隙虽然相互间没有充分沟通，但成为采动岩体的软弱结构面，可影响岩体渗透性。由于岩层结构的完整性决定了岩层的透水性能[89]，因此本次研究依据模型开采实验过程中地下开采对上覆松散含水层中地下水的影响程度，将冒落带与裂隙带称为直接影响区，其上的弯曲下沉带划分为开采扰动影响区与开采无影响区，如图 2.27 所示。

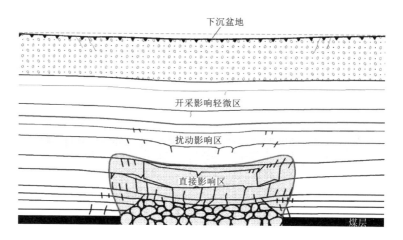

图 2.27 覆岩垮落对松散含水层地下水影响的概念模型

模型 I 覆岩高度较大，首分层开采结束后，导水裂隙带顶部距离松散含水层底板相对隔水层 141m，松散含水层及其隔水底板均位于扰动影响区之外，基本不受开采影响，含水层中地下水位的下降仅仅是由于上下含水层间的水头差引起，煤层停止开采后，地下水位可逐步回升。模型 I 二分层与埋深较浅的模型 II、模型 III 煤层采动后，尽管上、下行采动裂隙之间没有连通，但松散层与采空区之间的有效隔水岩组厚度较小，松散层位于开采扰动影响区内，扰动影响区内的采动裂缝为松散含水层中的地下水提供了储存空间与运移通道，地下开采对松散含水层产生了明显的影响。模型 I 三分层采动后，上行的导水裂隙带发育至松散含水层底部，松散层位于开采直接影响区内，地下开采对松散含水层产生了直接破坏。

因此，近水平煤层全部垮落法分层开采时，参照三下采煤规范中最小安全隔水厚度的定义[172]，本书定义基岩隔水层厚度 H_r 与煤层开采厚度 M 的比值，即隔采比作为评价松散含水层受开采影响程度的指标。结合采深采厚比，基于隔采比不同，弯沉带基岩高度松散含水层受到开采影响的判据为：

采深达到一定深度，当隔采比 H_r/M 与隔裂比 H_r/H_f 满足如下条件时式（2.6），采空区顶板覆岩的移动变形对地下含水层的影响范围最终会形成 3 个代表性的部分，即开采直接影响区、开采扰动影响区与开采影响轻微区。

$$\begin{cases} \dfrac{H_r}{M} > \dfrac{H}{M} - 20 \\ \dfrac{H_r}{H_f} > 2.5 \end{cases}$$

(2.9)

式中　H_r——基岩隔水层厚度，m；

　　　M——煤层采厚，m；

　　　H——煤层顶板基岩厚度，m；

　　　H_f——导水裂隙带高度，m。

3. 黏土隔水层变形与水位下降的关系分析

模型Ⅱ、模型Ⅲ开采后期，虽然裂隙带顶端距离含水层底板尚有一段距离，弯沉带内基岩厚度（基岩隔水层厚度）约110m，但松散含水层水位下降出现加速，由此考虑除弯沉带基岩厚度的影响外，采动时松散含水层底板相对隔水层的变形与断裂是导致地下水位下降的另一重要原因。

弯沉带内的扰动裂缝虽然不具导水能力，但带内岩层受地应力状态变化的影响，会产生不同程度的变形。覆岩的移动变形会对采后煤层顶板隔水岩组的稳定性和渗透率产生影响。松散含水层底部粉质黏土位于采空区覆岩顶部，属于连续弯沉带内，其稳定性是孔隙含水层中地下水漏失的关键。黏土隔水层变形破坏特征的研究可为揭示采动条件下松散含水层地下水水位下降产生机理提供理论依据。

粉质黏土层位于采动覆岩弯曲下沉带的顶部，岩层的弯曲变形及整体移动可引起张拉裂隙，从而使岩层失去连续性，导致相对隔水层渗透性能增强。为建立底板相对隔水层变形与渗透性能之间的关系，本书选取相同采厚、不同覆岩高度条件下随开采推进距离增加而呈单调变化的两个参数，表示垂直位移的最大下沉量，与控制平面形态的弯曲下沉面积，如图2.28示。

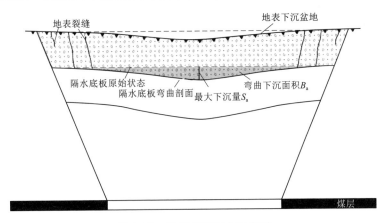

图2.28　底板相对隔水层变形

不同覆岩高度条件下的采场推进过程中，相对隔水层最大下沉量与地下水位下降速率的关系曲线如图2.29所示，弯曲下沉面积与地下水位下降速率的关系曲线如图2.30所示。

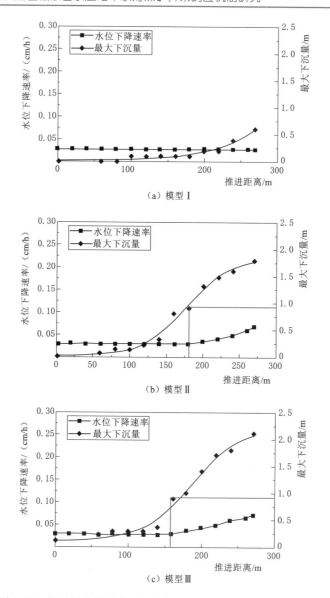

（a）模型 Ⅰ

（b）模型 Ⅱ

（c）模型 Ⅲ

图 2.29　相对隔水层最大下沉量与地下水位下降速率的关系曲线

　　由图 2.29、图 2.30 可知，随着覆岩高度的减小与煤层推进距离的增加，位于弯曲下沉带的松散含水层底板相对隔水层的变形加剧，当其拉伸变形超过抗拉强度极限时，会对原有黏土层的结构造成破坏，致其稳定性降低，水理性质发生改变，从而导致原本很弱的渗透能力加速增大，隔水层转变为透水层。结合相对隔水层的变形情况与水位平均下渗速率分析可得，采宽 270m，开采面积一定时，松散含水层底部黏土层的最大下沉量大于 0.9m，或其弯曲下沉面积达

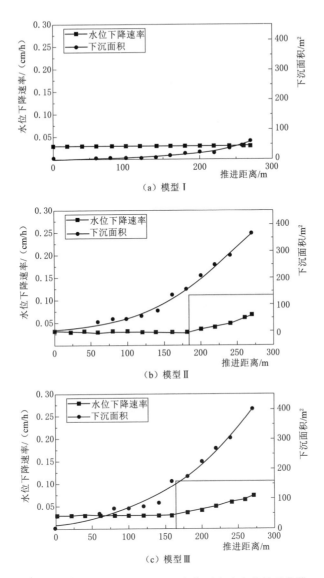

图 2.30　弯曲下沉面积与地下水位下降速率的关系曲线

156m² 时，即当黏土隔水层的垂直位移量与采宽的比值大于 1∶300 时，隔水层结构遭到破坏，渗透性能发生变化，上覆松散含水层水量加速流失。由此，覆岩变形与水位下降速率之间的关系定量化。

2.2.5　采煤对上覆松散含水层的影响机理

地下煤层的开采造成上覆岩层的变形、破坏，并产生采动裂隙。采动裂隙的产生与隔水岩组结构特征的改变是松散含水层地下水位下降的根本原因。松散含水层中地下水越流量与渗透流速的增加直接反映了采动覆岩中的裂隙发育程度及其连通程度。模型实验结果表明，煤层开采对上覆松散含水层的影响程度与作用机理大致有三种方式。

（1）煤层采动后，顶板覆岩受到扰动，发生移动变形与断裂破坏，基岩裂隙含水层中的地下水沿裂缝直接流入采空区。若导水裂隙带与地表下行的张拉裂隙带沟通，或者直接波及松散含水层，则采空区顶板采动覆岩丧失阻水能力，松散含水层中地下水以裂隙流形态下渗，直接汇入采空区，导致松散含水层水位持续下降，甚至被疏干。表现在模型实验中，模型Ⅰ煤层第三分层开采至140m时，上、下行采动裂隙迅速扩展，形成贯通裂隙，松散含水层地下水水位下降速率急剧增大；之后的开采推进过程中，松散含水层中地下水以裂隙流形态经裂隙贯通带全部漏失。

（2）导水裂隙带发育高度距离上覆松散含水层尚有一定距离，位于弯沉带的基岩隔水层与松散含水层底部的黏土隔水层可有效防止松散含水层中地下水流失，其中松散层的黏土层隔水底板起到关键作用。结合野外取水层位于采动覆岩弯沉带内的地下水井水位调查结果可知，松散层中地下水资源在采煤活动中未发生明显漏失，但水井水位出现波动；这表明弯沉带内隔水岩体与黏土层隔水底板受到开采扰动影响，发生弯曲变形进而产生细微裂缝，为松散层中地下水提供了下渗的储存空间。但是采动裂隙的发育是一个动态复杂的过程：一方面黏土层及软岩的工程力学特征决定了其中的微小裂缝可自行闭合消失，且细小的粉质黏土颗粒易随地下水充填至岩体的细小裂隙中，二者均可有效防止孔隙含水层地下水漏失；另一方面，地下水下渗的过程中，积聚在裂隙末梢，水压力将导致裂隙进一步扩大，从而使地下水沿裂隙面向深层饱和带继续渗透，隔水层的渗透能力进一步增强。因此，采动裂隙演化的复杂性使得松散含水层水位出现波动。表现在模型实验中，模型Ⅰ煤层第二分层开采后期、第三分层开采前期，模型Ⅱ、模型Ⅲ煤层开采后期，地下水位下降速率出现加速与波动。

（3）松散含水层的黏土隔水底板距离采动覆岩的扰动破坏带较远，虽然地下开采对松散含水层稳定性影响甚微，但是受矿坑排水影响，孔隙含水层与煤层顶板基岩裂隙含水层间地下水之间产生水头差，造成松散含水层地下水向下越流补给裂隙含水层。模型Ⅰ煤层首分层开采全程及二分层开采前期，模型Ⅱ、模型Ⅲ煤层开采前期，上下含水层间水头差一定，导水裂隙带发育高度距离松散层底板相对隔水层距离尚远时，松散含水层地下水水位下降速率基本不变，仅由水头差引起。但实际开采过程中，随时工作面推进，受矿坑排水影响，松散层孔隙含水层与基岩裂隙含水层之间水头差扩大，根据达西定律，松散层内地下水资源势必会在水压力作用下加速越流补给基岩裂隙含水层。

2.3 采动岩体渗透性能实验研究

2.3.1 采动岩体内的地下水流特征

煤层采动引起采空区上覆岩层移动、破断以及裂隙发育，并由此造成采动岩体的渗透性能发生变化[173]，加速了地下水向采掘空间渗流汇集。

工程实践中，大多数流体在多孔介质和裂隙介质中流动时，渗流速度小，流体运动服从达西定律；但在大孔隙、颗粒粗糙的强非均质介质中，渗透流速较大，惯性力占主导地位，渗流系统的线性关系发生偏移[87,174]。冒落带采动岩体属于堆积破碎岩石[86]，即岩体破碎、垮落后再次压实的部分。有研究表明，在矿山岩体破碎带（冒落带）中，地下水的流动既不满足线性渗流，也非自由的紊流，而是属于高速非达西渗流系统[80-82]。同样，裂隙带采动岩体属于原位破碎岩石[86]，即岩体受采动影响后发生破断，但位置不发生变化，仍以块体形式整齐排列的部分。裂隙带内断裂与离层发育，渗流行为也表现出明显的非线性特征[80-82]。

众多非达西流描述方法中，Izbash 公式与 Forchheimer 公式两种经验表达式[175-177]应用最为广泛。

Izbash 公式[68]的表现形式

$$J = \alpha v^n \quad 1 \leqslant n \leqslant 2 \qquad (2.10)$$

式中　J——水力梯度；

　　　v——渗透流速，cm/s；

　　　α——常数，与多孔介质和流体性质有关；

　　　n——非达西系数，当 $n=1$ 时即为达西定律：

$$J = \alpha v \qquad (2.11)$$

此时，渗透系数 $K = \dfrac{1}{\alpha}$。

将 Izbash 公式变形，可得幂函数形式的非层流渗流经验公式，其表现形式为

$$J = K_c J^{\frac{1}{m}} \quad 1 < m \leqslant 2 \qquad (2.12)$$

式中　J——水力梯度；

　　　K_c——反映上的渗透性质的比例系数，称为渗透系数，cm/s；

　　　m——大于 1 的流态指数，与渗流介质的结构和粒径大小有关，当 $m=2$ 时，上述经验公式代表完全紊流渗流；当 $1<m<2$ 时，代表水流运动介于层流与紊流之间，是层流到紊流的过渡，为混合流。

另有 Forchheimer 方程[67]的表现形式为

$$J = av + bv^2 \qquad (2.13)$$

式中　J——水力梯度；

　　　　v——渗透流速，cm/s；

　　　a、b——经验系数，取决于岩石颗粒的粗细和渗液黏滞性的大小，与介质和流体性质有关。

当渗透流速很小时，可忽略右式二次项，导出达西定律；当渗透流速非常大时，相比之下，可忽略右式一次项，得到紊流表达式，即谢才公式为

$$J = K_f J^{\frac{1}{2}} \qquad (2.14)$$

式中　K_f——紊流时的渗透系数，cm/s。

采动岩体内地下水的非达西流动均可用上述 Izbash 公式或 Forchheimer 公式描述。但是目前针对具体问题，选用哪种方程尚无确定的标准。

采空区上覆岩层的破坏是一个动态过程，相应地，其渗透性能也是一个变量。为获得采动破坏带内岩体的渗透系数，本书选择室内相似材料模拟实验中模型Ⅰ采厚 10m 开挖工作结束后一段时间，覆岩移动暂时达到一个稳定阶段时，对冒落带及裂隙带内破坏岩体的渗透性进行测量。

2.3.2 冒落带采动岩体渗透实验

破碎岩体内包含有多组裂隙且岩体体积较大，受现场条件与实验设备的限制，在现场进行原位试验测量破碎岩体的渗透性能和孔（裂）隙度十分困难，因此本书采用室内模拟实验的方法测量。

冒落带内岩层孔隙度大，渗透性强，地下水以垂直运动为主。为实现大孔隙渗透介质非线性渗流所需的不同孔隙率与变水力梯度的渗流过程，本书设计一套一维渗流柱作为实验装置。由于冒落带内垮落岩块形状不规则，具碎胀性，密实度差，且排列杂乱无章，故本次实验选用不同粒径的碎石与粗砂作为实验材料，采用稳态渗透法[175]开展冒落带破碎岩体渗透实验。

2.3.2.1 实验材料与装置

1. 实验材料

冒落带内多孔介质的颗粒大小不一且形状各异，因此实验选择粒径分别为 5～10mm、10～20mm、20～30mm 区间的碎石与 0.5～5.0mm 范围的粗砂作为渗透介质，并将其分别编号为Ⅰ、Ⅱ、Ⅲ、Ⅳ，如图 2.31 所示。通过改变渗透介质的粒径及其组合比例，取得不同连通孔隙率的岩体试样，以实现地下水在冒落带破碎岩体内的非达西流动。

图 2.31　渗透介质与粒径

2. 实验装置

冒落带采动岩体渗透性实验装置主要包括四部分：进水装置、渗流装置、测压装置以及测量装置，如图 2.32 所示。

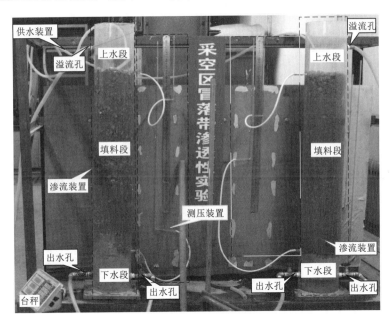

图 2.32　冒落带采动岩体渗透性实验装置

（1）进水装置。利用两根橡胶软管引流自来水，向渗流装置中注入所需水量。

（2）渗流装置。主体为一总高为 1.5m，内径为 20.0cm 的一维渗流柱，采用 0.8cm 厚的亚克力管制成。装置从上至下分为上水段、填料段与下水段三部分，每段高度分别为 0.25m、1.00m 和 0.25m，横截面均一。为实现定水头入渗，上水段距离顶端 8cm 处开设一孔径为 2cm 的溢流孔。下水段左、右两侧各设计一个孔径为 2cm 的出水孔以控制出水流量。填料段与下水段间铺设一层透水板以支撑充填介质，防止填料段中渗透介质掉落，透水板空隙率为45%。

（3）测压装置。填料段上（进水）、下（出水）两端各布置一个直径为9mm的测压孔，用橡胶软管连接至测压管，通过测量装置读取整个渗流段的压力水头。

（4）测量装置。高度、长度测量采用钢尺（量程1m）、钢卷尺（量程5m）；流量测量采用量筒（容积2000mL；最小刻度5mL）、水桶；质量测量采用台秤（量程5kg）；计时采用秒表（精度1/1000s）。

2.3.2.2 实验方案

将渗透介质所用各材料之间按不同的体积比进行混合，配制出不同孔隙率的多孔介质，分10组独立开展渗流实验。不同级配的冒落带岩样配比方案见表2.13。

表2.13 采空区冒落带渗透介质及配比方案

试样编号	渗透介质	配比方案	试样编号	渗透介质	配比方案
1	Ⅰ	1:0:0:0	6	Ⅰ、Ⅱ、Ⅲ	2:1:1:0
2	Ⅱ	0:1:0:0	7	Ⅰ、Ⅱ、Ⅲ、Ⅳ	3:1:1:5
3	Ⅲ	0:0:1:0	8	Ⅰ、Ⅱ、Ⅲ、Ⅳ	3:2:2:3
4	Ⅰ、Ⅱ	1:1:0:0	9	Ⅰ、Ⅱ、Ⅲ、Ⅳ	1:1:1:1
5	Ⅱ、Ⅲ	0:1:1:0	10	Ⅰ、Ⅱ、Ⅲ	3:1:1:0

冒落带渗透介质的10组试样中，1号、2号、3号试样为单一粒径碎石，4号、5号试样分别为5～10mm与10～20mm、10～20mm与20～30mm两种粒径的碎石均按照1:1的体积比组合配置而成，6号、10号试样为5～10mm、10～20mm、20～30mm三种粒径的碎石按照不同体积比组合配置而成，7号、8号、9号试样为5～10mm、10～20mm、20～30mm三种粒径的碎石与0.5～5.0mm的粗砂四种材料按照不同体积比组合配置而成。

2.3.2.3 实验方法与步骤

1. 实验方法

由于冒落带破碎岩体属于大孔隙渗透介质，透水性强，因此本次冒落带渗流模拟实验采用常水头稳态试验法进行。

2. 实验步骤

（1）装料。装料时，采用分层填筑、逐层压实的方法进行。渗透介质各分层高度均为10cm，分10次装填，以保证填料的均匀性。破碎颗粒岩样经振捣密实后逐层装填至填料段，每层装填完记录各材料用量。

（2）装置与仪器检查。实验前，需对实验装置各设备的密封性、管路的畅通性进行检验，并对仪器进行校准。确认装置与仪器正常后，准备开始渗流实验。

（3）进行渗流实验。打开水阀，对渗流装置充水，采用自底部向上层逐层饱和的方法进行。注水过程中轻轻拍打渗流柱壁，排净渗流介质中气体。整个饱和过程持续 30min，确保介质中孔隙全部被水充满。待填料段多孔渗透介质达到饱和，且两端水头压力与单位时间出流量均达到稳定值时，定时记录压力值与出水流量。出水量较大时用塑料桶盛水，台秤称重后换算成体积单位；出水量较小时直接用量筒测量。为保证数据的准确性，每组固定水头差进行三次连续测量，出流量相对差值不超过 1% 视为有效数据，而后取三次测量的平均值。

渗流段进、出水端水头差值与填料段长度的比值即为水力梯度。利用出水阀调节出水流量，实现变水力梯度渗流过程。改变水头差后重复进行实验，每组试样设计五个水头差进行渗流实验。

（4）裂隙率测定。每组渗流实验结束后，对每组渗透介质试样的裂隙率进行测定。具体做法是：关闭进水阀，打开出水阀，放空渗流段内全部水量；记录该水量值，其与整个渗流段体积的比值即为该组试样的裂隙率，裂隙率计算公式见式（2.15）。测定过程中，为防止排水量的滞后延迟对裂隙率的计算造成影响，渗流段的放水时间要足够长。

$$f = \frac{V_水}{V} \times 100\%$$ （2.15）

式中　f——渗透介质裂隙率，%；

$\quad\quad V_水$——渗流段内水量，mL；

$\quad\quad V$——渗流段体积，m^3。

（5）卸料及仪器整理。每组试样的渗流实验结束后，卸料、清洗并擦干渗流柱后，进行下一组试样的渗流实验。对于 1 组、2 组、3 组单一粒径的试样，实验材料烘干后可重复利用。

2.3.2.4　实验结果与分析

1. 水力梯度与渗透流速的关系

渗流实验得出 10 组不同连通裂（空）隙率的冒落带渗透介质试样中地下水的水力梯度与渗透流速实验数据，如图 2.33 所示。

本书分别利用线性关系表达式、Izbash 公式与 Forchheimer 公式对冒落带内大孔隙破碎岩体的混流运动[178]进行描述。决定系数 R^2 是趋势线拟合程度的指标，可用于评价回归方程的优劣；其值越接近于 1，说明模型的拟合效果越好。

开采结束后，冒落带内不同裂（空）隙率试样渗透流速 v 与水力梯度 J 的拟合方程及其决定系数见表 2.14。

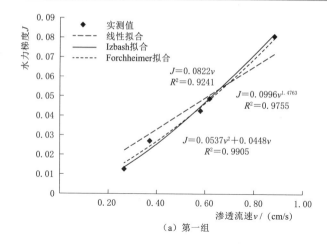

（a）第一组

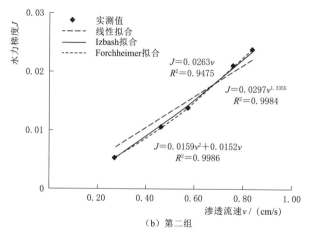

（b）第二组

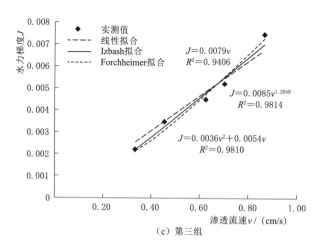

（c）第三组

图 2.33（一）　冒落带渗透介质试样中地下水的水力梯度与渗透流速实验数据

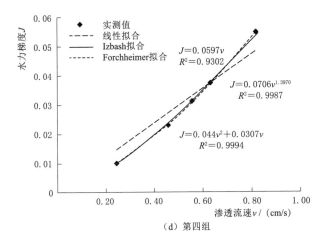

（d）第四组

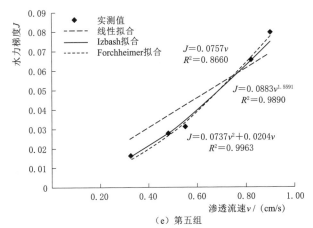

（e）第五组

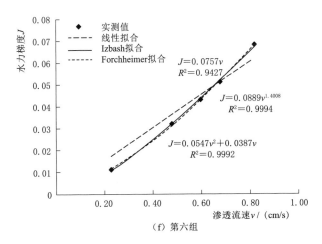

（f）第六组

图 2.33（二）　冒落带渗透介质试样中地下水的水力梯度与渗透流速实验数据

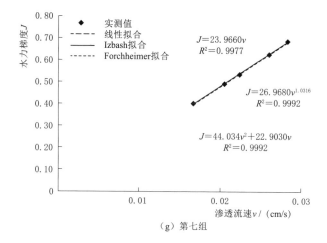

（g）第七组

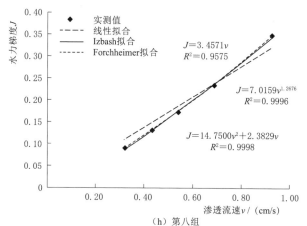

（h）第八组

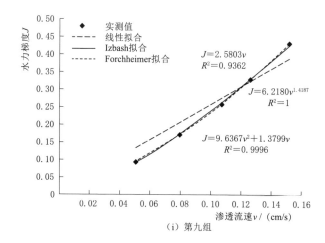

（i）第九组

图 2.33（三） 冒落带渗透介质试样中地下水的水力梯度与渗透流速实验数据

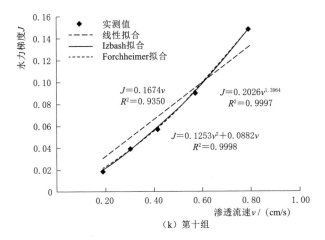

（k）第十组

图 2.33（四） 冒落带渗透介质试样中地下水的水力梯度与渗透流速实验数据

表 2.14 冒落带破碎岩体渗流实验结果拟合关系

组别	裂隙率 $f/\%$	线性关系式		Izbash 公式		Forchheimer 公式	
		拟合方程	R^2	拟合方程	R^2	拟合方程	R^2
1	37.00	$J=0.0822v$	0.9241	$J=0.0996v^{1.4763}$	0.9755	$J=0.0537v^2+0.0448v$	0.9905
2	38.52	$J=0.0263v$	0.9475	$J=0.0297v^{1.3355}$	0.9984	$J=0.0159v^2+0.0152v$	0.9986
3	42.00	$J=0.0079v$	0.9406	$J=0.0085v^{1.2049}$	0.9814	$J=0.0036v^2+0.0054v$	0.9810
4	33.45	$J=0.0597v$	0.9302	$J=0.0706v^{1.3970}$	0.9987	$J=0.0440v^2+0.0307v$	0.9994
5	34.14	$J=0.0757v$	0.8660	$J=0.0883v^{1.5591}$	0.9890	$J=0.0737v^2+0.0204v$	0.9963
6	32.10	$J=0.0757v$	0.9427	$J=0.0889v^{1.4008}$	0.9994	$J=0.0547v^2+0.0387v$	0.9992
7	13.54	$J=23.9660v$	0.9977	$J=26.9680v^{1.0316}$	0.9992	$J=44.0340v^2+22.9030v$	0.9992
8	18.43	$J=3.4571v$	0.9575	$J=7.0159v^{1.2676}$	0.9996	$J=14.7500v^2+2.3829v$	0.9998
9	21.40	$J=2.5803v$	0.9362	$J=6.2180v^{1.4187}$	1	$J=9.6367v^2+1.3799v$	0.9996
10	24.85	$J=0.1674v$	0.9350	$J=0.2026v^{1.3964}$	0.9997	$J=0.1253v^2+0.0882v$	0.9998

通过图 2.32 和表 2.14 分析可以看出：

（1）Izbash 公式、Forchheimer 公式与线性方程相较，均能更好地拟合大孔隙堆积岩体中渗流速度与水力梯度之间的关系，表明冒落带内地下水流呈高速非线性流。

（2）Izbash 公式［式（2.10）］中的非达西系数 n（$1 \leqslant n \leqslant 2$）大体上随渗透介质裂隙率的减少而减小。在第七组渗透实验中，采动岩体裂隙率最小，为 13.54%，且粒径分布范围广，级配良好；此时非达西系数 n 为 1.0316，最接近于 1，地下水流运动非常接近达西流，可得渗透系数 K 为 0.041cm/s。这表明冒落带破碎岩体内的地下水流态明显受裂隙率的影响。

Izbash 公式与 Forchheimer 公式都能较好地描述采动岩体内的非达西流，鉴于二者可以互相转化[75,179]，且幂函数方程表达式是达西定律的延续[180]，能够直观地体现渗透系数 K；因此，本次渗透系数的研究采用 Izbash 方程变形公式即幂函数方程的拟合结果。根据式（2.12），可得 10 组渗透介质试样的渗透系数 K，见表 2.15。

表 2.15　　　　　　　　　冒落带多孔介质试样渗透系数

试样编号	裂隙率 $f/\%$	幂函数拟合方程	渗透系数 $K/(\text{cm/s})$
1	37.00	$v = 4.5128J^{0.661}$	4.51
2	38.52	$v = 13.8390J^{0.747}$	13.84
3	42.00	$v = 48.2910J^{0.814}$	48.29
4	33.45	$v = 6.6472J^{0.715}$	6.65
5	34.14	$v = 4.6339J^{0.634}$	4.63
6	32.10	$v = 5.6219J^{0.713}$	5.62
7	13.54	$v = 0.0410J^{0.969}$	0.04
8	18.43	$v = 0.2149J^{0.788}$	0.21
9	21.40	$v = 0.2758J^{0.705}$	0.27
10	24.85	$v = 3.1349J^{0.716}$	3.13

从表 2.15 可以看出：

（1）冒落带内采动岩体的裂隙率越小且颗粒级配越接近良好，水力梯度与渗流速度关系曲线越接近于直线，渗流越接近线性达西流，流态指数 m 越接近于 1。

（2）对于以单一粒径碎石为渗透介质的前三组试样，裂（空）隙率相差不大，但其渗透性能差别明显。造成这一现象的原因是砂石的粒径是影响渗流流态的一个重要因素[181]。裂（空）隙率相近时，渗透介质平均粒径越小，颗粒间空隙越密小，连通性越差，渗流阻力越大，因此采空区渗透系数较小；反之亦然。

（3）混合粒径渗透介质的渗透性能测试结果表明，颗粒分布是影响渗流流态的另一重要因素。

2. 冒落带破碎岩体裂隙率与渗透系数的关系

利用表 2.15 中数据，对冒落带内采动岩体的裂隙率 f 与渗透系数 K 之间的关系进行拟合。为了得到更好的拟合效果，本书采用全程拟合与分段拟合法分别进行，选取均方根误差（RMSE）与决定系数（R^2）作为模型评价的指标，拟合结果见图 2.34 及表 2.16。

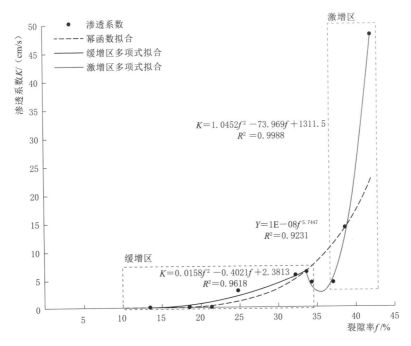

图 2.34 冒落带破碎岩体渗透性能与裂隙率拟合关系

表 2.16   **冒落带破碎岩体裂隙率与渗透系数拟合参数**

采空区位置	拟合方法		拟 合 方 程	均方根误差 RMSE	决定系数 R^2
不规则冒落带	全程拟合		$K = 1\mathrm{E}-08f^{5.7447}$	2.613	0.9231
	分段拟合	缓增区	$K = 0.0158f^2 - 0.4021f + 2.3813$	0.525	0.9618
		激增区	$K = 1.0452f^2 - 73.969f + 1311.5$	0.577	0.9988

由图 2.34 及表 2.16 不难看出，对冒落带破碎岩体的裂隙率与渗透性能之间的关系采用分段拟合，较全程拟合得到的幂函数回归方程具有更好地拟合效果；且冒落带内裂隙发育区的残余裂隙率为 37.23% 和 36.55%，位于分段拟合函数的边界位置，此时用幂函数回归方程预测渗透系数将出现较大偏差。因此，本书选择对渗透系数缓增区与激增区进行分段拟合的结果。拟合结果表明：

（1）不规则冒落带内破碎岩体的渗透性能总体上随裂隙率的增加而呈现增大的趋势。随着裂（空）隙率与渗透系数的增大，二者之间的关系是不断变化的。当裂隙率小于 30% 时，渗透性能随裂隙率的增大呈二次多项式函数关系缓慢增长；裂隙率为 30%～37% 时，渗透性能变化不大，渗透系数值集中在 5.35cm/s 附近；当裂隙率大于 37% 时，渗透性能与裂隙率呈二次多项式关系急剧增大。

（2）基于冒落带破碎岩体裂（空）隙率与渗透性能之间的拟合关系，将模型实验开采结束后所得的不规则冒落带内空（裂）隙率代入，可得采动覆岩冒落带不同位置的渗透系数，见表 2.17。

表 2.17　　　　　　　　　冒落带不同位置的渗透系数

破碎岩体位置	裂 隙 发 育 区		重 新 压 实 区	
	平均裂隙率 f /%	渗透系数 K /(cm/s)	平均裂隙率 f /%	渗透系数 K /(cm/s)
不规则冒落带	36.89	5.167	14.56	0.081

由表 2.17 可得，渗透实验所得不规则冒落带内采动岩体的渗透系数为 0.081～5.167cm/s，不同区域的渗透系数差别较大，采空区中部的重新压实区明显低于两侧的裂隙发育区。采空区破坏岩体渗透系数较煤层开采前弱透水性的顶板 S4 砂岩渗透系数值 0.000301cm/s 急剧增大，扩大了 3～4 个数量级，表明采动破坏对岩石透水性影响很大。

2.3.3　裂隙带采动岩体渗透实验

为了获得裂隙带内采动岩体裂隙率与其渗透性能的关系，本次实验利用自制的渗流装置对采后五组典型的裂隙单元进行渗透性能测定。另外，由于冒落带上部岩块垮落时自由度比较小，块度较大，排列较规则，因此冒落带内三组单元的渗透性能同样利用该组渗透装置进行测定。八组裂隙单元见图 2.23 中第一组至第八组。

裂隙带内的岩层虽然发生断裂、开裂与离层，但仍然成层分布。因此渗透实验前，针对煤层开采完毕覆岩移动稳定后的八组裂隙单元制作实验模型，渗透实验模型与开采实验模型比例确定为 1:1。

2.3.3.1　实验材料与装置

1. 实验材料

鉴于熟石膏粉在模型制作中的快干性与高复制性，以及硬化后的稳定性与初凝时的可塑性，本次实验选取熟石膏粉加水调和后，制作各裂隙单元的相似模型。为便于复制破断岩体与裂隙形态，需使石膏浆体在一定时间内保持塑性，因此在石膏调和物中加入石膏缓凝剂以提高初凝和终凝之间的时间差，三种材料配比为石膏：水：缓凝剂＝12:5:0.006。

2. 实验装置

裂隙带内采动岩体在水平方向与垂向上的渗透性能具有明显的差异，因此，本次裂隙带渗透性实验装置分水平渗透实验与垂直渗透实验两组进行。两组实验装置主体相似，均包括四部分：供水装置、渗流装置、测压装置以及测量装置，如图 2.35 所示。

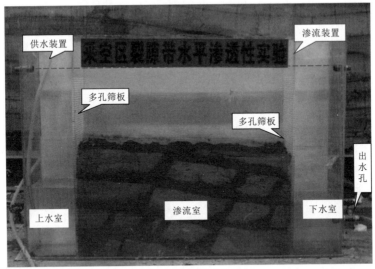

（a）水平渗透实验装置

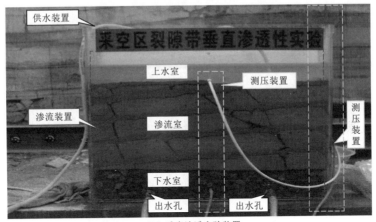

（b）垂直渗透实验装置

图 2.35 裂隙带渗透性实验装置

（1）供水装置。利用橡胶软管引流自来水，直接向渗流装置中注入所需水量。

（2）渗流装置。水平渗流实验装置与垂直渗流实验装置均由上水室、渗流室及下水室三部分组成，框体采用高透明亚克力板制成。水平渗流实验装置主体尺寸为 1.2m×0.2m×0.8m（长×宽×高），其中上水室与下水室长度均为 0.2m，渗流室长度为 0.8m；为防止两侧水压对采动岩体裂隙造成破坏，并保证透水能力，三室之间采用孔隙率为 40％（大于岩体裂隙率）的亚克力多孔筛板为隔挡板。垂直渗流实验装置主体尺寸为 0.8m×0.2m×1.2m（长×宽×高），渗流室高度为 0.8m，上、下水室高度均为 0.2m；为支撑采动岩体，且不影响渗流室中出水量，下水室中用孔隙率为 30％（大于岩体裂隙率）的碎石子充填。下水室底部设计两个孔径为 2cm 的出水孔以控制出水流量。

（3）测压系统。垂直渗流性实验装置渗流室上（进水）、下（出水）室各布置一个直径为 9mm 的测压孔，用橡胶软管连接至测压管，通过测量装置读取整个渗流段的压力水头。

（4）测量装置。高度、长度测量采用钢尺（量程 1m）、钢卷尺（量程 5m）；流量测量采用量筒（容积 2000mL；最小刻度 5mL）、水桶；质量测量采用台秤（量程 5kg）；计时采用秒表（精度 1/1000s）。

2.3.3.2　实验方案

为得出煤层顶板采动覆岩裂隙率与渗透性能之间的关系，本书对采动裂隙场内的八组裂隙单元物理模型分别进行水平、垂向渗透性能的测试，计算出各组裂隙岩体的水平渗透系数与垂直渗透系数，建立裂隙带岩体渗透系数与裂隙率之间的相关关系。裂隙单元分组如图 2.36 所示，实验方案见表 2.18。

图 2.36　裂隙带渗透实验裂隙单元分组

表 2.18　　　　　　　　　　　　裂隙带渗透实验方案

采动岩体位置	组别	裂隙单元尺寸/m	裂隙率 f/%	裂隙单元性质
裂隙带	第一组	0.8×0.2×0.4	28.46	裂隙发育区
	第二组	0.8×0.2×0.4	17.90	压实区
	第三组	0.8×0.2×0.4	28.32	裂隙发育区

续表

采动岩体位置	组别	裂隙单元尺寸/m	裂隙率 $f/\%$	裂隙单元性质
规则冒落带	第四组	0.8×0.2×0.6	30.29	裂隙发育区
	第五组	0.8×0.2×0.6	20.15	压实区
	第六组	0.8×0.2×0.6	30.91	裂隙发育区
煤壁支撑区	第七组	0.8×0.2×0.4	16.54	煤壁支撑区
	第八组	0.8×0.2×0.4	16.49	煤壁支撑区

2.3.3.3 实验步骤

1. 试样制备与装料

按照裂隙结构单元的大小，制作两个尺寸为 0.8m×0.2m×0.2m 的有机玻璃模具；将实验材料按配比（石膏：水：缓凝剂＝12：5：0.006）调和并搅拌均匀后倒入模具，按照各单元断裂岩层厚度制作模型试样。试样初凝后脱模，利用铁片在试样相应位置上切割出裂（空）隙，并对试样进行编号（图 2.37）。待试样终凝后，按采动岩体的位置顺序及位移变形情况逐层放入渗流室中。为防止渗流室箱体与岩体模型接触面缝隙对渗流量产生影响，铺设试样时，用玻璃腻子进行逐层密封。

图 2.37 裂隙岩体模型试样

2. 装置与仪器检查

实验设备组装完成后，在实验开始前对装置的密封性及所有管路的畅通性进行检查，并对仪器进行校准，以确保实验的顺利进行。

3. 进行渗流实验

渗流实验分水平渗透实验与垂直渗透实验两组分别进行。具体实验过程与冒落带渗透实验相似，即上、下水室液面稳定后开始记录、测量，通过调节出水阀实现水头变化，每组岩体模型进行 5 次测量，得到各裂隙单元水力梯度与渗流速度的关系曲线。

4. 拆模及仪器清洁

每组渗透实验完成后，将模型试样分层取出、清洗干净、晾干后依次摆放整齐；待渗流室清洁完成并擦干后，进行下一组实验。

2.3.3.4 实验结果与分析

1. 水力梯度与渗透流速的关系

采动破坏带内八组典型裂隙单元中地下水垂直方向上水力梯度 J 与平均渗

透流速 v 的实验数据与关系曲线如图 2.38 所示，二者拟合方程及其决定系数见表 2.19。

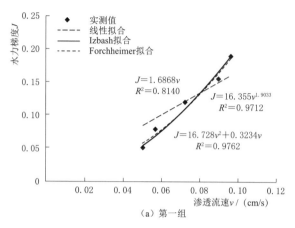

（a）第一组

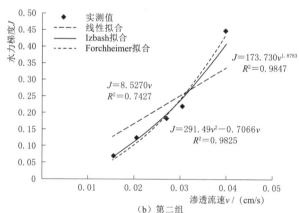

（b）第二组

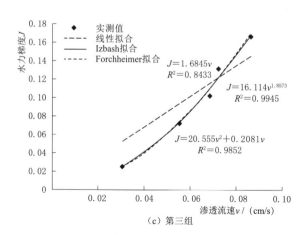

（c）第三组

图 2.38（一）　裂隙带破碎岩体垂向水力梯度与渗透流速关系

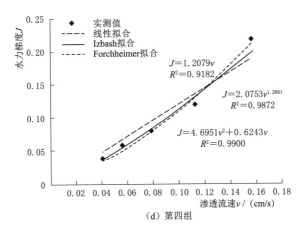

（d）第四组

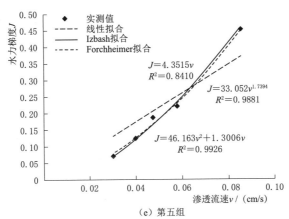

（e）第五组

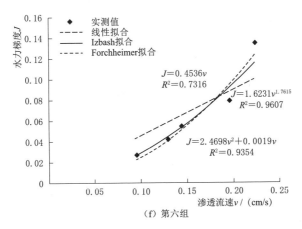

（f）第六组

图 2.38（二） 裂隙带破碎岩体垂向水力梯度与渗透流速关系

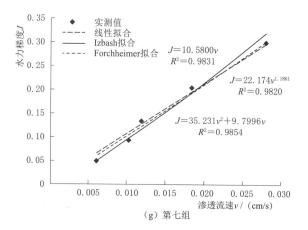

（g）第七组

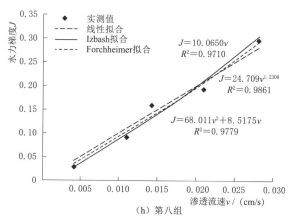

（h）第八组

图 2.38（三）　裂隙带破碎岩体垂向水力梯度与渗透流速关系

表 2.19　　　　　　　　　　垂向渗透能力拟合成果

组别	裂隙率 $f/\%$	线性方程		Izbash 方程		Forchheimer 方程	
		拟合方程	R^2	拟合方程	R^2	拟合方程	R^2
第一组	28.46	$J=1.6868v$	0.8140	$J=16.355v^{1.9033}$	0.9712	$J=16.728v^2+0.3234v$	0.9762
第二组	17.90	$J=8.5270v$	0.7427	$J=173.730v^{1.8783}$	0.9847	$J=291.49v^2-0.7066v$	0.9825
第三组	28.32	$J=1.6845v$	0.8433	$J=16.114v^{1.8573}$	0.9945	$J=20.555v^2+0.2081v$	0.9852
第四组	30.29	$J=1.2079v$	0.9182	$J=2.0753v^{1.2661}$	0.9872	$J=4.6951v^2+0.6243v$	0.9900
第五组	20.15	$J=4.3515v$	0.8410	$J=33.052v^{1.7394}$	0.9881	$J=46.163v^2+1.3006v$	0.9926
第六组	30.91	$J=0.4536v$	0.7316	$J=1.6231v^{1.7615}$	0.9607	$J=2.4698v^2+0.0019v$	0.9354
第七组	16.54	$J=10.5800v$	0.9831	$J=22.174v^{1.1861}$	0.9820	$J=35.231v^2+9.7996v$	0.9854
第八组	16.49	$J=10.0650v$	0.9710	$J=24.709v^{1.2308}$	0.9861	$J=68.011v^2+8.5175v$	0.9779

裂隙带内八组典型裂隙单元地下水水平方向上水力梯度 J 与平均渗透流速 v 的实验数据与关系曲线如图 2.39 所示，二者拟合方程及其决定系数见表 2.20。

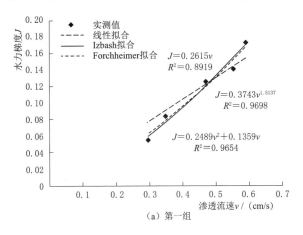

（a）第一组

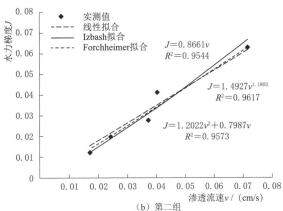

（b）第二组

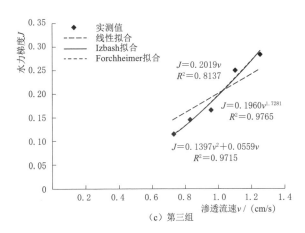

（c）第三组

图 2.39（一）　裂隙带破碎岩体水平向水力梯度与渗透流速关系

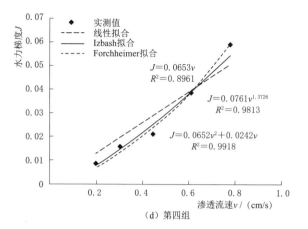

（d）第四组

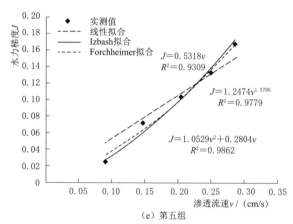

（e）第五组

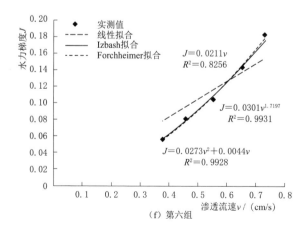

（f）第六组

图 2.39（二） 裂隙带破碎岩体水平向水力梯度与渗透流速关系

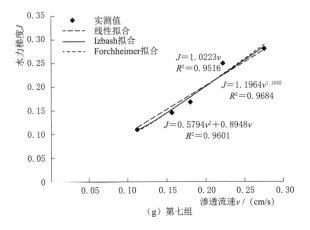

（g）第七组

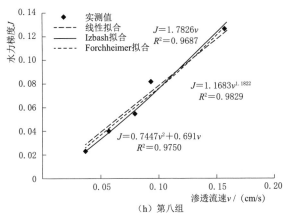

（h）第八组

图 2.39（三） 裂隙带破碎岩体水平向水力梯度与渗透流速关系

表 2.20 水平方向渗透能力拟合成果

组别	裂隙率 $f/\%$	线性方程		Izbash 方程		Forchheimer 方程	
		拟合方程	R^2	拟合方程	R^2	拟合方程	R^2
第一组	28.46	$J=0.2615v$	0.8919	$J=0.3743v^{1.5137}$	0.9698	$J=0.2489v^2+0.1359v$	0.9654
第二组	17.90	$J=0.8661v$	0.9544	$J=1.4927v^{1.1803}$	0.9617	$J=1.2022v^2+0.7987v$	0.9573
第三组	28.32	$J=0.2019v$	0.8137	$J=0.1960v^{1.7281}$	0.9765	$J=0.1397v^2+0.0559v$	0.9715
第四组	30.29	$J=0.0653v$	0.8961	$J=0.0761v^{1.3726}$	0.9813	$J=0.0652v^2+0.0242v$	0.9918
第五组	20.15	$J=0.5318v$	0.9309	$J=1.2474v^{1.5795}$	0.9779	$J=1.0529v^2+0.2804v$	0.9862
第六组	30.91	$J=0.0211v$	0.8256	$J=0.0301v^{1.7197}$	0.9931	$J=0.0273v^2+0.0044v$	0.9928
第七组	16.54	$J=1.0223v$	0.9516	$J=1.1964v^{1.1045}$	0.9684	$J=0.5794v^2+0.8948v$	0.9601
第八组	16.49	$J=1.7826v$	0.9687	$J=1.1683v^{1.1822}$	0.9829	$J=0.7447v^2+0.691v$	0.9750

显然，裂隙带与规则冒落带内地下水流垂向上与水平方向上的水力梯度与渗流速度之间均呈现较强的非线性关系。由于 Izbash 方程形式简单，且变形后的幂函数形式可直接反映介质的渗透性能，因此，本书采用 Izbash 方程的拟合结果。

根据式（2.12），可以得出八组裂隙单元垂向渗透系数与水平方向渗透系数，见表 2.21。

表 2.21 裂隙带渗透介质试样渗透系数表

试样编号	裂隙率 f/%	垂直渗透实验		水平渗透实验	
		幂函数拟合方程	渗透系数 K/(cm/s)	幂函数拟合方程	渗透系数 K/(cm/s)
1	28.46	$v=0.2227J^{0.5103}$	0.223	$v=1.8305J^{0.6407}$	1.83
2	17.90	$v=0.0633J^{0.5243}$	0.063	$v=0.6338J^{0.8148}$	0.63
3	28.32	$v=0.2322J^{0.5354}$	0.232	$v=2.5087J^{0.5651}$	2.50
4	30.29	$v=0.5479J^{0.7797}$	0.548	$v=6.2035J^{0.7149}$	6.20
5	20.15	$v=0.1322J^{0.5681}$	0.132	$v=0.8397J^{0.6191}$	0.84
6	30.91	$v=0.7128J^{0.5454}$	0.713	$v=7.5316J^{0.5775}$	7.53
7	16.54	$v=0.0711J^{0.8279}$	0.071	$v=0.8095J^{0.8767}$	0.81
8	16.49	$v=0.0721J^{0.8012}$	0.072	$v=0.8408J^{0.8314}$	0.84

2. 裂隙带破碎岩体裂隙率与渗透系数的关系

利用表 2.21 中数据，分别对采动岩体内各裂隙单元的垂向渗透系数、水平渗透系数与岩体裂隙率之间的关系进行数据拟合。

采动岩体裂隙率 f 与垂向渗透系数 K_y 的拟合关系曲线见图 2.40、表 2.22。

表 2.22 裂隙带破碎岩体裂隙率与垂向渗透系数拟合情况

采空区位置	拟合方法		拟 合 方 程	决定系数 R^2
裂隙带	全程拟合		$K_y=0.0067e^{0.1381f}$	0.8973
	分段拟合	缓增区	$K_y=0.0136f-0.1579$	0.9714
		激增区	$K_y=0.0426f^2-2.3316f+32.107$	0.9987

由图 2.40 与表 2.22 可以看出，裂隙带破碎岩体垂向渗透性能随裂隙率的增大而增强，但增加幅度会发生变化。采用分段拟合二者的关系，较全程拟合得到的指数方程具有更好的效果。采动岩体裂隙率小于 28.5% 时，渗透性能随裂隙率的增大呈线性缓慢增长趋势；当裂隙率大于 28.5% 时，随着裂隙率的增大，渗透性能呈二次多项式关系急剧增强。

对于水平向渗透系数的测定，考虑到实验结果不仅与岩体整体裂隙率有关，还与横向离层裂隙的开度及裂隙方向等参数有关[182-183]。因此本书将与进水方向一致的裂隙张开方向定义为正方向，反之定义为负方向。对照采动裂隙场分组情况（图 2.36）可得，八组裂隙单元中，第三组、第六组、第八组裂隙单元裂隙方向为正方向；第一组、第四组、第七组裂隙单元裂隙方向为负方向；第二组、第

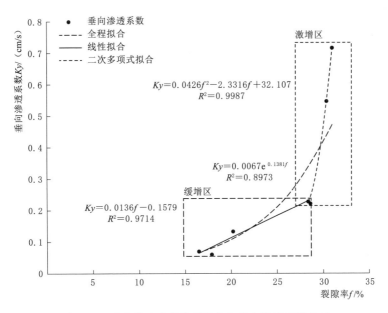

图 2.40　裂隙带破碎岩体裂隙率与垂向渗透系数关系

五组裂隙单元位于采空区中部上方，裂隙两端开度基本对称。因此分别对第二组、第三组、第五组、第六组、第八组裂隙单元，以及第一组、第二组、第四组、第五组、第七组裂隙单元进行裂隙率与水平渗透系数的关系拟合，得出采动岩体裂隙率 f 与顺水流方向、逆水流方向水平渗透系数 Kx 的拟合关系曲线，如图 2.41 所示。

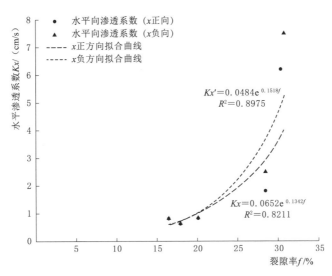

图 2.41　裂隙率与不同方向水平渗透系数关系

由图 2.41 可以看出，裂隙带破碎岩体裂隙率与水平正方向、负方向渗透性能之间的关系，整体上都符合指数关系。但在裂隙发育区，水平向渗透系数值明显受到裂隙方向的影响，逆水流方向水平渗透系数大于顺水流方向水平渗透系数值，这是由于实验过程中进水室水头压力大，对开切眼处裂隙发育区靠近采空区中部的闭合裂隙有扩张作用，造成该区域渗透能力增强。

若忽略裂隙开度与方向的影响，对采动岩体裂隙率 f 与水平方向渗透系数 Kx 的关系进行拟合，二者的拟合关系曲线见图 2.42、表 2.23。

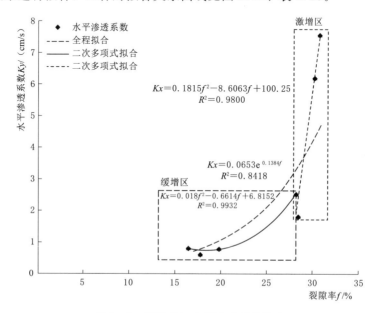

图 2.42　裂隙率与水平渗透系数关系

表 2.23　　　　　　　裂隙带破碎岩体裂隙率与水平渗透系数拟合情况

采空区位置	拟合方法		拟 合 方 程	决定系数 R^2
裂隙带	全程拟合		$Kx = 0.0653\mathrm{e}^{0.1384f}$	0.8418
	分段拟合	缓增区	$Kx = 0.018f^2 - 0.6614f + 6.8152$	0.9932
		激增区	$Kx = 0.1815f^2 - 8.6063f + 100.25$	0.9800

由图 2.42 与表 2.23 可以看出，裂隙带破碎岩体水平方向渗透性能大体上随裂隙率的增大而增强。二者关系的分段拟合成果，较之全程拟合得到的指数方程，具有更好的效果。因此，本书选择对水平渗透系数缓增区与激增区进行分段拟合的结果。当采动岩体裂隙率小于 28.5% 时，水平方向渗透性能随裂隙率的增大呈二次多项式关系缓慢增长；当裂隙率大于 28.5% 时，随着裂隙率的增大，裂隙带破碎岩体水平渗透性能急剧增强。

根据裂隙带破碎岩体裂隙率与垂向、水平方向渗透系数之间的拟合关系，可以得出：

（1）裂隙带及规则冒落带内破碎岩体的裂隙率对岩体的渗透性能有着显著影响。垂向渗透性能与水平向渗透性能均随裂隙率的增加而呈现增大的趋势，即裂隙率越大，渗透系数越大。

（2）采动岩体裂隙率小于 28.5% 时，渗透性能随裂隙率的增大，其增强幅度相对较小。当裂隙率大于 28.5% 时，随着裂隙率的增大，渗透性能急剧增强；此时采空区顶板覆岩丧失隔水性能，转变为透水层。说明采动裂隙的发育与沟通程度直接影响其导水性能。

（3）对于同一裂隙岩体，其水平方向渗透系数较垂向渗透系数大，前者为后者的 7～12 倍。这是由于在采动岩体裂隙带范围内，离层裂隙发育，较垂直裂隙分布明显、开度较大且相互沟通，是导水的主要通道。

（4）基于裂隙带内破碎岩体裂隙率与渗透性能之间的拟合关系，将相似材料模拟实验开采结束后所得的裂隙带与规则冒落带内不同位置的裂隙率代入，可得采动覆岩不规则冒落带之上岩体不同部位的渗透系数，见表 2.24。

表 2.24 　　　　　　　　　　**裂隙带破碎岩体渗透系数**

破碎岩体位置		裂隙带	规则冒落带	平均值
裂隙率 f/%	裂隙发育区	28.39	30.6	29.50
	煤壁支撑区	16.52		16.52
	重新压实区	17.90	20.15	19.03
	平均值	20.94	25.38	21.68
垂向渗透系数 Ky /(cm/s)	裂隙发育区	0.228	0.649	0.397
	煤壁支撑区	0.067		0.067
	重新压实区	0.086	0.116	0.101
	平均值	0.127	0.188	0.137
水平向渗透系数 Kx /(cm/s)	裂隙发育区	2.546	6.847	4.315
	煤壁支撑区	0.801		0.801
	重新压实区	0.744	0.796	0.747
	平均值	0.858	1.623	0.936

由表 2.24 可得，渗透实验所得裂隙带内采动岩体渗透系数为 0.067～6.847cm/s，较煤层开采前顶板 K_{10} 砂岩渗透系数值 0.00237cm/s 扩大了 2～3 个数量级，说明裂隙岩体中复杂的不连续结构面对岩体的渗透性能有控制作用，

裂隙率的少量变化可引起渗透系数的大幅变化。

2.3.4　采动岩体渗透性的空间特征

综合冒落带、裂隙带破碎岩体渗透实验结果，可得煤层采动后，采空区上覆岩层平均渗透系数统计结果，见图 2.43 和表 2.25。

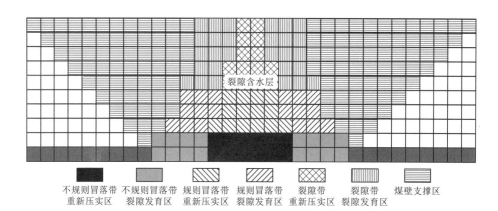

图 2.43　采动岩体渗透性空间分布

表 2.25　　　　　　　　　　　　采动覆岩平均渗透系数　　　　　　　　　单位：cm/s

位　　置	煤壁支撑区		裂隙发育区		重新压实区		裂隙发育区		煤壁支撑区	
	垂向	水平	垂向	水平	垂向	水平	垂向	水平	垂向	水平
裂隙带	0.067	0.801	0.228	2.546	0.086	0.744	0.228	2.546	0.067	0.801
规则冒落带			0.649	6.847	0.116	0.796	0.649	6.847		
不规则冒落带			5.167		0.081		5.167			

从表 2.25 中可以看出，裂隙带与规则冒落带内的平均渗透系数在水平方向与垂直方向存在明显差异，前者约为后者的 7～12 倍，这说明采空区不规则冒落带上方的地下水流仍以水平运动为主。

从空间尺度上看，导水裂隙带内不同位置含水介质的渗透性能存在显著差异。采动岩体渗透系数的最大值位于规则冒落带的裂隙发育区，约为 6.85cm/s；最小值位于不规则冒落带的重新压实区，仅为 0.081cm/s。此外，采动岩体渗透性能的增幅取决于其破坏程度，冒落带的平均渗透系数要大于裂隙带的渗透系数；裂隙发育区的平均渗透系数大于重新压实区与煤壁支撑区的渗透系数。即采空区破碎岩体的渗透性能自煤层顶板向上减弱，而自采空区中心向四周则具有先增大后减小的趋势性变化。

导水裂隙带内破碎岩体渗透性的空间差异将引起地下水流速的变化，从而影响整个地下水流系统。

2.4　采动松散含水层地下水流数值模型

2.4.1　水文地质概念模型

2.4.1.1　模拟区范围

本书对常村煤矿 S6 采区新生界第四系松散含水层中地下水位受煤层开采的影响进行模拟研究。数值模拟目标层为煤系地层上覆第四系松散含水层，计算区域为整个研究区范围。

平面上：南界为绛河河流；东界为漳泽水库与浊漳南源河流；北界为长治盆地北部边界与地表及浅层地下水的自然分水岭组成；西界为采区西边界约 15km 外的地下水流线，模拟区面积约为 180km²，模拟区范围如图 2.44 所示。

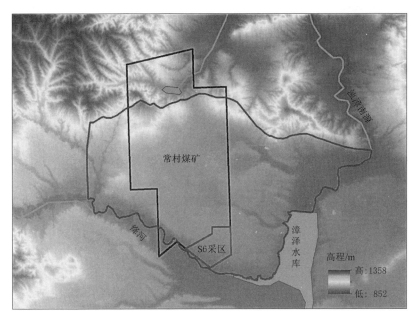

图 2.44　模拟区范围

垂向上：第四系中下更新统地下水位为含水层系统上边界。由于煤矿安全生产过程中的抽排地下水行为可引起煤层顶板上下各含水层间的越流，而现采 3 号煤层底板发育一套稳定的隔水层，厚约 13m，可有效阻隔煤层下部 K₇ 含水层的水进入开采工作面，且 K_7 含水层厚度小、富水性弱。因此，将 3 号煤层底板粉砂岩隔水层确定为含水层系统下边界。

2.4.1.2　含水岩组

研究区内，煤层顶板各含水层分布连续，垂向上呈现多岩性层状分布的特点。区内地下水系统主要包括三个含水岩组，自上而下依次为：新生界第四系松散岩类孔隙含水岩组、二叠系基岩风化带裂隙含水岩组、二叠系碎屑岩类裂隙含水岩组。

煤层开采前，第四系松散含水层与煤层顶板二叠系基岩裂隙含水层、风化带裂隙含水层间存在若干稳定隔水层，自然状态下，上下含水层间水力联系微弱，垂向运动不明显。但是，煤层开采后，各含水介质的属性发生明显的空间变异，地下水循环条件发生改变，水头压力差加强了各含水层间的越流，松散孔隙含水层与煤层上覆基岩裂隙含水层间水力联系密切，构成了上下叠置、具有分层结构的多层介质含水岩系，即第四系—二叠系含水系统。

煤层顶板含水层系统自上而下可划分为如下主要结构层：第四系松散层孔隙含水层、新生界底部粉质黏土弱透水层、二叠系风化裂隙含水层、二叠系上石盒子组基岩裂隙含水层、下石盒子基岩裂隙含水层、山西组基岩裂隙含水层，如图 2.45 所示。

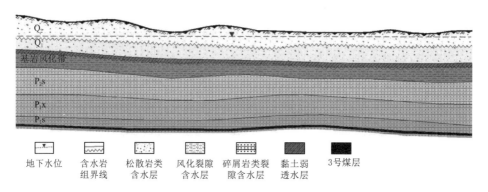

图 2.45　含水层系统垂向分层

其中第四系松散含水层包含中更新统含水层与下更新统含水层两层含水层。上部中更新统含水层为潜水含水层，厚约 2m，分布不稳定，富水性弱，水位埋深受大气降水影响；下部下更新统含水层为承压含水层，厚约 48m，富水性强。两层含水层构成统一含水体。

为便于进行矿区地下水流系统的数值模拟，将模拟区内各含水层的实际边界性质、内部结构、渗透性能、水力特征以及补排条件进行概化，构建常村煤矿水文地质概念模型。

2.4.1.3 模型边界的概化

模拟区内二叠系山西组、下石盒子组、上石盒子组含水岩组组成的含水岩系和上覆第四系含水岩系构成了第四系—二叠系含水层系统，其空间结构与属性变化大，边界条件各异。3 号煤层底板赋存一层稳定隔水层，厚度约 13m，阻隔 3 号煤层顶板含水系统与底板砂岩裂隙水之间的水力联系。

模拟区上边界以第四系中下更新统含水层水位为边界，是水量交换频繁的边界；底边界为煤层底板一套泥岩、粉砂岩、砂质泥岩构成的隔水层，属无水量交换的固定隔水边界。水平方向上，侧向边界为给定水头边界或流量边界。整个模拟区内的地下含水层与环境间的水量交换主要通过上边界与侧向边界进行[184]。

1. 上边界

以中下更新统地下水位为边界，地下水通过该边界接受大气降水、地表暂时性积水、农田灌溉用水等的入渗补给，或直接与常年性地表水体发生水力沟通，并不断通过潜水面蒸发、植被蒸腾、人工开采等方式进行排泄。其中，大气降水是最主要的补给来源，而人工开采是最重要的排泄途径。该边界属于补给排泄边界。

2. 底边界

含水层系统基底为 3 号煤层底板隔水层组，岩性以泥岩、砂质泥岩、粉砂岩为主，胶结致密，透水性差，视为模拟区底部隔水边界，属于第二类零通量边界。

3. 侧向边界

地下含水层系统南边界、东边界为常年性河流构成的自然边界；北边界为盆地边界与分水岭，为地质界线构成的自然边界；西边界为流线构成的人为边界，如图 2.46 所示。

由于松散含水层与裂隙含水层的边界条件不尽相同，现分述如下：

（1）松散含水层侧向边界。松散含水层模型边界分为 5 段。

北边界、西边界为人为划定的二类流量边界。北边界西段与东段为长治盆地边缘，即低山丘陵区与平原区分界线，松散覆盖层厚度变薄，含水层接受山前地下水的侧向径流补给，为模拟区地下水的补给边界；北边界中段常村煤矿境内为地表与浅层地下水分水岭，为二类零通量边界。西边界为流线，为零通量边界。东边界与南边界为常年性河流，是松散含水层地下水的排泄区，处理成给定水头的一类边界，如图 2.47 所示。

（2）基岩裂隙含水层侧向边界。基岩裂隙含水层北边界为侧向径流补给边界；西边界为零通量边界；东边界为浊漳南源与漳泽水库，南边界为绛河，二叠系基岩裂隙含水层隐伏于地表水体之下，河床渗透阻力较大，处理为二类流量边界。

（a）松散含水层

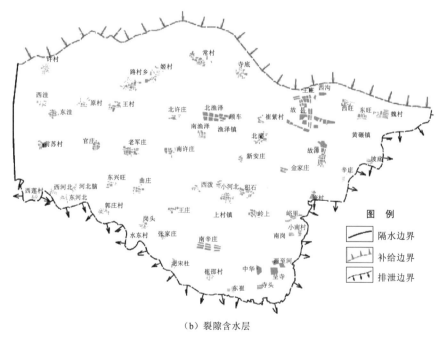

（b）裂隙含水层

图 2.46 含水系统边界类型

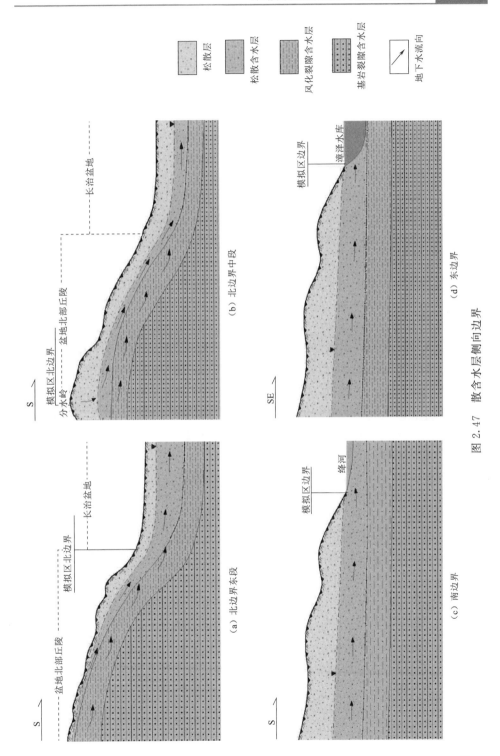

图 2.47　散含水层侧向边界

2.4.1.4 含水介质与水力特征概化

1. 含水介质

模拟区内含水介质可以分为浅层第四系松散含水层的孔隙含水介质和深层二叠系基岩裂隙含水层的裂隙含水介质两大类。天然状态下，裂隙含水层中的裂隙可概化为紧密的孔隙结构。

地层岩性、地质构造等因素造成水文地质参数随空间变化，体现了整个地下水系统的非均质性。其中孔隙含水层可概化为非均质、各向同性的含水介质。而裂隙含水层在沉积过程中裂隙及其他空隙的大小、形状及方向不同引起了含水介质的各向异性；此外，煤层采出后，煤层顶底板岩层产生竖向压缩，采空区边界外的覆岩和地表发生移动，冒落裂隙带内岩体破断，裂隙率增大，煤层顶板基岩裂隙含水层遭到直接破坏，含水层结构发生改变。由于裂隙的大小、分布状态、方向与连通率、透水性能等都极不均一，造成含水岩组的非均质、各向异性明显。因此，区内裂隙含水层概化为非均质、各向异性的含水介质。

2. 地下水运动状态

模拟区地下水补排和水位随时间变化，表现为非稳定流特征。受矿井排水影响，裂隙含水层地下水运动变化剧烈，地下水运动存在明显的三维流。矿坑近似为大的抽水井，尽管采空区顶板导水裂隙带范围内的地下水流运动不符合直线渗透定律；但在采区裂隙带范围以外的模拟区内，地下水在发育较均匀的裂隙中运动，大多仍为层流，水流运动符合达西定律。因此，在较大的空间尺度上，根据开采状态下的水文地质条件、含水层性质以及地下水补排特征，煤层顶板各含水介质可概化为地下水运动状态为非稳定的三维流。

2.4.1.5 水文地质参数概化

1. 时间概化

水文地质参数具有慢时变特征，但在一定时间和外部条件下可看作近似不变。因此本次建立概念模型时，将参数概化为不随时间改变。

2. 空间概化

水文地质参数的空间概化采用参数分区的方法来确定。由于厚松散含水层的含水特征在平面上具有分带性，富水性随岩性不同而变化[185]，因此孔隙含水层介质的渗透性参数按沉积物类型与岩相类型进行分区赋值。

风化带裂隙含水层与基岩裂隙含水层埋藏较深，天然状态下同一层位不同位置的透水性相差不大，因此采用同一渗透性参数。

各含水层水文地质参数的设定依据主要为：模拟区内以往煤炭资源地质勘探资料、水文地质试验成果，以及《水文地质手册》中给出的经验数值。

2.4.1.6　源汇项概化

根据模型概化结果可知，含水层系统主要接受大气降水和灌溉入渗补给；径流排泄、人工开采、采空区排水是地下水排泄的主要方式。

2.4.2　数学模型的建立及求解

2.4.2.1　数学模型

根据研究区的水文地质概化模型，含水层地下水流的基本微分方程及定解条件为

$$
\begin{cases}
\dfrac{\partial}{\partial x}\left(K_{xx}\dfrac{\partial H}{\partial x}\right)+\dfrac{\partial}{\partial y}\left(K_{yy}\dfrac{\partial H}{\partial y}\right)+\dfrac{\partial}{\partial z}\left(K_{zz}\dfrac{\partial H}{\partial z}\right)\pm W=S_s\dfrac{\partial H}{\partial t}\quad (x,y,z)\in D\\[2mm]
H(x,y,z,t)\big|_{S_1}=\varphi(x,y,z,t)\quad (x,y,z)\in S_1\\[2mm]
K\dfrac{\partial H}{\partial \overline{n}}\bigg|_{S_2}=q(x,y,z,t)\quad (x,y,z)\in S_2\\[2mm]
H(x,y,z,t)\big|_{t=0}=H_0(x,y,z)\quad (x,y,z)\in D
\end{cases}
$$

$$(2.16)$$

式中　　　　　　H——含水层水头，m；

　　　　　　　　D——模拟区范围；

K_{xx}、K_{yy}、K_{zz}——含水层渗透系数在 x、y、z 方向上的分量，m/d；对于
　　　　　　　　　松散函数含水层，有 $K_{xx}=K_{yy}=K_{zz}$；

　　　　　　　W——单位时间单位体积含水层流入或流出的水量，d^{-1}；

　　　　　　　S_s——含水层储水率，m^{-1}；

　　　　　　　t——时间，d；

　　　　　　　φ——河流水位，m；

　　　　　　　S_1——第一类边界（水头边界）；

　　　　　　　S_2——第二类边界（流量边界）；

　　　　　　　q——二类边界单位面积侧向补给量，m/d；

　　　　　　　$\overline{n}$——边界外法线方向；

　　　　　　　H_0——初始水头，m。

矿井开采后，采空区破碎岩体内采动裂缝发育，裂隙介质具有不均匀性与复杂性，地下水流态表现为明显的非达西高速流[80-82]。但是，由于导水裂隙带发育范围相对于整个模拟区空间较小，且裂隙网络分布较为均一，因此，将冒落裂隙带内的裂隙含水介质进行概化，采用等效多孔介质单一连续的方法[186-187]。基于达西流假设，忽略破碎岩体空隙结构与水力特性等方面的差异，将导水裂隙带内非连续的裂隙介质概化为连续的孔隙结构；并引入折算系数的概念[188-189]，将导水裂隙带内的地下水混合流如同层流一样计算，非线性关系式

用统一的线性表达式表达为

$$V = K_L J \tag{2.17}$$

式中　V——渗透流速，m/d；

J——水力梯度；

K_L——折算渗透系数，m/d。

对于导水裂隙带以外的裂隙介质，$K_L = K$，K 为层流流态下介质的渗透系数；对于导水裂隙带内的破碎岩体，不同位置渗透系数差异很大，地下水流为高速非达西流，$K_L = K_c$，K_c 为混合流时多孔介质的等效渗透系数[190]，本次模拟时取值为渗透性能测试实验中所得采空区顶板裂隙带各部位渗透系数。

本次数值模型的运算采用有限差分数值计算方法，模拟软件选用 GMS，使用的计算模块主要有：Solid、TINS、2D Scatter、3D Grid、MODFLOW 和 MAP 等。

2.4.2.2　模型离散

1. 时间离散

根据收集资料，本次模拟选取 2015 年 7 月 9 日至 2016 年 7 月 8 日一个完整水文年作为模型的模拟期。识别期 2015 年 7 月 9 日至 2015 年 10 月 12 日每 8d 为一时间步长，共 12 个时间段；检验期 2015 年 10 月 13 日至 2016 年 1 月 24 日每 8d 为一时间步长，共 13 个时间段，2016 年 1 月 25 日至 2016 年 7 月 8 日为一个时间段。

2. 空间离散

平面上，首先依据地下水流场与边界条件，采用分别平行于 x、y 轴的正交网格对计算区域进行剖分。基于网格剖分密度与模拟精度、计算机运算量之间的相互关系[191]，本次模拟采用 $100\text{m} \times 100\text{m}$ 的等间距网格进行剖分，将模拟区域在平面上沿南北向剖分为 155 行，东西向剖分为 242 行，单层活动单元为 17984 个。

垂向上，根据含水层组的结构与分布状况，将整个模拟区内的 3 个水文地质单元划分为 10 个地层，各分层界限从模拟区内所收集的地质勘探资料中提取。此外，考虑到地下开挖对煤层顶板覆岩的破坏影响，为便于对导水裂隙带范围内采动岩体进行渗透系数分区，煤层顶板山西组地层与下石盒子组地层进行加密。

最终，整个模型为 155 行 242 列 23 层的立体结构，如图 2.48 所示。活动单元总数为 413632 个。

2.4.2.3　初始流场

模拟区内地下水流呈非稳定流状态。煤层顶板各含水层地下水流模型计算的初始流场均采用自然状态下流场的初始水位。基于 2015 年 7 月的野外调查与地下水位同步测量成果，结合区域水文地质条件分析，采用内插法和外推法得

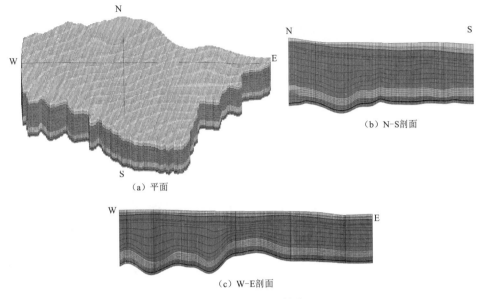

（a）平面

（b）N-S剖面

（c）W-E剖面

图 2.48　模型网格剖分

到模拟区松散岩类孔隙含水层地下水流的初始流场，松散层孔隙含水层地下水总的径流方向为自北西向南东。基岩裂隙含水层中地下水流向与松散层相似，地下水初始流场根据区域地下水位资料与区内煤田钻孔抽水试验成果获得。

松散含水层观测井分布与初始水位等值线如图 2.49 所示。

2.4.2.4　边界条件

1．流量边界

松散层北部边界中段与西边界为隔水边界，流量通量为 0；北部边界西段、东段接受山前侧向补给，定义为侧向流量边界。

风化带裂隙含水层与二叠系砂岩裂隙含水层的西边界零通量边界；北边界、东边界与南边界均为二类流量边界。

自然状态下，地下水水力坡度较小，为 0.008～0.012。利用达西公式，采用断面法对侧向补给量与排泄量进行计算，从而得出模拟区各含水层边界补给/排泄的流量，见表 2.26。

$$Q_{侧}＝KBIM \tag{2.18}$$

式中　$Q_{侧}$——补给/排泄边界断面径流量，万 m^3/d；

　　　K——边界断面平均渗透系数，m/d；

　　　B——径流断面宽度，m；

　　　I——计算断面地下水平均水力坡度，‰；

　　　M——含水层厚度，m。

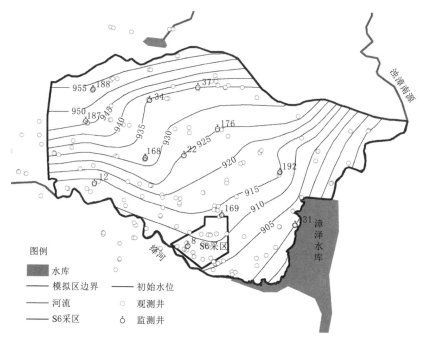

图 2.49　松散含水层观测井分布与初始水位等值线

表 2.26　　　　　　　　　　　　模拟区边界侧向径流量

含水单元	边界性质	边界位置	侧向径流量/(万 m³/d)
松散层	补给边界	北边界西段	103.32
		北边界东段	844.85
风化带	补给边界	北边界	2118.17
	排泄边界	南边界	1760.15
		东边界	1472.73
二叠系	补给边界	北边界	578.40
	排泄边界	南边界	480.64
		东边界	402.15

利用 GMS 的 Special Flow Package 将边界侧向径流量带入模型中运算，其中边界补给量为正，边界排泄量为负。

2. 给定水头边界

松散岩类孔隙含水层的东边界为浊漳南源与漳河水库，南边界为绛河。浊漳南源与绛河均为常年性河流，模拟时采用 Specified Head 模块处理[192]。模拟期河流、水库的水位监测点分布如图 2.45（a）所示，各监测点水位如图 2.50 所示。

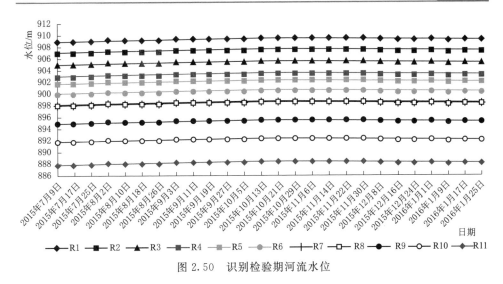

图 2.50　识别检验期河流水位

2.4.2.5　源汇项的确定与处理

1. 大气降水入渗补给

大气降水下渗后转化为地下水。模拟区范围内，第四系表土层的岩性、厚度、透水性以及植被等情况均有明显差异；因此，大气降水对第四系松散含水层地下水的转化量采用降水入渗补给量法计算。

基于模拟区内地表黄土覆盖层的岩性差异与水位埋深，将模拟区分成两个计算区，分区情况如图 2.51 所示。

图 2.51　降水入渗补给分区情况

对应计算区，赋以各区相应的大气降水入渗补给系数，见表 2.27。

表 2.27　　　　　　　　　　　降水入渗补给系数取值

分区编号	岩　性	地 层 单 元	α		
			丰水期	平水期	枯水期
Ⅰ	粉砂、细砂	全新统（Q_4）	0.37	0.35	0.33
Ⅱ	亚砂土、亚黏土	第四系上更新统（Q_3）	0.18	0.17	0.16
		第四系中更新统（Q_2）			
		第四系下更新统（Q_1）			

分别采用入渗系数法对每一区域降水入渗补给量进行计算，最后汇总。

计算公式为

$$Q_{降} = \sum_i \alpha_i p_i A_i \tag{2.19}$$

式中　$Q_{降}$——大气降水对松散含水层地下水的转化量，m^3；

　　　α_i——各计算分区降雨入渗系数；

　　　p_i——各计算分区多年平均降雨量，m；

　　　A_i——各计算分区面积，m^2。

收集长治市屯留区 2015—2016 年降水量系列资料，将每月的降水量平均到每一天中，得到模拟期平均日降水量。结合不同时期的降雨特征，模拟期降水入渗补给量如图 2.52 所示。

降水入渗补给为面状补给。

2. 灌溉回归入渗补给

模拟区内土地利用类型主要为耕地，且农业灌溉量的 90% 来自地下开采，为典型井灌区。农田灌溉取水井遍布整个区域，取水层位主要有松散岩类孔隙含水层与风化带基岩裂隙含水层。农田灌溉水下渗会对松散含水层地下水形成补给。

模拟区内农业灌溉主要在 5—10 月进行，以沟畦漫灌为主。根据灌区水文地质条件、灌溉方式、灌溉面积与灌溉水量等资料，利用回归系数法计算松散含水层地下水接受的灌溉补给量。

计算公式为

$$Q_{灌补} = \sum \beta_i Q_{灌i} \tag{2.20}$$

式中　$Q_{灌补}$——地下水接受的灌溉补给量，m^3/d；

　　　β_i——各计算区灌溉入渗补给系数；

　　　$Q_{灌i}$——各计算区农业灌溉用水量，m^3/d。

灌溉入渗补给系数与灌溉定额、土壤含水量、土壤质地、地下水埋深、植被情况与气候条件等因素有关。因此，按照灌水定额、包气带特征与植被分布等情况将研究区内灌溉入渗系数划分为四个区，如图 2.53 所示。

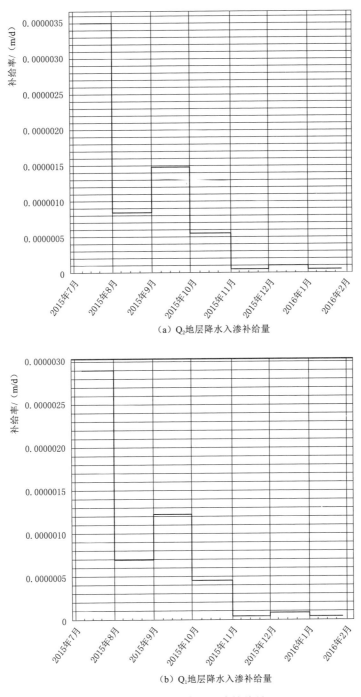

（a）Q₂地层降水入渗补给量

（b）Q₁地层降水入渗补给量

图 2.52　模拟期降水入渗补给量

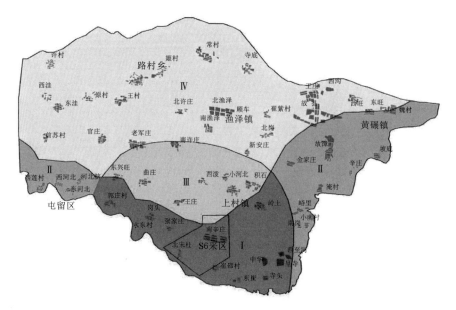

图 2.53　灌溉入渗补给分区

灌溉回归入渗补给量计算结果见表 2.28，并以面状补给的形式平均分布到整个灌区。

表 2.28　　　　　　　　　　灌溉回归入渗补给量计算结果

分区编号	灌溉面积 /m²	灌溉面积占比 /%	灌水定额 /m³	灌溉回归系数	补偿因子	单次灌溉回归量 /(m/d)
Ⅰ	19091681	35.49	220968.5	0.08	1.35	0.00125
Ⅱ	2406638	4.47	14345.1	0.08	1.08	0.000515
Ⅲ	15767282	29.31	173650.3	0.05	1.50	0.000826
Ⅳ	16526514	30.72	108256.2	0.05	1.09	0.000357

3. 潜水蒸发排泄与植被蒸腾排泄

地下水蒸发强度受气候条件、潜水位埋深与包气带岩性等因素的影响，且蒸发量与包气带有无作物有关；而植物蒸腾作用的影响深度受植被根系发育深度的控制。由于分别计算植被蒸腾与潜水蒸发量相当困难，因此，通常利用气象部门的蒸发系数统一计算二者[193]。

模拟区内主要农作物为玉米，潜水位埋藏深度为 5～10m，表土层为第四系中、上更新统亚黏土。根据研究资料，我国华北黄土地区裸地与玉米这个生长周期的潜水蒸发极限埋深分别为 4.5m 和 5.3m[193-194]，因此模拟区内潜水蒸发量趋于 0，植被蒸腾排泄量可忽略不计。

4. 人工开采与矿井排水

模拟区内地下水人工开采量主要包括居民生活用水及工、农业生产开采量，主要取水层位为第四系中下更新统松散孔隙含水层与二叠系风化带裂隙含水层。区内人工开采水井分布如图 2.54 和图 2.55 所示。

图 2.54　松散含水层人工开采分布

图 2.55　风化带含水层人工开采点分布

开采方式分为集中开采与面状开采两种形式。

工业用水与居民用水具有集中开采的特点，将其以开采井的形式分布在各组含水层上，开采井文件直接导入 Wells Package 中；农灌开采分布广，属于面状开采，开采量用 2D Grid 文件表示。

常村煤矿 S6 采区开采后，矿井正常涌水量平均为 $180\mathrm{m}^3/\mathrm{h}$，最大涌水量约 $250\mathrm{m}^3/\mathrm{h}$。模拟时，将矿坑排水平摊到整个采区面积上，并概化为抽水井。

2.4.2.6　水文地质参数

第四系松散岩类孔隙含水介质的渗透性参数划分为七个区，分区及各区渗透系数值如图 2.56 所示。新生界底部弱透水层及裂隙含水层完整基岩内的含水介质渗透系数见表 2.29。

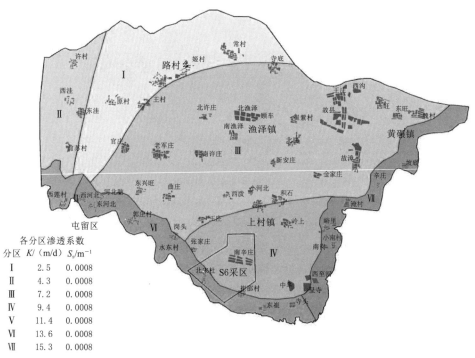

图 2.56　第四系松散含水层水平渗透系数分区

表 2.29　黏土弱透水层与裂隙含水层完整基岩内裂隙介质渗透系数

地　　层	$Kx/(\mathrm{m/d})$	$Ky/(\mathrm{m/d})$	$Kz/(\mathrm{m/d})$	S_s/m^{-1}
黏土弱透水层	0.000006	0.000006	0.0006	0.000001
风化裂隙带	6	6	0.6	0.007
风化带底板弱透水层	0.000008	0.000008	0.00085	0.000001
P_2s	1.95	1.95	0.19	0.002

地　　层	$Kx/(m/d)$	$Ky/(m/d)$	$Kz/(m/d)$	S_s/m^{-1}
P_2s 底板弱透水层	0.000008	0.000008	0.00085	0.000001
P_1x	0.2	0.2	0.02	0.002
P_1x 底板弱透水层	0.000008	0.000008	0.00085	0.000001
P_1s	0.26	0.26	0.026	0.002
P_1s 底板弱透水层	0.000008	0.000008	0.00085	0.000001

煤层开采后，天然含水系统的空间结构、导水性能与地下水原始的补排关系较采前均发生较大改变。采动覆岩按破坏程度分为"横三区纵三带"，不同裂隙发育程度与含水介质导致含水层渗透特性在空间上具有较大差异。大体上，裂隙带渗透系数低于冒落带，导水裂隙带中部的重新压实区渗透系数低于采空区边界的裂隙发育区。

许家林、徐光等学者对导水裂隙侧向边界的定量研究成果表明，渗透系数的分布形态近似呈 O 形圈[195]。根据下沉盆地范围与裂隙带发育高度值，采空区上方导水裂隙带的侧向影响边界取开采边界外 40m[196]。

S6 采区侧向影响范围内含水空间自煤层顶板向上依次分为冒落带破碎岩体、裂隙带破碎岩体与完整基岩裂隙含水层。结合第 3 章导水裂隙带发育高度与第 4 章采动岩体的渗透系数测定结果，各含水空间渗透系数取采动覆岩渗透系数的平均值，分别为冒落带破碎岩体水平 4.830cm/s，垂直 0.472cm/s；裂隙带破碎岩体水平 1.488cm/s，垂直 0.135cm/s；完整基岩裂隙含水层水平 0.250cm/s，垂直 0.025cm/s；如图 2.57 所示。

2.4.3　模型识别与检验

2.4.3.1　识别时段的确定

根据计算区地下水位观测资料的实际情况，模型识别期和验证期分别为 2015 年 7 月 9 日至 10 月 12 日与 2015 年 10 月 13 日至 2016 年 7 月 8 日。识别期为 96d，每 8d 为一个时间步长，平均分为 12 个时间段；检验期为 270d，2015 年 10 月 13 日至 2016 年 1 月 24 日每 8d 为一时间步长，分为 13 个时间段，2016 年 1 月 25 日至 2016 年 7 月 8 日为一时间段。

2.4.3.2　初始流场校正

通过对模拟区内松散含水层水文地质参数及个别补排项进行适当调整，并对水文地质条件进行识别校正，最终确定模型的初始流场如图 2.58 所示。

2.4.3.3　观测孔水位拟合结果

将校正后的初始流场带入非稳定模型中，将其作为非稳定模型的初始流场。选择模拟区内均匀分布的 12 口监测水井的水位长观资料，对模型参数与补排关

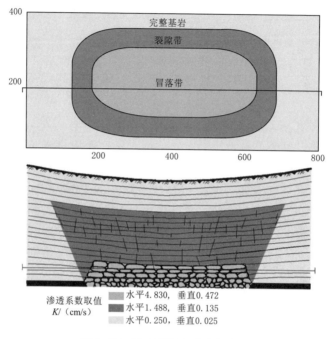

渗透系数取值
$K/(cm/s)$

水平4.830，垂直0.472
水平1.488，垂直0.135
水平0.250，垂直0.025

图 2.57　采动覆岩渗透系数分布

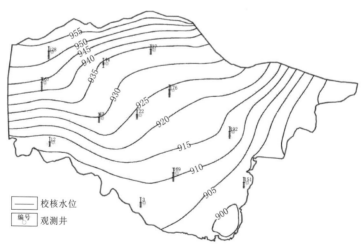

—— 校核水位

编号 观测井

图 2.58　校正后的初始流场

系进行识别，以验证模型的有效性。12 口监测井分布情况如图 2.49 所示。经反演试算法试算并反复调参后，最终求得各监测水井处计算水位和实测水位的拟合情况，如图 2.59 和图 2.60 所示。

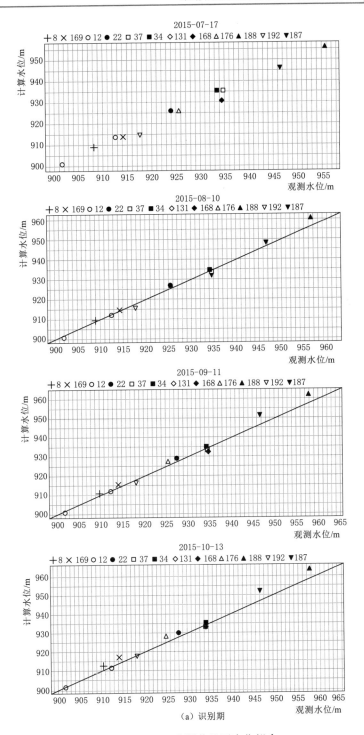

（a）识别期

图 2.59（一）　监测井地下水位拟合

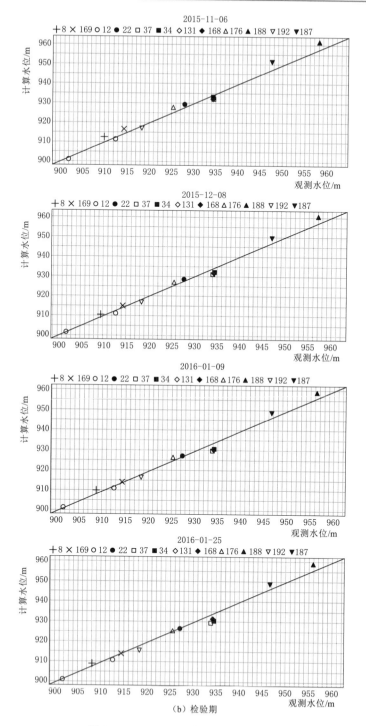

图 2.59（二） 监测井地下水位拟合

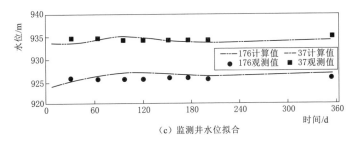

（c）监测井水位拟合

图 2.59（三） 监测井地下水位拟合

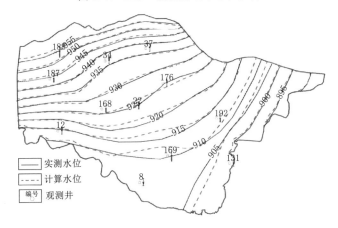

图 2.60 松散含水层流场拟合

模拟区内各监测水井松散含水层水位拟合水位与实测水位有一定误差，水位拟合误差统计见表 2.30。

表 2.30   水 位 拟 合 误 差 统 计

监测孔编号	绝对误差平均值/m	最大正误差/m	最大负误差/m	相对误差平均值/%
8	0.575	2.155	−0.789	0.063
169	−2.071		−4.721	0.227
12	0.101	0.934	−0.538	0.011
22	−0.957		−1.264	−0.103
37	0.140	2.342	−0.871	0.015
34	0.815	3.025	−0.139	0.087
131	−0.330		−0.665	−0.037
168	−4.734		−7.775	−0.507
176	0.734	1.521	−0.620	0.079
188	−0.135	1.263	−2.695	−0.014
192	−3.631		−5.073	−0.395
187	−1.060	0.050	−3.978	−0.112

误差结果表明水位拟合误差均在允许误差范围内，且松散含水层观测孔的模拟水位与观测水位过程线趋势基本一致。因此，在当前资料情况下，拟合效果比较满意。

拟合结果表明，本书所建立的水文地质概念模型与地下水数学模型基本正确，所设定的边界条件，选取的水文地质参数以及确定的源汇项都是基本合理的，符合矿井开采前松散含水层的地下水系统特征。

2.4.3.4 水文地质参数校正

根据模型模拟识别校正原则[197]，最终确定的松散岩类孔隙含水层的水文地质参数分区与取值见表2.31。

表 2.31　　　　　　　　　松散含水层水文地质参数

含（隔）水层分区		渗透系数 $K/(m/d)$	S_s/m^{-1}
松散含水层	Ⅰ	2.10	0.00072
	Ⅱ	3.75	0.00072
	Ⅲ	6.80	0.00072
	Ⅳ	9.15	0.00072
	Ⅴ	10.85	0.00072
	Ⅵ	12.80	0.00072
	Ⅶ	14.90	0.00072
黏土弱透水层		0.000638	0.000001

2.5 松散含水层地下水对煤矿开采响应的数值模拟

2.5.1 松散含水层地下水对煤矿开采响应的数值模拟研究

2.5.1.1 采煤对地下水资源的影响分析

煤炭资源的开采引起覆岩应力场与裂隙场的变化，破坏了地下水系统的天然赋存条件与动态平衡。在矿坑排水的影响半径范围内，煤层顶板含水层转变为透水层，裂隙水向矿坑汇流，形成了以采区为中心的漏斗状地下水水位下降区。根据地质资料分析，常村煤矿现采3号煤层的顶板直接充水水源为二叠系山西组、下石盒子组砂岩裂隙含水层，间接充水水源主要为二叠系上石盒子组砂岩裂隙含水层、风化带裂隙含水层与第四系松散孔隙含水层。

煤矿不同开采阶段，含水层的受影响范围及地下水流失程度不尽相同。开采前期，采掘揭露的含水层及导水裂隙带沟通范围内的含水层都处于自然饱和状态，矿井涌水量主要来源于煤层顶板山西组及下石盒子组砂岩裂隙含水层中地下水的静储量，裂隙水直接渗入采掘空间。随开采进行，进入矿井开采中期，地下水持续流失，水位不断降低，地下水降落漏斗趋于稳定，煤层顶板直接充水含水层由承压转变为无压状态；在水头压力差的作用下，含水层接受煤系地层基岩裂隙水的侧向补给以及上覆上石盒子组砂岩裂隙水的垂向补给，地下水的补、径、排处于平衡状态。矿井开采后期，煤层顶板直接充水含水层被疏干，矿井涌水量逐步衰减，排水量主要来源于侧向补给量与间接充水含水层中地下水，煤层顶板直接充水含水层转变为非饱和状态。至开采末期，矿坑排水量变小或不排水，采区影响半径范围内的含水层中地下水积聚在采空区；矿井停止开采后，含水层水位逐渐得以恢复。

矿坑排水改变了采区附近的地下水流场，采空区成为地下水的排泄区。矿井涌水量来源于静储量与动储量两部分，静储量为煤层直接充水含水层的弹性释水；动储量为矿井影响范围内各含水层接受的侧向补给，以及上覆松散含水层的越流补给。涌水量的大小取决于含水层储水系数、渗透系数及初始水头等特征参数。

2.5.1.2　数值模拟方案

前述研究成果表明，煤矿开采造成上覆松散含水层地下水渗漏流失，而松散含水层受采动影响程度主要取决于煤层顶板采动岩体的破坏程度与松散含水层底板弱透水层的性质。利用建立的三维地下水流数值模型，通过分别改变采区地质开采条件、松散含水层底板弱透水层性质以及松散含水层水力特征，对煤系地层上覆松散含水层地下水流场进行模拟预测，得出松散含水层地下水对煤矿开采的响应特征。

具体数值模拟方案如下：

（1）煤矿开采条件变化。在松散含水层底板弱透水层性质、松散含水层水力特征不变的前提下，通过改变导水裂隙带高度与基岩隔水层厚度，研究不同开采条件下松散含水层地下水位对煤矿开采的响应规律。共设计七组预测方案。

（2）松散含水层底板弱透水层性质改变。在煤矿开采条件及松散含水层水力特征不变的前提下，通过分别改变含水层底板弱透水层的厚度和渗透系数，研究不同弱透水层性质条件下松散含水层地下水位对煤矿开采的响应规律。共设计八组预测方案。

（3）松散含水层水力特征改变。在煤矿开采条件及含水层底板弱透水层性质不变的前提下，通过分别改变松散含水层初始水头和渗透系数，研究不同松散含水层水力特征条件下松散含水层地下水位对煤矿开采的响应规律。共设计八组预测方案。

2.5.2　不同开采条件下松散含水层地下水对煤矿开采响应特征

2.5.2.1　预测方案

不同的开采地质背景与不同的开采条件（累计开采厚度、开采深度等）都将引起覆岩破坏程度的差异，导致煤层顶板导水裂隙带发育高度不同，造成采动岩体渗透性的空间差异；由此松散含水层受煤矿开采的影响程度与破坏机理也不尽相同。

为分析煤矿开采后的松散含水层地下水水位响应特征，在基于 GMS 和 GIS 构建的地下水流模型的基础上，考虑采动岩体破坏程度对裂隙含水层水文地质参数的影响，结合相似材料模拟实验结果，本书设置不同研究方案模拟模型，对松散含水层地下水受煤矿开采的影响过程进行数值模拟，预测方案设计见表 2.32。

表 2.32 不同开采条件预测方案设计

预测方案	基岩隔水层厚度/m	导水裂隙带高度/m	备　　注
A	141	45.9	对应模型 I，采厚 3m
B	120	66.9	
C	100	86.9	
D	80	106.9	
E	60	126.9	
F	32.5	154.4	对应模型 I，采厚 7m
G	0	189.4	对应模型 I，采厚 10m，裂隙带沟通含水层

2.5.2.2　松散含水层为间接充水含水层

在预测方案 A~F 中，采动覆岩的导水裂隙带均局限在完整基岩内，裂隙带顶端距离松散含水层尚有一段距离，松散含水层底板弱透水层在开采扰动的影响下仅产生小幅的沉降变形与细微裂缝，但未受到明显破坏，孔隙含水层地下水不会对矿井开采构成直接影响。

但是，采矿过程中的人工排水会造成煤层顶板基岩裂隙含水层水位下降甚至疏干。裂隙含水层在疏干过程中与上覆松散含水层间的水头差加大，造成松散含水岩组中的地下水透过粉质黏土弱透水层越流补给下伏裂隙含水层，间接向矿坑充水，成为矿井开采的间接充水含水层（组），即含水层受到煤矿开采的间接影响。随开采的进行，松散含水层地下水位持续下降，伴随着松散含水层结构的破坏，可致地质生态环境进一步恶化。而这种情况在煤矿开采对松散孔隙含水层的影响评价中最易被忽视。因此，位于导水裂隙带范围之外的松散含水层地下水流场对煤矿开采的响应特征是本次模拟研究的主要关注对象。

煤层上覆裂隙含水层的水力学状态在不同开采阶段的表现不同，导水裂隙带范围内的含水层率先受到开采影响，裂隙水加速流入矿井。由于裂隙含水层的透水性差，补给不充足，造成开采后期裂隙带范围内的含水层由无压状态变为不饱和状态，如图 2.61 所示。

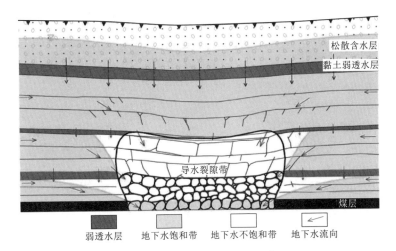

图 2.61　开采后期地下水流态

　　因此，当松散含水层为间接充水含水层（对应预测方案 A～F）时，本次模型预测分别对煤层顶板直接充水含水层的疏干过程与上覆松散含水层受煤矿开采的影响过程进行模拟。

　　1. 采煤对煤层顶板裂隙带内含水层的疏干过程

　　矿井开采时，煤层顶板受到扰动，含水层结构发生变化，渗透性能增强，煤层顶板砂岩裂隙含水层中的地下水涌入采空区，很快被疏干。

　　不同开采条件下，A～F 预测方案中，煤层顶板导水裂隙带沟通范围内的含水层疏干时，地下水流场如图 2.62 所示。

　　A～F 研究方案中，破碎岩体地下水疏干时长见表 2.33。

表 2.33　　　　　　　　　采空区上覆直接充水含水层疏干时长

不同开采研究方案	导水裂隙带高度/m	基岩隔水层厚度/m	疏干时长/d
A	45.9	141	80
B	66.9	120	110
C	86.9	100	160
D	106.9	80	170
E	126.9	60	180
F	154.4	32.5	240

　　由图 2.61 及表 2.33 可以看出，常村煤矿 S6 采区 3 号煤层一、二分层开采后，导水裂隙带发育高度分别为 45.9m 与 154.4m，导水裂隙带沟通范围内的裂隙含水层分别将于采后 80d 与 240d 时被疏干。此后，导水裂隙带内含水层丧失储水功能，转变为透水层。

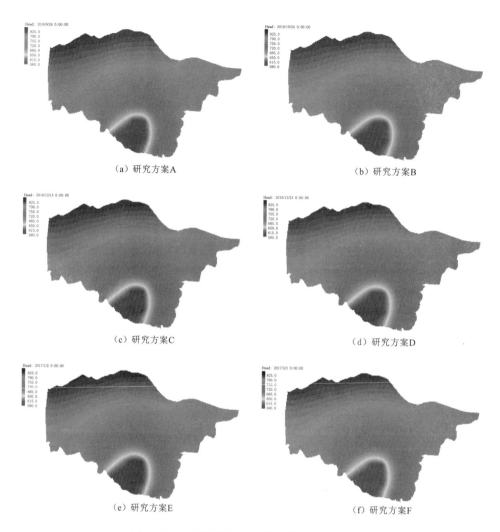

（a）研究方案A

（b）研究方案B

（c）研究方案C

（d）研究方案D

（e）研究方案E

（f）研究方案F

图 2.62　顶板裂隙带含水层疏干时地下水流场

2. 采煤对松散含水层地下水流场的影响

矿井开采排水造成了煤层顶板各含水层间的水力联系增强。由渗透定律可知，采空区顶板破碎岩体含水介质渗透性能的变化，及其与上覆松散含水层间水头差的增大都将造成松散含水层地下水位的加速下降。因此，分别对预测方案 A～F，松散含水层间接受到采煤影响时，孔隙含水层的地下水水位动态变化规律进行预测。

煤层开采结束后，A～F 预测方案下的松散含水层地下水流场分布与水位降深等值线如图 2.63 所示。

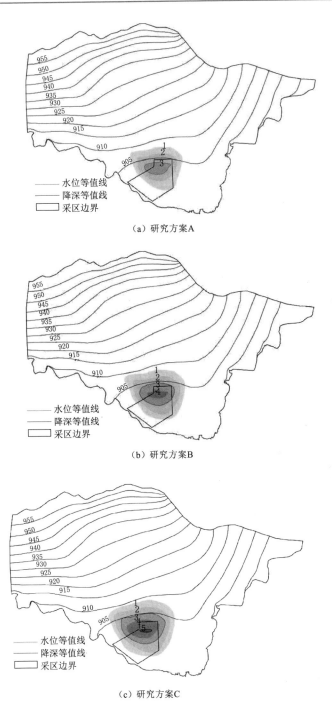

（a）研究方案A

（b）研究方案B

（c）研究方案C

图 2.63（一）　不同导水裂隙带高度松散含水层地下水流场预测

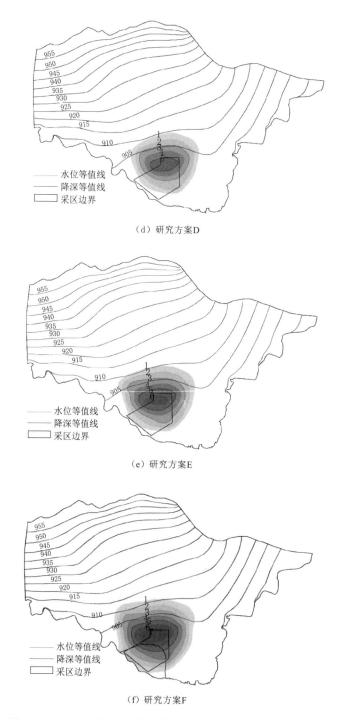

（d）研究方案 D

（e）研究方案 E

（f）研究方案 F

图 2.63（二）　不同导水裂隙带高度松散含水层地下水流场预测

由图 2.63 可以看出，煤层开采结束后，采区及其附近的松散含水层地下水位降低，流场形态较采前均发生了明显改变。这表明导水裂隙带局限在完整基岩内时，煤系地层上覆松散含水层中的孔隙水仍然会受到开采影响，受影响程度取决于隔水岩组厚度及其与下伏含水层间的水头差。在黏土弱透水层厚度与上下含水层间初始水头差一定的前提下，导水裂隙带发育高度越高，即基岩隔水层厚度越小，地下水径流路径越短，矿坑排水对松散含水层的影响越大，这与第 3 章相似材料模型实验结论一致。

2.5.2.3　松散含水层为直接充水含水层

在预测方案 G 中，煤层累计采厚 10m，导水裂隙带发育高度大于煤层顶板覆岩厚度，采动裂隙自采空区顶板向上发育直至松散含水层底部。松散含水层中地下水沿采动裂缝直接下渗，汇入矿坑，成为煤层开采的直接充水含水层。矿井涌水来源为煤层顶板砂岩裂隙含水层与松散孔隙含水层中的地下水。

预测 S6 采区开采 0.5 年、1 年、3 年、5 年及开采结束后松散层孔隙含水层地下水水位动态变化规律。

模型运行后，得到不同开采时段松散含水层的地下水流场与水位降深等值线图，如图 2.64。

由图 2.64 可以看出，采动裂隙连通采掘空间与上覆松散含水层时，不同开采阶段的地下水径流方向总体上仍然与初始形态一致。但在采区及其影响范围内地下水水力坡降急剧增大，孔隙水由水平排泄转变为垂直排泄，地下水流方向由四周向采空区径流，流场形态变化较大。采区开采 1 年后，采区及其附近的松散含水层地下水位大幅下降，地下水出现了明显的降落漏斗，最大水位降深约为 19m；随开采继续，松散层孔隙水位持续下降，影响范围不断扩大，至

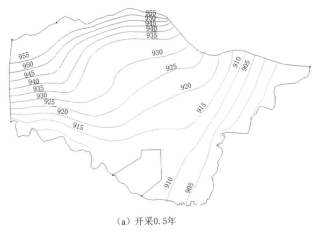

(a) 开采 0.5 年

图 2.64（一）　预测方案 G 不同开采阶段松散含水层地下水流场预测

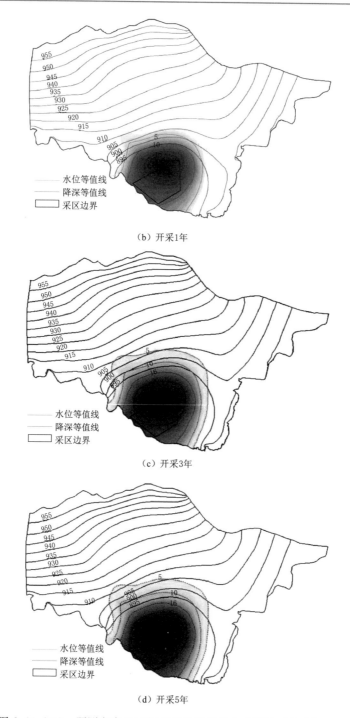

（b）开采1年

（c）开采3年

（d）开采5年

图 2.64（二）　预测方案 G 不同开采阶段松散含水层地下水流场预测

开采 5 年后，地下水位最大降深已达 27.6m，含水层几近疏干，降深大于 3m 的受影响区域面积约为 41.22km^2。

松散含水层为直接充水含水层时，不同开采阶段，煤矿开采对上覆松散含水层的影响范围及程度见表 2.34。

表 2.34　　　　　　　　　煤矿开采对上覆松散含水层的影响范围与程度

预测时长 /年	影响范围（距离 S6 采区边界外）/km				影响面积 /km^2	最大水位 降深/m
	西北	北	东	东南		
1	3.27	2.19	1.82	1.60	29.5	19.2
3	4.47	3.54	2.43	2.15	44.8	25.0
5	4.73	3.75	2.47	2.24	50.0	27.6

2.5.2.4　不同开采条件对松散含水层地下水的影响

不同开采条件对覆岩破坏程度的直观体现与关键指标为导水裂隙带发育高度。通过比对 A～G 预测方案下松散含水层地下水位受矿井开采的影响程度，分析不同开采条件对松散含水层地下水流场的影响。

本书选取最大水位降深 S（m）与影响面积 F（km^2）作为含水层受开采影响程度的评价指标，其中水位降深大于 3m 的区域视为受影响区域。不同开采条件松散含水层水位降深与影响范围见表 2.35、图 2.65。

表 2.35　　　　　　　　　不同开采条件松散含水层受影响程度

不同预测方案	导水裂隙带高度 /m	基岩隔水层厚度 /m	最大降深 /m	影响面积 /km^2
A	45.9	141	3.6	4.5
B	66.9	120	4.3	6.6
C	86.9	100	5.2	9.0
D	106.9	80	5.5	11.2
E	126.9	60	6.3	15.1
F	154.4	32.5	7.5	19.5
G	253.5	0	27.6	50.0

由表 2.35 与图 2.65 可以看出，不同开采预测方案下，采区开采结束后，松散含水层的水位均发生明显的降低。这表明导水裂隙带是否沟通上覆松散含水层，并非含水层是否受影响的判定依据；而是含水层受开采影响机理与影响程度的判别指标。对于预测方案 G，导水裂隙带发育至松散含水层底板，含水层受到开采的直接影响，水位降深幅度与其他预测方案相较，具有大幅增加；对于预测方案 A～F，水位降深主要是由于矿坑排水引起水头差后，孔隙含水层中

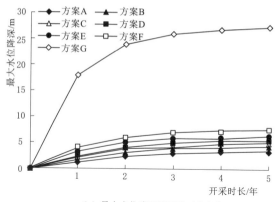

（a）最大水位降深随开采时长变化

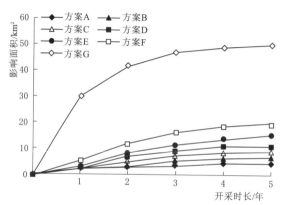

（b）影响面积随开采时长变化

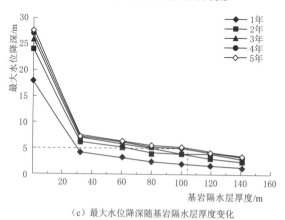

（c）最大水位降深随基岩隔水层厚度变化

图 2.65（一） 不同开采条件对松散含水层地下水的影响

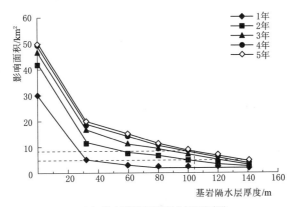

（d）影响面积随基岩隔水层厚度变化

图 2.65（二） 不同开采条件对松散含水层地下水的影响

地下水的越流导致，水位降深与影响范围均局限在一定范围。

基岩隔水层厚度对煤系地层上覆松散含水层的地下水流场分布具有显著影响。基岩隔水层厚度越小，即导水裂隙带发育高度越大，松散层孔隙含水层的受影响程度越大。当导水裂隙带顶端与含水层底板距离小于 105m，开采结束时，采区及其附近最大水位降深超过 5m，影响范围面积大于 9km²，松散含水层受煤层开采的影响较大；当导水裂隙带顶端距离含水层底板大于 140m 时，煤层开采影响范围小于 5km²，局限在采区附近。

从时间角度来看，矿井开采第 1 年内，松散含水层地下水位降深与受影响面积大幅增加，随后持续平缓增大；至开采 3 年后，含水层的受影响程度趋于稳定，地下水循环条件改变，补排关系达到新的平衡。

2.5.3 不同弱透水层参数条件下松散含水层地下水对采煤的响应

2.5.3.1 预测方案

矿区内松散含水层底板弱透水层岩性主要为粉质黏土，平均厚度为 20m，渗透系数为 7.39×10^{-5} cm/s，在低水头压力下，该粉质黏土层可作为隔水层，阻碍上覆松散含水层与下伏碎屑岩类裂隙含水层间的水力联系。煤层开采后，导水裂隙带发育高度距离松散含水层底板 32.5m，黏土层的隔水性能与稳定性受开采扰动影响，发生变化，在高水头差作用下转变为弱透水层，松散含水层透过黏土层向下渗漏补给。因此，松散含水层底板弱透水层的属性是揭示松散含水层受采动影响程度的另一关键要素。

松散含水层底板弱透水层的隔水性能主要取决于有效隔水厚度 M 与其渗透系数 K。为了获得采煤区不同弱透水层属性条件下松散含水层的流场分布，通过调整弱透水层有效厚度 M（分别取 10m、20m、40m 和 60m）与渗透系数（分别取 10^{-3} cm/s、7.39×10^{-5} cm/s、10^{-5} cm/s、10^{-6} cm/s 及 10^{-7} cm/s）两个参数，定量评价煤矿开采对孔隙含水层的影响程度。

对于预测方案 F，240d 后煤层顶板裂隙带内含水层地下水位已疏降至煤层底板。基于验证后的地下水流数值模型，模拟预测 S6 采区服务期限各时间节点上的第四系松散含水层地下水流场分布及水位降深情况，分析评价采煤区松散含水层底板弱透水层参数（厚度、渗透系数）对孔隙含水层的影响规律。研究结果中，松散含水层地下水水位降深大于 3m 的区域视为受影响区域。

2.5.3.2 不同弱透水层参数对孔隙含水层地下水流场的影响

模型求解运算后，得到两种预测方案下松散含水层地下水位对采矿的响应。

方案一：隔水层渗透性能不变，渗透系数 $K_2 = 7.39 \times 10^{-5}$ cm/s，弱透水层有效厚度 M 分别为 10m、20m、40m 和 60m。

煤层开采 5 年后，松散含水层地下水流场分布与水位降深等值线如图 2.66 所示。开采过程中，第四系松散孔隙含水层的受影响面积和降深情况如图 2.67 所示。

由图 2.66 和图 2.67 可以看出，矿井开采后，煤系地层上覆松散含水层地下水流场明显受到其底板弱透水层厚度的影响。弱透水层厚度越大，越有利于含水层储水，地下水渗漏路径越长，从而使矿区的受影响面积越小，孔隙含水层地下水的漏失量越少。当弱透水层厚度大于或等于 40m 时，黏土层具有较强的隔水性能，松散含水层的水位降深小于 3m，影响范围很小。但黏土层厚度的增加，造成影响范围急剧缩小，这是因为松散孔隙含水层在水头差作用下主要接受侧向补给，而非有限的垂向入渗补给。

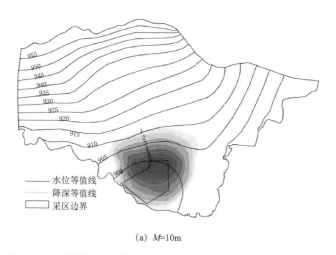

(a) $M=10m$

图 2.66（一） 不同弱透水层厚度，采后松散含水层地下水位与降深等值线

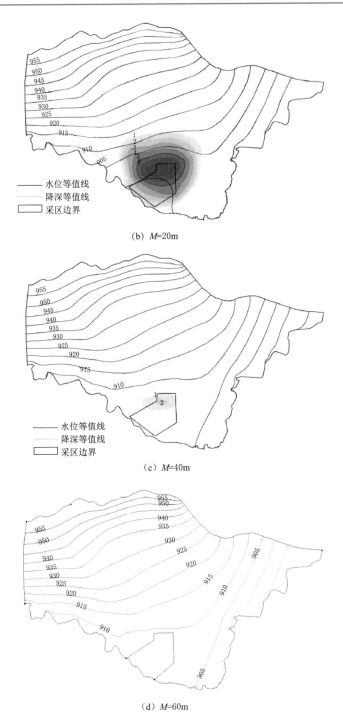

（b）*M*=20m

—— 水位等值线
—— 降深等值线
▭ 采区边界

（c）*M*=40m

—— 水位等值线
—— 降深等值线
▭ 采区边界

（d）*M*=60m

图 2.66（二）　不同弱透水层厚度，采后松散含水层地下水位与降深等值线

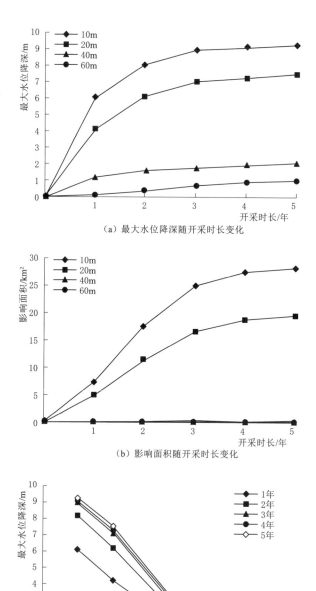

（a）最大水位降深随开采时长变化

（b）影响面积随开采时长变化

（c）最大水位降深随弱透水层厚度变化

图 2.67（一）　不同弱透水层厚度条件下矿井开采对松散含水层的影响

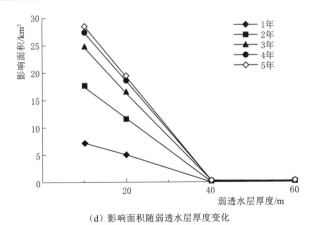

（d）影响面积随弱透水层厚度变化

图 2.67（二）　不同弱透水层厚度条件下矿井开采对松散含水层的影响

从时间的角度看：煤层开采 3 年内，松散含水层的水位降深与受影响面积变化很大；开采 3 年后，地下水流进、流出总体上处于平衡状态。当含水层厚度大于 40m 时，采后 2 年，影响范围与水位降深基本不随时间改变或略有变化。此外，随着黏土弱透水层厚度的减小，最大降深与影响范围大幅增加，且随着时间的推移影响范围继续扩大。与实际地质条件下的松散含水层受开采影响程度（影响面积 $19.5km^2$，水位最大降深 7.5m）相较，可得 40m 厚的黏土层能有效防止松散含水层地下水渗漏。矿井开采对松散含水层的影响范围仅限于采区内，最大水位降深为 2.13m。

方案二：弱透水层厚度不变，$M = 20m$，渗透系数分别为 $10^{-3}cm/s$、$7.39 \times 10^{-5}cm/s$（近似 $10^{-4}cm/s$）、$10^{-5}cm/s$、$10^{-6}cm/s$ 及 $10^{-7}cm/s$。煤层开采结束后，松散含水层地下水流场分布与水位降深等值线如图 2.68 所示。

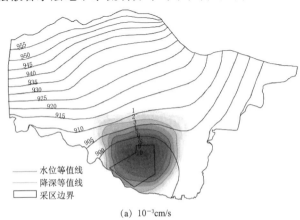

（a）$10^{-3}cm/s$

图 2.68（一）　采后松散含水层地下水流场分布与水位降深等值线

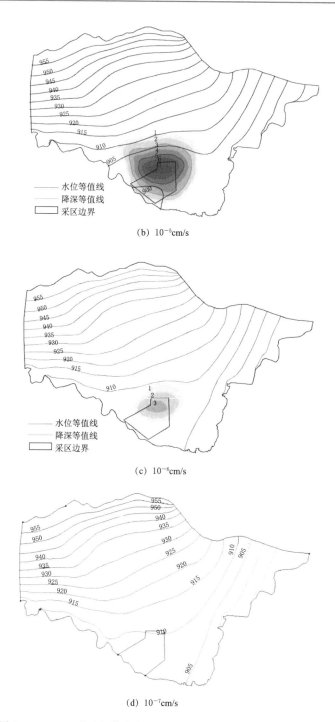

(b)　10^{-5}cm/s

(c)　10^{-6}cm/s

(d)　10^{-7}cm/s

图 2.68（二）　采后松散含水层地下水流场分布与水位降深等值线

开采过程中第四系松散孔隙含水层的受影响面积和降深情况如图 2.69 所示。

由图 2.68 和图 2.69 可以看出，弱透水层渗透系数的增大扩大了地下水降落漏斗范围，加大了水位降深，对孔隙含水层地下水资源造成严重影响。当渗透系数增加到 10^{-3} cm/s 时，即使孔隙含水层未受到采动破坏，且距裂隙带尚有一段距离时，矿井开采 5 年后的受影响范围可达 30.8km^2，水位降深 10.4m。煤层开采 2 年内，影响范围与最大降深显著增大；2 年后，最大降深变化程度明显减弱，弱透水

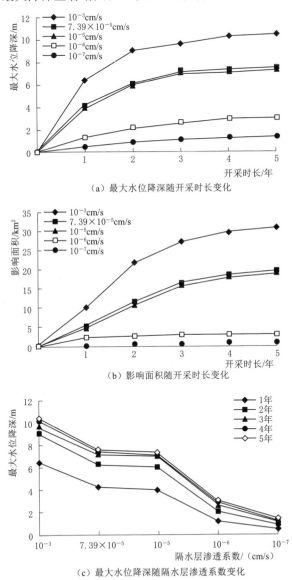

（a）最大水位降深随开采时长变化

（b）影响面积随开采时长变化

（c）最大水位降深随隔水层渗透系数变化

图 2.69（一）　不同弱透水层渗透系数矿井开采对松散含水层的影响

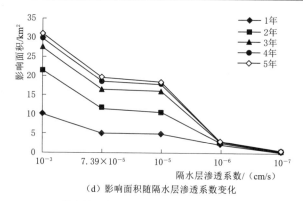

（d）影响面积随隔水层渗透系数变化

图 2.69（二）　不同弱透水层渗透系数矿井开采对松散含水层的影响

层渗透系数大于 10^{-5} cm/s 时，影响范围持续增大；3 年后二者趋于稳定。

当渗透系数小于 10^{-6} cm/s 时，含水层受矿井开采影响程度与范围很小，开采结束时水位最大降深位于采区北部，约为 3.0m。相较于 5 年后，实际地质条件下的松散含水层受开采影响程度，渗透系数为 10^{-6} cm/s 的黏土层能有效防止地下水渗漏。

2.5.4　不同松散含水层水力特征条件下松散含水层地下水对采煤的响应

2.5.4.1　预测方案

导水裂隙带发育高度与孔隙含（隔）水层特征是松散含水层地下水受矿井开采影响程度的两个核心要素，裂隙带高度决定了松散含水层受开采扰动的影响机理与影响程度，含（隔）水层特征决定地下水位的下降速率与变化强度[198]。

S6 采区开采后，导水裂隙带发育高度 154.4m，距离松散含水层底板弱透水层 32.5m，松散含水层未受到采掘工程的直接破坏。但从空间上看，开采煤层的埋深较大，开采沉陷影响的范围从岩体波及地表，地面自上而下产生张拉裂缝，松散层的土体结构发生变化，原始稳定性遭到破坏。张发旺、陈立等[65-66]的研究成果表明位于采动覆岩弯沉带的松散含水层受到地下开采影响，渗透性能增强。高水头的孔隙含水层中地下水透过底部弱透水层越流补给下伏裂隙含水层，通过越流漏失的水量除了受弱透水层的厚度与渗透系数影响外，还受上下含水层间的水头差控制。

因此，本次模拟研究为了获得采煤区不同松散含水层特征对孔隙含水层流场分布的影响，假定两种不同情景的含水层水力特征方案，结合含水介质渗透系数的经验值范围，通过调整松散含水层渗透系数（分别取初始值的 2 倍、3 倍、4 倍）与松散含水层初始水头（整体降低 5m、现状水头、整体分别抬高 5m、10m、15m），定量评价孔隙含水层地下水对地下采煤的响应。

对于预测方案 F，240d 后煤层顶板裂隙带内含水层地下水位已疏降至煤层底板。基于验证后的地下水流数值模型，模拟预测 S6 采区服务期限内各时间节点第四系松散含水层地下水流场分布及水位降深情况，分析评价采煤区松散含水层水力特征对其地下水流场的影响规律。研究结果中，将松散含水层地下水水位降深大于 3m 的区域视为受影响区域。

2.5.4.2　松散含水层性质对孔隙含水层地下水流场的影响

模型求解运算后，得到两种预测方案下松散含水层地下水位对采矿的响应。

方案一：松散含水层初始水头不变，渗透系数取值与分区分别为现状值 K_l、$2K_l$、$3K_l$ 与 $4K_l$。煤层开采 5 年后，松散含水层地下水水位与降深等值线如图 2.70 所示；开采过程中，第四系松散孔隙含水层的受影响面积和降深情况如图 2.71 所示。

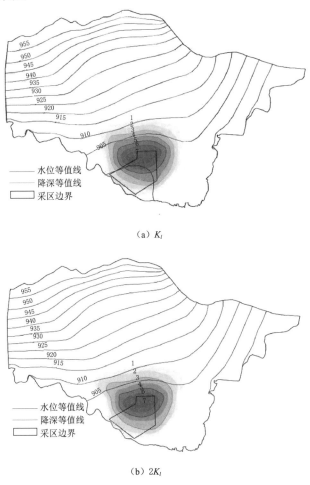

(a) K_l

(b) $2K_l$

图 2.70（一）　松散含水层地下水水位与降深等值线

127

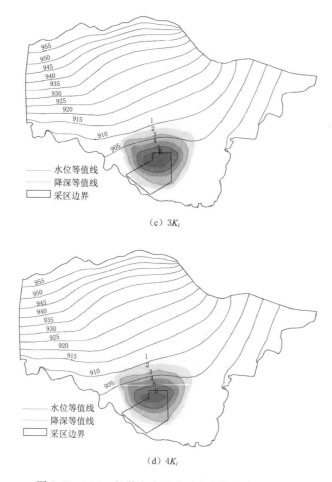

（c）$3K_l$

（d）$4K_l$

图 2.70（二）　松散含水层地下水水位与降深等值线

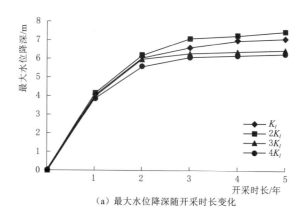

（a）最大水位降深随开采时长变化

图 2.71（一）　不同松散含水层渗透系数条件下矿井开采对松散含水层的影响

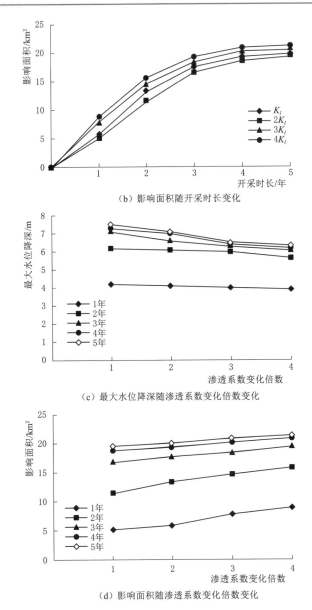

（b）影响面积随开采时长变化

（c）最大水位降深随渗透系数变化倍数变化

（d）影响面积随渗透系数变化倍数变化

图 2.71（二）　不同松散含水层渗透系数条件下矿井开采对松散含水层的影响

由图 2.70 和图 2.71 可以看出，矿井开采对松散含水层的影响范围集中于采区及其周边区域，最大水位降深点位于采区西北。随开采进行，受采动覆岩破坏及裂隙含水层疏干的影响，上覆松散含水层地下水位不断下降，含水层初始水力梯度为定值的情况下，其渗透系数的改变可引起地下水流场的变化。但在开采初期，采区及其附近含水层受渗透系数的影响不明显。

　　受含水层渗透系数的影响，含水层水位降深与影响面积的变化程度不同。采后 1 年内，松散含水层受影响范围较水位降深的增长幅度平缓，这主要是由于开采前期，松散含水层的越流渗漏量主要是以消耗静储量为主。采后 2～3 年内，随开采进行，水位降深变幅趋缓，影响范围匀速扩大，这是因为静储量减少后，松散层接受侧向补给，渗透系数越大，补给越充足，含水层受影响范围越大，水位降深越小。开采 3 年后，水位降深趋于稳定，影响范围增幅趋缓，含水层补排关系趋于新的平衡。

　　矿井开采全过程中，最大水位降深与含水层渗透系数值呈负相关关系，而影响面积与含水层渗透系数值呈正相关。松散层渗透系数的大小直接决定了侧向补给量与影响范围。

　　方案二：松散含水层渗透系数 K_l 保持不变，设置初始水头的变化情况 4 种，分别为现状水头整体降低 5m（H－5）、保持不变（H）、整体分别抬高 5m（H+5）、10m（H+10）、15m（H+15）。煤层开采 5 年后，松散含水层地下水水位与降深等值线如图 2.72 所示；开采过程中，第四系松散孔隙含水层的降深情况和受影响面积如图 2.73 所示。

　　由图 2.72 和图 2.73 可以看出，矿井开采后，位于导水裂隙带沟通范围之上的松散含水层地下水水位明显受含水层初始水头值的影响。即在初始水头较原始状态整体抬高或降低的假设背景下，矿井开采后，整个模拟区内的松散含水层地下水位等值线并非较实际情况预测值整体抬高与降低；距离采区较远的区域，地下水位基本不受初始水头影响，受影响范围最大的区域仍然局限在采区及其西北附近。影响范围内含水层的流场分布与降落漏斗形态均随初始水头大小与开采时长，具有明显的差异。

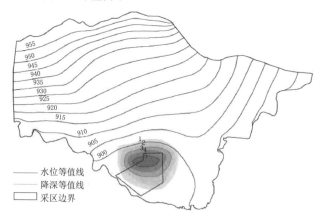

（a）现状水头整体降低 5m

图 2.72（一）　开采 5 年后，松散含水层地下水水位与降深等值线

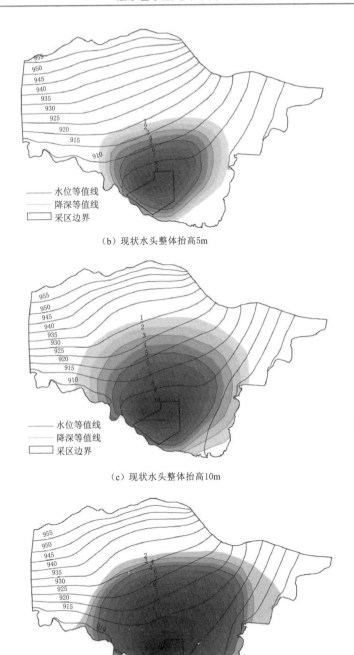

（b）现状水头整体抬高5m

（c）现状水头整体抬高10m

（d）现状水头整体抬高15m

图 2.72（二） 开采 5 年后，松散含水层地下水水位与降深等值线

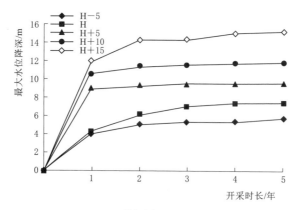

（a）最大水位降深随开采时长变化

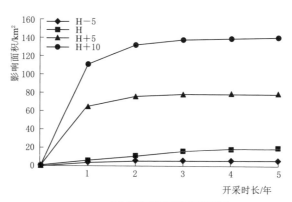

（b）影响面积随开采时长变化

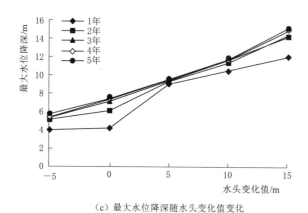

（c）最大水位降深随水头变化值变化

图 2.73（一）　不同松散含水层初始水头条件下矿井开采
对松散含水层的影响

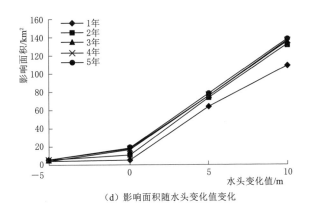

（d）影响面积随水头变化值变化

图 2.73（二）　不同松散含水层初始水头条件下矿井开采
对松散含水层的影响

模拟区内松散含水层初始水头越高，矿井开采后上下含水层水头差越大，水流驱动力越强，导致采区内水位降深增大，降落漏斗的范围扩大；且随开采的持续进行，影响范围的面积增幅也越大；这主要是由于松散含水层初始水头高，水头压力大，受矿井排水及采动覆岩破坏的影响，地下水越流补给下伏裂隙含水层时，可获得更充足的侧向补给。

从时间角度看：矿井开采前 2 年，松散含水层受影响范围随时间增加而急剧增加，2 年以后增幅变缓，趋于稳定。但地下水位最大降深的变化受初始水头的影响较为复杂，矿井开采前期，降落漏斗中心处的水位降深同样随时间增加而急剧增加；2 年后，假设水头背景下的水位降深已趋于稳定，但实际水头预测结果下的水位降深增幅呈逐渐变缓状态，考虑这是由于矿井开采引起的上下含水层间水头差及模拟边界处的侧向径流量对水位降深的影响所致。

含水层最大水位降深与初始水头值呈正相关，当含水层初始水头较实际情况整体抬高 5m 时，含水层地下水位最大降深值为 9.2m；且在采后 1 年，降深与影响范围达到稳定状态。

第3章 采空区特殊下垫面的产汇流机制及水文模型研究

3.1 研 究 区 概 况

3.1.1 自然地理概况

汾河水库位于汾河干流的中上段，南距山西省省会太原市区 88km，北距汾河发源地宁武县东寨镇 122km[199]。水库大坝地处娄烦县下石家庄村西北，是汾河干流上的第一座综合性利用的大型水利枢纽，也是山西省最早兴建、库容最大的水库。水库控制流域面积为 5268km²，总库容为 7.21 亿 m³（其中兴利库容为 2.52 亿 m³，防洪库容为 0.81 亿 m³），已淤积库容为 3.76 亿 m³。其主要功能是防洪、灌溉、工业和城市生活用水，兼具发电、养鱼等综合效益。

汾河水库控制流域属北温带半干旱季风气候区，春季干旱缺雨，夏季短暂热量不足，秋季低温霜冻早，冬季漫长严寒雪少[200]。流域内由于受西北气候的影响，秋季末期常有霜冻，无霜期上游为 150d，下游为 216d，流域的最高气温发生在 7 月，最低在 1 月，上游最高气温为 3.9℃，最低为 −24℃。下游最高气温为 42.5℃，最低为 −18℃，最大冻土深为 60～95cm。流域自然因素对农业的影响很大，常常是春旱秋涝，旱涝交错，或是连旱连涝，总的是旱多于涝，特别是春旱和秋旱经常发生，素有"十年九旱"之谓。汾河水库水文特征值见表 3.1。

表 3.1 汾河水库水文特征值

名 称	特 征 值	备 注
坝址控制面积	5268km²	
多年平均流量	10.3m³/s	
枯水期最小流量	0.558m³/s	1973 年 6 月 10 日
多年平均径流	3.240 亿 m³	1960—2008 年
多年平均输沙量	791.8 万 t	1960—2008 年
多年平均淤积量	768 万 m³	1960—2008 年
坝址多年平均降水量	441.7mm	1960—1989 年

续表

名　　称	特征值	备　　注
水库流域多年平均降水量	426.7mm	1960—2008 年
水库流域年最大降水量	794.5mm	1967 年
水库流域年最小降水量	40.6mm	1972 年
水库流域最大月平均水量	367.3mm	1967 年 8 月
水库流域最小月平均水量	0	1970 年 1 月
多年平均蒸发	1278.8mm	1966—1989 年
多年平均蒸发损失量	1366.09 万 m³	1966 年
年平均气温	6.85℃	1967—1987 年
最高气温	36.6℃	1987 年 7 月 31 日发生在娄烦站
最低气温	−30.5℃	1966 年 2 月 22 日发生在岚县站
最大风速	25m/s	1975 年 4 月 9 日发生在宁武县

3.1.2　水文地质

从地质分析，燕山期的活动基本形成了流域的山川，喜马拉雅期运动断层发育形成了流域地貌，生成断陷盆地。新华夏构造体系和祁吕贺兰山字形前孤东翼构造体系对本流域的影响很大，新华夏构造体系分布在东经 111°20′以东的流域绝大部分区域，仅流域下游西侧吕梁山的微小条带和侯马西部分不在其分布范围内。祁吕贺东翼构造体系则遍及全流域，系燕山运动生成于侏罗纪和白垩纪时期，现仍在活动。

流域的中、下游南北向和东西向背斜构造在隆起上升，向斜盆地在持续下降，除隆起轴两侧为地势较高的山地和中间地势较低的盆地外，一般地势平坦，覆盖有第四纪黄土。黄土受雨水侵蚀，受洪水沟道割切，形成沟壑纵横的地块，从分水岭到盆地底部，一般按石质山土石山、峁梁塬、缓坡地带等顺序过渡，峁梁塬受侵蚀、切割后形成。

流域岩层分布以太古界结晶片麻岩为基底，从老到新，中缺下元古界、古生界奥陶上统、志留纪泥金纪石炭纪下统、中生界白垩纪和下第三纪地层。石炭二叠系地层可开采煤层较多，寒武纪水成岩有铁矿侵入，山西式铁矿又沉积在奥陶纪灰岩和其顶部的石灰岩中，铁矿分布在尖山、塔儿山等地。石炭纪中含有铝土页岩，主要在孝义等地。

流域总面积为 39471.0km²，其中石山区面积为 6516.6km²，占流域面积的 16.51%，土石山区为 12497.4km²，占流域总面积的 31.66%；丘陵区为 10277.6km²，占流域总面积的 26.04%；平川区为 10179.4km²，占流域总面积的 25.79%。

3.1.3 煤矿分布

汾河水库控制流域范围内煤矿主要分布在上静游与静乐水文站控制流域内。

上静游水文站境内煤矿有 14 座，主要分布于上静游水文站西部，岚河下游南侧，分别为黑龙洼煤矿公司、毕家坡煤业公司、通达煤业公司、昌恒煤焦公司、地方国营侯家岩矿、天旺煤业公司、高家坡煤矿公司、珠峰煤业公司和马家岩煤矿、东华煤业有限公司、龙达煤业、岚县长鸿煤业有限公司、大同煤矿集团同安煤业责任公司、山西焦煤集团岚县正利煤业有限公司。

静乐水文站控制流域内分布煤矿企业 18 座，主要分布于静乐县境北部，汾河的东西两侧，总体上呈北东向分布于汾河的东侧汇水范围内，分别为山西煤炭运销集团三百子煤业有限公司、山西汾西正晖煤业有限责任公司昌盛煤矿、山西潞安集团潞宁忻丰煤业有限公司、山西潞安集团潞宁忻峪煤业有限公司、山西汾西正晖煤业有限责任公司昌达煤矿、山西汾西正晖煤业有限责任公司昌华煤矿、山西宁武张家沟煤业有限公司、山西潞安集团潞宁煤业有限责任公司、山西汾西正晖煤业有限责任公司昌元煤矿、山西煤炭运销集团明业煤矿有限公司、山西潞安集团潞宁忻岭煤业有限公司、山西汾西正晖煤业有限责任公司昌瑞煤矿、山西潞安集团潞宁大汉沟煤业有限公司、山西潞安集团潞宁前文明煤业有限公司、霍州煤电集团汾源煤业有限公司、霍州煤电集团南沟渠煤业有限公司、潞宁静安煤业有限公司煤矿、霍州煤电集团金能煤业有限公司。

3.2 采空区特殊下垫面产汇流机制试验研究

3.2.1 现场调查

对汾河水库控制流域范围内土壤质地及采空区破坏程度进行调查，为试验设计提供参考。汾河水库控制流域范围内分布着多座煤矿，实地调研过程中自上游至下游均匀选取 3 座作为调研对象，对矿区采空区下垫面对裂隙进行编号，统计每个裂隙走向、延伸长度、平均宽度、平均深度及破坏土地面积，明确研究区采空区特殊下垫面裂隙发育特征，以其中一座煤矿为例，裂隙发育情况如图 3.1 所示，裂隙特征统计见表 3.2。

综合调研结果表明，汾河水库控制流域范围内面裂隙率取值范围在 0~2%，实地调研中，裂隙发育深浅不一，总体可以分为两大类：一类裂缝没有导通隔水层发育在地表；另一类则为裂缝导通隔水层直接联通至采空区。

（a）DL1　　　　　　（b）DL2　　　　　　（c）DL3

（d）DL4　　　　（e）DL5

图 3.1　采空区裂隙实地调研图

表 3.2　　　　　　　　　　　　　裂隙特征统计

编号	裂隙走向/(°)	延伸长度/m	裂隙宽度/m	最大深度/m	裂隙条数	破坏土地类型及面积/hm²	裂隙率/%
DL1	160	60	0.25	5	2	其他草地（0.61）	0.4
DL2	70	47	0.9	4	5	其他草地（1.18）	1.5
DL3	280	60	0.9	2	1	有林地（0.98）	0.5
DL4	60	45	0.7	0.3	1	有林地（0.58）	0.5
DL5	270	100	0.8	0.5	1	有林地（1.49）	0.5

3.2.2　试验设计

3.2.2.1　下垫面设计

试验设计总长 2.0m，宽 1.0m，高 0.7m 的径流槽。径流槽上余 0.1m 的挡板，防止水外流，径流槽底部为 0.1m 高的带筛孔集水区，模拟渗漏到采空区的水量，带有出水阀门，可测量水体体积，径流槽中实际可填土高度为 0.5m，可填土体积为 1.0m³，径流槽坡面面积为 2.0m²，径流槽下游坡面出口为径流收集槽，带有出水阀门，可测量坡面径流量，径流槽下游土壤断面出口衔接带筛孔的 4 个带水阀的集水网格，本书所用双超产流模型应用过程中通过将土壤划分为 4 层对壤中流进行模拟，单层土壤厚度为 100mm，因此本书将 0~400mm 土层分割为4层,并在径流槽侧面留有每层土厚对应的土壤水分传感器接口,试验过程中可根据采空区裂缝出现前后各土层裂隙周边传感器含水量数据变化分析裂隙产生对产流下渗过程的影响。

由采空区位置对产汇流过程影响的分析可知,采空区裂隙对产汇流过程的影响研究需要按照裂隙位于坡面与河道分情况进行,因此本次试验设置两个供水系统,供水系统1为人工降雨器,用来模拟采空区地裂缝位于坡面,不同采空区地裂缝发育与坡面产流的关系;供水系统2为径流供水槽,模拟采空区地裂缝位于河道,采空区地裂缝发育与河道汇流的关系。

3.2.2.2 试验方案

根据流域内土壤质地类型及裂隙发育调查结果,本试验设计土壤质地类型为马兰黄土,选择地表面裂隙率变化为0%(即无裂隙对照组)、1%与2%三组试验方案,对应的裂隙面积为0m²、0.02m²与0.04m²,设计宽2.5cm,长40cm,高30cm及50cm的矩形体木板各4个,填土时嵌入土层中,来模拟两种情况下的地表裂缝,裂隙面积为0m²、0.02m²与0.04m²,对应的木板嵌入数为0个、2个、4个,其中0%裂隙率试验组即为无裂隙发育的对照试验组。根据汾河水库控制流域范围内暴雨雨强特征,产流试验设计雨强为30mm/h。

综上所述,本试验进行坡面产试验和河道汇流试验共10组,试验分组及编号见表3.3。

表3.3　　　　　　　试 验 分 组 及 编 号

类型(编号)	裂隙情况 (编号)	地表面裂隙率/% (编号)	产流降雨强度/(mm/h) 或汇流上游来水量/(L/h)(编号)
产流(C)	无(C)	0(C0)	30(C0-30)
	导通(CD)	1(CD1)	30(CD1-30)
		2(CD2)	30(CD2-30)
	未导通(CW)	1(CW1)	30(CW1-30)
		2(CW2)	30(CW2-30)
汇流(H)	无(H)	0(H0)	120(H0-120)
	导通(HD)	1(HD1)	120(HD1-120)
		2(HD2)	120(HD2-120)
	未导通(HW)	1(HW1)	120(HW1-120)
		2(HW2)	120(HW2-120)

3.2.2.3 试验系统

本试验采用的人工降雨模拟系统,是在中国科学院地理科学与资源研究所刘昌明团队自主研制的针管桁架式降雨模拟装置的基础上改进而成的[201-202]。试验系统实物如图 3.2 所示。该试验系统由供水装置、降雨装置、数据采集装置与坡度调节装置四部分组成。

（1）供水装置。供水装置主要由直流水泵和减压阀组成。所选用的水泵额定电压为 12V，功率恒定为 120W，扬程可达 5m，最大流量为 150L/h，保证了降雨及径流供水所需的最大水压和流量；减压阀能够在管道流量较大时消减可能产生的水压波动，保证供水量的稳定。这一供水装置在供水量稳定的基础上，实现了供水量的快速调节，且设备便携，自动化程度高。

（2）降雨装置。采用玻璃转子

图 3.2　试验系统实物

流量计结合旋转式截止阀的方法直接控制雨强，流量计的量程为 10～150L/h。根据雨强大小选择合适的喷头种类，选用工业上标准规格的不锈钢点胶针头作为降雨器喷头，试验所使用的喷头及对应雨强见表 3.4。

表 3.4　　　　　　　　　人工降雨系统所用喷头及对应的雨强

规　格	内径/mm	颜　色	雨强/(mm/h)
24G	0.3	红色	30

人工降雨器用 3 个喷管喷水来模拟自然界降雨，通过喷管摆动实现降雨空间分布的均匀性。本试验系统利用步进电机滑台带动喷管，保证了喷管摆动的范围、周期、速度的自动控制。在人工降雨系统调试完成后，对其进行标定与验证工作：

1）雨强时间过程的平稳性。在径流槽上覆盖塑料布，收集并测量各时刻的降雨量，绘制各雨强条件下的降雨过程线，观测降雨过程线比较平稳程度，若波动范围为 ±10%，则较为理想，可进行人工降雨模拟，否则进行装置调试。

2）雨强空间分布的均匀性。在降雨区内均匀放置 36 个小桶（4 排 9 列），雨量桶布设位置如图 3.3 所示。收集不同位置的降雨，降雨过程结束后，称量各桶中的水量，进而定量雨强的空间分布，降雨的空间分布波动范围为 ±10%，较为理想，可进行人工降雨模拟，否则进行装置调试。结果如图 3.4 所示，降雨的空间分布均匀，波动范围为 ±10%，较为理想。

（3）数据采集装置。数据采集装置包含坡面产汇流数据采集、河道汇流数

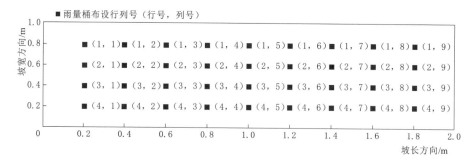

图 3.3　雨量桶布设位置

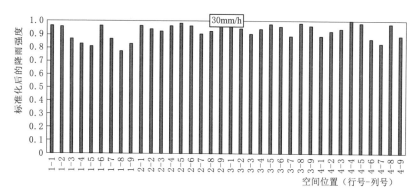

图 3.4　面降雨均匀性检验结果

据采集与土壤湿度数据采集三部分：

1）坡面产汇流数据采集。将连接径流槽地表径流集水槽（地表径流量收集）、4 层土壤侧排集水槽（壤中流收集）及地下水流收集槽（地下采空区水量收集）的水阀置于电子秤上的集水箱上方，各时刻电子秤测得的累计径流重量数据通过串口线传输到电脑，通过串口线传到电脑，并通过定制的 VB 程序实现数据的自动记录。可采到的数据有实时地表径流量、四层壤中流量、地下径流量。

2）河道汇流数据采集。将连接径流槽地表径流集水槽（河道流量）、4 层土壤侧排集水槽（河道流量）及地下径流收集槽（河道补给地下采空区水量）的水阀及置于电子秤上的集水箱上方，各时刻电子秤测得的累计径流重量数据通过串口线传输到电脑，并通过定制的 VB 程序实现数据的自动记录。可采到的数据有实时河道流量（汇流数据的河道流量包含四层壤中流量）、地下水流量。

3）土壤湿度数据采集。本研究所用土壤湿度传感器为电压型湿度传感器，精度为±3%，该传感器通过探头电压信号转变为土壤含水量数据，其探测范围为以中央探针为中心直径7cm、高7cm的圆柱体，符合试验设计10cm高土层布设一个传感器的要求，实时的四层土壤含水量数据通过配套的数据采集器记录并传输到电脑。根据传感器数据及其在径流槽中的空间位置，可得到四层土壤含水量的时空分布。

（4）坡度调节装置。将径流槽置于托架内，通过连接于底座和托架之间的液压千斤顶可无级地调节径流槽的坡度，设计试验坡度为3°。

3.2.3　坡面产汇流试验结果与分析

在降雨历时3h的30mm/h雨强的试验中，无裂隙条件下土壤湿度传感器所得土壤含水率空间分布如图3.5所示。由图3.5可以看出在随着降雨的持续进行，土壤含水率从表层至深层逐渐增大，且呈现下游侧土壤含水量略高于上游侧的趋势，与实际情况相符合，并且各土层土壤体积含水率均匀，湿润峰推进过程平稳，由各土层所在的三个传感器所得的土壤体积含水率可以较好地反应各土层实际含水率情况。

3.2.3.1　面裂隙率1%试验组对比

1. 土壤含水量变化分析与讨论

在降雨历时3h的30mm/h雨强的试验中，面裂隙率为1%不导通与导通至地下采空区裂隙发育条件下土壤湿度传感器所得土壤体积含水率空间分布如图3.6所示。对比图3.5与图3.6可以看出，在第一、二、三层土壤中导通至采空区的裂隙发育条件下土壤含水率变化、湿润峰的推进与不导通至采空区裂隙发育条件下一致，都表现为裂隙发育条件下第一、二、三层土壤湿润峰推进过程发生了改变，裂隙周边土壤湿润峰推进速度加快，但

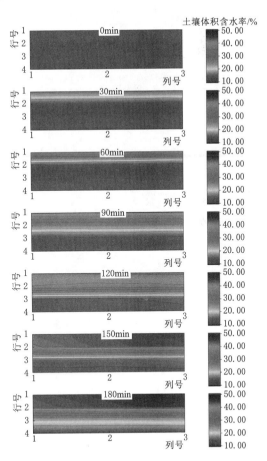

图 3.5　土壤体积含水率空间分布（一）

当裂隙周边土壤湿润峰推进至第四层土壤时，不导通至地下采空区裂隙周边的湿润峰推进与无裂隙条件下趋于一致，而导通至采空区的裂隙周边土壤湿润峰推进仍比无裂隙区推进快，由此可以看出裂隙发育越深则对土壤水下渗过程的影响深度越大。

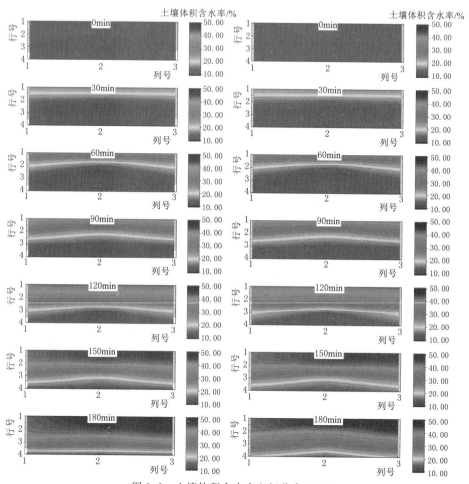

图3.6　土壤体积含水率空间分布（二）

为进一步对比裂隙产生前后土壤含水量变化规律，将同时刻30mm/h雨强无裂隙发育及裂隙率1%不导通与导通至采空区裂隙发育情况下传感器所示土壤含水率进行对比，结果如图3.7所示。可以看出，裂隙率1%导通与不导通试验组土壤含水量变化规律在120min以内基本一致，裂隙的产生使得土壤吸收的水量增多，包含裂隙的土层含水量增大，但当降雨持续至150min时，湿润峰已推进至裂隙所在第三层土壤，在第三层土壤没有达到最大持水能力时，不导通至地下采空区裂隙条件下并没有对第四层土壤产生补给，此时，仅裂隙所在第三层土壤含水量与无裂隙条件下的土壤含水量存在差异，但导通至地下采空区表现为裂隙对第四层土壤产生补给，第四层土壤含水量明显大于无裂隙条件下土壤含水量。进一步说明了裂隙发育越深则对土壤水下渗过程的影响深度越大，裂隙的产生使更多的降雨补给到了下垫面包气带中。

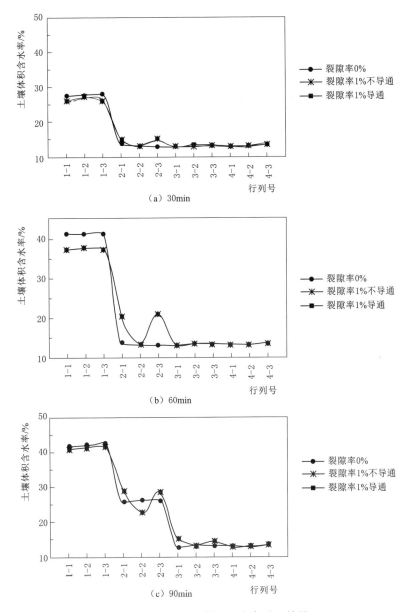

图 3.7（一） 土壤体积含水率对比结果

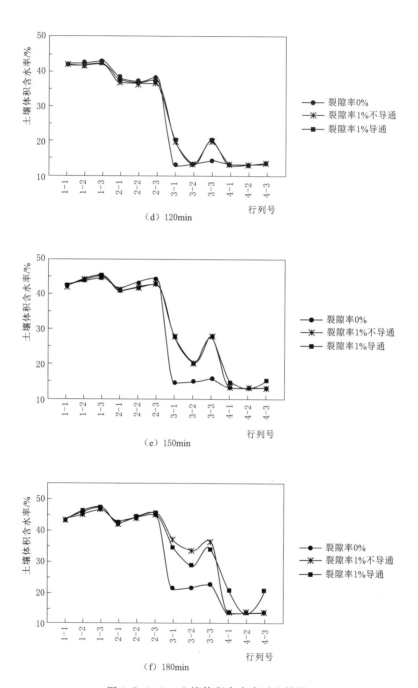

图 3.7（二）　土壤体积含水率对比结果

2. 产流过程分析与讨论

在降雨历时 3h 的 30mm/h 雨强的试验中，无裂隙发育条件下及面裂隙率为 1% 不导通与导通至地下采空区裂隙发育条件下，各径流成分收集量及产生时间，如图 3.8 所示。

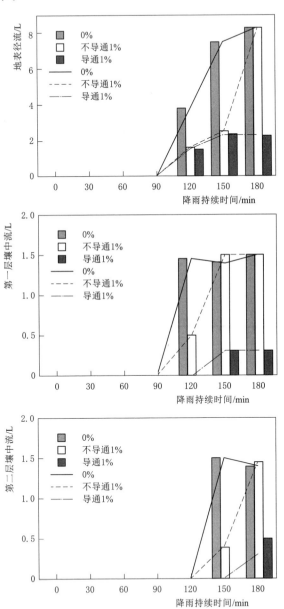

图 3.8（一）　各径流成分收集量及产生时间

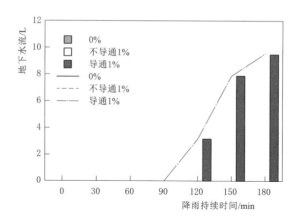

图 3.8（二） 各径流成分收集量及产生时间

可以看出：

（1）对地表径流而言，120min 时无裂隙条件下地表径流量（3.85L/30min）较裂隙率 1％不导通与导通试验组地表径流量（1.6L/30min、1.5L/30min）大，150min 时无裂隙条件下地表径流量（7.5L/30min）也较裂隙率 1％不导通与导通试验组地表径流量（2.5L/30min、2.3L/30min）大，且由 120min、150min 时裂隙率 1％不导通与导通试验组地表径流量对比可以看出两种深度裂隙发育情况对前期地表径流量影响程度相当。但 180min 后裂隙率为 1％的不导通组地表径流量（8.3L/30min）可达到无裂隙发育下的水平（8.3L/30min），此时土壤湿润峰推进至了第四层土壤，即裂隙发育深度以下，由此可以判断在降雨前期，裂隙不导通至地下采空区主要影响降雨前期的产汇流过程，使前期地表径流量减少但随着降雨的持续进行当湿润峰推进至裂隙发育深度以下，地表径流量最终会达到无裂隙发育下的水平。在 180min 面裂隙率 1％导通组裂隙的地表径流产量维持在了 2L/30min 左右的水平，较无裂隙发育条件下的地表径流稳定出流量（8.3L/30min）小，由此可以判断，导通至地下采空区的裂隙使地表径流量减少的机理与不导通组裂隙有所不同，除使降雨前期经裂隙对深层土壤补给增多导致地表径流量减少外，裂隙作为一个快速渗漏通道使整个产汇流过程中地表径流补给到地下水流中，导致地表径流量在整个过程中受到削减。

（2）对于壤中流而言，由于降水的持续补给，第一层土壤含水量达到最大持水能力后产生侧向流，第一层壤中流出现，没有裂隙发育情况下第一层壤中流开始产生时间为 90min，面裂隙率为 1％时不导通与导通至地下采空区第一层壤中流产生时间都为 105min，由此可以判断导通与不导通至地下采空区的裂隙都使得壤中流产生的时间变长；没有裂隙发育及裂隙率为 1％不导通至地下采空区情况下第一层壤中流稳定后的出流量都约为 1.5L/30min，由此可以判断，不导通至地下采空区的裂隙会影响壤中流的出流时间但不会影响壤中流稳定后的出流量。而面裂隙率为1%导通至地下采空区的裂隙发育条件下，壤中流稳定出流后的水量维持在0.3L/30min，由此可以说明，导通至地下采空区壤中流的变化的机理与不导通组裂隙有所不同，不导通裂隙的产生使得裂隙周围的土壤补给量增大，随着补给的持续进行，裂隙周边土壤的导水能力减弱，最终与无裂隙条件下土壤自由水受力状态达到一致，形成了稳定的壤中流，但裂隙导通至地下采空区后，由于上游侧土壤中超持自由水不受土壤下渗能力的影响，此时裂隙作为一个快速渗漏通道使上游本应在重力侧向分力作用下，侧向流动的自由水优先经裂隙补给到地下水流中，导致壤中流量在整个过程中受到削减。

（3）对地下水流而言，不导通至地下采空区3h降雨过程中都没有地下水流的产生，而导通至地下采空区的裂隙在降雨至90min时便有了地下水流的产生，且随着时间的推移在降雨过程中对地下水流的补给强度越来越大。对导通至地下采空区面裂隙率1%条件下120min后地表径流减少量、壤中流减少量与地下水流量之间的相关性进行分析统计，结果见表3.5，可以看出各时段地表径流减少量与壤中流减少量之和近似于地下水流量，可以判断导通至地下采空区的水流使降雨产流过程中补给到地下水流的水量明显增多，其补给来源有两方面：①整个产汇流过程中地表径流补给到地下水流中；②土壤中自由水优先经裂隙补给到地下水流中。

表3.5　地表径流减少量、壤中流减少量与地下水流量之间的相关性分析

裂隙发育	时　段	地表径流减少量/L	壤中流减少量/L	地表径流与壤中减少总量/L	地下水流量/L
1%导通	120min	2.35	1.45	3.80	3.15
	150min	5.20	2.70	7.90	7.90
	180min	6.00	2.30	8.30	9.50
	120~180min	13.55	6.45	20.00	20.55

3.2.3.2　面裂隙率2%试验组对比

1. 土壤含水量变化分析与讨论

在降雨历时3h的30mm/h雨强的试验中，面裂隙率为2%不导通与导通至地下采空区裂隙发育条件下，土壤湿度传感器所得土壤含水率空间分布，如图3.9所示。

对比图3.5与图3.9可以看出，在第一、二、三层土壤中导通至采空区的裂隙发育条件下，土壤含水量变化、湿润峰的推进与不导通至采空区裂隙发育条件下一致，都表现为裂隙发育条件下第一、二、三层土壤湿润峰推进过程发生了改变，裂隙周边土壤湿润峰推进速度加快，但当裂隙周边土壤湿润峰推进至

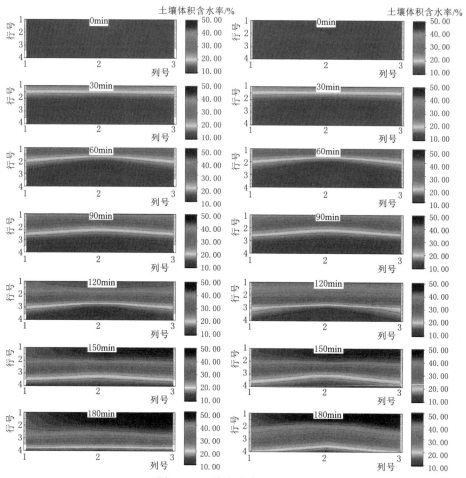

图 3.9 土壤含水率空间分布

第四层土壤时,不导通至地下采空区裂隙周边的湿润峰推进与无裂隙条件下趋于一致,但导通至采空区的裂隙发育条件下裂隙周边土壤湿润峰推进仍比无裂隙区推进快,由此可以看出裂隙发育越深则对土壤水下渗过程的影响深度越大。

为进一步对比裂隙产生前后土壤含水量变化规律,将同时刻 30mm/h 雨强无裂隙发育及裂隙率 2% 不导通与导通至采空区裂隙发育情况下传感器所示土壤含水率进行对比,结果如图 3.10 所示。可以看出,裂隙率 2% 导通与不导通试验组土壤含水量变化规律在 120min 以内基本一致,裂隙的产生使得土壤吸收的水量增多,包含裂隙的土层含水量增大,但当降雨持续至 150min 时,湿润峰已推进至裂隙所在第三层土壤,在第三层土壤没有达到最大持水能力时,不导通至地下采空区裂隙条件下并没有对第四层土壤产生补给,此时,仅裂隙所在第三层土壤含水量与无裂隙条件下的土壤含水量存在差异，但导通至地下采空区表现为裂隙对第四层土壤产生补给，第四层土壤含水量明显大于无裂隙条件下土壤含水量。进一步说明了裂隙发育越深则对土壤水下渗过程的影响深度越大，裂隙的产生使更多的降雨补给到了下垫面包气带中。

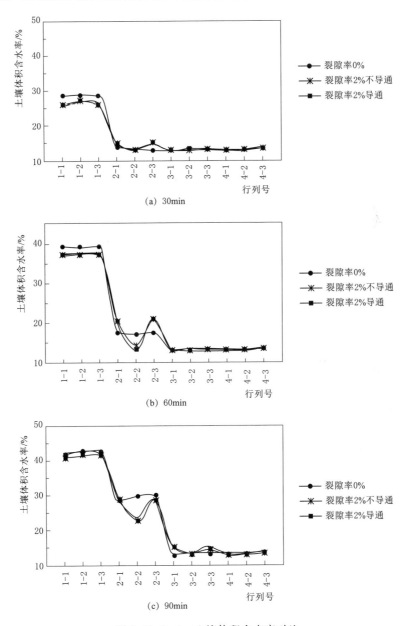

(a) 30min

(b) 60min

(c) 90min

图 3.10（一） 土壤体积含水率对比

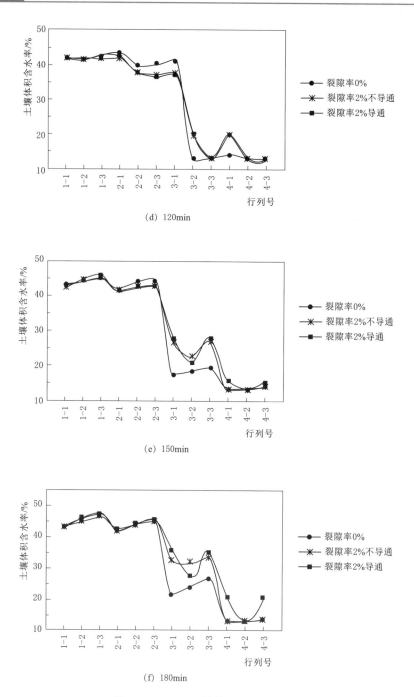

(d) 120min

(e) 150min

(f) 180min

图 3.10（二） 土壤体积含水率对比

2. 产流过程分析与讨论

在降雨历时 3h 的 30mm/h 雨强的试验中，无裂隙条件下及面裂隙率为 2% 不导通与导通至地下采空区裂隙发育条件下，各径流成分收集量及产生时间，如图 3.11 所示。

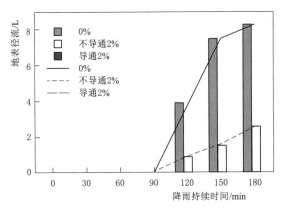

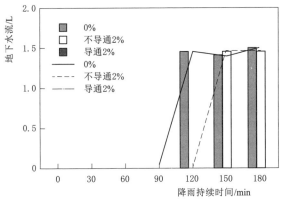

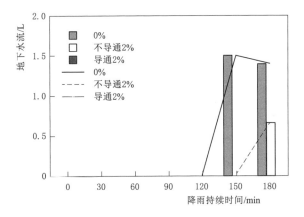

图 3.11（一） 各径流成分收集量及产生时间

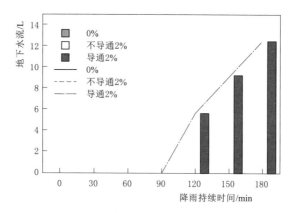

图 3.11（二）　各径流成分收集量及产生时间

由图 3.11 可以看出：

（1）对地表径流而言，当裂隙率为 2%不导通至地下采空区时，30mm/h 雨强第 120min 时地表径流开始产生，但当裂隙率为 2%导通至地下采空区时，30mm/h 雨强 3h 降雨历程中都无地表径流的产生，地下水流明显增多，由此可以判断，当裂隙发育到一定程度裂隙对地表径流的影响可达到极端程度，使地表径流全部补给到地下水流当中。

（2）对于壤中流而言，当裂隙率为 2%不导通至地下采空区时，30mm/h 雨强第 120min 时壤中流开始产生，但当裂隙率为 2%导通至地下采空区时，30mm/h 雨强 3h 降雨历程中都无壤中流的产生，且地下水流明显增多，由此可以判断，当裂隙发育到一定程度裂隙对壤中流的影响可达到极端程度，使壤中流全部补给到地下水流当中。

（3）对地下径流而言，面裂隙率 2%不导通至地下采空区 3h 降雨过程中都没有地下水流的产生，而面裂隙率 2%导通至地下采空区的裂隙在降雨至 90min 时便有了地下水流的产生，且随着时间的推移在降雨过程中对地下水流的补给强度越来越大。对导通至地下采空区面裂隙率 2%条件下 120min 后地表径流减少量、壤中流减少量与地下水流量之间的相关性进行分析统计，结果见表 3.6，

表 3.6　地表径流减少量、壤中流减少量与地下水流量之间的相关性分析

裂隙发育	时　段	地表径流减少量 /L	壤中流减少量 /L	减少总量 /L	地下水流量 /L
2%导通	120min	3.85	1.45	5.3	5.65
	150min	7.50	3.00	10.5	9.20
	180min	8.30	2.90	11.2	12.40
	120～180min	19.65	7.35	27.0	27.25

可以看出各时段地表径流减少量与壤中流减少量之和近似于地下水流量,进一步说明导通至地下采空区的水流使降雨产流过程中补给到地下水流的水量明显增多,其补给来源有两方面:①整个产汇流过程中地表径流补给到地下水流中;②土壤中自由水优先经裂隙补给到地下水流中。

3.2.4 河道汇流试验结果与分析

3.2.4.1 裂隙率 1% 试验组对比

在上游来水量为 120L/h 时,无裂隙发育、不导通至地下采空区裂隙率 1% 与导通至地下采空区裂隙率 1% 裂隙发育条件下测量到的不同时刻河道流量及地下水流量,如图 3.12 所示。

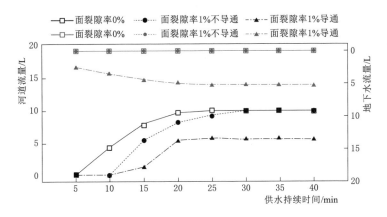

图 3.12   不同时刻河道流量及地下水流量

由图 3.12 可以看出:

(1) 不导通至地下采空区裂隙率 1% 裂隙发育条件下的河道汇流量稳定后维持在 10L/5min 左右的水平,与无裂隙发育条件下基本一致,究其原因,在上游供水初期,在没有裂隙发育的情况下,由于下垫面超持,初期的供水在使表层土壤达到饱和后产生了稳定的河道汇流量,而裂隙发育条件下,上游来水在经过裂隙区域优先灌入裂隙中并不会向下流动,因此在裂隙发育条件下上游来水不仅需要满足表层土壤饱和,还需要将裂隙填满后才能产生稳定的河道汇流量,并且裂隙越多,形成稳定汇流量所需要的时间越长,因此对于不导通至采空区的裂隙,河道汇流过程中水流灌入裂隙导致前期河道汇流量减少,但当裂隙充满后河道汇流量便不再受到裂隙发育的影响,其河道汇流量最终会维持在没有裂隙发育下的水平。

(2) 导通至地下采空区裂隙率 1% 裂隙发育条件下的河道流量稳定后维持在 5.5L/5min 左右的水平,且在河道流量稳定后地下水流量维持在 4.2L/5min 左右的水平，由此可以说明裂隙导通至地下采空区后在整个河道汇流过程中都形成了河道流量的快速下渗补给到地下采空区，使河道流量减少。

3.2.4.2 裂隙率 2% 试验组对比

在上游来水量为 120L/h 时，无裂隙发育，不导通至地下采空区裂隙率 2% 与导通至地下采空区裂隙率 2% 裂隙发育条件下测量到的不同时刻河道流量及地下水流量，如图 3.13 所示。

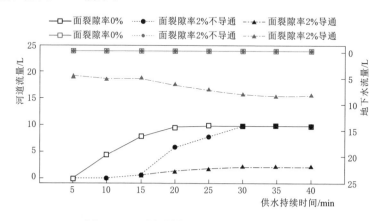

图 3.13 不同时刻河道流量及地下水流量

由图 3.13 可以看出：

（1）不导通至地下采空区裂隙率 2% 裂隙发育水平下的河道汇流量稳定后维持在 10L/5min 左右的水平，与无裂隙发育水平下基本一致，与前述分析一致，进一步说明对于不导通至采空区的裂隙，河道汇流过程中水流灌入裂隙导致前期河道汇流量减少，但当裂隙充满后河道汇流量便不再受到裂隙发育的影响，其河道汇流量最终会维持在没有裂隙发育下的水平。

（2）导通至地下采空区裂隙率 2% 裂隙发育水平下的河道流量稳定后维持在 2.0L/5min 左右的水平，且地下水流发育，在河道流量稳定后地下水流量维持在 8.5L/5min 左右的水平。

进一步说明裂隙导通至地下采空区后在整个河道汇流过程中都形成了河道流量的快速下渗补给到地下采空区，使河道流量减少，对地下采空区的补给量取决于裂隙的渗漏能力。

3.2.5 采空区对产汇流过程影响参数化

3.2.5.1 采空区对地表径流影响参数化

对地表径流而言，由前述分析可知，裂隙对地表径流减少率的影响程度在不同时刻较为稳定，因水文模拟是一个时序过程，需要参数进行模拟，且参数随时间变化应具有稳定性，因此，为进一步分析此三因素随时间变化的稳定性，以这三个因素的标准差作为指标，衡量此三个因素的变异性，见表3.7。

表 3.7   不同时刻地表径流量、地表径流减少量以及地表径流减少率的标准差

裂隙率 1% 不导通	地表径流量/L	地表径流减少量/L	地表径流减少率
120min	1.60	2.25	0.58
150min	2.50	5.00	0.67
标准差	0.64	1.94	0.06
裂隙率 2% 不导通	地表径流量/L	地表径流减少量/L	地表径流减少率
120min	0.85	3.00	0.78
150min	1.50	6.00	0.80
180min	2.50	5.80	0.70
标准差	0.83	1.68	0.05
裂隙率 1% 导通	地表径流量/L	地表径流减少量/L	地表径流减少率
120min	1.50	2.35	0.61
150min	2.30	5.20	0.69
180min	2.30	6.00	0.72
标准差	0.46	1.92	0.06
裂隙率 2% 导通	地表径流量/L	地表径流减少量/L	地表径流减少率
120min	无	3.85	1.00
150min	无	7.50	1.00
180min	无	8.30	1.00
标准差		2.37	0

可以看出，不同发育情况下，对地表径流而言，总是地表径流减少率随时间的变化最为稳定，因此在进行采空区地表径流模拟时，易取地表径流减少率作为引入参数，表征采空区裂隙产生后对地表径流的渗漏作用。

3.2.5.2   采空区对壤中流影响参数化

对壤中流而言，由前述分析可知，仅导通至地下采空区的裂隙对壤中流有削减作用，且裂隙对壤中流减少率的影响程度在不同时刻较为稳定，为进一步分析不同时刻壤中流量、壤中流减少量以及壤中流减少率随时间变化的稳定性，本书以这三个因素的标准差作为指标，衡量此二个因素的变异性，见表3.8，可以看出导通至地下采空区1%与2%裂隙率发育水平下，总是壤中流减少率随时间的变化最为稳定，因此在进行采空区地表径流模拟时，易取壤中流减少率作为引入参数，表征采空区裂隙产生后对壤中流的渗漏作用。

表3.8 不同时刻壤中流量、壤中流减少量以及壤中流减少率的标准差

裂隙率1%导通	壤中流量/L	壤中流减少量/L	壤中流减少率
120min	0	1.45	1.00
150min	0.30	2.70	0.90
180min	0.60	2.30	0.79
标准差	0.30	0.64	0.10
裂隙率2%导通	壤中流量/L	壤中流减少量/L	壤中流减少率
120min	0	1.45	1.00
150min	0	3.00	1.00
180min	0	2.90	1.00
标准差	—	0.87	0

3.2.5.3 采空区对河道流量影响参数化

对河道流量而言，由前述分析可知，裂隙对河道流量减少率的影响程度在不同时刻较为稳定，为进一步分析不同时刻河道流量、河道流量减少量以及河道流量减少率随时间变化的稳定性，本书以这三个因素的标准差作为指标，衡量此三个因素的变异性，见表3.9。可以看出，不导通至地下采空区面裂隙率1%与2%裂隙率发育水平下，对河道流量而言，河道流量减少率随时间的变化最为稳定，因此对于不导通至地下采空区的裂隙，在进行采空区河道汇流计算时，易取河道流量减少率作为引入参数，但该参数是一个随时间而不断衰减的值，为简化计算程序可在该参数的变化区间内取一个定值作为引入值，来表征不导通至地下采空区的裂隙产生后对河道流量的渗漏作用。而导通至地下采空区面裂隙率1%与2%裂隙率发育水平下，对河道流量而言，河道流量减少率随时间的变化也最为稳定，因此对于导通至地下采空区的裂隙，在进行采空区河道汇流计算时，易取河道流量减少率作为引入参数，且该参数也是一个随时间而不断衰减最后趋于稳定的值，同理，为简化计算程序可在该参数的变化区间内取一个定值作为引入值，来表征导通至地下采空区裂隙产生后对河道流量的渗漏作用。

表3.9 不同时刻河道流量、河道流量减少量以及河道流量减少率的标准差

裂隙率1%不导通	河道流量/L	河道流量减少量/L	河道流量减少率
10min	0	4.20	1.00
15min	5.35	2.45	0.31
20min	8.00	1.55	0.16
25min	9.15	0.65	0.07

裂隙率1%不导通	河道流量/L	河道流量减少量/L	河道流量减少率
30min	9.81	0.01	0
标准差	3.99	1.64	0.40
裂隙率2%不导通	河道流量/L	河道流量减少量/L	河道流量减少率
10min	0	4.20	1.00
15min	0.55	7.25	0.93
20min	5.65	3.90	0.41
25min	7.65	2.15	0.22
30min	9.70	0.12	0.01
标准差	4.30	2.64	0.44
裂隙率1%导通	河道流量/L	河道流量减少量/L	河道流量减少率
10min	0	4.20	1.00
15min	1.25	6.55	0.84
20min	5.30	4.25	0.45
25min	5.55	4.25	0.43
30min	5.48	4.34	0.44
35min	5.50	4.30	0.44
40min	5.60	4.21	0.43
标准差	0.11	0.05	0.01
裂隙率2%导通	河道流量/L	河道流量减少量/L	河道流量减少率
10min	0	4.20	1.00
15min	0.60	7.20	0.92
20min	1.30	8.25	0.86
25min	1.80	8.00	0.82
30min	2.00	7.82	0.80
35min	2.00	7.80	0.80
40min	2.00	7.81	0.80
标准差	0.30	0.19	0.03

3.2.5.4 采空区产汇流过程影响的参数化结果

综上所述,将采空区特殊下垫面产汇流机制参数化表述如下。

(1) 峰前地表径流减少率 α。对于不导通到地下采空区的裂隙,会使降雨前期产生的地表径流量减少。可认为地表径流峰值到达前为降雨前期,用峰前地表径流减少率表示因地表径流峰值前减少的地表径流量占地表径流总量的比重。

（2）地表径流减少率 β。对于导通至地下采空区的裂隙，会使整个降雨过程中产生的地表径流量减少。地表径流减少率可表示除降雨前期减少的地表径流量，因导通至地下采空区的裂隙导致的整个降雨产流过程中减少的地表径流量占地表径流总量的比重。

（3）壤中流蓄滞时间 γ。壤中流蓄滞时间表示降雨前期裂隙的产生使壤中流的出流增加的时间。

（4）壤中流减少率 δ。对于导通至地下采空区的裂隙，会使整个降雨过程中产生的壤中流量减少。壤中流减少率可表示减少的壤中流量占壤中流总量的比重。

（5）峰前河道流量减少率 ε。不导通到地下采空区的裂隙，会使前期河道汇流量减少。此时可认为河道流量峰值到达前为河道汇流前期，用峰前河道流量减少率表示河道流量峰值前减少的河道流量占河道流量总量的比重。

（6）河道流量减少率 ζ。对于导通至地下采空区的裂隙，会使整个汇流过程中产生的地河道流量减少。河道流量减少率可表示除峰前减少的河道流量，在整个河道汇流过程中因导通至地下采空区的裂隙而减少的河道流量占河道流量总量的比重。

结合实验结果，给出各参数的参考取值范围见表 3.10，由现场调查结果可知，汾河水库控制流域范围内面裂隙率取值范围为 $0\%\sim2\%$，因此根据表 3.10，在水文模拟时可将导通至采空区面裂隙率 2% 情况下的参数参考取值作为上限，进行参数调节。

表 3.10 各参数的参考取值范围

参数参考取值	不 导 通		导 通	
	1%	2%	1%	2%
α	0.63	0.76	0.65	1.00
β	0	0	0.72	1.00
δ	0	0	0.90	1.00
ε	$1.00\sim0$	$1.00\sim0$	$1.00\sim0.44$	$1.00\sim0.80$
ζ	0	0	0.44	0.80

3.3 采空区特殊下垫面水文模型建立

3.3.1 模型建立的技术流程

为对不同区域煤矿开采条件下水文模型模拟精度进行分析，本书将汾河水库控制流域划分为三个研究流域进行水文模拟，分别为静乐水文站控制流域、上静游水文站控制流域与娄烦水文站控制流域，其中娄烦水文站控制流域内受煤矿开采影响较小，作为对照流域评价所建分布式水文模型在汾河水库控制流域内的适用性。技术流程如图3.14所示。

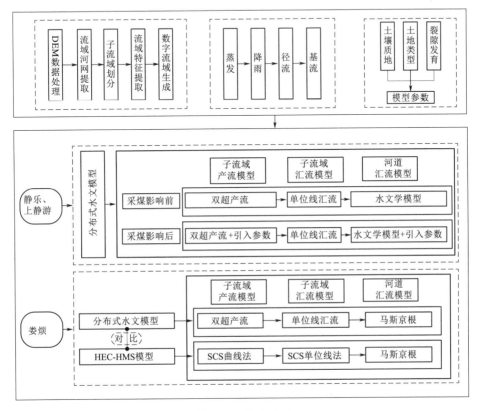

图 3.14　技术流程

首先，调查收集了汾河水库控制流域的降雨径流资料，并根据《水文情报预报规范》（GB/T 22482—2008）从中选取不同类型场次洪水与相应降雨数据，考虑到流域洪水历时过程短为特点，以 15min 为计算时间步长，并将各水文站控制流域内降雨数据应用 HEC-DSSvue 软件转换格式，以匹配模型使用；获取汾河水库控制流域数字高程模型等资料，为模型研究提供基础的数据支持。

其次，在娄烦水文站控制流域范围内，通过对比 HEC-HMS 模型与以双超产流模型为基础所构建的分布式水文模型场次洪水模拟结果，评价以双超产流模型为基础所构建的分布式水文模型在研究区的适用性。

最后，通过水文气象数据时间序列分析结合实际情况，将静乐水文站与上静游水文站控制流域按照采煤影响期划分成两个时间段，分别为采煤影响前与采煤影响期，对研究流域采煤影响前的极端降水径流过程进行模型参数率定，并计算采煤影响后的极端降水径流过程；对于采煤影响期的极端降水径流过程，将本研究所概化的采空区特殊下垫面水文模拟参数引入到所建立的水文模型中，重新计算研究区采煤影响期的极端降水径流过程，将模拟结果进行对比，并开展模型合理性分析。

3.3.2　采空区特殊下垫面参数引入

3.3.2.1　单元产汇流参数引入

1. 地表径流参数引入

设地表径流量 ΔR_0 的函数为 $f(\Delta R_0) = R_{0,i}(i=1,2,3,\cdots,n)$，且 $f(\Delta R_0)$ 在 $i=m$ 处取到最大值，即 $R_{0,m} = \max[f(\Delta R_0)]$，则引入参数 α 得到的地表径流量 ΔR_0^α 的函数为

$$f(\Delta R_0^\alpha) = \begin{cases} (1-\alpha)R_{0,i} & i=1,2,3,\cdots,m \\ R_{0,i} & i=m,m+1,\cdots,n \end{cases} \tag{3.1}$$

引入参数 β 得到的地表径流量 ΔR_0^β 的函数为

$$f(\Delta R_0^\beta) = (1-\beta)R_{0,i} \quad i=1,2,3,\cdots,n \tag{3.2}$$

则由参数 α 与 β 共同作用下的采空区特殊下垫面地表径流量 $\Delta R_0^{\alpha,\beta}$ 的函数为

$$f(\Delta R_0^{\alpha,\beta}) = \begin{cases} (1-\alpha)(1-\beta)R_{0,i} & i=1,2,3,\cdots,m \\ (1-\beta)R_{0,i} & i=m+1,m+2,\cdots,n \end{cases} \tag{3.3}$$

2. 壤中流参数引入

设壤中流量 ΔR_s 的函数为 $f(\Delta R_s) = R_{s,i}(i=1,2,3,\cdots,n)$，则引入参数 γ 得到的壤中流量 ΔR_s^γ 的函数为

$$f(\Delta R_s^\gamma) = \begin{cases} 0 & i=1,2,3,\cdots,\gamma \\ R_{s,i-\gamma} & i=\gamma+1,\gamma+2,\cdots,n \end{cases} \tag{3.4}$$

引入参数 δ 得到的壤中流量 ΔR_s^δ 的函数为

$$f(\Delta R_s^\delta) = (1-\delta)R_{s,i} \quad i=1,2,3,\cdots,n \tag{3.5}$$

则由参数 γ 与 δ 共同作用下的采空区特殊下垫面壤中流量 $\Delta R_s^{\gamma,\delta}$ 的函数为

$$f(\Delta R_s^{\gamma,\delta}) = \begin{cases} 0 & i=1,2,3,\cdots,\gamma \\ (1-\delta)R_{s,i-\gamma} & i=\gamma+1,\gamma+2,\cdots,n \end{cases} \tag{3.6}$$

3.3.2.2　河道汇流参数引入

设河道流量 ΔQ 的函数为 $f(\Delta Q) = Q_i(i=1,2,3,\cdots,n)$，且 $f(\Delta Q)$ 在 $i=m$ 处取到最大值，即 $Q_m = \max[f(\Delta Q)]$，则引入参数 ε 得到的河道流量 ΔQ^ε 的函数为

$$f(\Delta Q^\varepsilon) = \begin{cases} (1-\varepsilon)Q_i & i=1,2,3,\cdots,m \\ Q_i & i=m,m+1,\cdots,n \end{cases} \tag{3.7}$$

引入参数 ζ 得到的河道流量 ΔQ^{ζ} 的函数为

$$f(\Delta Q^{\zeta}) = (1-\zeta)Q_i \quad i=1,2,3,\cdots,n \tag{3.8}$$

则由参数 ε 与 ζ 共同作用下的采空区特殊下垫面河道流量 $\Delta Q^{\varepsilon,\zeta}$ 的函数为

$$f(\Delta Q^{\varepsilon,\zeta}) = \begin{cases} (1-\varepsilon)(1-\zeta)Q_i & i=1,2,3,\cdots,m \\ (1-\zeta)Q_i & i=m,m+1,\cdots,n \end{cases} \tag{3.9}$$

3.3.3 流域数字模型构建

流域数字模型是水文模拟的基础，为对不同区域煤矿开采条件下水文模型模拟精度进行分析，本书将汾河水库控制流域划分为三个研究流域进行水文模拟，分别为静乐水文站控制流域、上静游水文站控制流域与娄烦水文站控制流域，其中娄烦水文站控制流域内受煤矿开采影响较小，作为对照流域评价所建水文模型在汾河水库控制流域内的适用性。

本书选用地理空间数据云平台提供的分辨率为 30m×30m 的 DEM 数字高程数据，首先对初始数据进行坐标转换及栅格裁剪处理，其次使用 ArcGIS10.0 软件对娄烦水文站控制流域、静乐水文站控制流域及上静游泳水文站控制流域的数字高程 DEM 进行填洼、河网提取、流域特征提取、子流域划分等一系列水文分析；基于泰森多边形方法求出划分好的子流域所占雨量站的面积，至此完成了流域数字模型的构建[203-205]。

3.3.4 洪水预报误差与评定

在流域水文模型模拟洪水过程中，根据《水文情报预报规范》（GB/T 22482—2008）的规定，选择洪峰预报许可误差（EQ）、径流深预报许可误差（EP）、峰现时间预报许可误差（ΔT），以及确定性系数（DC）这四个指标来对模型模拟洪水的精度进行评价，同时以确定性系数（DC）和洪水预报场次合格率（QR）这两项指标来共同确定洪水预报精度等级[206]。具体计算如下所述。

1. 洪峰预报许可误差

降雨径流预报以实测洪峰流量的 20% 作为许可误差；河道流量（水位）预报以预见期内实测变幅的 20% 作为许可误差。当流量许可误差小于实测值的 5% 时，取流量实测值的 5%，当水位许可误差小于实测洪峰流量的 5% 所相应的水位幅度值或小于 0.10m 时，则以该值作为许可误差。

$$EQ = Q_m - Q_s \tag{3.10}$$

式中：EQ 为洪峰预报许可误差；Q_m 为模拟洪峰流量，$\mathrm{m^3/s}$；Q_s 为实测洪峰流量，$\mathrm{m^3/s}$。

2. 径流深预报许可误差

径流深预报以实测值的 20％作为许可误差，当该值大于 20mm 时，取 20mm；当小于 3mm 时，取 3mm。

$$EP = P_m \times 20\%$$ (3.11)

式中：EP 为径流深预报许可误差；P_m 为模拟径流深，mm。

3. 峰现时间预报许可误差

峰现时间以预报峰现时间至实测洪峰出现时间之间时距的 20％作为许可误差，当许可误差小于 3h 或一个计算时段长，则以 3h 或一个计算时段长作为许可误差。

$$\Delta T = T_m - T_s$$ (3.12)

式中：ΔT 为峰现时间预报许可误差；T_m 为模拟峰现时间，h；T_s 为实测峰现时间，h。

一般地，峰值和径流深以实测值的 ±20％作为许可误差；峰现时间以模拟与实测洪峰之间 3h 时距作为许可误差。

4. 确定性系数

确定性系数是用来描述模拟水文过程与实测过程之间吻合程度的指标，表达式为

$$DC = 1 - \frac{\sum_{i=1}^{n} (Q_C - Q_O)^2}{\sum_{i=1}^{n} (Q_O - \overline{Q}_O)^2}$$ (3.13)

式中：DC 为确定性系数；Q_O 为实测值，m^3/s；Q_C 为模拟值，m^3/s；$\overline{Q}_O$ 为实测的平均值，m^3/s。

5. 合格率

预报误差小于许可误差时预报即合格。用合格率表示多次预报的整体水平，按下式计算：

$$QR = \frac{n}{m} \times 100\%$$ (3.14)

式中：QR 为合格率，％；n 为预报合格次数；m 为预报总数。

按照合格率或确定性系数的大小，可以将预报精度分为甲、乙、丙三级，见表 3.11。

预报方案包含多个预报项目，综合评价精度的确定同样参考《水文情报预报规范》（GB/T 22482—2008）中所写，相关内容引用在此处，并在后面结果分析时应用。

表 3.11	洪水预报精度等级划分		
精 度 等 级	甲	乙	丙
合格率%	$QR \geqslant 85.0$	$85.0 > QR \geqslant 70.0$	$70.0 > QR \geqslant 60.0$
确定性系数	$DC > 0.90$	$0.90 \geqslant DC \geqslant 0.70$	$0.70 > DC \geqslant 0.50$

3.4 研究区场次洪水选取与模拟

3.4.1 场次洪水的选取

3.4.1.1 娄烦水文站场次洪水选取

本书以娄烦水文站控制流域 1995—2017 年的长系列降雨和径流资料为基础，根据《水文情报预报规范》（GB/T 22482—2008）规定的洪水等级划分原则，运用 P-Ⅲ型曲线将这一时段的所有洪峰流量序列排频计算，并拟合得到经验频率曲线，进行频率分析，选取重现期为 5 年、20 年、50 年所对应的洪峰流量，分别为 56.57m³/s、143.02m³/s、206.33m³/s，作为娄烦水文站控制流域洪水等级划分标准，确定洪峰流量小于 56.57m³/s 的洪水等级为小型洪水、洪峰流量为 56.57~143.02m³/s 的洪水等级为中型洪水、洪峰流量为 143.02~206.33m³/s 的洪水等级为大型洪水、洪峰流量大于 206.33m³/s 的洪水等级为特大型洪水[206]。娄烦水文站控制流域 1995—2017 年场次洪水洪峰流量频率曲线如图 3.15 所示，娄烦水文站控制流域 1995—2017 年洪水等级划分标准见表 3.12。

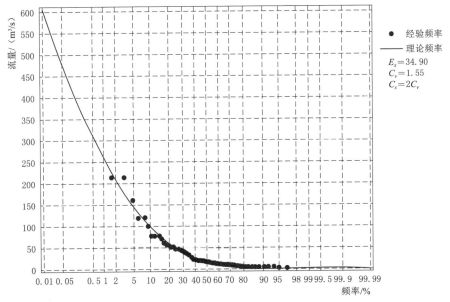

图 3.15 娄烦水文站控制流域 1995—2017 年场次洪水洪峰流量频率曲线

表 3.12 娄烦水文站控制流域 1995—2017 年洪水等级划分标准

洪水类型	小型洪水	中型洪水	大型洪水	特大型洪水
频率区间	$f>20\%$	$5\%<f<20\%$	$2\%<f<5\%$	$f<2\%$
洪峰流量区间/(m³/s)	$Q<56.57$	$56.57<Q<143.02$	$143.02<Q<206.33$	$Q>206.33$

以娄烦水文站控制流域 1995—2017 年洪水等级划分标准，结合已有资料的实际情况，选取了娄烦水文站控制流域 25 场洪水，将 25 场洪水等级划分，见表 3.13。由表 3.13 可知，本次选取的娄烦水文站控制流域 25 场洪水中分别有小型洪水 17 场、中型洪水 6 场、大型洪水 1 场与特大型洪水 1 场。其中小型洪水与中小洪水的比例居多，占选取场次洪水的 92%，大型洪水以及特大型洪水仅占选取场次洪水的 8%，选取的场次洪水情况与实际情况大体相同。

表 3.13 娄烦水文站控制流域场次洪水等级划分

小型洪水	中型洪水	大型洪水	特大型洪水
19950805	19960801	20060814	19950708
19980801	20020627		
19980630	20080614		
19990818	20120623		
20000704	20130726		
20030620	20170724		
20030622			
20030808			
20040812			
20050815			
20070726			
20070806			
20080924			
20100821			
20120706			
20160719			
20160815			

3.4.1.2 静乐水文站场次洪水选取

本书以静乐水文站控制流域 1951—2017 年的长系列降雨和径流资料为基

础，根据《水文情报预报规范》（GB/T 22482—2008）规定的洪水等级划分原则，运用 P-Ⅲ型曲线将这一时段的所有洪峰流量序列排频计算，并拟合得到经验频率曲线，进行频率分析，选取重现期为 5 年、20 年、50 年所对应的洪峰流量，分别为 752.36m³/s、1454m³/s、1926.66m³/s，作为静乐水文站控制流域洪水等级划分标准，确定洪峰流量小于 752.36m³/s 的洪水等级为小型洪水、洪峰流量为 752.36～1454.00m³/s 的洪水等级为中型洪水、洪峰流量为 1454.00～1926.66m³/s 的洪水等级为大型洪水、洪峰流量大于 1926.66m³/s 的洪水等级为特大型洪水[206]。静乐水文站控制流域 1951—2017 年场次洪水洪峰流量频率曲线如图 3.16 所示，静乐水文站控制流域 1951—2017 年洪水等级划分标准见表3.14。

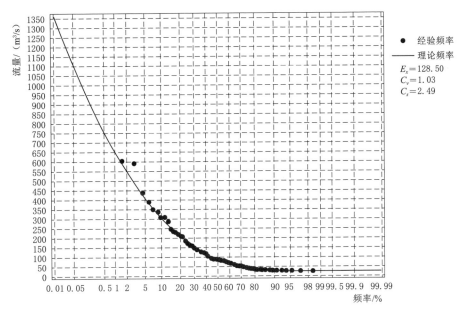

图 3.16　静乐水文站控制流域 1951—2017 年场次洪水洪峰流量频率曲线

表 3.14　　　　静乐水文站控制流域 **1951—2017 年洪水等级划分标准**

洪水类型	小型洪水	中型洪水	大型洪水	特大型洪水
频率区间	$f>20\%$	$5\%<f<20\%$	$2\%<f<5\%$	$f<2\%$
洪峰流量区间/(m³/s)	$Q<752.36$	$752.36<Q<1454$	$1454<Q<1926.66$	$Q>1926.66$

以静乐水文站控制流域 1951 2017 年洪水等级划分标准，结合已有资料的实际情况，选取了静乐水文站控制流域 25 场洪水，将 25 场洪水等级划分见表3.15。由表 3.15 可知，本次选取的静乐水文站控制流域 25 场洪水中分别有小型洪水 17 场、中型洪水 6 场、大型洪水 1 场与特大型洪水 1 场。其中小型洪水与

中小洪水的比例居多，占选取场次洪水的 92%，大型洪水以及特大型洪水仅占
选取场次洪水的 8%，选取的场次洪水情况与实际情况大体相同。

表 3.15　　　　　　　　　　静乐水文站控制流域场次洪水等级划分

小型洪水	中型洪水	大型洪水	特大型洪水
19560808	19660816	19850511	19670810
19590721	19810722		
19630724	19770706		
19680813	19830727		
19730820	19950903		
19780828	20030730		
19860805			
19930919			
19960809			
19980630			
20000811			
20020628			
20040809			
20060713			
20090907			
20120726			
20160603			

3.4.1.3　上静游水文站场次洪水选取

本书以上静游水文站控制流域 1959—2017 年的长系列降雨和径流资料为基
础，根据《水文情报预报规范》（GB/T 22482—2008）规定的洪水等级划分原
则，运用 P-Ⅲ 型曲线将这一时段的所有洪峰流量序列排频计算，并拟合得到经
验频率曲线，进行频率分析，选取重现期为 5 年、20 年、50 年所对应的洪峰流
量，分别为 $319.74 \text{m}^3/\text{s}$、$637.97 \text{m}^3/\text{s}$、$853.36 \text{m}^3/\text{s}$，作为上静游水文站控制流
域洪水等级划分标准，确定洪峰流量小于 $319.74 \text{m}^3/\text{s}$ 的洪水等级为小型洪水、
洪峰流量为 $319.74 \sim 637.97 \text{m}^3/\text{s}$ 的洪水等级为中型洪水、洪峰流量为 $637.97 \sim$
$853.36 \text{m}^3/\text{s}$ 的洪水等级为大型洪水、洪峰流量大于 $853.36 \text{m}^3/\text{s}$ 的洪水等级为
特大型洪水[206]。上静游水文站控制流域 1959—2017 年场次洪水洪峰流量频率
曲线如图 3.17 所示，上静游水文站控制流域 1959—2017 年洪水等级划分标准见
表 3.16。

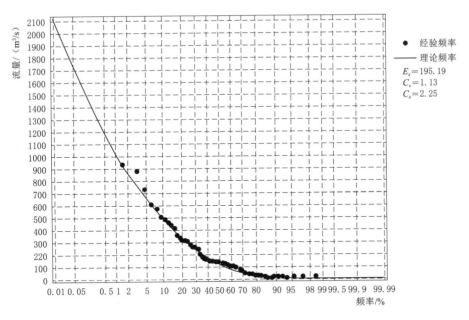

图 3.17　上静游水文站控制流域 1959—2017 年场次洪水洪峰流量频率曲线

表 3.16　　　　上静游水文站控制流域 1959—2017 年洪水等级划分标准

洪水类型	小型洪水	中型洪水	大型洪水	特大型洪水
频率区间	$f>20\%$	$5\%<f<20\%$	$2\%<f<5\%$	$f<2\%$
洪峰流量区间/(m³/s)	$Q<319.74$	$319.74<Q<637.97$	$637.97<Q<853.36$	$Q>853.36$

以上静游水文站控制流域 1959—2017 年洪水等级划分标准，结合已有资料的实际情况，选取了上静游水文站控制流域 26 场洪水，将 26 场洪水等级划分见表 3.17。由表 3.17 可知，本次选取的上静游水文站控制流域 26 场洪水中分别有小型洪水 21 场、中型洪水 3 场、大型洪水 1 场与特大型洪水 1 场。其中小型洪水与中小洪水的比例居多，占选取场次洪水的 92%，大型洪水以及特大型洪水仅占选取场次洪水的 8%，选取的场次洪水情况与实际情况大体相同。

表 3.17　　　　　　　上静游水文站流域场次洪水等级划分

小型洪水	中型洪水	大型洪水	特大型洪水
19590820	19810703	19670829	19730717
19610808	19840722		
19630523	19880718		
19750831			
19770821			
19780829			

续表

小型洪水	中型洪水	大型洪水	特大型洪水
19790702			
19830727			
19850910			
19920828			
19940805			
19950904			
19960810			
19970718			
19990818			
20000808			
20020609			
20050812			
20100811			
20130812			
20170826			

3.4.2　水文数据时间序列分析计算

3.4.2.1　静乐水文站水文数据时间序列分析计算

研究基本资料为静乐水文站控制流域 1951—2017 年降雨与径流过程，研究时段长 67 年，如图 3.18 所示。首先根据日降雨径流资料得到各年的降雨量与径流量数据，以年系列的降雨量与径流量数据为基础，对静乐水文站控制流域内降雨径流的趋势变化及周期性变化进行分析。

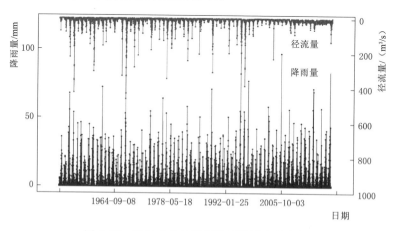

图 3.18　静乐水文站控制流域降雨和径流量

　　根据静乐水文站控制流域日降雨径流资料，统计分析了静乐水文站1951—2017年年降雨径流的相关系数，本书选取了 Mann - Kendall 方法对降水量径流量及其相关性序列进行趋势和突变点检验[208]。该方法是基于秩序的非参数方法，不需要样本遵循一定的分布，稳定且不易受微值干扰，常被用于水文、气象等非正态分布的数据，计算方便[209-210]，因而受到国际水文组织的广泛认可[211]，结果如图3.19所示。由图3.19（a）UF 曲线可以看见，静乐水文站控制流域降雨量变化趋势较为稳定，没有明显的增长或减少趋势。由图3.19（b）UF 曲线可以看见，静乐水文站控制流域径流量1980年以来有明显的降低趋势，在1990年及2000年这种降低趋势甚至超过了0.005显著性水平，表明静乐水文站径流量降低趋势是十分显著的，根据 UF 与 UB 交点的位置，判断静乐水文站

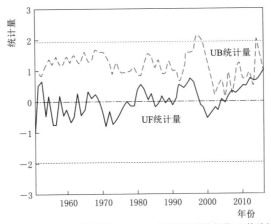

（a）静乐水文站制流域1951—2017年降雨量变化趋势MK检验结果

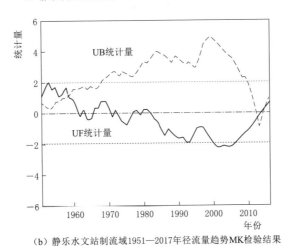

（b）静乐水文站制流域1951—2017年径流量趋势MK检验结果

图 3.19（一）　静乐水文站控制流域水文序列趋势分析

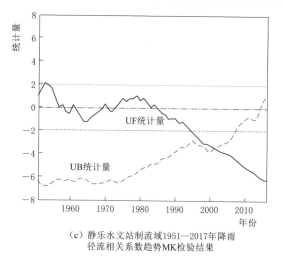

（c）静乐水文站制流域1951—2017年降雨
径流相关系数趋势MK检验结果

图 3.19（二） 静乐水文站控制流域水文序列趋势分析

控制流域内径流量减少是一突变现象，具体是从 1960 年开始的。由图 3.19（c）
UF 曲线可以看见，自 1985 年以来，静乐水文站控制流域降雨径流相关系数有
明显的降低趋势，1995 年以后这种降低趋势甚至超过了 0.001 显著性水平
（$U_{0.001}=2.56$）表明静乐水文站降雨径流相关系数降低趋势是十分显著的，因此
考虑静乐水文站控制流域内受煤矿开采影响导致降雨径流相关关系的变化是十
分必要的。

小波分析是 Morlet 于 20 世纪 80 年代在分析地球物理信号时提出来的一种
强有力的信号分析工具。该方法是傅里叶分析、样条理论、数值分析等多个学
科相互交叉的结果，是一种信号的时间-尺度（时间-频率）分析方法[212]。本书
选用 Morlet 复相关小波函数来分析径流与降雨之间的周期性规律。图 3.20 为静
乐水文站控制流域降雨和径流周期性分析结果。从周期图的方差中可以看出降

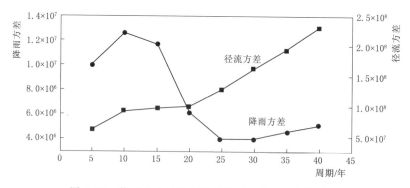

图 3.20 静乐水文站控制流域降雨和径流周期性分析

雨的第一主周期为 10 年，第二主周期为 15 年，第三主周期为 5 年，而径流在研究时段内无明显的主周期。降雨与径流两者周期在整个研究时段内存在不同步现象。

图 3.21 与图 3.22 为静乐水文站控制流域降雨和径流数据 Morlet 分析得到的径流与降雨之间的周期性规律。从小波系数实部图来看，降雨周期比较稳定，差异化小，而径流存在很大的不稳定性，差异化很大。以 1951—2017 年整时段为研究域两者周期存在不同步现象，其原因可能是由于人类活动引起的不规律性。

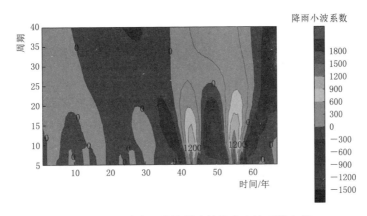

图 3.21　静乐水文站控制流域降水小波系数实部

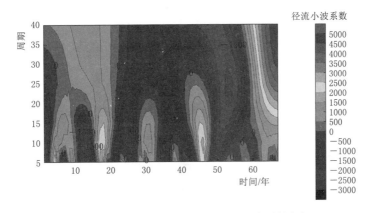

图 3.22　静乐水文站控制流域径流小波系数实部

在静乐水文站控制流域内，采煤是明显的人类活动之一，20 世纪 90 年代以来，静乐水文站控制流域煤矿数量逐渐增多，煤炭产量亦迅猛增长，为进一步明确采煤对径流周期的影响，将径流周期性变化研究时段划分为 1951—1990 年与 1991—2017 年两个时间段，研究大规模采煤前后径流周期性变化规律，以验

证采煤影响期划分的合理性。图 3.23 为静乐水文站控制流域分时段径流周期性
分析结果。从周期图的方差中可以看出以 1951—1990 年为研究时段，径流的第
一主周期为 10 年，第二主周期为 5 年，第三主周期为 15 年，与降雨周期性分析
结果表现出较高的同步性，而以 1991—2017 年为研究时段，径流不具备明显的
周期性变化规律。

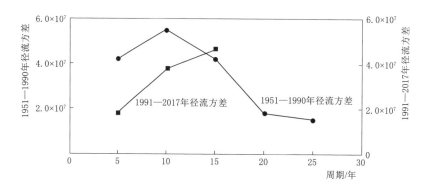

图 3.23　静乐水文站控制流域分时段径流周期性分析结果

图 3.24 与图 3.25 为静乐水文站控制流域分时段径流数据 Morlet 分析得到
的径流的周期性规律。从小波系数实部图来看，以 1951—1990 年为研究时间段
径流周期比较稳定，差异化小，而以 1991—2017 年为研究时间段径流存在很大
的不稳定性，差异化很大。综上，可以判断在 1951—1990 年在静乐水文站控制
流域内降雨径流表现出较高的周期同步性且周期稳定，差异化小。1991—2017
年，即流域内大规模采煤后，静乐水文站控制流域内降雨与径流的周期存在不

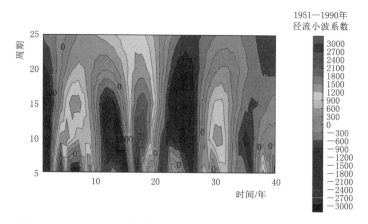

图 3.24　1951—1990 年静乐水文站控制流域径流小波系数实部图

同步现象，表现为降雨的周期性变化稳定且差异化小，但径流不再具备周期性变化规律。由此可以判断，以 1990 年为分割点，大规模采煤改变了静乐水文站控制流域内的径流周期性变化规律。

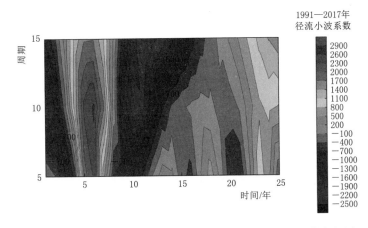

图 3.25　1991—2017 年静乐水文站控制流域径流小波系数实部图

　　为进一步分析大规模采煤前后静乐水文站控制流域内径流相关关系的变化，以 1951—2017 年为研究时段，将研究时段按照大规模采煤爆发前后划分为 1951—1990 年与 1991—2017 年两个时间段，进行静乐水文站控制流域降雨径流的相关系数趋势拟合，结果如图 3.26 所示。

　　由图 3.26 可以得到：静乐水文站控制流域内 1951—2017 年降雨径流相关系数总体呈下降趋势，表现为 $y_{1951-2017} = -0.0052x + 0.3859$（$x$ 表示时间，年；y 表示降雨径流相关系数），即降雨径流相关系数在 1951—2017 年总体上呈现相关系数年均下降 0.0052。静乐水文站控制流域内 1951—1990 年降雨径流相关系数趋势拟合表现为 $y_{1951-1990} = -0.0002x + 0.2998$，即降雨径流相关系数在 1951—1990 年总体上呈现相关系数年均下降 0.0002。静乐水文站控制流域内 1991—2017 年降雨径流相关系数趋势拟合表现为 $y_{1991-2017} = -0.0082x + 0.1978$，即降雨径流相关系数在 1991—2017 年总体上呈现相关系数年均下降 0.0082。对比各时段趋势拟合结果，可以得出静乐水文站控制流域内 1951—2017 年降雨径流相关性总体呈逐年 0.0052 的下降趋势，在 1951—1990 年其下降趋势不明显，仅达到逐年 0.0002 的水平，但在 1991—2017 年，静乐水文站年降雨径流相关性下降显著，达到了逐年 0.0082 的水平，并且在 2013 年以后降雨径流出现了负相关，进一步说明，大规模采煤后静乐水文站控制流域内降雨径流相关性显著降低，在 1990 年后的大规模煤矿开采对静乐水文站控制流域降雨产流过程产生了重大影响。

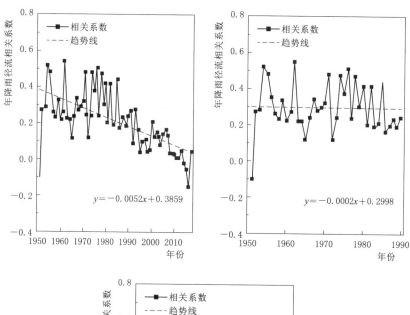

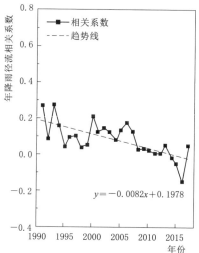

图 3.26 1951—2017 年降雨径流的相关系数
及分时段趋势拟合结果

3.4.2.2 上静游水文站水文数据时间序列分析计算

研究基本资料为上静游水文站控制流域 1959—2017 年降雨与径流过程，研究时段长 59 年，如图 3.27 所示。首先根据日降雨径流资料得到各年的降雨量与径流量数据，以年系列的降雨量与径流量数据为基础，对上静游水文站控制流域内降雨径流的周期性变化进行分析。

根据上静游水文站控制流域日降雨径流资料，统计分析了上静游水文站 1959—2017 年年降雨径流的相关系数，选取了 Mann - Kendall 方法对降水量径

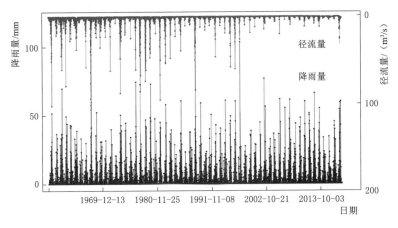

图 3.27   上静游水文站控制小流域降雨和径流过程

流量及其相关性序列进行趋势和突变点检验。结果如图 3.28 所示。由图
3.28（a）UF 曲线可以看见，上静游水文站控制流域降雨量变化趋势较为稳定，
没有明显的增长或减少趋势。由图 3.28（b）UF 曲线可以看见，上静游水文站
控制流域径流量 1980 年以来有明显的降低趋势，在 1985 年后这种降低趋势甚至
超过了 0.005 显著性水平，表明上静游水文站径流量降低趋势是十分显著的，
根据 UF 与 UB 交点的位置，判断上静游水文站控制流域内径流量减少是一突变
现象，具体是从 1980 年开始的。由图 3.28（c）UF 曲线可以看见，自 1980 年
以来，上静游水文站控制流域降雨径流相关系数有明显的降低趋势，2000 年以
后这种降低趋势甚至超过了 0.001 显著性水平（$U_{0.001} = 2.56$）表明上静游水文
站降雨径流相关系数降低趋势是十分显著的，因此考虑上静游水文站控制流域
内受煤矿开采影响导致降雨径流相关关系的变化是十分必要的。

在上静游水文站控制流域内，20 世纪 90 年代初煤炭产量迅猛增长，大规模
煤矿开采爆发，采煤成为了上静游水文站控制流域内明显的人类活动，采用
Morlet 复相关小波函数来分析径流与降雨之间的周期性规律，结果如图 3.29 所
示，可以看到在上静游水文站控制流域范围内降雨与径流在 1959—2017 年研究
时段内都没有明显的周期性变化规律。无法就采煤前后流域内降雨径流的周期
性变化进行分析。

为进一步分析大规模采煤前后上静游水文站控制流域内径流相关关系的变
化，以 1959—2017 年为研究时段，根据上静游水文站控制流域日降雨径流资
料，统计分析 1959—2017 年降雨径流的相关系数，并将研究时段按照大规模采
煤爆发前后划分为 1959—1990 年与 1991—2017 年两个时间段，进行趋势拟合，
结果如图 3.30 所示。

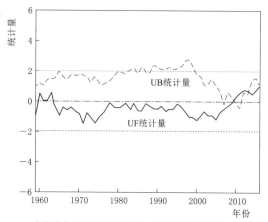

（a）上静游水文站控制流域1959—2017年降雨量趋势MK检验结果

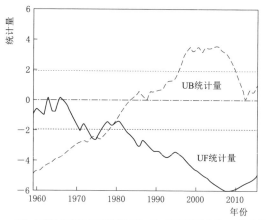

（b）上静游水文站控制流域1959—2017年径流量趋势MK检验结果

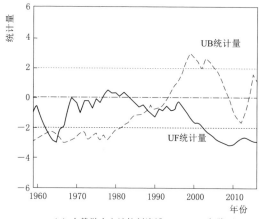

（c）上静游水文站控制流域1959—2017年降雨
径流相关系数趋势MK检验结果

图 3.28 上静游水文站控制流域水文序列趋势分析

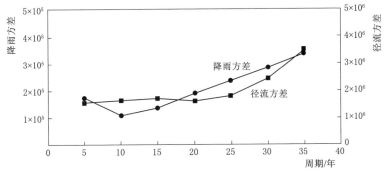

图 3.29　上静游水文站控制流域降雨和径流周期分析

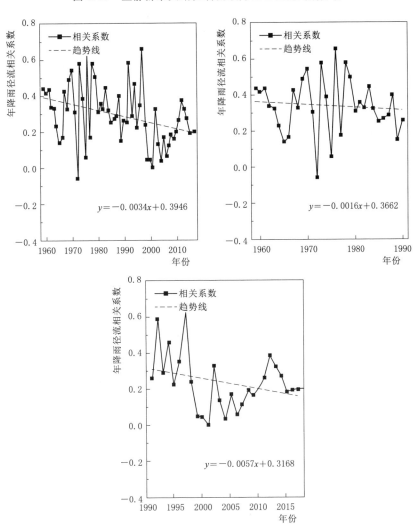

图 3.30　1959—2017 年降雨径流的相关系数及分时段趋势拟合结果

由图 3.30 可以得到：对上静游水文站控制流域内 1959—2017 年降雨径流相关系数总体呈下降趋势，对其进行趋势拟合，表现为 $y_{1959—2017} = -0.0034x + 0.3946$（$x$ 表示时间，年；y 表示降雨径流相关系数），即降雨径流相关系数在 1959—2017 年总体上呈现相关系数年均下降 0.0034。对上静游水文站控制流域内 1959—1990 年降雨径流相关系数进行趋势拟合，表现为 $y_{1959—1990} = -0.0016x + 0.3662$，即降雨径流相关系数在 1959—1990 年总体上呈现相关系数年均下降 0.0016。对上静游水文站控制流域内 1991—2017 年降雨径流相关系数进行趋势拟合，表现为 $y_{1991—2017} = -0.0057x + 0.3168$，即降雨径流相关系数在 1991—2017 年总体上呈现相关系数年均下降 0.0057。对比各时段趋势拟合结果结合图可以得出，上静游水文站控制流域内 1959—2017 年降雨径流相关性总体呈逐年 0.0034 的下降趋势，但在 1959—1990 年间其下降趋势为逐年 0.0016 的水平，在 1991—2017 年，上静游水文站年降雨径流相关性下降显著，达到了逐年 0.0057 的水平，说明大规模采煤后上静游水文站控制流域内降雨径流相关性显著降低，在 1990 年后的大规模煤矿开采对上静游水文站控制流域降雨产流过程产生了重大影响。

3.4.3 娄烦水文站控制流域场次洪水模拟

3.4.3.1 HEC-HMS 模型在娄烦水文站控制流域的应用

1. 娄烦水文站控制流域 HEC-HMS 模型参数率定与优化

将选取的娄烦水文站控制流域 25 场洪水分别调整步长为 15min，并应用 HEC-DSSvue 软件将降雨-径流数据转换格式，输入至 HEC-HMS 模型进行场次洪水模拟。采用人工调参与自动优化相结合的方式对模型方案中涉及的 7 个参数进行率定，具体为：

（1）采用 SCS 曲线法计算产流产生的一个参数：CN 值。

（2）采用 SCS 单位线法计算直接径流产生的一个参数：子流域滞时 Lagtime。

（3）采用指数衰退法计算基流产生的三参数：初始流量 Q、衰退系数 RC、峰值比 R。

（4）采用马斯京根法计算河道汇流参数的两个参数：蓄量常数 K、流量比重因子 x。

本书将选取的娄烦水文站控制流域 25 场洪水按时间顺序进行排列，其中前期 13 场洪水进行率定，后期 12 场洪水进行验证，各子流域及主干河道参数优化结果见表 3.18 和表 3.19。

表 3.18　　　　　　　　　娄烦子流域参数率定优化结果

子流域		产流参数	直接径流参数	基流计算参数		
编号	面积/km^2	CN	Lagtime	Q	RC	R
DY1	138.78	75	10	0.04	0.30	0.13
DY2	250.14	67	10	0.09	0.27	0.02
DY3	39.91	85	52	0.01	0.10	0.30
DY4	121.00	77	22	0.10	0.10	0.10
DY5	23.38	75	32	0.30	0.09	0.05

表 3.19　　　　　　　　　娄烦主干河道参数率定优化结果

河　道　编　号	蓄量常数 K	流量比重因子 x
JD1	0.45	0.20
JD2	3.00	0.50

2. HEC-HMS 模型在娄烦水文站控制流域的率定期应用结果

基于建立的娄烦水文站控制流域 HEC-HMS 洪水预报模型及所得优化参数取值，娄烦水文站控制流域率定期场次洪水模拟，结果见表 3.20。

由娄烦水文站控制流域率定期模拟结果可知：

（1）娄烦水文站控制流域场次洪水率定期的 13 场洪水中，共有合格场次洪水 10 场，不合格场次洪水 3 场（分别为编号 19950708、20000704 及 20050815 场次洪水），合格率为 76.92%，由洪水预报精度等级划分得出，娄烦水文站控制流域率定期模拟结果较好，达到了乙级精度。

（2）娄烦水文站控制流域率定期模拟结果不合格的场次洪水中，编号 19950708、20000704 及 20050815 场次洪水确定性系数 DC 值较低，分别为 −0.16，−1.00 及 0.21，未达到确定性系数 DC 合格值 0.5。

（3）娄烦水文站控制流域率定期模拟结果的所有 13 场洪水中，模拟洪峰流量，模拟峰现时间，模拟径流深均在允许误差范围之内，合格率都为 100%，13 场洪水确定性系数 DC 平均值为 0.63，DC 值大于 0.5 的场次洪水有 10 场，DC 值大于 0.7 的场次洪水有 5 场，DC 值大于 0.9 的场次洪水有 0 场。

（4）娄烦水文站控制流域率定期模拟结果的所有 13 场洪水中，共有小型洪水 10 场，中型洪水 2 场，大型洪水 0 场，以及特大型洪水 1 场，其中小型洪水模拟合格场次 8 场，中型洪水模拟合格场次 2 场，特大型洪水模拟结果未能合格。

3. HEC-HMS 模型在娄烦水文站控制流域的验证期应用结果

为验证模型及参数适用性，将率定期优化所得参数取值进一步应用至验证期场次洪水模拟，结果见表 3.21。

表3.20 HEC-HMS模型娄烦水文站控制流域率定期场次洪水模拟结果

阶段	序号	洪水等级	洪水编号	峰现时间		洪峰流量					径流深（总量）					纳什效率系数		总评价
				误差绝对值/(h:min)	合格否	实测Q/(m³/s)	模拟Q/(m³/s)	误差ΔQ/(m³/s)	允许误差ΔQ'/(m³/s)	合格否	实测R/mm	模拟R'/mm	误差ΔR/mm	允许误差ΔR'/mm	合格否	DC	合格否	
率定期	1	特大	19950708	0:15	合格	211.00	201.20	9.80	42.2	合格	1.24	4.10	2.86	3.00	合格	-0.16	不合格	不合格
	2	小型	19950805	0:15	合格	35.30	34.70	0.60	7.10	合格	0.76	1.65	0.89	3.00	合格	0.60	合格	合格
	3	中型	19960801	1:00	合格	75.70	74.40	1.30	15.10	合格	1.10	1.44	0.34	3.00	合格	0.67	合格	合格
	4	小型	19980630	1:00	合格	40.30	39.40	0.90	8.10	合格	0.71	0.93	0.22	3.00	合格	0.51	合格	合格
	5	小型	19980801	0:30	合格	6.20	6.30	0.10	1.20	合格	0.21	0.27	0.06	3.00	合格	0.82	合格	合格
	6	小型	19990818	0:00	合格	51.20	47.80	3.40	10.20	合格	0.70	1.17	0.47	3.00	合格	0.71	合格	合格
	7	小型	20000704	1:30	合格	46.30	45.50	0.80	9.30	合格	0.46	0.71	0.25	3.00	合格	-1.00	不合格	不合格
	8	中型	20020627	0:15	合格	89.10	86.70	2.40	17.80	合格	1.19	1.16	0.03	3.00	合格	0.72	合格	合格
	9	小型	20030620	1:30	合格	16.00	16.00	0.00	3.20	合格	0.08	0.23	0.15	3.00	合格	0.64	合格	合格
	10	小型	20030622	0:30	合格	21.30	22.20	0.90	4.30	合格	0.30	0.44	0.14	3.00	合格	0.81	合格	合格
	11	小型	20030808	2:00	合格	12.30	11.70	0.60	2.50	合格	0.22	0.37	0.15	3.00	合格	0.71	合格	合格
	12	小型	20040812	1:45	合格	18.60	18.60	0.00	3.70	合格	0.66	0.44	0.22	3.00	合格	0.61	合格	合格
	13	小型	20050815	2:15	合格	52.50	52.10	0.40	10.50	合格	0.72	0.91	0.19	3.00	合格	0.21	不合格	不合格

表 3.21　　HEC-HMS 模型娄烦水文站控制流域验证期场次洪水模拟结果

阶段	序号	洪水等级	洪水编号	峰现时间		洪峰流量					径流深（总量）					纳什效率系数		总评价
				误差绝对值/(h:min)	合格否	实测 Q/(m³/s)	模拟 Q/(m³/s)	误差 ΔQ/(m³/s)	允许误差 ΔQ'/(m³/s)	合格否	实测 R/mm	模拟 R'/mm	误差 ΔR/mm	允许误差 ΔR'/mm	合格否	DC	合格否	
验证期	1	大型	20060814	0:00	合格	145.00	138.80	6.20	29.0	合格	1.37	1.31	0.06	3.00	合格	0.80	合格	合格
	2	小型	20070726	1:45	合格	4.20	4.40	0.20	0.80	合格	0.33	0.36	0.03	3.00	合格	0.83	合格	合格
	3	小型	20070806	0:30	合格	16.60	16.30	0.30	3.30	合格	0.70	0.74	0.04	3.00	合格	0.81	合格	合格
	4	中型	20080614	0:15	合格	69.50	70.60	1.10	13.9	合格	1.24	1.42	0.18	3.00	合格	0.69	合格	合格
	5	小型	20080924	4:45	不合格	3.70	4.42	0.72	0.70	不合格	0.54	0.25	0.29	3.00	合格	-0.20	不合格	不合格
	6	小型	20100821	1:15	合格	8.10	7.90	0.20	1.60	合格	0.53	0.45	0.08	3.00	合格	0.76	合格	合格
	7	中型	20120623	8:15	不合格	118.00	106.80	11.20	23.6	合格	1.63	2.06	0.43	3.00	合格	-1.69	不合格	不合格
	8	小型	20120706	0:00	合格	49.40	49.30	0.10	9.90	合格	0.56	0.91	0.35	3.00	合格	0.80	合格	合格
	9	中型	20130726	0:15	合格	76.20	77.30	1.10	15.20	合格	1.87	2.24	0.37	3.00	合格	0.63	合格	合格
	10	小型	20160719	0:15	合格	19.30	18.60	0.70	3.90	合格	0.70	0.63	0.07	3.00	合格	0.85	合格	合格
	11	小型	20160815	0:30	合格	24.60	23.00	1.60	4.90	合格	0.44	0.51	0.07	3.00	合格	0.62	合格	合格
	12	中型	20170724	0:00	合格	119.00	112.00	7.00	23.8	合格	1.51	2.61	1.10	3.00	合格	0.64	合格	合格

由娄烦水文站控制流域验证期模拟结果可知：

(1) 娄烦水文站控制流域场次洪水验证期的 12 场洪水中，共有合格场次洪水 10 场，不合格场次洪水 2 场（分别为编号 20080924、201306230 场次洪水），合格率为 83.33%，由洪水预报精度等级划分得出，娄烦水文站控制流域验证期模拟结果较好，达到了乙级精度。

(2) 娄烦水文站控制流域验证期模拟结果不合格的场次洪水中，编号 20080924 场次洪水以及编号 20120623 场次洪水峰现时间预报误差分别为 4：45、8：15（h：min）；超过允许值误差 3h；编号 20080924 场次洪水以及编号 20130623 场次洪水确定性系数 DC 值较低分别为 -0.20 及 -1.69，未达到确定性系数 DC 合格值 0.5；且编号 20080924 场次洪水洪峰流量超过许可误差。

(3) 娄烦水文站控制流域验证期模拟结果的所有 12 场洪水中，洪峰流量达到洪峰预报许可误差的有 11 场洪水，合格率为 91.67%，峰现时间达到峰现预报许可误差的有 10 场洪水，合格率为 83.33%，径流深达到径流深预报许可误差的有 12 场洪水，合格率为 100%，确定性系数 DC 值大于 0.5 的场次洪水有 10 场，确定性系数 DC 值大于 0.7 的场次洪水有 6 场，确定性系数 DC 值大于 0.9 的场次洪水有 0 场。

(4) 娄烦水文站控制流域验证期模拟结果的所有 12 场洪水中，共有小型洪水 7 场，中型洪水 4 场，大型洪水 1 场，其中小型洪水模拟合格场次 6 场，中型洪水模拟合格场次 3 场，大型洪水模拟结果合格。

4. HEC - HMS 模型在娄烦水文站控制流域的综合应用结果

综合娄烦水文站控制流域率定期与验证期模拟结果可知：

(1) 娄烦水文站控制流域 25 场洪水模拟结果中，共有模拟合格场次洪水 20 场，不合格场次洪水 5 场，总体合格率为 80.00%，模拟结果较好，总体达到了乙级精度。

(2) 娄烦水文站控制流域 25 场洪水模拟结果中，模拟洪峰流量合格率为 96.00%，模拟峰现时间合格率为 92.00%，模拟径流深合格率为 100%，确定性系数 DC 值达到 0.5 的场次洪水有 20 场，占总模拟场次洪水的 80.00%，确定性系数 DC 值达到 0.7 的场次洪水有 11 场，占总模拟场次洪水的 44.00%，确定性系数 DC 值达到 0.9 的场次洪水为 0。

(3) 娄烦水文站控制流域 25 场洪水模拟结果中，共有小型场次洪水 17 场，中型场次洪水 6 场，大型场次洪水 1 场，特大型场次洪水 1 场，其中小型场次洪水的合格场次有 14 场，合格率为 82.35%，中型场次洪水的合格场次有 5 场，合格率为 83.33%，大型场次洪水的合格场次有 1 场，合格率为 100%，特大型洪水的合格场次有 0 场。

3.4.3.2 双超模型在娄烦水文站控制流域的应用

1. 娄烦水文站控制流域双超分布式模型参数率定与优化

将选取的娄烦水文站控制流域 25 场洪水分别调整步长为 15min，并应用 HEC-DSSvue 软件将降雨-径流数据转换格式，采用双超分布式模型进行场次洪水模拟[207]。应用人工调参与自动优化相结合的方式对模型方案中涉及的 10 个参数进行率定，具体为：

(1) 采用双超产流计算产流产生的 5 个参数：α_0、S_r、K_s、b_1、δ。

(2) 采用瞬时单位线法计算坡面汇流参数：C_1、C_2。

(3) 采用马斯京根法计算河道汇流参数的 3 个参数：n、τ、K。

娄烦水文站控制流域的模型参数率定与优化同样采用人工调参与自动化优化相结合的方式对模型方案中涉及的 7 个参数进行率定。

本研究将选取的娄烦水文站控制流域 25 场洪水按时间顺序进行排列，其中前期 13 场洪水进行率定，后期 12 场洪水进行验证，各子流域及主干河道参数优化结果见表 3.22 和表 3.23。

表 3.22　　　　　　　　娄烦子流域参数率定优化结果

子流域		产流参数					汇流参数	
编号	面积/km²	α_0	K_s	S_r	b_1	δ	C_1	C_2
DY1	138.78	0.00	6.00	20.00	3.00	0.01	1.21	0.70
DY2	250.14	0.01	6.50	35.00	3.00	0.01	1.21	1.00
DY3	39.91	0.30	4.00	15.00	1.00	0.01	1.10	0.58
DY4	121.00	0.40	4.10	16.00	1.50	0.01	1.10	0.58
DY5	23.38	0.20	4.20	17.00	2.00	0.01	1.10	0.58

表 3.23　　　　　　　　娄烦主干河道参数率定优化结果

河道	参数	流量/(m³/s)				
		20 以下	20~50	50~100	100~300	300 以上
JD1-JD2	n	78.9	55.70	20.20	7.50	10.00
	τ	0.01	0.01	0.01	0.01	0.01
	K	0.03	0.03	0.06	0.11	0.08

2. 双超分布式模型在娄烦水文站控制流域率定期的应用结果

基于建立的娄烦水文站控制流域双超分布式洪水预报模型及所得优化参数取值，娄烦水文站控制流域率定期场次洪水模拟结果见表 3.24。

表 3.24 双超分布式模型娄烦水文控制流域率定期场次洪水模拟结果

阶段	序号	洪水等级	洪水编号	峰现时间		洪峰流量					径流深（总量）					纳什效率系数		总评价
				误差绝对值/(h:min)	合格否	实测Q/(m³/s)	模拟Q/(m³/s)	误差ΔQ/(m³/s)	允许误差ΔQ'/(m³/s)	合格否	实测R/mm	模拟R'/mm	误差ΔR/mm	允许误差ΔR'/mm	合格否	DC	合格否	
率定期	1	特大	19950708	0:00	合格	211.00	205.67	-5.33	42.2	合格	1.24	1.52	0.28	3.00	合格	0.62	合格	合格
	2	小型	19950805	1:45	合格	35.30	31.36	-3.94	7.10	合格	0.76	0.99	0.23	3.00	合格	0.66	合格	合格
	3	中型	19960801	0:00	合格	75.70	74.10	-1.60	15.10	合格	1.10	1.29	0.19	3.00	合格	0.55	合格	合格
	4	小型	19980630	1:15	合格	40.30	33.11	-7.19	8.10	合格	0.71	0.65	-0.06	3.00	合格	0.66	合格	合格
	5	小型	19980801	1:00	合格	6.20	7.40	1.20	1.20	合格	0.21	0.25	0.04	3.00	合格	0.61	合格	合格
	6	小型	19990818	2:30	合格	51.20	49.55	-1.65	10.20	合格	0.70	0.49	-0.21	3.00	合格	-0.81	不合格	不合格
	7	小型	20000704	0:00	合格	46.30	55.13	8.83	9.30	合格	0.46	0.58	0.12	3.00	合格	0.53	合格	合格
	8	中型	20020627	0:45	合格	89.10	77.63	-11.47	17.80	合格	1.19	1.23	0.04	3.00	合格	0.60	合格	合格
	9	小型	20030620	1:15	合格	16.00	18.21	2.21	3.20	合格	0.08	0.19	0.11	3.00	合格	0.55	合格	合格
	10	小型	20030622	0:45	合格	21.30	23.03	1.73	4.30	合格	0.30	0.44	0.14	3.00	合格	0.75	合格	合格
	11	小型	20030808	0:15	合格	12.30	13.23	0.93	2.50	合格	0.22	0.20	-0.02	3.00	合格	0.56	合格	合格
	12	小型	20040812	2:00	合格	18.60	18.15	-0.45	3.70	合格	0.66	0.24	-0.42	3.00	合格	0.87	合格	合格
	13	小型	20050815	5:30	不合格	52.50	48.15	-4.35	10.50	合格	0.72	0.48	-0.24	3.00	合格	0.34	不合格	不合格

由娄烦水文站控制流域率定期模拟结果可知：

（1）娄烦水文站控制流域场次洪水率定期的 13 场洪水中，共有合格场次洪水 11 场，不合格场次洪水 2 场（19990818、20050815 场次洪水），合格率为 84.62%，由洪水预报精度等级划分得出，娄烦水文站控制流域率定期模拟结果较好，达到了乙级精度，可用于发布正式预报。

（2）娄烦水文站控制流域率定期模拟结果不合格的场次洪水中，20050815 场次洪水峰现时间预报误差为 5：30（h：min），超过允许值误差 3h；19990818 场次洪水以及 20050815 场次洪水确定性系数 DC 值较低分别为 -0.81 及 0.34，未达到确定性系数 DC 合格值 0.5。

（3）娄烦水文站控制流域率定期模拟结果的所有 13 场洪水中，模拟洪峰流量，模拟径流深均在允许误差范围之内，合格率都为 100%，峰现时间达到峰现预报许可误差的有 12 场洪水，合格率为 92.30%；13 场洪水确定性系数 DC 平均值为 0.50，DC 值大于 0.5 的场次洪水有 11 场，DC 值大于 0.7 的场次洪水有 2 场，DC 值大于 0.9 的场次洪水有 0 场。

（4）娄烦水文站控制流域率定期模拟结果的所有 13 场洪水中，共有小型洪水 10 场，中型洪水 2 场，大型洪水 0 场，以及特大型洪水 1 场，其中小型洪水模拟合格场次 8 场，中型洪水模拟合格场次 2 场，特大型洪水模拟合格场次 1 场。

3. 双超分布式模型在娄烦水文站控制流域验证期的应用结果

为验证模型及参数适用性，将率定期优化所得参数取值进一步应用至验证期场次洪水模拟，结果见表 3.25。

由娄烦水文站控制流域验证期模拟结果可知：

（1）娄烦水文站控制流域场次洪水验证期的 12 场洪水中，共有合格场次洪水 10 场，不合格场次洪水 2 场（20080924、20120623 场次洪水），合格率为 83.33%，由洪水预报精度等级划分得出，娄烦水文站控制流域验证期模拟结果较好，达到了乙级精度可用于发布正式预报。

（2）娄烦水文站控制流域验证期模拟结果不合格的场次洪水中，20120623 场次洪水峰现时间预报许可误差为 9：00（h：min）超过允许值误差 3h；20080924 场次洪水以及 20130623 场次洪水确定性系数 DC 值较低分别为 0.48 及 -1.02，未达到确定性系数 DC 合格值 0.5；且 20080924 场次洪水洪峰流量超过许可误差。

（3）娄烦水文站控制流域验证期模拟结果的所有 12 场洪水中，洪峰流量达到洪峰预报许可误差的有 11 场洪水，合格率为 91.67%，峰现时间达到峰现预报许可误差的有 11 场洪水，合格率为 91.67%，径流深达到径流深预报许可误差的有 12 场洪水，合格率为 100%，12 场洪水的确定性系数 DC 的平均值为 0.74，

表 3.25 双超分布式模型娄烦水文站控制流域验证期场次洪水模拟结果

阶段	序号	洪水等级	洪水编号	峰现时间		洪峰流量					径流深（总量）					纳什效率系数		总评价
				误差绝对值/(h: min)	合格否	实测 Q /(m³/s)	模拟 Q /(m³/s)	误差 ΔQ /(m³/s)	允许误差 ΔQ' /(m³/s)	合格否	实测 R /mm	模拟 R' /mm	误差 ΔR /mm	允许误差 ΔR' /mm	合格否	DC	合格否	
验证期	1	大型	20060814	0: 15	合格	145.00	141.67	-3.33	29.0	合格	1.37	1.93	0.56	3.00	合格	0.71	合格	合格
	2	小型	20070726	1: 00	合格	4.20	4.61	0.41	0.80	合格	0.336	0.25	-0.09	3.00	合格	0.80	合格	合格
	3	小型	20070806	0: 30	合格	16.60	17.74	1.14	3.30	合格	0.70	0.82	0.12	3.00	合格	0.63	合格	合格
	4	中型	20080614	0: 15	合格	69.50	67.45	-2.05	13.90	合格	1.24	1.65	0.61	3.00	合格	0.79	合格	合格
	5	小型	20080924	2: 00	合格	3.70	5.71	2.01	0.70	不合格	0.54	0.84	0.30	3.00	合格	0.48	不合格	不合格
	6	小型	20100821	2: 00	合格	8.10	8.80	0.70	1.60	合格	0.53	0.33	-0.20	3.00	合格	0.85	合格	合格
	7	中型	20120623	9: 00	不合格	118.00	128.71	10.71	23.60	合格	1.63	4.56	2.93	3.00	合格	-1.02	不合格	不合格
	8	小型	20120706	1: 00	合格	49.40	47.11	-2.29	9.90	合格	0.56	1.16	0.60	3.00	合格	0.85	合格	合格
	9	中型	20130726	2: 15	合格	76.20	85.77	9.57	15.20	合格	1.87	0.52	-1.35	3.00	合格	0.68	合格	合格
	10	小型	20160719	1: 00	合格	19.30	18.68	-0.62	3.90	合格	0.70	0.68	-0.02	3.00	合格	0.87	合格	合格
	11	小型	20160815	1: 15	合格	24.60	25.05	0.45	4.90	合格	0.44	0.15	-0.29	3.00	合格	0.85	合格	合格
	12	中型	20170724	1: 15	合格	119.00	119.42	0.42	23.80	合格	1.51	0.81	-0.70	3.00	合格	0.68	合格	合格

DC 值大于 0.5 的场次洪水有 10 场，确定性系数 DC 值大于 0.7 的场次洪水有 7 场，确定性系数 DC 值大于 0.9 的场次洪水有 0 场。

（4）娄烦水文站控制流域验证期模拟结果的所有 12 场洪水中，共有小型洪水 7 场，中型洪水 4 场，大型洪水 1 场，其中小型洪水模拟合格场次 6 场，中型洪水模拟合格场次 3 场，大型洪水模拟结果合格。

4. 双超分布式模型在娄烦水文站控制流域的综合应用结果

综合娄烦水文站控制流域率定期与验证期模拟结果可知：

（1）娄烦水文站控制流域 25 场洪水模拟结果中，共有模拟合格场次洪水 21 场，不合格场次洪水 4 场，总体合格率为 84.00%，模拟结果较好，总体达到了乙级精度，可用于发布正式预报。

（2）娄烦水文站控制流域 25 场洪水模拟结果中，模拟洪峰流量合格率为 96.00%，模拟峰现时间合格率为 92.00%，模拟径流深合格率为 100%，确定性系数 DC 值达到 0.5 的场次洪水有 21 场，占总模拟场次洪水的 84.00%，确定性系数 DC 值达到 0.7 的场次洪水有 9 场，占总模拟场次洪水的 36.00%，确定性系数 DC 值达到 0.9 的场次洪水为 0。

（3）娄烦水文站控制流域 25 场洪水模拟结果中，共有小型场次洪水 17 场，中型场次洪水 6 场，大型场次洪水 1 场，特大型场次洪水 1 场，其中小型场次洪水的合格场次有 14 场，合格率为 82.35%，中型场次洪水的合格场次有 5 场，合格率为 83.33%，大型场次洪水的合格场次有 1 场，合格率为 100%，特大型场次洪水的合格场次有 1 场，合格率为 100%。

3.4.4　静乐水文站控制流域场次洪水模拟

3.4.4.1　静乐水文站控制流域双超分布式模型参数率定与优化

通过实地考察，绘制静乐水文站控制流域内产流地类，如图 3.31 所示。可以看出静乐水文站控制流域内第 1 单元主要产流地类为砂页岩灌丛山地、变质岩森林山地与灰岩森林山地；第 2 单元的主要产流地类为砂页岩灌丛山地与灰岩森林山地；第 3 单元的主要产流地类为灰岩灌丛山地、变质岩灌丛山地、灰岩森林山地与变质岩森林山地；第 4 单元的主要产流地类变质岩森林山地、砂页岩灌丛山地与黄土丘陵沟壑；第 5 单元的主要产流地类为灰岩灌丛山地、变质岩灌丛山地与黄土丘陵沟壑。

将选取的静乐水文站控制流域 25 场洪水分别调整步长为 15min，并将降雨-径流数据转换格式，采用双超分布式模型进行场次洪水模拟。应用人工调参与自动优化相结合的方式对模型方案中涉及的 10 个参数进行率定，本书将选取的静乐水文站控制流域 25 场洪水按时间顺序进行排列，其中前期 13 场洪水进行率定，后期 12 场洪水进行验证，各子流域及主干河道参数优化结果见表 3.26 和表 3.27。

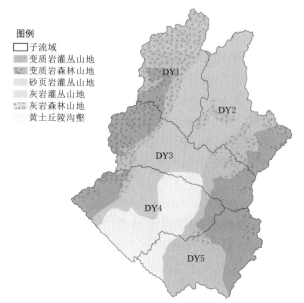

图例
☐ 子流域
▨ 变质岩灌丛山地
▩ 变质岩森林山地
▦ 砂页岩灌丛山地
▤ 灰岩灌丛山地
▨ 灰岩森林山地
■ 黄土丘陵沟壑

图 3.31　静乐水文站控制流域内产流地类

表 3.26　　　　　　　　静乐子流域参数率定优化结果

子　流　域		产　流　参　数					汇流参数	
编号	面积/km²	α_0	K_s	S_r	b_1	δ	C_1	C_2
DY1	468.80	0.00	6.00	20.00	3.00	0.01	1.21	0.70
DY2	557.10	0.01	6.50	35.00	3.00	0.01	1.21	1.00
DY3	587.20	0.30	4.00	15.00	1.00	0.01	1.10	0.58
DY4	669.10	0.40	4.10	16.00	1.50	0.01	1.10	0.58
DY5	508.50	0.20	4.20	17.00	2.00	0.01	1.10	0.58

表 3.27　　　　　　　　静乐主干河道参数率定优化结果

河道	参数	流量/(m³/s)				
		100 以下	100～500	500～1000	1000～1800	1800 以上
JD1－JD2	n	78.9	55.7	20.2	7.5	10.0
	τ	0.006	0.006	0.007	0.008	0.007
	K	0.025	0.031	0.059	0.110	0.084

3.4.4.2　双超分布式模型在静乐水文站控制流域的应用结果

1. 双超分布式模型在静乐水文站控制流域率定期的应用结果

基于建立的静乐水文站控制流域双超分布式洪水预报模型及所得优化参数取值，静乐水文站控制流域率定期场次洪水模拟结果见表 3.28。

表3.28　双超分布式模型静乐水文站控制流域率定期场次洪水模拟结果

阶段	序号	洪水等级	洪水编号	峰现时间		洪峰流量					径流深（总量）					纳什效率系数		总评价
				误差绝对值/(h:min)	合格否	实测Q/(m³/s)	模拟Q/(m³/s)	误差ΔQ/(m³/s)	允许误差ΔQ'/(m³/s)	合格否	实测R/mm	模拟R'/mm	误差ΔR/mm	允许误差ΔR'/mm	合格否	DC	合格否	
率定期	1	小型	19560808	0:30	合格	299.00	284.4	-14.60	59.80	合格	4.11	4.54	0.43	3.00	合格	0.88	合格	合格
	2	小型	19590721	2:45	合格	639.00	612.04	-26.96	127.80	合格	17.08	14.82	-2.26	3.00	合格	0.52	合格	合格
	3	小型	19630724	0:15	合格	277.00	253.14	-23.86	55.40	合格	2.33	1.23	-1.10	3.00	合格	0.71	合格	合格
	4	中型	19660816	2:30	合格	1150.00	1249.22	99.22	230.00	合格	10.19	12.24	2.05	3.00	合格	0.73	合格	合格
	5	特大	19670810	0:00	合格	2230.00	2117.06	-112.94	446.00	合格	20.52	23.30	2.78	4.10	合格	0.70	合格	合格
	6	小型	19680813	0:15	合格	534.00	554.49	20.49	106.80	合格	3.36	5.14	1.78	3.00	合格	0.07	不合格	不合格
	7	小型	19730820	1:30	合格	517.00	606.33	89.33	103.40	合格	10.76	8.98	-1.78	3.00	合格	0.65	合格	合格
	8	中型	19770706	0:15	合格	1250.00	1174.98	-75.02	250.00	合格	11.79	14.39	2.60	3.00	合格	0.99	合格	合格
	9	小型	19780828	1:00	合格	443.00	401.40	-41.60	88.60	合格	8.38	10.92	2.54	3.00	合格	0.51	合格	合格
	10	中型	19810722	1:00	合格	1010.00	1028.06	18.06	202.00	合格	5.08	7.55	2.47	3.00	合格	-1.15	不合格	不合格
	11	中型	19830727	0:30	合格	1010.00	773.83	-236.17	202.00	不合格	13.49	15.47	1.98	3.00	合格	0.71	合格	合格
	12	大型	19850511	0:00	合格	1830.00	1878.35	48.35	366.00	合格	13.95	14.24	1.29	3.00	合格	0.76	合格	合格
	13	小型	19860805	1:00	合格	111.00	104.33	-6.67	22.20	合格	1.99	0.39	-1.60	3.00	合格	0.53	合格	合格

由静乐水文站控制流域率定期模拟结果可知：

（1）静乐水文站控制流域场次洪水率定期的 13 场洪水中，共有合格场次洪水 10 场，不合格场次洪水 3 场（19680813、19810722 和 19830727 场次洪水），合格率为 76.92%，由洪水预报精度等级划分得出，静乐水文站控制流域率定期模拟结果较好，达到了乙级精度，可用于发布正式预报。

（2）静乐水文站控制流域率定期模拟结果不合格的场次洪水中，19830727 场次洪水洪峰流量预报误差为 $-236.17\text{m}^3/\text{s}$，超过允许误差 $202.00\text{m}^3/\text{s}$；19680813 场次洪水以及 19810722 场次洪水确定性系数 DC 值较低分别为 0.07 及 -1.15，未达到确定性系数 DC 合格值 0.5。

（3）静乐水文站控制流域率定期模拟结果的所有 13 场洪水中，模拟峰现时间与径流深均在允许误差范围之内，合格率都为 100%；洪峰流量达到预报许可误差的有 12 场洪水，合格率为 92.31%；13 场洪水确定性系数 DC 平均值为 0.51，DC 值大于 0.5 的场次洪水有 11 场，DC 值大达到 0.7 的场次洪水有 7 场，DC 值等于 0.9 的场次洪水有 1 场。

（4）静乐水文站控制流域率定期模拟结果的所有 13 场洪水中，共有小型洪水 8 场，中型洪水 4 场，大型洪水 1 场以及特大型洪水 1 场，其中小型洪水模拟合格场次 7 场，中型洪水模拟合格场次 2 场，大型洪水模拟合格场次 1 场，特大型洪水模拟合格场次 1 场。

2. 双超分布式模型在静乐水文站控制流域验证期的应用结果

为验证模型及参数适用性，将率定期优化所得参数取值进一步应用至验证期场次洪水模拟，结果见表 3.29。

由静乐水文站控制流域验证期模拟结果可知：

（1）静乐水文站控制流域验证期的 12 场洪水都为 1990 年以后，共有小型洪水 10 场，中型洪水 2 场，其中小型洪水与中型洪水模拟结果都不合格，总体合格率为 0，模拟效果极差。

（2）静乐水文站控制流域验证期模拟结果的所有 12 场洪水中，峰现时间全部达到峰现预报许可误差，合格率为 100%；洪峰流量预报合格率为 0；径流深达到径流深预报许可误差的有 6 场洪水，合格率为 50%；12 场洪水的确定性系数 DC 的平均值为 -2.21，DC 值大于 0.5 的场次洪水有 0 场。

3. 双超分布式模型在静乐水文站控制流域的综合应用结果

综合静乐水文站控制流域率定期与验证期模拟结果可知：

（1）静乐水文站控制流域 25 场洪水模拟结果中，共有模拟合格场次洪水 10 场，不合格场次洪水 15 场，总体合格率为 40.00%，模拟结果较差，达不到水情预报规范标准；1990 年前共有洪水 13 场，10 场合格，合格率为 76.92%；1990 年后洪水有 12，全部不合格，合格率为 0。

表 3.29　双超分布式模型静乐水文站控制流域验证期场次洪水模拟结果

阶段序号		洪水等级	洪水编号	峰现时间		洪峰流量				径流深（总量）					纳什效率系数		总评价
				误差绝对值/(h：min)	合格否	实测 Q/(m³/s)	模拟 Q/(m³/s)	误差 ΔQ/(m³/s)	允许误差 $\Delta Q'$/(m³/s)	合格否	实测 R/mm	模拟 R'/mm	误差 ΔR/mm	允许误差 $\Delta R'$/mm	合格否	DC	合格否	
验证期	1	小型	19930919	0：30	合格	293.00	753.98	460.98	58.60	不合格	1.64	9.55	7.91	3.00	不合格	−13.66	不合格	不合格
	2	中型	19950903	0：15	合格	948.00	1645.33	697.33	189.60	不合格	30.23	42.41	12.18	6.04	不合格	0.40	不合格	不合格
	3	小型	19960809	0：30	合格	1630.00	2011.00	381.00	326.00	不合格	17.55	30.03	12.48	3.51	不合格	−0.52	不合格	不合格
	4	小型	19980630	0：30	合格	698.00	967.64	269.64	139.60	不合格	17.09	17.11	0.02	3.42	合格	0.18	不合格	不合格
	5	小型	20000811	0：15	合格	216.00	427.04	211.04	43.20	不合格	0.11	3.43	3.32	3.00	不合格	0.13	不合格	不合格
	6	小型	20020628	0：30	合格	421.00	654.05	233.05	84.20	不合格	2.73	3.22	0.49	3.00	合格	−2.34	不合格	不合格
	7	中型	20030730	2：00	合格	1340.00	1993.55	653.55	268.00	不合格	15.26	24.11	8.85	3.05	不合格	−1.47	不合格	不合格
	8	小型	20040809	1：00	合格	86.80	112.33	25.53	17.36	不合格	0.10	1.07	0.97	3.00	合格	−1.82	不合格	不合格
	9	小型	20060713	1：00	合格	223.00	300.33	77.33	44.60	不合格	0.01	2.77	2.76	3.00	合格	−0.48	不合格	不合格
	10	小型	20090907	3：00	合格	35.10	131.70	96.60	7.02	不合格	1.37	2.27	0.90	3.00	合格	−2.79	不合格	不合格
	11	小型	20120726	0：30	合格	134.00	179.95	45.95	26.80	不合格	1.11	4.48	3.37	3.00	不合格	−4.14	不合格	不合格
	12	小型	20170629	1：00	合格	62.80	97.59	34.79	12.56	不合格	0.01	0.99	0.98	3.00	合格	0.01	不合格	不合格

（2）静乐水文站控制流域 25 场洪水模拟结果中，模拟洪峰流量合格场次 12 场，合格率为 48.00％；模拟峰现时间合格场次 25 场，合格率为 100％；模拟径流深合格场次 19 场，合格率为 76.00％；确定性系数 DC 值达到 0.5 的场次洪水有 11 场，占总模拟场次洪水的 44.00％；1990 年前的洪水 13 场，模拟洪峰流量合格率为 92.31％，模拟峰现时间合格率为 100％，模拟径流深合格率为 100％，确定性系数 DC 值达到 0.5 的场次洪水有 11 场，占 1990 年前总模拟场次洪水的 84.62％；1990 年后的洪水 12 场，模拟洪峰流量合格率为 0，模拟峰现时间合格率为 100％，模拟径流深合格率为 50％，确定性系数 DC 值达到 0.5 的场次洪水有 0 场。

（3）静乐水文站控制流域 25 场洪水模拟结果中，共有小型场次洪水 17 场，中型场次洪水 6 场，大型场次洪水 1 场，特大型场次洪水 1 场，其中小型场次洪水的合格场次有 6 场，合格率为 35.29％，1990 年前的小型洪水有 7 场，合格的有 6 场，合格率为 85.71％，1990 年后的小型洪水有 10 场，都不合格，合格率为 0；25 场洪水中，中型场次洪水的合格场次有 2 场，合格率为 33.33％，1990 年前的中型洪水有 4 场，合格的有 2 场，合格率为 50.00％，1990 年后的中型洪水有 2 场，都不合格，合格率为 0；大型场次洪水的合格场次有 1 场，合格率为 100％，特大型洪水的合格场次有 1 场，合格率为 100％。

综上所述，1990 年大规模采煤前双超分布式水文模型在静乐水文站控制流域内的适用性很好，但直接应用 1990 年前率定得到的模型参数直接应用于 1990 年大规模采煤后，洪峰流量与径流深以及确定性系数的模拟效果极差，但峰现时间模拟效果较好，表明大规模采煤极大地影响了流域的洪水过程，使得 1990 年以前流域率定的洪水模拟参数直接应用于 1990 年后的降雨洪水计算会产生较大误差。

3.4.4.3 采空区参数引入在静乐水文站控制流域的应用结果

1. 采空区参数引入后在静乐水文站控制流域验证期的应用结果

考虑采空区特殊下垫面对产汇流过程的影响，引入本书所概化的参数重新计算 1990 年之后的 12 场洪水过程，结果见表 3.30。

由静乐水文站控制流域 1990 年后采空区参数引入后所得模拟结果可知：

（1）静乐水文站重新模拟的 12 场洪水，共有模拟合格场次洪水 8 场，不合格场次洪水 4 场（19930919、19950903、20060713 和 20090907），引入采空区参数后所得模拟结果总体合格率由 0 提升为了 66.67％，达到了丙级精度，可用于参考性预报。

（2）静乐水文站控制流域率定期模拟结果不合格的场次洪水中，19930919、19950903 与 20090907 场次洪水确定性系数 DC 值较低，分别为 -2.11、0.35 及 0.30，未达到确定性系数 DC 合格值 0.5。19930919、20060713 与 20090907 场次洪水模拟洪峰流量误差较大，分别为 $136.07\text{m}^3/\text{s}$、$-72.67\text{m}^3/\text{s}$ 及 $45.41\text{m}^3/\text{s}$，没

表3.30　采空区参数静乐水文站控制流域验证期场次洪水模拟结果

阶段	序号	洪水等级	洪水编号	峰现时间		洪峰流量					径流深（总量）					纳什效率系数		总评价
				误差绝对值/(h:min)	合格否	实测Q/(m³/s)	模拟Q/(m³/s)	误差ΔQ/(m³/s)	允许误差ΔQ'/(m³/s)	合格否	实测R/mm	模拟R'/mm	误差ΔR/mm	允许误差ΔR'/mm	合格否	DC	合格否	
率定期	1	小型	19930919	0:30	合格	293.00	429.07	136.07	58.60	不合格	1.64	5.03	3.39	3.00	不合格	-2.11	不合格	不合格
	2	中型	19950903	0:15	合格	948.00	811.98	-136.02	189.60	合格	30.23	27.09	-3.14	6.04	合格	0.35	不合格	不合格
	3	小型	19960809	0:30	合格	1630.00	1374.03	-255.97	326.00	合格	17.55	16.69	-0.86	3.51	合格	0.55	合格	合格
	4	小型	19980630	0:30	合格	698.00	733.84	35.84	139.60	合格	17.09	14.75	-2.34	3.42	合格	0.78	合格	合格
	5	小型	20000811	1:00	合格	216.00	196.95	-19.05	43.20	合格	0.11	0.13	0.02	3.00	合格	0.86	合格	合格
	6	小型	20020628	0:15	合格	421.00	430.03	9.03	84.20	合格	2.73	1.77	-0.96	3.00	合格	0.51	合格	合格
	7	中型	20030730	2:00	合格	1340.00	1444.66	104.66	268.00	合格	15.26	15.83	0.57	3.05	合格	0.53	合格	合格
	8	小型	20040809	1:00	合格	86.80	81.29	-5.51	17.36	合格	0.10	0.12	0.02	3.00	合格	0.54	合格	合格
	9	小型	20060713	1:00	合格	223.00	150.33	-72.67	44.60	不合格	0.01	0.01	0.00	3.00	合格	0.74	合格	不合格
	10	小型	20090907	3:00	合格	35.10	80.51	45.41	7.02	不合格	1.37	1.21	-0.16	3.00	合格	0.30	不合格	不合格
	11	小型	20120726	0:45	合格	134.00	118.19	-15.81	26.80	合格	1.11	2.82	1.71	3.00	合格	0.54	合格	合格
	12	小型	20170629	0:30	合格	62.80	54.04	-8.76	12.56	合格	0.01	0.01	0.00	3.00	合格	0.70	合格	合格

有达到预报许可误差 58.60m³/s、44.60m³/s 及 7.02m³/s。19930919 场次洪水模拟径流深误差较大，为 3.39mm，没有达到预报许可误差 3mm。

（3）静乐水文站控制流域验证期模拟结果的所有 12 场洪水中，洪峰流量达到洪峰预报许可误差的有 9 场洪水，合格率由 0 提升为了 75.00%，峰现时间达到峰现预报许可误差的有 12 场洪水，合格率为 100%，径流深达到径流深预报许可误差的有 11 场洪水，合格率由 50.00% 提升为了 91.67%，12 场洪水的确定性系数 DC 的平均值由 -2.21 提升为 0.36，DC 值大于 0.5 的场次洪水由 0 场提升为了 9 场，确定性系数 DC 值达到 0.7 的场次洪水有 4 场，确定性系数 DC 值大于 0.9 的场次洪水有 0 场。

综上所述，1990 年大规模采煤后采空区参数的引入有效提高了静乐水文站场次洪水模拟精度。

2. 采空区参数引入结果

所引入的采空区特殊下垫面水文模型参数取值见表 3.31。根据参数取值，可以判断在静乐水文站控制流域范围内，峰前地表径流减少率 α 在第 3 单元取到了最大值为 0.35，这表明，静乐水文站控制流域内，第 3 单元所在区域内不导通至地下采空区的裂隙，对地表径流影响最为突出，根据参数取值，在静乐水文站控制流域内不导通至地下采空区的裂隙对子流域的影响排序为第 3 单元＞第 5 单元＝第 4 单元＞第 2 单元＞第 1 单元；地表径流减少率 β 在第 4 单元取到了最大值为 0.45，这表明，静乐水文站控制流域内第 4 单元所在区域内导通至地下采空区的裂隙，对地表径流影响最为突出，根据参数取值，在静乐水文站控制流域内导通至地下采空区的裂隙对子流域的影响排序为第 4 单元＞第 5 单元＞第 3 单元＞第 1 单元＞第 2 单元。壤中流蓄滞时间 γ 与壤中流减少率在整个流域内取值都为 0，这表明在静乐水文站控制流域内，若以 15min 为时间步长，流域内采空区裂隙的发育对所选场次洪水壤中流过程影响较小。峰前河道流量减少率 ε 与河道流量减少率 ζ 在 1001 节点取到了最大值，分别为 0.15 与 0.14，而在 1001 节点取值都为 0，这表明，静乐水文站控制流域内河道汇流至 1001 节点的过程中，导通与不导通至地下采空区的裂隙对河道流量的影响都尤为突出。

表 3.31　　　　　　　　引 入 参 数 取 值 （一）

参　数		单　元				
		1	2	3	4	5
坡面产流	α	0.1	0.21	0.35	0.34	0.34
	β	0.23	0.20	0.29	0.45	0.39
	γ	0	0	0	0	0
	δ	0.21	0.19	0.27	0.42	0.37

参　　数		节　　点			
		1001	1002		
坡面产流	ε	0.15	0		
	ζ	0.14	0		

3.4.5　上静游水文站控制流域场次洪水模拟

3.4.5.1　上静游水文站控制流域双超分布式模型参数率定与优化

通过实地考察，绘制上静游水文站控制流域内产流地类，如图 3.32 所示。可以看出上静游水文站控制流域内第 1 单元主要产流地类为灰岩森林山地、黄土丘陵沟壑与黄土丘陵阶地；第 2 单元主要产流地类为变质岩森林山地、黄土丘陵沟壑、黄土丘陵阶地与变质岩灌丛山地；第 3 单元主要产流地类为黄土丘陵沟壑与黄土丘陵阶地；第 4 单元的主要产流地类为变质岩森林山地、变质岩灌丛山地、黄土丘陵沟壑与黄土丘陵阶地；第 5 单元的主要产流地类为黄土丘陵沟壑与黄土丘陵阶地；第 6 单元的主要产流地类为变质岩灌丛山地与灰岩灌丛山地。

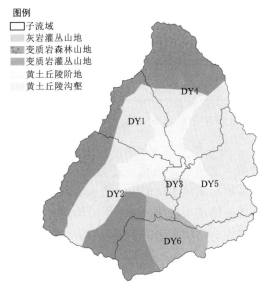

图 3.32　上静游水文站控制流域内产流地类

将选取的上静游水文站控制流域 25 场洪水分别调整步长为 15min，并将降雨-径流数据转换格式，采用双超分布式模型进行场次洪水模拟。应用人工调参与自动优化相结合的方式对模型方案中涉及的 10 个参数进行率定，本书将选取的上静游水文站控制流域 25 场洪水按时间顺序进行排列，其中前期 13 场洪水进行率定，后期 12 场洪水进行验证，各子流域及主干河道参数优化结果见表 3.32 和表 3.33。

表 3.32　　　　　　　　　　上静游子流域参数率定优化结果

子　流　域		产　流　参　数					汇流参数	
编号	面积/km²	α_0	K_s	S_r	b_1	δ	C_1	C_2
DY1	267.30	0.12	7.30	44.70	2.50	0.01	1.02	0.68
DY2	135.60	0.12	7.40	42.00	2.50	0.01	1.13	1.12
DY3	17.40	0.09	7.10	43.00	3.00	0.01	1.14	1.11
DY4	349.00	0.12	7.05	41.50	2.50	0.01	1.09	0.91
DY5	201.50	0.10	7.00	43.30	3.00	0.01	1.03	0.73
DY6	166.30	0.10	9.00	45.00	2.50	0.01	1.31	1.81

表 3.33　　　　　　　　　　上静游主干河道参数率定优化结果

河道	参数	流　量/(m³/s)				
		20 以下	20～50	50～100	100～300	300 以上
JD1	n	80.20	20.80	10.30	7.20	1.60
	τ	0.01	0.01	0.06	0.30	0.17
	K	0.02	0.03	0.01	0.01	0.01

3.4.5.2　双超分布式模型在上静游水文站控制流域的应用结果

1. 双超分布式模型在上静游水文站控制流域率定期的应用结果

基于建立的上静游水文站控制流域双超分布式洪水预报模型及所得优化参数取值，上静游水文站控制流域率定期场次洪水模拟结果见表 3.34。

由上静游水文站控制流域率定期模拟结果可知：

(1) 上静游水文站控制流域场次洪水率定期的 13 场洪水中，共有合格场次洪水 11 场，不合格场次洪水 2 场（19590820、19840722 场次洪水），合格率为 84.62%，由洪水预报精度等级划分得出，上静游水文站控制流域率定期模拟结果较好，达到了乙级精度，可用于发布正式预报。

(2) 上静游水文站控制流域率定期模拟结果不合格的场次洪水中，19840722 场次洪水径流深预报误差为 7.45mm，超过允许误差 3mm；19590820 场次洪水以及 19840722 场次洪水确定性系数 DC 值较低分别为 -0.37 及 -1.02，未达到确定性系数 DC 合格值 0.5。

表 3.34　双起式分布式模型上静游水文站控制流域率定期场次洪水模拟结果

阶段	序号	洪水等级	洪水编号	峰现时间		洪峰流量					径流深（总量）					纳什效率系数		总评价
				误差绝对值/(h: min)	合格否	实测 Q/(m³/s)	模拟 Q/(m³/s)	误差 ΔQ/(m³/s)	允许误差 $\Delta Q'$/(m³/s)	合格否	实测 R/mm	模拟 R'/mm	误差 ΔR/mm	允许误差 $\Delta R'$/mm	合格否	DC	合格否	
率定期	1	小型	19590820	2: 15	合格	182.00	176.92	-5.08	36.40	合格	8.75	8.31	-0.44	3.00	合格	-0.37	不合格	不合格
	2	小型	19610808	2: 30	合格	269.00	216.12	-52.88	53.80	合格	3.92	4.00	0.08	3.00	合格	0.77	合格	合格
	3	小型	19630523	0: 30	合格	27.50	26.92	-0.58	5.50	合格	0.64	0.75	0.11	3.00	合格	0.99	合格	合格
	4	大型	19670829	0: 00	合格	728.00	795.88	67.88	145.60	合格	11.42	10.18	-1.24	3.00	合格	0.51	合格	合格
	5	特大	19730717	0: 15	合格	935.00	805.63	-129.37	187.00	合格	12.04	12.23	0.19	3.00	合格	0.54	合格	合格
	6	小型	19750831	0: 30	合格	143.83	130.00	-13.83	28.77	合格	1.93	3.01	1.08	3.00	合格	0.53	合格	合格
	7	小型	19770821	0: 30	合格	126.00	144.16	18.16	25.20	合格	6.11	5.35	-0.76	3.00	合格	0.57	合格	合格
	8	小型	19780829	1: 00	合格	217.12	198.00	-19.12	43.42	合格	5.62	6.84	1.22	3.00	合格	0.59	合格	合格
	9	小型	19790702	1: 00	合格	181.00	148.80	-32.20	36.20	合格	8.40	6.94	-1.46	3.00	合格	0.73	合格	合格
	10	中型	19810703	1: 30	合格	567.00	576.67	9.67	113.40	合格	11.88	12.38	0.50	3.00	合格	0.61	合格	合格
	11	小型	19830727	1: 15	合格	309.00	246.91	-56.97	61.80	合格	3.98	5.91	1.93	3.00	合格	0.63	合格	合格
	12	中型	19840722	0: 15	合格	493.00	540.54	47.54	98.60	合格	3.59	11.04	7.45	3.00	不合格	-1.02	不合格	不合格
	13	小型	19850910	0: 30	合格	72.50	69.23	-3.27	14.50	合格	4.20	2.50	-1.70	3.00	合格	0.85	合格	合格

(3) 上静游水文站控制流域率定期模拟结果的所有 13 场洪水中，模拟洪峰流量，模拟峰现时间均在允许误差范围之内，合格率都为 100％；径流深达到预报许可误差的有 12 场洪水，合格率为 92.30％；13 场洪水确定性系数 DC 平均值为 0.46，DC 值大于 0.5 的场次洪水有 11 场，DC 值大于 0.7 的场次洪水有 3 场，DC 值大于 0.9 的场次洪水有 1 场。

(4) 上静游水文站控制流域率定期模拟结果的所有 13 场洪水中，共有小型洪水 9 场，中型洪水 2 场，大型洪水 1 场，以及特大型洪水 1 场，其中小型洪水模拟合格场次 8 场，中型洪水模拟合格场次 1 场，大型洪水模拟合格场次 1 场，特大型洪水模拟合格场次 1 场。

2. 双超分布式模型在上静游水文站控制流域验证期的应用结果

为验证模型及参数适用性，将率定期优化所得参数取值进一步应用至验证期场次洪水模拟，结果见表 3.35。

由上静游水文站控制流域验证期模拟结果可知：

(1) 上静游水文站控制流域场次洪水验证期的 12 场洪水中，共有小型洪水 11 场，中型洪水 1 场，其中小型洪水模拟结果都不合格，中型场次洪水（19880718 场次洪水）模拟合格，总体合格率为 8.33％，模拟效果极差，1990 后场次洪水都不合格。

(2) 上静游水文站控制流域验证期模拟结果的所有 12 场洪水中，峰现时间全部达到峰现预报许可误差，合格率为 100％；洪峰流量与仅 19880718 场次洪水达到洪峰预报许可误差，1990 年后场次洪水洪峰预报合格率为 0；径流深达到径流深预报许可误差的有 9 场洪水，合格率为 81.82％；12 场洪水的确定性系数 DC 的平均值为 -1.06，DC 值仅编号 19880718 场次洪水大于 0.5 的场次洪水有 1 场，且该场次洪水确定性系数 DC 值大于 0.7。

3. 双超分布式模型在上静游水文站控制流域的综合应用结果

综合上静游水文站控制流域率定期与验证期模拟结果可知：

(1) 上静游水文站控制流域 25 场洪水模拟结果中，共有模拟合格场次洪水 12 场，不合格场次洪水 13 场，总体合格率为 48.00％，模拟结果较差，达不到水情预报规范标准；1990 年前共有洪水 14 场，12 场合格，合格率为 85.71％；1990 年后洪水有 11 场，全部不合格，合格率为 0。

(2) 上静游水文站控制流域 25 场洪水模拟结果中，模拟洪峰流量合格的有 14 场，合格率为 56.00％，模拟峰现时间全部合格，合格率为 100％，模拟径流深合格的有 22 场，合格率为 88.00％，确定性系数 DC 值达到 0.5 的场次洪水有 12 场，占总模拟场次洪水的 48.00％；1990 年前的洪水 14 场，模拟洪峰流量与峰现时间合格率都为 100％，模拟径流深合格的有 13 场，合格率为 92.86％，确定性系数 DC 值达到 0.5 的场次洪水有 12 场，占 1990 年前总模拟场次洪水的

表 3.35 双超分布式模型上静游水文站控制流域验证期场次洪水模拟结果

阶段	序号	洪水等级	洪水编号	峰现时间		洪峰流量					径流深（总量）					纳什效率系数		总评价
				误差绝对值 /(h:min)	合格否	实测 Q /(m³/s)	模拟 Q /(m³/s)	误差 ΔQ /(m³/s)	允许误差 ΔQ' /(m³/s)	合格否	实测 R /mm	模拟 R' /mm	误差 ΔR /mm	允许误差 ΔR' /mm	合格否	DC	合格否	
率定期	1	中型	19880718	1:00	合格	458.00	397.69	-60.31	91.60	合格	11.98	13.30	1.32	3.00	合格	0.74	合格	合格
	2	小型	19920828	0:15	合格	309.00	487.19	178.19	61.8	不合格	5.03	10.19	5.16	3.00	不合格	-0.20	不合格	不合格
	3	小型	19940805	1:00	合格	75.00	142.50	67.50	15.00	不合格	1.21	2.43	1.22	3.00	合格	-0.62	不合格	不合格
	4	小型	19950904	0:30	合格	85.40	146.77	61.37	17.08	不合格	3.97	3.51	-0.46	3.00	合格	0.47	不合格	不合格
	5	小型	19960810	1:00	合格	119.00	196.01	77.01	23.80	不合格	5.70	6.99	1.29	3.00	合格	0.48	合格	不合格
	6	小型	19990818	2:00	合格	130.00	230.21	100.21	26.00	不合格	1.49	3.98	2.49	3.00	合格	-3.07	不合格	不合格
	7	小型	20000808	2:00	合格	41.20	112.15	70.95	8.24	不合格	1.09	2.28	1.19	3.00	合格	-4.25	不合格	不合格
	8	小型	20020609	1:30	合格	19.50	54.07	34.57	3.90	不合格	0.01	2.22	2.21	3.00	合格	-1.93	不合格	不合格
	9	小型	20050812	0:30	合格	67.20	118.97	51.77	13.44	不合格	0.31	3.46	3.15	3.00	不合格	-0.16	不合格	不合格
	10	小型	20100811	0:30	合格	27.00	62.81	35.81	5.40	不合格	0.34	1.44	1.10	3.00	合格	-1.08	不合格	不合格
	11	小型	20130812	1:00	合格	37.60	90.57	52.97	7.52	不合格	1.18	2.19	1.01	3.00	合格	-3.31	不合格	不合格
	12	小型	20170826	1:00	合格	40.00	94.29	54.29	8.00	不合格	8.30	4.64	-3.76	3.00	不合格	0.25	不合格	不合格

85.71%；1990 年后的洪水 11 场，模拟洪峰流量合格率为 0，模拟峰现时间合格率为 100%，模拟径流深合格的有 9 场，合格率为 81.82%，确定性系数 DC 值达到 0.5 的场次洪水有 0 场。

（3）上静游水文站控制流域 25 场洪水模拟结果中，共有小型场次洪水 20 场，中型场次洪水 3 场，大型场次洪水 1 场，特大型场次洪水 1 场，其中小型场次洪水的合格场次有 8 场，合格率为 40.00%，1990 年前的小型洪水有 9 场，合格的有 8 场，合格率为 88.89%，1990 年后的小型洪水有 11 场，都不合格，合格率为 0；25 场洪水中，中型场次洪水的合格场次有 2 场，合格率为 66.67%，大型场次洪水的合格场次有 1 场，合格率为 100%，特大型洪水的合格场次有 1 场，合格率为 100%。

综上所述，1990 年大规模采煤前双超分布式水文模型在上静游控制流域内的适用性很好，但直接应用 1990 年前率定得到的模型参数直接应用于 1990 年大规模采煤后，洪峰流量与径流深的模拟效果极差，但峰现时间模拟效果较好，表明大规模采煤极大地影响了流域的洪水过程，使得 1990 年以前流域率定的洪水模拟参数直接应用于 1990 年后的降雨洪水计算会产生较大误差。

3.4.5.3　采空区参数引入在上静游水文站控制流域的应用结果

1. 采空区参数引入后双上静游水文站控制流域验证期的应用结果

考虑采空区特殊下垫面对产汇流过程的影响，引入本书所概化的参数重新计算 1990 年之后的 11 场洪水过程，结果见表 3.36。

由上静游水文站控制流域 1990 年后采空区参数引入后所得模拟结果可知：

（1）上静游水文站重新模拟的 11 场洪水，共有模拟合格场次洪水 9 场，不合格场次洪水 2 场（19960810 与 20170826），引入采空区参数后所得 1990 年后场次洪水模拟结果总体合格率由 0 提升为了 81.82%，达到了乙级精度，可用于发布正式预报。

（2）上静游水文站控制流域率定期模拟结果不合格的场次洪水中，19960810 与 20170826 场次洪水模拟径流深误差较大，分别为 −3.68 与 −7.15，没有达到预报许可误差 3mm。20170826 确定性系数 DC 值较低，为 −0.14，未达到确定性系数 DC 合格值 0.5。

（3）上静游水文站重新模拟的 11 场洪水，模拟洪峰流量全部合格，合格率由 0 提升为了 100%；模拟峰现时间合格率为 100%；模拟径流深合格率仍为 72.73%；确定性系数 DC 值达到 0.5 的场次洪水由 0 场提升为 10 场，占 1990 年后总模拟场次洪水的 90.91%。

综上所述，1990 年大规模采煤后采空区参数的引入有效提高了上静游水文站场次洪水模拟精度。

表 3.36　采空区参数上静游水文站控制流域验证期场次洪水模拟结果

阶段	序号	洪水等级	洪水编号	峰现时间		洪峰流量					径流深（总量）					纳什效率系数		总评价
				误差绝对值 /(h:min)	合格否	实测 Q /(m³/s)	模拟 Q /(m³/s)	误差 ΔQ /(m³/s)	允许误差 ΔQ' /(m³/s)	合格否	实测 R /mm	模拟 R' /mm	误差 ΔR /mm	允许误差 ΔR' /mm	合格否	DC	合格否	
1990 年	1	小型	19920828	0:15	合格	309.00	346.82	37.82	61.80	合格	5.03	3.98	-1.05	3.00	合格	0.64	合格	合格
	2	小型	19940805	1:00	合格	75.00	82.16	7.16	15.00	合格	1.21	0.81	-0.40	3.00	合格	0.89	合格	合格
	3	小型	19950904	0:30	合格	85.40	99.45	14.05	17.08	合格	3.97	1.67	-2.30	3.00	合格	0.75	合格	合格
	4	小型	19960810	1:00	合格	119.00	103.50	-15.5	23.80	合格	5.70	2.02	-3.68	3.00	不合格	0.86	合格	不合格
	5	小型	19990818	2:00	合格	130.00	136.11	6.11	26.00	合格	1.49	1.70	0.21	3.00	合格	0.51	合格	合格
	6	小型	20000808	2:00	合格	41.20	46.18	4.98	8.24	合格	1.09	0.62	-0.47	3.00	合格	0.70	合格	合格
	7	小型	20020609	1:30	合格	19.50	21.9	2.4	3.90	合格	0.01	0.05	0.04	3.00	合格	0.53	合格	合格
	8	小型	20050812	0:30	合格	67.20	56.16	-11.04	13.44	合格	0.31	0.80	0.49	3.00	合格	0.77	合格	合格
	9	小型	20100811	0:30	合格	27.00	28.83	1.83	5.40	合格	0.34	0.41	0.07	3.00	合格	0.56	合格	合格
	10	小型	20130812	1:00	合格	37.60	36.92	-0.68	7.52	合格	1.18	0.43	-0.75	3.00	合格	0.52	合格	合格
	11	小型	20170826	1:00	合格	40.00	35.84	-4.16	8.00	合格	8.30	1.15	-7.15	3.00	不合格	-0.14	不合格	不合格

2. 采空区参数引入结果

所引入的采空区特殊下垫面水文模型参数取值见表3.37。根据参数取值，可以判断在上静游水文站控制流域范围内，峰前地表径流减少率 α 在第3单元取到了最大值为0.30，这表明，上静游水文站控制流域内，第3单元所在区域内不导通至地下采空区的裂隙对地表径流影响最为突出，根据参数取值，在上静游水文站控制流域内不导通至地下采空区的裂隙对子流域的影响排序为第3单元＞第5单元＞第4单元＞第1单元＝第6单元＞第2单元；地表径流减少率 β 在第1单元取到了最大值为0.30，这表明，上静游水文站控制流域内第1单元所在区域内导通至地下采空区的裂隙，对地表径流影响最为突出，根据参数取值，在上静游水文站控制流域内导通至地下采空区的裂隙，对子流域的影响排序为第1单元＞第2单元＞第3单元＝第4单元＞第5单元＝第6单元。壤中流蓄滞时间 γ 与壤中流减少率在整个流域内取值都为0，这表明在上静游水文站控制流域内，若以15min为时间步长，流域内采空区裂隙的发育对所选场次洪水壤中流过程影响较小。峰前河道流量减少率 ε 与河道流量减少率 ζ 在1002节点取到了最大值，分别为0.20与0.15，而在1001节点取值都为0，这表明，上静游水文站控制流域内河道汇流至1002节点的过程中，导通与不导通至地下采空区的裂隙对河道流量的影响都尤为突出。

表 3.37　　　　　　　　引 入 参 数 取 值 (二)

参　　数		单　　元					
		1	2	3	4	5	6
坡面产流	α	0.2	0.15	0.3	0.24	0.25	0.2
	β	0.3	0.25	0.2	0.2	0.15	0.15
	γ	0	0	0	0	0	0
	δ	0	0	0	0	0	0
参　　数		节　　点					
		1001	1002				
坡面产流	ε	0	0.20				
	ζ	0	0.15				

第4章 闭坑煤矿区酸性老窑水的形成、迁移转化及修复机理研究

4.1 研究区地质环境与煤矿概况

4.1.1 自然地理概况

4.1.1.1 流域概况

流域位于山西省阳泉市境内，涉及盂县及郊区行政区划范围内清城村、河底镇、燕龛村、荫营镇等地区，有多个村庄，流域边界西北方向约 9km 为盂县县城，南部边界约 8km 为桃河，西部以西沟—黄蜂垴为界，东部以刘备山—固庄村—牵牛镇为界，南部以羊皮凹为源头向北部延伸，途中流经燕龛村—程庄村—小沟村—山底村，到达东北方向武家庄后汇入温河，面积达 58km²，地理坐标为东经 $113°27'33.13''\sim113°33'10.96''$，北纬 $37°56'35.25''\sim38°02'23.85''$。流域内交通发达，村子之间均有道路相通，方便车辆通行。

流域范围内以农业为主，耕地主要为旱地，分布在河漫滩上，也有少量山坡梯田，土质较肥沃，农作物以玉米、高粱、谷物为主。当地矿产资源主要是煤炭，工业以煤矿为主，还经营有耐火厂、砖厂和石料厂等。

4.1.1.2 气象水文条件

流域属温带大陆性气候，冬春寒冷，夏秋炎热。年平均气温为 10.1℃，1月为 -5.1℃；7月为 23.6℃。年降水量最大为 866.4mm，最小为 240.4mm，多年平均为 580.2mm，主要在 7—9月，占全年的 50%以上；年蒸发量最大为 2381.9mm，最小为 1319.1mm，多年平均 1885.9mm。冬春季节多西北风，夏季多东南风，秋季多西风，且冬春季节风大，夏季小，年平均为 2.8m/s。

区域内山底河属于季节性河流，全长为 16.5km，流域面积为 58km²，由南向北沿曹家掌、燕龛、青崖头村、山底村到武家庄一带汇入温河，是温河上游较大的支流之一。山底河中水的来源有以下几部分：地下水在上游的补给，雨季降雨补给，沿途不同类型的工业废水排入以及酸性废水的汇入。其汇水面积不大，受季节性控制明显，属季节性河流，平时水量很小。旱季水量少，甚至干涸；雨季水量较大，雨季时可形成山洪暴发，造成洪水灾害，因此雨季时要防止山洪的威胁。河流水系分布如图 4.1 所示。

图 4.1 河流水系分布

4.1.1.3 地形地貌

流域位于太行山中部西侧，属中低山丘陵地貌，总体地势为西南高，向东向北低。流域内沟深坡陡，U 形、V 形冲沟较多。向东北逐渐呈现低的丘陵区，河道两旁稍有开阔台地，整体植被较少，有基岩裸露。区内地势较高点为山峰处，海拔在 1200.0m 左右，地势较低点大多位于沟谷、河谷中，海拔在 850.0m 左右，一般相对高差在 350m 左右。

4.1.2 地质条件

4.1.2.1 地层岩性

流域位于太行山隆起西侧，地质较为复杂，地层岩性相对完整，大面积被黄土覆盖，局部有基岩出露。地层由老至新简述如下。

1. 奥陶系中统峰峰组（O_2f）

本组在含煤地层底部，埋藏深，岩性主要有各类白云岩和灰岩。白云岩主要有薄层泥晶状、泥灰质等类别；灰岩主要有白云质状、花斑状以及生物碎屑类等。底部与奥陶系中统上马家沟组（O_2s）分界处岩性为角砾状泥灰岩夹石膏。灰岩中有泥质存在则显现土黄色，有铁质存在则显现浅红色的斑点。该组地层各类孔隙较为发育，但是大多均被方解石脉填充。岩性坚硬、质纯，可作为建筑等材料。石灰岩很容易受到侵蚀，在重力作用下，容易导致含煤地层垮塌形成陷落柱等构造。本组厚度为 100～200m。

2. 石炭系

(1) 石炭系中统本溪组（C_2b）。该组与下部的奥陶系灰岩呈现平行不整合情况，岩层底部为褐红色的山西式铁矿，大多呈现鸡窝状或扁豆状等形态特征，该层之上为浅灰白色 G 层铝土页岩，中上部岩性主要为砂质泥岩、富含鲕粒的铝质泥岩、不同类别的砂岩以及石灰岩等。一般存在 2～3 层不可开采的煤线。该组地层假整合于峰峰组灰岩以上，厚 32～70m。

(2) 石炭系上统太原组（C_3t）。岩相为海陆交互相沉积，连续沉积于下伏本溪组之上。岩性主要为泥岩、砂岩、页岩、石灰岩及煤层等。其中石灰岩与其他岩性有规律地交互出现，共有 3～4 层。含煤 7～8 层，含有 $8_上$ 号、8 号、$9_上$ 号、$9_下$ 号、11 号、12 号、13 号、15 号煤，煤层厚度约 14m。该组为主要含煤层，与下部的 C_2b 组呈现整合接触关系。地层厚度为 74～160m。

下面将太原组分为三个岩层组合段进行描述：

1) 下段（C_3t^1）。厚度为 8～34m，主要由泥岩、砂岩、石灰岩和煤组成。K_1 砂岩为太原组与本溪组分界砂岩，为坚硬、致密的细、中粒石英砂岩，硅质及钙质胶结，胶结情况良好，常为黄铁矿所浸染成黄色，无论是在井下还是钻孔中均易识别。顶部 15 号煤层为主要可采煤层。

2) 中段（C_3t^2）。厚度为 48～89m，岩性主要有灰岩、泥岩、砂质泥岩。四节石全矿区普遍发育，被两层黑色泥岩分成三层。其上为砂质泥岩、细砂岩及 13 号钱石下煤，煤层之上覆盖有 K_3 灰岩，其上为泥岩、细砂岩、砂质泥岩及 12 号四尺煤，12 号煤之上为灰黑色砂质泥岩和 11 号煤，再上为 K_4 灰岩。

3) 上段（C_3t^3）。自 K_4 石灰岩顶至 K_7 砂岩底，厚度为 21～55m。岩性主要有砂岩、泥岩、煤组成。顶部 K_5 砂岩中有四层煤，相对稳定。

3. 二叠系

(1) 二叠系下统山西组（P_1s）。该组是含煤较多的一组，广泛出现于榆林垴、清城、任家峪、井田西部沟谷区域。下部为太原组，两者整合接触，砂岩底部为 P_1s 和 C_3t 的界限。岩性主要为砂质泥岩、砂质页岩等以及 3～7 层基本不可开采的煤层组成。本组厚度为 12～85m。

(2) 二叠系下统下石盒子组（P_1x）。该组在山西组之上，两者整合接触。岩性主要为灰、灰绿色、灰黄色、灰白色、黄绿、褐红色砂质泥岩，岩性顶部含有"桃花泥岩"及紫花斑色的鲕状铝土泥岩，风化后呈赤色，也称其为紫斑泥岩。该组底部含有不可开采的 1～3 层煤线，本组厚度为 74～160m。

(3) 二叠系上统上石盒子组（P_2s）。该组位于下石盒子组之上，两者整合接触。岩性主要为各色泥岩以及砂岩类，底层与 P_1x 分界处为灰白色厚层中粗砂岩（K_{10}），易受风化剥蚀，厚度为 0～190m。

4. 第四系

（1）第四系中、上更新统（Q_{2+3}）。该层与下部基岩角度不整合，广泛存在于沟谷、低山丘陵中。岩性主要为各色砂土、黏土等组成，底部以砂砾石为主，有各类岩石等，具一定层理，垂直方向较为显著。本组厚度为 0～30m。

（2）第四系全新统（Q_4）。该层主要分布在河谷、山谷中，为现代冲积、洪积物，由河沙、砂、卵石、砾石、碎石及粉砂土组成，厚度为 0～20m。

流域地质图、综合柱状图及相关剖面图如图 4.2～图 4.5 和表 4.1 所示。

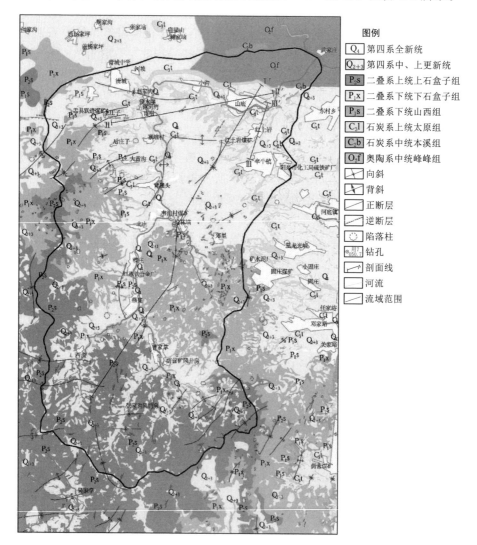

图 4.2　流域地质

表 4.1　　　　　综 合 地 层 柱 状 图

地层单位				地层厚度/m	煤层标志层	柱状 1:2000	岩性描述
界	系	统	组				
新生界	第四系	全新统Q		0~20			卵石、砾石和砂、砂土
		中、上更新统 Q_{2+3}		0~30			浅黄灰色亚砂土和细粉砂土，橘黄色粉砂土和亚黏土，富含钙质结核，夹有1~2层古土壤
古生界	二叠系	上统	上石盒子组 P_2s	0~190	K_{12}		下部以黄褐色砂质泥岩为主，夹薄层灰绿色中-细粒砂岩及灰色泥岩、紫红-灰绿色砂质泥岩；上部为厚层（含砾）砂岩夹有黄绿、紫红或深灰色薄层砂质泥岩、泥岩
		下统	下石盒子组 P_1x	74~160	K_{11} K_{10} K_9 K_8		下部岩性主要由灰黑色泥岩、深灰色砂质泥岩、粉砂岩及灰色砂岩组成，夹有1~3层煤线；上部为厚层状中粒砂岩，浅灰、黄绿色砂质泥岩、粉砂岩和灰绿色砂岩互层；顶部为一层4~5m的浅灰、灰黄、浅紫等杂色铝质泥岩，俗称"桃花泥岩"
			山西组 P_1s	12~85	1 2 3 7 5 7 K_7		由灰黑色泥岩、砂质泥岩和灰色砂岩及3~6层煤层组成
	石炭系	上统	太原组 C_3t	74~160	8上 8 9上 9 K_4 11 12 K_3 13 K_2 15 15下 K_1		主要由灰黑色泥岩、砂质泥岩、灰、灰白色砂岩和3~4层深灰色石灰岩及7~8层煤层组成
		中统	本溪组 C_2b	32~70	G		底部为山西式铁矿和铝土岩；上部为深灰、灰黑色泥岩、砂质泥岩和灰色砂岩及浅灰色铝质泥岩，夹2~3层深灰色石灰岩和1~2层煤线
	奥陶系	中统	峰峰组 O_2f	100~200			顶部为深灰色厚层石灰岩，下部夹白云质灰岩、角砾状灰岩及泥灰岩

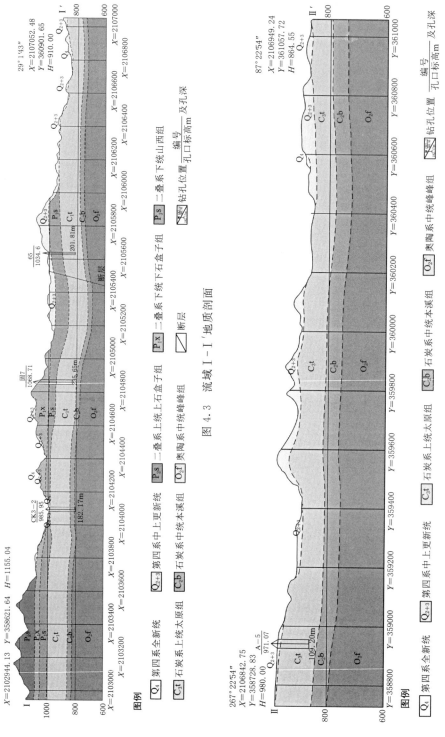

图 4.3　流域 I－I′地质剖面

图 4.4　流域 Ⅱ－Ⅱ′地质剖面图

图例

Q_4 第四系全新统　　Q_{2+3} 第四系中更新统　　P_2s 二叠系上统上石盒子组　　P_2x 二叠系上统下石盒子组　　P_1s 二叠系下统山西组

C_3t 石炭系上统太原组　　C_2b 石炭系中统本溪组　　O_2f 奥陶系中统峰峰组　　断层　　钻孔位置　孔口标高 m 编号 及孔深

图例

Q_4 第四系全新统　　Q_{2+3} 第四系中上更新统　　C_3t 石炭系上统太原组　　C_2b 石炭系中统本溪组　　O_2f 奥陶系中统峰峰组　　钻孔位置 孔口标高 m 编号 及孔深

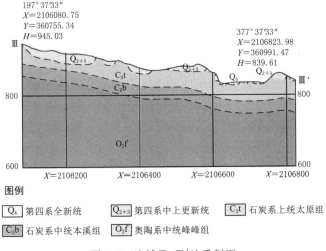

图例

Q_4 第四系全新统　　Q_{2+3} 第四系中上更新统　　C_3t 石炭系上统太原组

C_2b 石炭系中统本溪组　　O_2f 奥陶系中统峰峰组

图 4.5　流域Ⅲ-Ⅲ′地质剖面

4.1.2.2　地质构造

流域内构造发育有褶皱、断层以及陷落柱。区域构造简单,总体呈东北高而西南低,沿北西走向、南西倾向的大规模的单斜构造,在这个单斜面上,次级构造多呈北东或近南北向展布,少量东西向展布,其特点是背斜幅度较大,向斜则显平缓,倾角不大,一般小于15°。地层产状平缓,陷落柱发育。分别叙述如下:

(1) 流域内共发现褶皱24处,分为向斜和背斜,大部分规模较大。位于青崖头以上的北部地区,发育有向斜5处、背斜5处,主要分布在跃进、牵牛山、聚银煤矿矿区内,地层倾角3°~12°。中部发育有向斜3处,其中一处向斜位于郊里村南西,向斜轴走向在郊里村近北东向,向南为近东西向,延展约0.5km,为一向南倾伏对称向斜;另一处向斜延伸较长,在燕龛—曹家掌之间,向斜轴走向为燕龛西南方向;还有一处向斜位于程庄以西方向,延展距离较短;发育有背斜1处,为程庄—燕龛背斜,位于程庄村西,背斜轴走向近南北,延展长约2km,背斜两翼对称,呈宽缓状,两翼倾角约10°,该背斜几乎全部被第四系覆盖。位于曹家掌以下的南部地区,发育有向斜6处,其中规模最大的属刘备山向斜,位于刘备山中南部,由北往南,轴向由N30°E逐渐转为S60°W,为一两翼不对称向斜,SW端延伸到界外刘备山倾没,NW翼倾角为5°~7°,SE翼倾角为5°~10°,全长约2700m,但是已处于流域边界处;发育有背斜4处,其中有3处分布在蔡家峪至杏树凹之间。

(2) 流域内断层较多,数量超过100条。位于青崖头以上的北部地区,只有零星几条断层发育,其中靠近红土岩煤矿的一条正断层规模较大,延伸约

500m。中部地区的断层集中分布在固庄煤矿矿区内，约有 87 处断层存在，数量超过总数的一半，其中逆断层居多，但大部分断层延伸长度较短。位于曹家掌以下的南部地区，断层分布得较分散，且大部分走向为北东，以西沟发育的五条逆断层为例：

1）走向 NE10°～35°，倾向 SE，倾角 30°～45°，落差为 5.0～37.5m，在北二轮子坡处落差值最大，达 37.5m。延伸距离约 3600m，向上落差降低。

2）走向 NE25°，倾向 NW，倾角 45°，落差为 3～5m，延长 1200m，可以向上延伸至地表。

3）走向 NE20°～40°，倾向 SE，倾角 20°，落差为 1.5～2.5m，延长 450m，弧形展布。

4）走向 NE30°，倾向 SE，倾角 85°，落差为 1.0～4.8m，延长 300m。

5）走向 NE40°，倾向 NW，落差为 6～8m，延长 450m。

（3）流域内陷落柱发育，数量约 90 个，平面形状多呈椭圆形，个别为不规则形状，分布无明显规律。位于青崖头以上的北部地区，只在大黄沟村发育有 7 个陷落柱，主要分布在聚银煤矿范围内，长轴为 55～370m，陷壁角为 80°～85°。中部地区陷落柱分布主要在三个区域：一是西边偏上的燕龛煤矿矿区内；二是东边的固庄煤矿矿区内；三是南边的荫营煤矿矿区内，除此之外其他地方也有散落分布，中部地区陷落柱的数量较多。南部地区的陷落柱基本分布在荫营矿区内，在西沟村南也有一处明显的陷落柱，在有陷落柱发育处，围岩地层倾角突然变陡，柱体岩层破碎，形态各异，不同岩性的碎块相互混杂在一起，处于半固结状态。

流域内褶皱、断层以及陷落柱具体位置如图 4.2 所示，具体数量统计见表 4.2。

表 4.2　　　　　地 质 构 造 数 量 统 计

向斜	背斜	正断层	逆断层	陷落柱
14	10	48	77	85
合计：24		合计：125		合计：85

4.1.2.3　煤层及煤质特征

1. 煤层特征

流域范围内主要分布有 3 号、6 号、8 号、9 号、12 号、15 号煤层，各个特征如下：

（1）3 号煤层（七尺煤）。在山西组中上位置，局部可采，岩性为炭质泥岩。顶底板为砂质泥岩，煤层厚度为 0～3m，部分含 1 层夹矸，其厚度为 0.1～1.5m。

（2）6号煤层。在山西组的下部，局部可采，顶部为砂质泥岩，底部为泥岩，厚度为0～3.2m，无夹矸。

（3）8号煤（四尺煤）。在太原组上部，局部可采，顶部为砂质泥岩，底部为砂质泥岩、页岩等。厚度为0.25～2.70m。局部含夹矸为1～3层。

（4）9号煤（九尺煤）。在太原组上部，局部可采，顶部为泥岩等，底部为细砂岩或泥岩。总厚度为0.26～6.10m，局部1～2层矸石。

（5）12号煤层。在太原组中部，局部可采，顶部为砂质泥岩、页岩等，底部为砂质泥岩等。厚度为0.35～2.60m，含0～1层，个别2层夹矸。

（6）15号煤层（丈八煤）。在太原组下部，可以开采，结构较为复杂，顶部为石灰岩或泥岩，底部为泥岩、砂质泥岩，厚度为5.68～10.21m，一般含1～3层矸石，最多可含4层，每层厚为0.1～1.0m。

2. 煤质特征

（1）牵牛山煤矿煤质特征。该区各可采煤层为黑深灰色。煤层大都具有条带结构，断口为贝壳状，外生裂隙仅15号煤层较多。黏土矿物、石英含量较多，黄铁矿、方解石相对较少。$8_上$号、8号属低硫；9号属低硫～高硫；12号和15号属中高硫。

（2）跃进煤矿煤质特征。该区各可采煤层为黑色～灰黑色，断口参差不齐。15号煤层含有黄铁矿结核。矿物质主要有料土、黄铁矿等。8号属低硫；9号属低中硫；15号属低中高硫。

（3）聚银煤矿煤质特征。该区各可采煤层为黑色～灰黑色，断口参差不齐。15号煤层含有黄铁矿结核。矿物质主要有黏土、黄铁矿等。8号属特低硫；$9_上$号、$9_下$号和12号属低硫；15号属中硫。

（4）燕龛煤矿煤质特征。该区各可采煤层为黑色～灰黑色，断口呈阶梯状或菱角状。15号煤层含有黄铁矿结核。矿物质主要有黏土、黄铁矿等。3号、8号和9号属特低硫～低硫；12号属中高硫；15号属低硫～中高硫。

（5）程庄煤矿煤质特征。该区各可采煤层为黑色～灰黑色，断口参差不齐。15号煤层含有黄铁矿结核。3号属特低硫；8号属低硫；9号属特低硫～低硫；15号属中硫～中高硫。

（6）固庄煤矿煤质特征。煤层为无烟煤，局部为贫煤。其物理性质有共同点，颜色为黑深灰色，粉末以灰黑为主，灰色次之。煤层大都具有条带结构，金属光泽为主，金钢光泽次之，硬度大，脆度小，断口以贝壳状为主，阶梯状次之，外生裂隙仅15号煤层发育。

（7）荫营煤矿煤质特征。该区各可采煤层为深灰和灰黑。具贝壳状、粒状、阶梯状断口，硬度较大，脆度较小，总体呈线理及条带状结构，节理较多，外生裂隙仅15号煤层多。3号属特低硫；8号和9号属低硫；12号属中高硫；15

号属中硫。

（8）阳煤一矿煤质特征。该区各可采煤层为黑色和灰黑色，黏土矿物较多。3号属特低硫～低硫；6号属特低硫～高硫；8号属特低硫～高硫；9号属特低硫～中高硫。

各个煤矿煤层全硫分含量见表4.3。

表4.3　　　　　　　　　　不同煤矿的煤层全硫分含量

煤层号	原、精煤	牵牛山煤矿	跃进煤矿	聚银煤矿	燕龛煤矿	程庄煤矿	固庄煤矿	荫营煤矿	阳煤一矿
3	原	—	—	—	0.64	0.54	0.48	0.48	0.42
	浮	—	—	—	—	0.65	0.47	0.52	0.47
6	原	—	—	—	—	—	—	—	1.37
	浮	—	—	—	—	—	—	—	0.62
8_1	原	0.99	0.65	—	0.65	0.65	0.70	0.64	1.30
	浮	0.97	—	0.61	—	0.66	0.62	0.64	0.88
8_2	原	0.65	—	—	—	0.58	—	—	—
	浮	0.65	—	—	—	—	—	—	—
9	原	0.91	0.53	0.81	0.50	0.67	0.37	0.53	0.75
	浮	0.66	0.47	0.64	—	0.67	0.52	0.51	0.53
12	原	1.34	—	0.67	2.14	—	2.33	1.96	1.75
	浮	1.22	—	—	—	—	—	1.17	1.07
13	原	—	—	—	—	—	—	—	1.53
	浮	—	—	—	—	—	—	—	1.09
15	原	1.47	2.62	1.26	1.74	1.92	1.20	1.32	2.28
	浮	1.08	2.04	—	0.88	1.98	—	1.10	1.73

注　"—"表示不含此煤层号或未检测该煤层全硫分。

4.1.3　水文地质条件

4.1.3.1　含水岩组

按储水特征将流域地下水分为以下四类。

1. 松散岩类孔隙水

松散岩类孔隙水主要由第四系砂质黄土、粗细砂层、砂卵石层、砂砾石层、胶结砂砾石层及钙质结核层组成，分布于多数河流谷地下部。分黄土型与河谷型两种。

（1）黄土型孔隙水以上层滞水等形式呈现，富水性弱，以垂直方向为主，主要来自大气降水及河道渗漏，偶有其他补给，厚度从几米到几十米，补给量多，水量即大。

（2）河谷型孔隙水主要由砂土、黏土等构成，含水层埋藏较浅，厚度为 5～70m，富水区主要分布在桃河河谷一线，形成以大孔隙要素为主的结构特征，地下水以重力水形式存在于孔隙中，径流条件良好。据相关资料，孔隙水供水井单一涌水量为 10～35m^3/h。主要含水层段厚度为 5～15m，涌水量为 0.56～1.5L/(s·m)。

2. 碎屑岩类层间裂隙水

碎屑岩类层间裂隙水由 P_1s、P_1x 及 P_2s 中若干层砂岩组成，层间裂隙水居多。P_1s 出露较少，一般埋于地下，厚度为 30～60m，分布有 1 层砂岩，8 号煤的主要充水层为底部砂岩，其厚度为 2～5m。P_1x 含有 3～4 层砂岩，其中有 2 层较稳定。第一层厚度为 0.5～4.5m，为主要充水层；第二层较稳定的中粗粒砂岩与 K_8 砂岩间有 1 层泥岩。上石盒子组含 2～3 层中粗粒砂岩，其中有 1 层较稳定，位于底部，编号为 K_{10}，厚度为 1～3.5m，为间接充水层，影响到西部煤层的开采。

3. 碎屑岩夹碳酸盐岩裂隙水

碎屑岩夹碳酸盐岩裂隙水主要由 C_3t 的砂岩、泥岩、煤层及石灰岩构成，泥岩为良好的隔水层。岩溶水由 15 号顶部的 K_2、13 号顶部的 K_3、12 号顶部的 K_4 等三层灰岩组成，一般 K_2 灰岩厚度为 5～8.0m，K_3 灰岩厚度为 0.5～3m，K_4 灰岩厚度为 0.9～3.9m。该层单井涌水量为 200～650m^3/d，较大地段可达 800m^3/d 以上。

降水、地表水等入渗补给，富水程度不一。排泄方式主要有泉出流或其他方式泄流。大规模采煤后，由于人工开采及矿坑排水，破坏了地下水结构特征，水位一直降低，地下水逐渐疏干，个别涌水量低于 150m^3/d。

4. 碳酸盐岩类岩溶水

碳酸盐岩类岩溶水主要在中奥陶统上、下马家沟灰岩组。岩性为白云岩和石灰岩，夹杂不同厚度的泥灰岩。主要来自降水及其他补给，人工开采为重要排泄方式，涌水量大于 300m^3/d。

碳酸盐岩类岩溶水，是流域内最主要的含水层，出露于流域东北角。含水量大，具有统一的区域性水位，水循环较容易，深部相对较慢。主要来自降水及其他渗透补给，地下水通过南北向及北西—南东向的强径流带，汇集于娘子关一带，受下奥陶统相对隔水层隆起的影响，使地下水以泉的形式涌出，流量均较小，排泄是以人工活动为主。本区含水层厚度大于 40m，单位涌水量为 0.056～5.18L/(s·m)，富水性北部好于南部，西部好于东部。

4.1.3.2 隔水层

石炭系中统主要岩性为泥岩和砂岩，厚度为 10～24.5m，其中有 1 层粉砂和铝土质泥岩，分别厚 6.5m 左右和 5～14.5m，该组岩性基本不透水，为相对隔水层。上统太原组主要为泥岩，共有 8～13 层，厚度为 50～87m。二叠系山西组主要为泥岩，共有 2～7 层，厚度为 15.3～35m。这几层基本都不透水，可视为隔水层。

隔水层和含水层平行存在，相互交替，因此它们之间多间隔相互分散，独自成为一个体系，与相邻含水层并没有直接联系。当遇到断层等构造时容易贯通相互联系，可能会形成短暂的泉水出流或其他形式出流。

4.1.3.3 含水层的补给、径流、排泄

奥陶系岩溶水主要来自降水和相联系系统渗透补给，排泄主要以人为活动为主。

二叠系碎屑岩及太原组灰岩裂隙含水层主要来自出露地区接受降水。出露较高时，降水直接入渗补给，通过裂隙等通道出流，补给地表水，此外松散岩类孔隙水也会下降补给。含水层和隔水层平行分布，相互间隔，并没有直接的水力联系。地下水顺着岩层倾斜方向流动，以人类活动及自然蒸发等方式排泄。

第四系孔隙水含水层主要来自降水，有少部分是基岩裂隙降水以下降泉的形式补给松散层。地下水与地表水有相同运动趋势，基本都由高到低流动。含水层之间有不透水层，因此相互没有直接的水力联系。基岩层中的地下水以井、泉、矿井抽排、蒸发等各种形式进行排泄，人工开采及补给其下风化裂隙、岩溶裂隙含水层是主要排泄方式。

4.1.4 煤矿及采空区分布

4.1.4.1 煤矿概况

流域范围内的煤矿分布较多，在 2009 年进行兼并重组，整合后剩下八个煤矿，分别为牵牛山煤业、跃进煤业、燕煤聚银煤业、燕煤燕龛煤业、燕煤程庄煤业、固庄煤矿、荫营煤矿和阳煤一矿。

整合前后的具体煤矿分布情况如图 4.6 所示，各个煤矿的相关信息见表 4.4。

1. 牵牛山煤业

该矿为整合煤矿，由 16 座煤矿整合而成，采用地下开采方式，批准开采 6～9 号、12～15 号煤层，批采标高为 1030.01～780.01m，生产规模为 120 万 t/a，井田面积为 10.6088km²，位于山底村至邓家峪村一带，距离阳泉市以北 22km，属河底镇管辖，地理坐标为东经 113°29′39″～113°32′45″，北纬 37°57′52″～38°01′52″，中心点地理坐标 113°31′21″，37°59′28″。整合前煤矿相关信息见表 4.5。

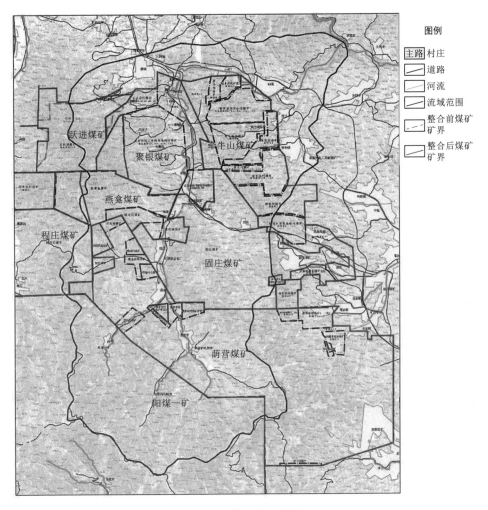

图 4.6　煤矿分布情况

表 4.4　　　　　　　各 煤 矿 的 相 关 信 息

煤矿名称	面积/km²	流域内面积/km²	开采规模/(万 t/a)	开采层位	整合前煤矿	是否流域内排放
牟牛山煤业	10.6088	7.3124	120	6～9号、12～15号煤层	牟牛山煤矿、牟牛镇村煤矿、山底煤矿、红土岩煤矿、官道沟煤业、小沟煤矿、银河煤炭、里龙光峪村煤矿、任家峪煤矿、邓家峪煤矿（一坑）、邓家峪煤矿（二坑）、隆丰实业公司煤矿、康裕实业公司煤矿、宏运煤矿、河底镇办青山煤矿、盂县滴水岩煤矿	是

续表

煤矿名称	面积/km²	流域内面积/km²	开采规模/(万 t/a)	开采层位	整合前煤矿	是否流域内排放
跃进煤业	4.7903	1.5844	120	8～15 号煤层	跃进煤矿、顺安煤矿、刘家村煤矿	是
燕煤聚银煤业	6.0792	6.0792	60	4～15 号煤层	杨树湾煤矿、进昌煤炭有限责任公司、榆林垴煤矿	是
燕煤燕龛煤业	4.4234	3.3916	120	3～15 号煤层	燕龛煤矿、北庄煤矿、矾窑煤矿、红旗煤矿	是
燕煤程庄煤业	8.9476	0.8278	180	3 号、8 号、9号、12 号、15 号煤层	程庄煤矿、矾窑煤矿	是
固庄煤矿	14.0065	12.0054	150	8 号、12 号、15 号煤层	固庄煤矿	否
荫营煤矿	23.4646	11.0858	240	3 号、8 号、12号、15 号煤层	邓家峪村煤矿、坪上村煤矿、曹家掌村煤矿、燕龛村煤矿、燕龛联营矿、西沟村煤矿、郊区矾窑煤矿、后沟村煤矿、关家峪村煤矿、程庄村煤矿	否
阳煤一矿	83.6126	12.0921	350	3 号、12 号、15 号煤层	阳煤一矿	否

表 4.5　　　　　　　　　牵牛山煤矿整合前相关信息

参与重组煤矿名称	批采煤层	批采标高/m	实采煤层;生产规模	井田面积/km²	开采方式	备注
牵牛山煤矿	8 号、9 号、12 号、15 号	1030～850	9 号、15 号;9 万 t/a	0.8871	仓房式采煤法,采煤工艺为炮采落煤,采区巷道、掘进巷道采用木棚支护方式	2009 年关闭
牵牛镇村煤矿	12 号、15 号	980～850	15 号;9 万 t/a	1.0166	仓房式炮采	2009 年关闭
山底煤矿	6 号、8 号、9 号、12 号、15 号	995～900	12 号、15 号;9 万 t/a	1.0896	采煤方法为刀柱式,炮采落煤,一次性采全高,采用预留煤柱法管理顶板,开采区域采用木柱支撑,巷道、掘进巷道采用木棚支护方式	2009 年关闭
红上岩煤矿	12 号	900～850	12 号;9 万 t/a	2.0056	12 号煤采用长壁式开采;工艺为炮采落煤,木柱支护,顶板进行全部垮落	2008 年关闭

参与重组煤矿名称	批采煤层	批采标高/m	实采煤层;生产规模	井田面积/km²	开　采　方　式	备注
官道沟煤业	15 号	850～830	15 号;9 万 t/a	1.0564	采煤方法为仓房式,炮采落煤,木柱支护,顶板进行全部垮落	2008 年关闭
小沟煤矿	9 号、12 号、15 号	1000～820	9 号、12 号、15 号;9 万 t/a	0.7375	露天/地下开采。炮采落煤,顶梁采用金属支柱绞接,其他采用木柱支护	2008 年关闭
银河煤炭	12 号、15 号	880～815	12 号、15 号;9 万 t/a	1.203	刀柱式炮采,采区巷道、掘进巷道采用木棚支护方式	2008 年关闭
里龙光峪村煤矿	12 号、15 号	960～874	12 号、15 号;9 万 t/a	0.6898	12 号煤层为短壁式采煤;15 号煤层为仓房式采煤。采区巷道、掘进巷道采用木棚支护方式	2008 年关闭
任家峪煤矿	12 号、15 号	840～780	12 号、15 号;9 万 t/a	0.4308	炮采落煤,12 号煤层工作面采用短壁式布置,15 号煤层采用仓房式开采	2008 年关闭
邓家峪煤矿（一坑）	12 号、15 号	900～820	12 号、15 号;9 万 t/a	0.7348	12 号采煤方法为短壁式炮采,15 号采煤方法为仓柱式炮采	2008 年关闭
邓家峪煤矿（二坑）	8 号、12 号、15 号	900～800	12 号、15 号;9 万 t/a	0.2101	12 号为短壁式布置,15 号为仓房式。炮采落煤,支护方式为金属摩擦支柱	2008 年关闭
隆丰实业公司煤矿	12 号、15 号	920～840	15 号;9 万 t/a	0.4719	采用短壁式、仓房式,炮采落煤	2008 年关闭
康裕实业公司煤矿	12 号、15 号	890～810	12 号、15 号;9 万 t/a	0.4133	12 号煤层为短壁式采煤,15 号煤层为仓房式采煤,采区巷道、掘进巷道采用木棚支护方式	2008 年关闭
宏运煤矿	12 号、15 号	870～790	15 号;6 万 t/a	0.5852	仓房式炮采,井下坑木支护,顶板进行全部垮落	2007 年关闭
河底镇镇办青山煤矿	8 号	—	8 号;3 万 t/a	—	仓房式炮采,井下坑木支护,顶板进行全部垮落	2001 年关闭
盂县滴水岩煤矿	15 号	—	15 号	1.9200	—	2000 年左右关闭

2. 跃进煤业

该矿由跃进、顺安以及刘家村煤矿整合而成。该矿位于滴水崖村附近,距离盂县城东南约18km。该矿开采8~15号煤,矿区面积为4.7903km², 生产能力为120万 t/a, 批采标高为939.87~839.87m。矿区范围位于东经113°26′11″~113°28′45″,北纬38°00′04″~38°01′46″。整合前煤矿相关信息见表4.6。

表 4.6 　　　　　　　　　　　　跃进煤矿整合前相关信息

参与重组煤矿名称	批采煤层	批采标高/m	生产规模/(万 t/a)	井田面积/km²	开 采 方 式	备注
跃进煤矿	8号、9号、15号	870~840	15	3.4981	采煤方法为长壁式综合机械化放顶煤采煤,大巷为胶带输送机运输	生产井
顺安煤矿	8号、9号	940~920	30	3.0065	采煤方法为综合机械化采煤,大巷为胶带输送机运输	生产井
刘家村煤矿	8号、9号、15号	—	—	1.3105		2004年前关闭

3. 燕煤聚银煤业

该矿为整合煤矿,由盂县清城工业集团有限公司杨树湾煤矿、盂县进昌煤炭有限责任公司、盂县路家村镇榆林垴煤矿以及新增区整合而成。以井工方式开采4~15号煤层,生产能力达60万 t/a, 占有面积为6.0792km²。批采标高为959.97~719.97m。燕煤聚银煤矿位于盂县南东135°直距8km处的路家村镇庄子上—青崖头村一带,行政隶属于盂县路家村镇管辖。其地理位置:东经113°26′28″~113°30′12″,北纬37°59′59″~38°01′57″。井田中心坐标:东经113°28′20″,北纬38°00′58″。整合前煤矿相关信息见表4.7。

表 4.7 　　　　　　　　　　　　燕煤聚银煤矿整合前相关信息

参与重组煤矿名称	批采煤层	批采标高/m	生产规模/(万 t/a)	井田面积/km²	开 采 方 式	备注
杨树湾煤矿	8号、9号、12号、15号	960~900	15	3.3506	开采方式采用高落式采煤方法,分层开采,爆破落煤,人工装煤	2011年关闭
进昌煤炭有限责任公司	4号、8号、9号、12号、15号	950~740	15	1.2657	采煤方法为壁式放顶煤,爆破落煤,工作面采用单体液压支柱支护、大巷砌碹	2009年关闭
榆林垴煤矿	12号、15号	780~720	9	0.6754	采煤方法为残柱式、炮采落煤,一次性采全高	2009年关闭

4. 燕煤燕龛煤业

该矿由原燕龛、北庄(已关闭)、矾窑(已关闭)和红旗煤矿(已关闭)整合而成。整合重组后,以井工方式开采3~15号煤,生产能力达120万 t/a, 占有面积为6.3929km²,开采标高为1000~739.99m。2010年6月,该矿把西南

部分划出该区。2010 年 11 月，变更后矿区面积为 4.4234km²，开采标高为
1000～739.99m。该区位于河底镇北庄村的西面，地理坐标为东经 113°27′12″～
113°29′41″，北纬 37°58′49″～38°00′34″。矿区中心点地理坐标：东经 113°28′27″，
北纬 37°59′41″。整合前煤矿相关信息见表 4.8。

表 4.8　　　　　　　　　　燕龛煤矿整合前相关信息

参与重组煤矿名称	批采煤层	批采标高/m	生产规模/(万 t/a)	井田面积/km²	开　采　方　式	备注
燕龛煤矿	3 号、8 号、9 号、12 号、15 号	1000～820	30	3.0344	长壁式炮采，顶板进行全部垮落	生产
北庄煤矿	8 号、9 号	970～910	9	0.5761	采用仓房式开采方法，全部垮落式管理顶板	2009 年关闭
矾窑煤矿	3 号、9 号、15 号	960～820	9	0.5459	采煤方法采用短壁式布置工作面，全部垮落式管理顶板	2009 年关闭
红旗煤矿	9 号、12 号、15 号	950～845	9	0.5791	12 号煤层为短壁式采煤，15 号煤层为仓房式采煤。采区巷道、掘进巷道采用木棚支护方式	2009 年关闭

5. 燕煤程庄煤业

该矿由程庄煤矿和矾窑煤矿（已关闭）整合而成，开采 3 号、8 号、9 号、
12 号、15 号煤，生产能力为 180 万 t/a，井田面积为 7.15km²。2010 年 10 月 19
日，程庄煤矿变更井田面积，从井田东部划给燕龛煤矿的部分地段重新划入本
井田，另在井田北部增加了一小部分区域，调整后面积为 8.9476km²。生产规
模和开采标高不变。程庄煤矿已运行 12 年，采用斜井开拓方法开采 9 号和 15 号
煤，3 号、8 号未采，采用综合机械化工艺、长壁后退式方法进行回采，顶板
进行全部垮落。该矿位于程庄村西 1.5km 处，地理坐标为东经 113°25′02″～
113°28′16″，北纬 37°58′49″～38°00′03″。整合前煤矿相关信息见表 4.9。

表 4.9　　　　　　　　　　程庄煤矿整合前相关信息

参与重组煤矿名称	批采煤层	批采标高/m	生产规模/(万 t/a)	井田面积/km²	开　采　方　式	备注
程庄煤矿	3 号、8 号、9 号、12 号、15 号	979.99～679.99	120	8.85	采用长壁后退式采煤方法，综合机械化采煤工艺，全部垮落法管理顶板	生产井
矾窑煤矿	3 号、8 号、9 号、12 号、15 号	960～820	9	0.5459	采煤方法采用短壁式布置工作面，全部垮落式管理顶板	2009 年关闭

6. 固庄煤矿

固庄煤矿位于山西省阳泉市郊区河底镇，经济类型为国有，地下平硐开拓，开采 3 号、8 号、9 号、12 号、15 号煤层，生产能力达 150 万 t/a，占地面积为 14.0065km²，有效期限 30 年，自 2001 年 12 月至 2031 年 12 月。

固庄煤矿主要开采 8_2 号、12 号、15 号煤，历经炮采—普采—综采三个时段，经历木棚—矿工钢棚—锚杆、锚喷和煤巷锚网支护方式。8_2 号、12 号采高分别是 1.5m 左右和 1.6m 左右；采空埋深分别是 170.0m 和 179.1m。此两层煤以长壁高档普采方式进行开采，顶板进行全部垮落，回采率约为 82%。15 号煤层采高 7m，采空埋深最小 213.0m，最大 344.38m，平均 278.69m，以长壁式综采方法，回采率 78% 左右。

7. 荫营煤矿

该矿为整合煤矿，除原有的荫营煤矿矿区，由 10 座已关闭的小煤矿整合而成。荫营煤矿有效期限 30 年（自 2001 年 8 月至 2031 年 8 月），占地面积为 23.4646km²，开采 3 号、8 号、12 号、15 号煤，设计能力 240 万 t/a，开采深度为 884～749m。

荫营煤矿主要为倾斜长壁后退式采煤方式，顶板进行全部垮落。回采为机组落煤、两部溜子出煤、液压支架支护。高档采煤面回采工艺为机组割煤、溜子出煤、单体液压支柱配合兀形钢梁支护。掘进方式为综掘、炮掘两种，综掘工作面为综掘机落煤、矿工钢支护；炮掘工作面为 ZM-1.5 型煤电钻（或风钻）打眼、放炮落煤、矿工钢支护，采用局部通风。

该矿位于郊区河底镇燕龛—荫营村一带，距阳泉市约 11km，地理坐标为东经 113°27′25″～113°33′25″，北纬 37°56′21″～37°59′54″。整合前小煤矿相关信息见表 4.10。

表 4.10　　　　　　荫营煤矿整合前小煤矿相关信息

小 窑 名 称	主采煤层	标高/m	面积/km²
邓家峪村煤矿	15 号	921～820	0.9449
坪上村煤矿	15 号	948～740	0.0763
曹家掌村煤矿	3 号、8 号	1030～890	0.5679
燕龛村煤矿	3 号、8 号	1010～990	0.1411
燕龛联营矿	3～8 号	1010～910	0.2177
西沟村煤矿	3 号	1020～900	0.2408
郊区矾窑煤矿	3～8 号	1040～900	0.5459
后沟村煤矿	3～8 号	1050～900	0.1508
关家峪村煤矿	15 号	932～780	0.0569
程庄村煤矿	3～8 号	1050～910	0.1625

8. 阳煤一矿

该矿设计能力为 350 万 t/a，占地面积为 83.6126km²，开采标高为 805～669m，开采 3 号、12 号、15 号煤。3 号、12 号煤采用后退式综合机械化方法，15 号煤采用全自动综采方式，一次采全高，顶板均进行全部垮落。其地理坐标为东经 113°21′10″～113°31′11″，北纬 37°53′17″～37°58′51″。

4.1.4.2　煤矿采空区分布特征

（1）在牵牛山煤业范围内，井田北部原阳泉市郊区小沟煤矿一带 2008—2009 年露天开采形成一较大规模的露采坑，露采境界内 8$_上$～15 号都已采完。15 号煤层牵牛山煤矿西部为采空区；牵牛镇村煤矿除北东部为实体煤外，大部采空；山底煤矿除北东部有少量煤外，其余全部采完；新增区内原各矿本层煤都已开采，其矿界内有一半为采空区。8 号、9 号、12 号煤层中、北部有较大规模的采空区。

（2）在跃进煤业范围内，原跃进煤矿除了开采 15 号煤层的 2 号井口和开采 8 号、9 号煤层的 4 号井口外，井田内再无其他小窑。顺安煤矿除了开采 8 号、9 号的井口外，井田内再无其他小窑。刘家村煤矿整合后划入跃进煤矿的 9（9$_上$、9$_下$）号煤层已采空。

（3）在燕煤聚银煤业范围内，原盂县清城工业集团有限公司杨树湾煤矿的 9 号、15 号煤层已基本采空，现已关闭，8 号、12 号煤层未采。原盂县进昌煤炭有限公司（原名：盂县路家村镇庄子上煤矿）的 9$_上$ 号、12 号已大部分采空。原盂县路家村榆林垴煤 12 号煤层未采，自投产以来一直开采 15 号煤层。在新增区内，原滴水崖一坑、二坑开采 15 号，已大面积采空；原青崖头村煤矿开采 9 号煤层，因资源枯竭关闭；原盂县大黄沟煤矿开采 12 号，区域已采空；盂县寨垴煤矿、盂县麻地沟煤矿开采 15 号煤层，矿界范围内已采空。

（4）在燕煤燕龛煤业范围内，原燕龛煤矿 9 号煤层已近采空。原北庄煤矿开采 9 号、8 号未动用。原矾窑煤矿主要开采 9 号煤层，由于长期开采，资源面临枯竭。原红旗煤矿 9 号煤层已采空。除此之外，井田内无其他小窑。

（5）在燕煤程庄煤业范围内，整合前井田内开采 9 号、15 号煤层，井田范围内 9 号、15 号煤层采空区低凹处存在积水，井田内 9 号煤层积水达 15.42 万 m³，15 号煤层积水达 7.18 万 m³。

（6）在固庄煤矿范围内，周围 19 个小煤窑分布在 15 号煤一、二、三、五、六采区河西区附近，井田东部 8$_2$ 号煤层除七采区北部外，其他均已采空，12 号煤层一、三、四采区均已采空，15 号煤层采空区主要分布在一、二、五、六采区。

（7）在荫营煤矿范围内，周边分布有 10 余个小煤矿，大部分以开采浅部 3

号、8号煤层为主，少部分开采深部的 12 号、15 号，且大部分都存在越界行为，在其采空区或古空区内存在大量积水。

（8）在阳煤一矿范围内，原阳泉市鸿龙实业总公司煤矿（半坡村）开采区邻近一矿北丈八井北翼一采区采空区。原阳泉市钱庄实业总公司平坦煤矿（前庄村）邻近一矿北丈八井南翼采空区。原阳泉市郊区北头咀村煤矿开采 15 号煤层，与四采区采空区接近。原鑫坪煤矿（坪上村）与八采区采空区相近。原盂县圣天宝地清城煤矿，在一矿北向，开采 9下 号煤层。由于阳煤一矿收集的资料有限，未收集到该矿采空区分布的完整图件。

8号、9号、12号、15号煤层采空区分布如图 4.7～图 4.10 所示。

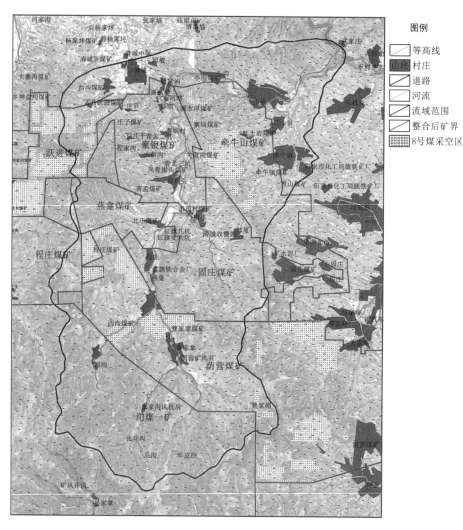

图 4.7 8 号煤层采空区分布

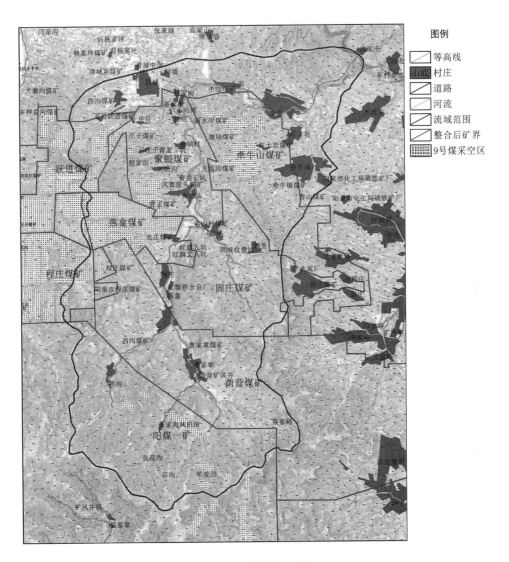

图 4.8　9 号煤层采空区分布

4.1.4.3　积水量大小及分布

不同煤矿老空区积水情况不同，采用的经验公式也有所差异，流域范围各个煤矿积水量情况如下所述。

1. 牵牛山煤矿

该矿 8 号、9 号、12 号、15 号煤都有采空区，且多数积水。除现有已知的

图 4.9　12 号煤层采空区分布

部分，还有其他未知的积水情况。该矿积水范围较大，积水面积约为 $2.45km^2$，积水量约为 265.80 万 m^3，见表 4.11。采空积水计算经验公式为

$$W_{\text{静}} = \frac{KMFP}{\cos\alpha} \qquad (4.1)$$

式中　$W_{\text{静}}$——采（古）空积水区静储量，m^3；

　　　M——采厚，m；

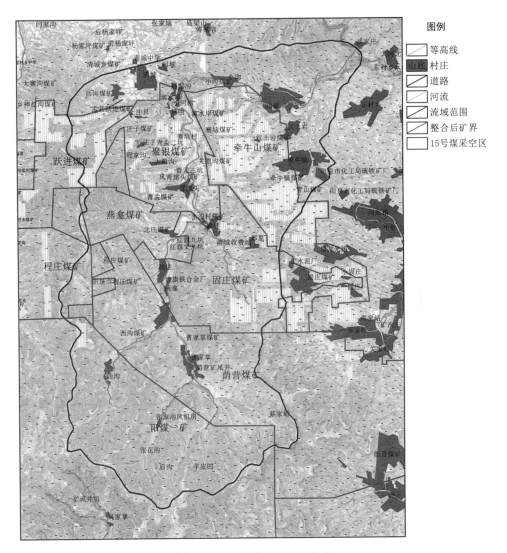

图 4.10　15 号煤层采空区分布

F——采（古）空积水区面积，m^2；

K——采（古）空区充水系数；

α——煤层倾角，（°）；

P——回采率。

2. 跃进煤矿

周边煤矿开采 15 号煤，均形成不同大小采空区，多数有积水。9 号煤积水面积约为 1.76km²，积水量为 14.778 万 m³。15 号煤积水面积约为 0.68km²，积水量为 10.147 万 m^3，具体情况见表 4.12。

表 4.11　　　　　　牵牛山煤矿采空区积水计算结果

煤层	编号	积水面积 /m²	采厚 /m	系数	倾角 /(°)	回采率	积水量 /m³
8上	8-1	121560	0.74				15860
	8-2	26790					3495
9	9-1	41580	1.21				8871
	9-2	78100					16662
	9-3	49200					10496
	9-4	179200					38231
12	12-1	30280	1.53	0.35		0.5	8168
	12-2	64330					17354
	12-3	153200					41327
	12-4	114400					30861
15	15-1	210320	7.05		7		261431
	15-2	108750					135178
	15-3	177950					221195
	15-4	283300					352146
	15-5	164780					204824
	15-6	246800					306776
	15-7	52750					131138
	15-8	84080					209025
	15-9	49550					123183
	15-10	25340					62996
	15-11	5050		0.5		0.7	12554
	15-12	77680					193115
	15-13	31950					79429
	15-14	21250					52828
	15-15	48600					120821
合　计		2446790					2657965

表 4.12　　　　　　　　　跃进煤矿采空区积水计算结果

矿　　名	煤层号	积水区编号	积水面积 /m²	积水量 /万 m³
本矿（跃进、顺安）92179－207、9202 工作面、D266 外孔西、9504 工作面、西南部老空区	9	9－1	79550	0.277
		9－2	17090	0.113
		9－3	44720	0.349
		9－4	48370	0.668
		9－5	679150	5.043
清城煤业有限公司		9－6	269270	2.212
		9－7	20860	0.191
清城工业有限公司聚源煤业		9－8	33680	0.263
阳泉燕龛煤矿		9－9	126780	2.307
		9－10	44680	0.355
皇后煤业有限公司		9－11	23240	0.185
		9－12	66110	0.506
		9－13	15860	0.124
玉泉煤业有限公司		9－14	54680	0.328
		9－15	59700	0.403
路家村煤业		9－16	49060	0.361
		9－17	130150	1.093
9 号煤合计	9		1762950	14.778
本矿（跃进、顺安）9217－9207、9202 工作面、D266 外孔西、9504 工作面、西南部老空区	15	15－1	95790	2.471
		15－2	6510	0.165
		15－3	30420	0.338
		15－4	33750	0.791
		15－5	259260	3.344
清城煤业有限公司		15－6	70680	0.689
玉泉煤业有限公司		15－7	21990	0.264
路家村煤业		15－8	116930	1.508
		15－9	43180	0.577
15 号煤合计	15		678510	10.147

3. 聚银煤矿

该矿 9 号、12 号和 15 号均有一定程度的积水，积水面积约为 0.73km²，积水量约为 104.12 万 m³，具体积水情况见表 4.13。

表 4.13 聚银煤矿采空区积水计算结果

煤层	编号	积水面积 /m²	采厚 /m	系数	倾角 /(°)	回采率	积水量 /m³
9下	9-1	20050	2.59	—	—	—	5170
	9-2	184270					47540
12	12-1	124650	1.42	—	—	—	17630
15	15-1	56590	6.87	0.5	5	0.7	136590
	15-2	86180					208011
	15-3	28940					69852
	15-4	29160					70383
	15-5	13670					32995
	15-6	38050					91841
	15-7	22900					55273
	15-8	48330					116653
	15-9	78400					189233
合　计		731190					1041171

4. 燕龛煤矿

该矿 9 号、12 号和 15 号均有积水，分别有 10 处、1 处、1 处，积水面积约为 0.21km²，积水量约为 21.39 万 m³。其中 9 号、12 号和 15 号积水面积分别约为 0.18km²、0.02km² 和 0.01km²；积水量分别约为 17.68 万 m³、1.08 万 m³ 和 2.63 万 m³，具体情况见表 4.14。

积水量估算公式为[213-214]

$$W_{静} = \frac{KMF}{\cos\alpha} \tag{4.2}$$

式中　$W_{静}$——采（古）空积水区静储量，m³；

　　　M——采厚，m；

　　　F——采（古）空积水区面积，m²；

　　　α——煤层倾角，(°)，井田内取 7°；

　　　K——采（古）空区充水系数，取值为 0.35。

5. 程庄煤矿

整合前该矿开采 9 号、15 号煤，且采空区低凹处存在积水。9 号煤层有 8 处采空区存在积水，积水面积约为 0.24km²，积水量约为 15.42 万 m³；15 号煤层 3 处采空区存在积水，积水面积约为 0.04km²，积水量约为 7.18 万 m³。根据具体情况，现采用经验式（4.2）计算采空区积水情况，见表 4.15。

表 4.14　　　　　　　　　　燕龛煤矿采空区积水计算结果

矿名	煤层编号	积水区编号	采厚/m	积水面积/m²	倾角/(°)	积水量/m³
原燕龛煤矿	9	1	2.80	9935	7	9809
		2	2.80	13210	7	13043
		3	2.80	13091	7	12926
		4	2.80	17428	7	17208
		5	2.80	14068	7	13890
		6	2.80	16586	7	16376
		7	2.80	11858	7	11708
原矾窑煤矿		8	2.80	23215	7	22922
原北庄煤矿		9	2.80	29986	7	29607
原红旗煤矿		10	2.80	29720	7	29344
小　计				179097		176833
原红旗煤矿	12	1	1.33	23025	7	10799
原红旗煤矿	15	1	7.30	10196	7	26246
合　计				212318		213878

表 4.15　　　　　　　　　　程庄煤矿采空区积水计算结果

位置	煤层号	积水区编号	积水面积/m²	采厚/m	倾角/(°)	系数	积水量/m³
井田南部	9	1	8464	2.53	4	0.25	5367
井田南部	9	2	16768	2.53	4	0.25	10632
井田南部	9	3	11529	2.53	4	0.25	7310
井田南部	9	4	11991	2.53	4	0.25	7603
井田中部	9	5	4049	2.53	3	0.25	2565
井田中部	9	6	8304	2.53	3	0.25	5259
井田中部	9	7	5210	2.53	3	0.25	3300
井田北西部	9	8	177342	2.53	1	0.25	112186
小　计			243657				154221
井田南部	15	1	19491	7.27	4	0.25	35511
井田中部	15	2	5361	7.27	4	0.25	9767
井田北东部	15	3	14549	7.27	5	0.25	26544
小　计			39401				71823
合　计			283058				226044

6. 固庄煤矿

固庄煤矿分两个水平采煤，＋828 水平和＋900 水平，主采 8-2 号、12 号和 15 号煤层，最上部的 8-2 号煤除七采区部分外，其他部分已采完，由于 8-2 号与 12 号煤层相距约 38m，12 号与 15 号相距约 46m，因此 8-2 号煤的采空区没有什么积水，12 号煤次之，15 号煤最多。12 号煤层有 2 处积水的采空区，积水面积约为 0.10km²，积水量约为 16.5 万 m³；15 号煤层有 9 处积水的采空区，积水面积约为 0.37km²，积水量约为 18.82 万 m³，积水情况具体见表 4.16。

表 4.16　　　　　　　　固庄煤矿采空区积水计算结果

编　号	采区工作面	积水面积/m²	积水量/m³
12	12409	55500	72500
	12411	43000	92500
小　计		98500	165000
15	15025	18750	9375
	15204	22500	11750
	15203	24000	17000
	15501	37375	18687.5
	15502	40625	26312.5
	15503	25000	2500
	15504	15000	7500
	15505	47500	23750
	15506	140625	70312.5
小　计		371375	188187.5
合　计		469875	353187.5

7. 荫营煤矿

在井田及周边分布有 10 余个小煤矿，这些小煤矿大部分以开采浅部 3 号、8 号煤层为主，少部分开采深部的 12 号、15 号，且大部分都存在越界行为，在其采空区或古空区内存在大量积水，积水区大部处于矿井的上方或上山部分。由于小煤矿在开采后，煤层顶板垮落，其积水量具体有多少无法估算。

8. 阳煤一矿

该矿煤层多，多年开采使其采空区分布关系复杂，同时，小煤矿的开采影响了原有的采空区特征。采空区积水是该矿开采过程中最主要的充水条件，且其一般为静储量据统计，该矿 3 号、12 号和 15 号煤层积水的地方共有 30 处，总积水量约为 54.5957 万 m³。

4.2　酸性老窑水形成机理实验

4.2.1　酸性老窑水水化学演化作用及影响因素

4.2.1.1　酸性老窑水水化学演化作用

酸性老窑水的水质形成过程受补给水源、地质环境、大气成分含量、时间等因素的影响。在不同环境下形成的水质类型不同。溶有 CO_2 的水渗入老空区后，破坏了原有的平衡状态，水的 pH 值减小，酸性增强。同时含有 CO_2 的水侵蚀性增强，流经岩层的过程中会发生各种物理、化学作用，使 Ca^{2+} 和 Mg^{2+} 含量增加。煤层开采后形成的老空区处于氧化环境状态，伴随着黄铁矿的氧化反应生成硫酸盐，溶解于水中会产生 SO_4^{2-}，释放出 H^+，导致水的 pH 值逐渐减小，因此容易形成老空区酸性水特征。在酸性老窑水环境下，水中 Ca^{2+}、Mg^{2+}、Fe、Na^+ 和 SO_4^{2-} 等浓度显著升高，pH 值较低[215-217]。

酸性老窑水形成过程主要化学反应[35]如下：

（1）FeS_2 氧化生成 H_2SO_4 和 $FeSO_4$：
$$2FeS_2+7O_2+2H_2O =\!=\!= 2FeSO_4+2H_2SO_4$$

（2）FeS_2 和 $FeSO_4$ 在 O_2 的作用下转化为 $Fe_2(SO_4)_3$：
$$4FeS_2+15O_2+2H_2O =\!=\!= 2Fe_2(SO_4)_3+2H_2SO_4$$
$$4FeSO_4+2H_2SO_4+O_2 =\!=\!= 2Fe_2(SO_4)_3+2H_2O$$

（3）在老空区中游离氧的存在下，$FeSO_4$ 进一步氧化生成 $Fe_2(SO_4)_3$：
$$12FeSO_4+3O_2+6H_2O =\!=\!= 4Fe_2(SO_4)_3+4Fe(OH)_3$$

（4）水中的 $Fe_2(SO_4)_3$，会促进各种硫化矿物的溶解：
$$Fe_2(SO_4)_3+MS+H_2O+3/2O_2 =\!=\!= MSO_4+2FeSO_4+H_2SO_4$$

（5）$Fe_2(SO_4)_3$ 在弱酸性水中会发生水解而产生 H_2SO_4：
$$Fe_2(SO_4)_3+6H_2O =\!=\!= 2Fe(OH)_3+3H_2SO_4$$

老窑水变化过程中，初始补给大多为 HCO_3-Na 型的砂岩水，pH 值较高；随着老空区的形成，还原环境发生改变成为氧化环境，砂岩含水层及第四系含水层中水渗入，同时发生物理、化学作用，黄铁矿氧化生成硫酸盐，SO_4^{2-} 浓度增加，pH 值逐渐降低，形成 HCO_3·SO_4-Na 型水；随着硫化物的溶解量加大和游离硫酸的生成量增加，SO_4^{2-} 浓度含量越来越高，而相应的 HCO_3^- 浓度含量逐渐减少，pH 值也随之减小，同时 Ca^{2+} 和 Mg^{2+} 浓度升高，逐渐超过 Na^+ 浓度，老窑水的矿化度会越来越高，逐渐形成 SO_4-Ca·Mg 型水，即形成酸性老窑水。

4.2.1.2 酸性老窑水形成影响因素

当煤层开采后形成的采空区具备积水形成条件时，随着历时的增长，老空区水质将形成高矿化度的酸性特征。影响老窑水变成酸性特征的因素如下。

（1）煤层中含有较高的硫成分。含硫是必要的，当含量较高时才能产生酸性水，当含量低于 1% 时，一般不会形成老空区酸性水。硫与水、空气、氧气结合，经过各种物理化学作用，产生的 H_2SO_4 溶于水中，使其呈现酸性特征。

（2）氧气含量。硫化矿物氧化过程受氧气浓度的影响较大，在潮湿的氧化环境中，其氧化速度与氧气浓度成正比，缺乏足够的氧气含量，该过程将无法正常进行。氧气浓度与老空区埋藏深度、地质环境条件等有关，一般埋深浅的老空区，氧气含量能通过各种通道较好地得到地表大气环境的补给。在隔离封闭的条件下，氧气含量较低，硫化物氧化量减少，生成的酸性产物随之减少，缺乏足够氧气含量和酸性产物的还原环境，在微生物的影响下将发生脱硫酸作用，此时 SO_4^{2-} 浓度将逐渐降至甚至为 0，因而导致老窑水 pH 值升高，同时 HCO_3^- 浓度会上升。

（3）地下水补径排条件。在氧气含量充足，且有积水的老空区，硫化物氧化速率较快，生成的硫酸盐容易在老空区内富集，其浓度较高，有较强的酸性水特征；但是在有稳定补给水源，且地下水补径排条件完整更新较快的情况下，硫酸盐就会不断随着地下水冲刷排泄，其浓度也随之降低，因此形成的老窑水酸性较弱。

（4）时间因素。老空区积水时间长短影响硫化物的反应程度。时间越长，硫化物氧化程度较强，酸性产物产生量增加，溶于水中其酸性较强，SO_4^{2-} 浓度较高。地下水流经老空区速度，其速度越慢，时间越长，则有利于硫化矿物的溶解、氧化等物理、化学作用充分反应，随之酸性产物溶于水中的含量将增加，酸性也会较强。

4.2.2 实验材料与方法

为了探究酸性老窑水水化学的形成机制，采取山底河流域典型煤样 12 号、15 号煤以及黄铁矿样品，利用室内实验的方法开展氧化溶解研究，主要针对不同配比和不同材料两种因素进行研究。

4.2.2.1 实验仪器和设备

反应装置采用 250mL 的锥形瓶，放到振荡器中进行。采用雷磁 DZB-718 型便携式多参数分析仪进行测量，配套 E-201-CF 型 pH 值复合电极，DJS-0.1CF 型电导（EC）电极，501 型氧化还原电位（ORP）复合电极。采用 UV-5500PC 型紫外可见分光光度计进行离子浓度分析。实验过程中所用仪器设备还包括：TDL-5-A 型自动脱盖离心机、玛瑙研钵（内径 100mm）、干燥器、电子天平（精确0.01g）、200目筛子（0.075mm）、烧杯、容量瓶等。实验反应装置如图4.11所示。

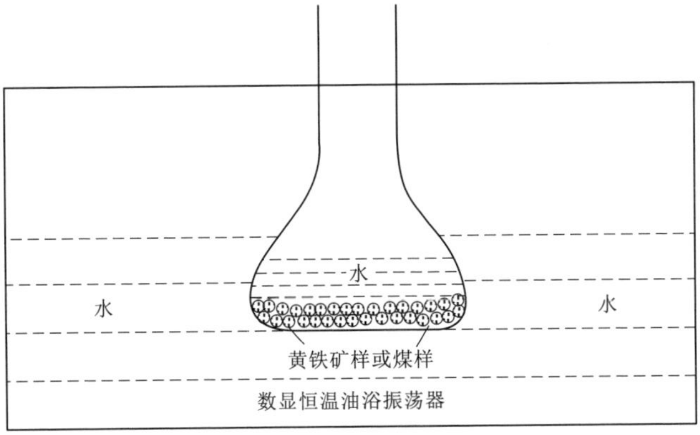

图4.11 实验反应装置

4.2.2.2 实验方案

对于黄铁矿氧化机理的研究，前人已做过不少相关工作，主要从不同环境条件进行研究，包括对反应环境温度的改变、微生物参与以及其他等方面的研究[218-230]。结合前人研究成果，可以知道影响因素主要有：反应物质的含量、反应物的粒径大小、pH值、反应体系的温度、反应时间、氧气含量、初始溶液Fe^{3+}浓度、微生物作用等。考虑反应时间问题以及老窑水产生情况等，本次采取不同实验材料及材料的不同配比进行实验，控制反应环境温度为$T=15℃$，pH=2，Fe^{3+}浓度为0，自然环境下的氧含量，不加入微生物参与作用，反应物粒径均为0.075mm，反应时间$t=7d$。

（1）实验参数的确定：①不同材料为黄铁矿、12号煤和15号煤；②不同配比为1∶100（1g）、1∶50（2g）和1∶20（5g）。

（2）实验方案的组合（表4.17）。

表4.17 实验方案的组合

编 号	实验材料	配比（100mL溶液）	编 号	实验材料	配比（100mL溶液）
1	黄铁矿	1∶100（1g）	6	12号煤	1∶20（5g）
2	黄铁矿	1∶50（2g）	7	15号煤	1∶100（1g）
3	黄铁矿	1∶20（5g）	8	15号煤	1∶50（2g）
4	12号煤	1∶100（1g）	9	15号煤	1∶20（5g）
5	12号煤	1∶50（2g）			

4.2.2.3 样品制备与分析

实验样品取自山底河流域范围内燕龛煤矿中的黄铁矿及不同煤层的煤样。

（1）实验材料种类。黄铁矿、12 号煤和 15 号煤。

（2）实验材料制备。将材料颗粒用去离子水浸泡 24h，风干后用粉碎机粉碎，然后再用玛瑙研钵进行破碎，筛选 75μm（200 目筛子）粒级的样品颗粒，再用去离子水进行清洗后存放于干燥器内备用。

样品矿物组成及化学成分含量见表 4.18 和表 4.19。

表 4.18　　　　　　　黄铁矿样品化学组成含量　　　　　　　单位：μg/g

检测项目	钠（Na）	镁（Mg）	铝（Al）	硅（Si）	硫（S）	钾（K）	锰（Mn）
黄铁矿	300	1600	4600	17700	0	1000	2110
检测项目	铁（Fe）	钴（Co）	镍（Ni）	铜（Cu）	锌（Zn）	锗（Ge）	砷（As）
黄铁矿	389600	29	54	1890	3310	10	1260
检测项目	硒（Se）	银（Ag）	镉（Cd）	铟（In）	锑（Sb）	碲（Te）	金（Au）
黄铁矿	0.016	27	17	3	166	45	0.98
检测项目	铅（Pb）	全硫（St，ad）		硫铁矿硫（Sp，ad）		硫酸盐硫（Ss，ad）	
黄铁矿	1223	466700		442800		4800	

表 4.19　　　　　　　　　煤样品化学组成含量　　　　　　　　单位：μg/g

检测项目	钠（Na）	镁（Mg）	铝（Al）	硅（Si）	磷（P）	硫（S）	氯（Cl）
12 号煤	1500	2400	81600	145000	320	0	180
15 号煤	400	600	32600	49500	270	0	410
检测项目	钾（K）	钙（Ca）	钪（Sc）	钛（Ti）	钒（V）	铬（Cr）	锰（Mn）
12 号煤	8300	4400	10	3100	80	63	230
15 号煤	1800	4300	5	1300	41	36	320
检测项目	铁（Fe）	钴（Co）	镍（Ni）	铜（Cu）	锌（Zn）	镓（Ga）	锗（Ge）
12 号煤	18800	11	26	24	75	23	4
15 号煤	9400	4	14	18	130	13	3
检测项目	砷（As）	硒（Se）	锶（Sr）	钇（Y）	锆（Zr）	铌（Nb）	钯（Pd）
12 号煤	4	35	250	24	265	19	2
15 号煤	2	19	200	13	163	9	1
检测项目	镉（Cd）	铟（In）	锑（Sb）	铅（Pb）	钍（Th）	水分	
12 号煤	0.34	0.11	0.48	35	21	13500	
15 号煤	0.54	0.10	0.51	14	11	7400	
检测项目	全硫（St，ad）		硫铁矿硫（Sp，ad）		硫酸盐硫（Ss，ad）		
12 号煤	16400		11400		2000		
15 号煤	15900		7900		1200		

4.2.2.4　实验步骤

首先，用标定过浓度的盐酸和 NaOH 溶液调节配置反应溶剂，直至将其酸性配置为 pH 值等于 2，将配置好的反应剂根据取样次数的多少每次 100mL 的体积倒入 250mL 锥形瓶中，加入不同质量（$m=1g$、$m=2g$、$m=5g$）的材料样品，在温度 $T=15℃$ 条件下，将反应器放到装置里进行振荡，开始记录时间，每隔 0.5h、1h、2h、4h、6h、10h、16h、24h、36h、48h、72h、96h、120h、144h、168h 取样，每组实验历时 7d，取得的溶液样品先利用 TDL - 5 - A 型自动脱盖离心机进行离心。然后，再经过滤纸过滤到取样瓶中，利用测量仪器雷磁 DZB - 718，配套 E - 201 - CF 型 pH 复合电极，DJS - 0.1CF 型电导（EC）电极，501 型氧化还原电位（ORP）复合电极，测量记录滤液的 pH 值、EC 值、Eh 值；采用邻菲罗啉法测量 Fe^{2+}、Fe^{3+} 浓度，采用铬酸钡法测量 SO_4^{2-} 浓度。

4.2.3　不同材料下酸性老窑水形成的研究

4.2.3.1　黄铁矿氧化溶解

1. pH 值、Eh 值、EC 值的变化趋势

黄铁矿样品在不同固液比条件下反应过程中 pH 值、Eh 值、EC 值变化趋势如图 4.12～图 4.14 所示。

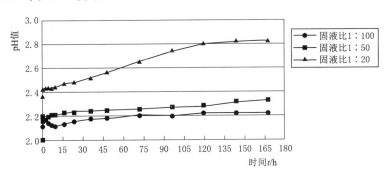

图 4.12　黄铁矿不同固液比 pH 值变化趋势

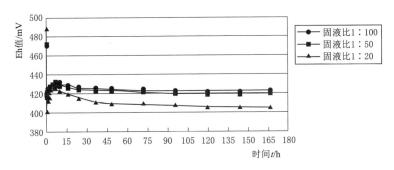

图 4.13　黄铁矿不同固液比 Eh 值变化趋势

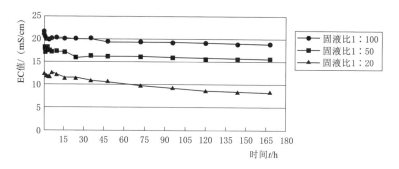

图 4.14　黄铁矿不同固液比 EC 值变化趋势

从图 4.12～图 4.14 可以看出，pH 值整体变化呈增大的趋势，Eh 值整体变化呈减小的趋势，EC 值也呈逐渐减小的趋势。不同固液比条件下，pH 值、Eh 值、EC 值也变化不同。固液比越大，pH 值达到稳定状态下时越大，Eh 值达到稳定状态下时越小，EC 值达到稳定状态下时也越小。同时相对稳态时间随固液比呈正相关。固液比 1∶100 条件下，pH 值、Eh 值、EC 值在 48h 后就开始趋于稳定；固液比 1∶50 条件下，pH 值、Eh 值、EC 值在 72h 后就开始趋于稳定；固液比 1∶20 条件下，pH 值、Eh 值、EC 值在 96h 后就开始趋于稳定。在前期 4h 左右，pH 值呈现先高后低，其主要原因是反应初期，pH 值等于 2 的酸性溶液与黄铁矿颗粒接触后溶解其中可溶性矿物，包括碳酸盐类矿物以及金属氧化物等，随着时间的延长，FeS_2 氧化溶解产生酸性，溶液 pH 值又呈现降低，再往后，速率逐渐缓慢，低于消耗酸的速率，故此 pH 值又开始增大直至平衡。在前期 6h 左右，Eh 值也随时间先升高后降低变化，其主要原因是反应初期，氧化还原电位主要由溶液中氢离子决定，酸性溶液与黄铁矿颗粒接触后溶解产生 Fe^{3+}，因此 Eh 值逐渐升高，随着氢离子的消耗，溶液 pH 值增大，酸性逐渐减小，因此 Eh 值逐渐降低直至平衡。电导率 EC 值一直处于逐渐降低的趋势，其主要原因是反应前酸性溶液具有较高的电导率值，当反应进行时消耗溶液中的氢离子，而反应过程中溶解生成的离子相对于氢离子的消耗量而言，相对较低，因此 EC 值逐渐降低趋于稳定。

2. 铁离子的变化趋势

将黄铁矿样品在不同固液比条件下的反应过程中产生的 Fe^{2+}、Fe^{3+} 及总铁浓度变化趋势进行分析，同时也对比不同固液比情况下的总铁浓度差异，具体趋势如图 4.15～图 4.18 所示。

从图 4.15～图 4.18 可以看出，无论以何种固液比进行反应，Fe^{2+} 浓度均高于 Fe^{3+} 浓度，且 Fe^{2+}、Fe^{3+} 以及总铁浓度均随着固液比的增大而增大，这主要是因为参与物的含量增多，产生的含量也相应增多。在固液比 1∶100 时，Fe^{2+}

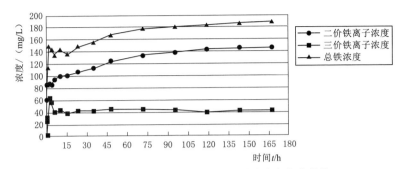

图 4.15　黄铁矿固液比 1∶100 时铁浓度变化趋势

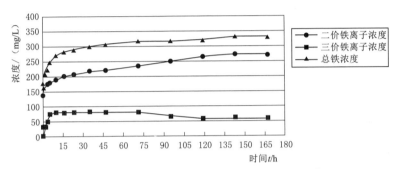

图 4.16　黄铁矿固液比 1∶50 时铁浓度变化趋势

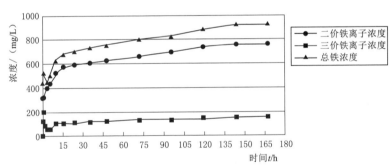

图 4.17　黄铁矿固液比 1∶20 时铁浓度变化趋势

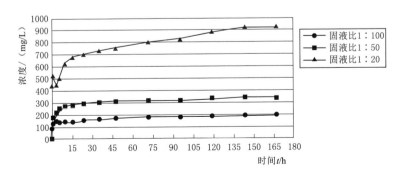

图 4.18　黄铁矿不同固液比时总铁浓度变化趋势

浓度呈逐渐增加的趋势，而 Fe^{3+} 浓度在反应时间 2h 左右的浓度先增加后减小，这主要是因为产生的 Fe^{3+} 水解与溶解的某些物质产生沉淀，因此导致总铁浓度也随之减小，随后趋于稳定状态。在固液比 1：50 时，Fe^{2+} 浓度呈逐渐增加的趋势，Fe^{3+} 浓度也逐渐增加，在反应时间 72h 之后 Fe^{3+} 浓度逐渐减小趋于稳定，总铁持续增加达到稳定，未受到 Fe^{3+} 减小的影响。在固液比 1：20 时，Fe^{2+} 浓度呈逐渐增加的趋势，而 Fe^{3+} 浓度在反应时间 1h 左右的浓度先增加后减小，后又增加逐渐达到稳定，主要受水解作用产生沉淀导致浓度变化。在不同固液比条件下，总铁浓度稳定后从小到大依次能达到 186mg/L、329mg/L 和 903mg/L，从此可以看出参与物含量的多少与产生物呈正比例关系。

不同固液比条件下，达到稳定时的 Fe^{2+} 浓度、Fe^{3+} 浓度以及总铁浓度取最后三组数据计算平均值，计算结果见表 4.20。

表 4.20   黄铁矿不同固液比稳定时铁含量统计

不同固液比	Fe^{2+} 浓度/(mg/L)	Fe^{3+} 浓度/(mg/L)	总铁浓度/(mg/L)
固液比 1：100 (1g)	144.67	41.33	186.00
固液比 1：50 (2g)	269.67	59.67	329.33
固液比 1：20 (5g)	756.33	147.50	903.83

实验中的 Fe 元素主要有吸附和水解作用，固液比 1：100、1：50、1：20 达到稳定时间根据趋势图分别取 72h、96h、120h。采用如下公式[122]计算铁的平均表观溶出率及平均表观释放速率。计算结果见表 4.21。

$$平均表观溶出率(\%) = \frac{液相中 Fe 平均浓度(mg/L) \times 反应溶液体积(L)}{样品中 Fe 元素含量(mg/g) \times 样品质量(g)} \times 100\%$$

$$(4.3)$$

$$平均表观释放速率\left(\frac{mg}{h}\right) = \frac{平均释放总量(mg)}{时间(h)}$$

$$(4.4)$$

表 4.21   黄铁矿不同固液比时平均表观溶出率及平均表观释放速率计算结果

不同固液比	平均表观溶出率/%	平均表观释放速率/(mg/h)
固液比 1：100 (1g)	4.77	0.2583
固液比 1：50 (2g)	4.23	0.3431
固液比 1：20 (5g)	4.64	0.7532

从表 4.21 可以看出，固液比 1：100 时平均表观溶出率最大为 4.77%，固液比 1：50 和 1：20 时为 4.23% 和 4.64%，均小于固液比 1：100 时，其主要原因是由于水解和吸附作用沉淀使总铁浓度溶出率较低。对比三种情况下的平均表观释放速率，固液比越大，释放速率越大，表明反应物的含量影响反应速率

的快慢，含量增加，接触面扩大，速率随之加快。

3. 硫酸根离子的变化趋势

将三种不同固液比条件下的 SO_4^{2-} 变化趋势进行对比分析，详细情况如图 4.19 所示。

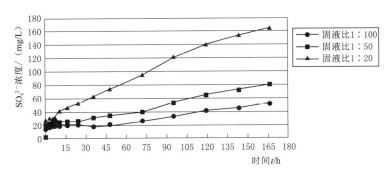

图 4.19　黄铁矿不同固液比 SO_4^{2-} 浓度变化趋势

从图 4.19 可以看出，硫酸根离子产生浓度随着固液比的增大，即反应物的增加而增大，固液比 1 : 100、1 : 50 和 1 : 20 条件下的 SO_4^{2-} 浓度在反应 7d 结束后大约分别为 50mg/L、80mg/L 和 160mg/L。三种条件下的 SO_4^{2-} 浓度上升均为先急速，后逐渐缓慢，最后达到稳定的程度。这主要是因为前期含有硫酸盐类的矿物溶解，导致溶液中 SO_4^{2-} 浓度瞬时增大，当硫酸盐类物质溶解结束便只有黄铁矿的氧化溶解，此时 SO_4^{2-} 浓度趋于缓慢增加，当然反应过程中也伴随着 SO_4^{2-} 与其他离子产生水解沉淀，当反应时间达到 48h 后，三种条件下的 SO_4^{2-} 浓度趋于稳定增长，因此采用 48h 后的稳定增长数据作为计算 SO_4^{2-} 浓度产生速率。

计算黄铁矿氧化速率时，有三个变量可以用来计算，分别是 SO_4^{2-} 和 Fe^{2+} 的产生速率以及反应剂中有 Fe^{3+} 参与时也可以用 Fe^{3+} 消耗量来计算。因为本次实验反应溶液未加入 Fe^{3+} 因素参与作用，同时有研究表明，在酸性介质中，除了 SO_4^{2-} 存在外，一般不存在其他的硫元素物质，当然样品中可能有少量 $FeSO_4$ 和 $FeCO_3$ 存在，但是在反应过程中会很快溶解，溶解后产生的 SO_4^{2-} 和 Fe^{2+} 会进入反应溶液，且由于在 FeS_2 氧化溶解过程中存在 Fe^{2+}、Fe^{3+} 两种价态的相互转化，Fe^{2+} 被氧化成 Fe^{3+}，而 Fe^{3+} 又作为氧化剂被还原成 Fe^{2+}，因此本次实验结果分析选取 SO_4^{2-} 的浓度作为计算反应速率的变量。SO_4^{2-} 与时间变化关系图如图 4.20 所示。

反应速率（R）计算式为

$$R = \frac{d[FeS_2]}{dt} = \frac{0.5d[SO_4^{2-}]}{dt} \tag{4.5}$$

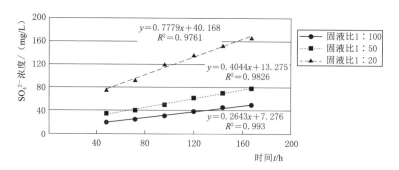

图 4.20 黄铁矿 48h 后 SO_4^{2-} 浓度与时间关系

由图 4.20 可知固液比 1∶100、1∶50 和 1∶20 的硫酸根离子产生速率分别为 $0.2643mg/(L \cdot h)$、$0.4044mg/(L \cdot h)$ 和 $0.7779mg/(L \cdot h)$。溶液体积为 100mL，通过计算可得到具体反应速率（R），具体见表 4.22。

表 4.22 黄铁矿不同固液比时氧化反应速率计算

不同固液比	SO_4^{2-} 产生速率 /[mg/(L·h)]	SO_4^{2-} 产生速率 /(mmol/h)	FeS_2 反应速率 /(mmol/h)	FeS_2 反应速率 /(mg/h)
固液比 1∶100(1g)	0.2643	0.0002753	0.0001377	0.016524
固液比 1∶50(2g)	0.4044	0.0004213	0.0002107	0.025284
固液比 1∶20(5g)	0.7779	0.0008103	0.0004052	0.048624

4.2.3.2 12 号煤氧化溶解

1. pH 值、Eh 值、EC 值的变化趋势

12 号煤样品在不同固液比情况下反应过程中 pH 值、Eh 值、EC 值变化趋势如图 4.21～图 4.23 所示。

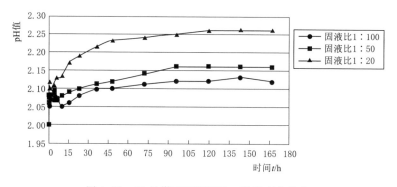

图 4.21 12 号煤不同固液比 pH 值变化趋势

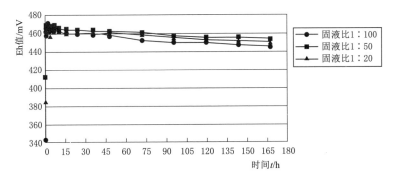

图 4.22 12 号煤不同固液比 Eh 值变化趋势

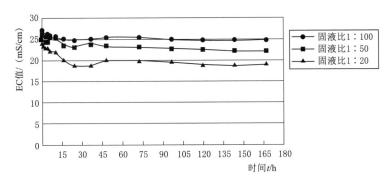

图 4.23 12 号煤不同固液比 EC 值变化趋势

从图 4.21～图 4.23 可以看出，pH 值整体变化呈增大的趋势，Eh 值整体变化呈减小的趋势，EC 值也呈逐渐减小的趋势。不同固液比条件下，pH 值、Eh 值、EC 值也变化不同。固液比越大，pH 值达到稳定状态下时越大，Eh 值达到稳定状态下时越小，EC 值达到稳定状态下时也越小。同时相对稳态时间随固液比呈正相关。固液比 1：100 条件下，pH 值、Eh 值、EC 值在 48h 后就开始趋于稳定；固液比 1：50 条件下，pH 值、Eh 值、EC 值在 72h 后就开始趋于稳定；固液比 1：20 条件下，pH 值、Eh 值、EC 值在 96h 后就开始趋于稳定。在前期 2～4h，pH 值有先升高后降低的趋势，其主要原因是反应初期，pH 值等于 2 的酸性溶液与 12 号煤样品颗粒接触后溶解其中可溶性矿物，包括碳酸盐类矿物以及金属氧化物等，随着反应时间的延长，硫化物及金属氧化物等矿物溶解产生酸性，又使得溶液 pH 值减小，再然后，产酸速率减小，低于消耗酸的速率，故此 pH 值又开始增大逐渐趋于稳定。在前期 1h 左右，Eh 值也随时间先升高后降低变化，其主要原因是反应初期，氧化还原电位主要由溶液中氢离子决定，酸性溶液与 12 号煤样品颗粒接触后溶解产生氧化性较强的金属离子或溶解的离子水解沉淀产生氢离子，比如溶解的 Fe^{3+} 具有强氧化性、溶解的 Al^{3+}、

Zn^{2+}、Pb^{2+}、Cu^{2+}、Fe^{3+}等离子发生水解沉淀产生 H^+ 现象，因此氧化还原电位 Eh 值逐渐升高，随着溶液中氢离子的消耗，溶液 pH 值增大，酸性逐渐降低，因此氧化还原电位逐渐降低趋于稳定状态。固液比 1∶100 的 Eh 值小于固液比 1∶50 和固液比 1∶20 的 Eh 值，其主要原因可能是固液比 1∶100 条件下受水中溶解矿物及含氧量的影响，导致有细微的差异。电导率 EC 值呈现先降低后升高的趋势，其主要原因是配置的酸性溶液具有较高的电导率值，反应初期消耗氢离子其值减小，随着矿物的溶解，出现波动性逐渐升高。随着时间的延续，煤中物质逐渐溶解消耗酸，而反应过程中溶解生成的离子相对于氢离子的消耗量而言，相对较低，因此 EC 值逐渐降低趋于稳定。

2. 铁离子的变化趋势

将 12 号煤样品在不同固液比条件下的反应过程中产生的 Fe^{2+}、Fe^{3+} 及总铁浓度变化趋势进行分析，同时也对比不同固液比情况下的总铁浓度差异，具体趋势如图 4.24～图 4.27 所示。

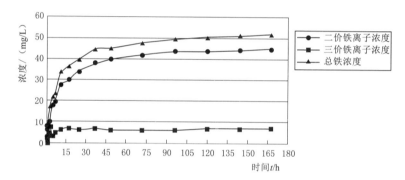

图 4.24　12 号煤固液比 1∶100 时铁浓度变化趋势

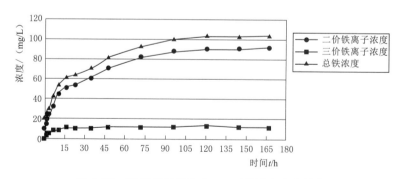

图 4.25　12 号煤固液比 1∶50 时铁浓度变化趋势

从图 4.24～图 4.27 可以看出，无论以何种固液比进行反应，Fe^{2+} 浓度均高于 Fe^{3+} 浓度，且 Fe^{2+}、Fe^{3+} 以及总铁均随着固液比的增大而增大，这主要是因

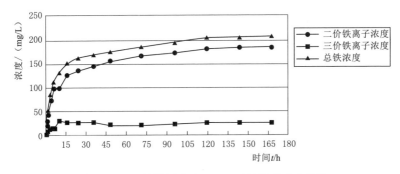

图 4.26　12 号煤固液比 1∶20 时铁浓度变化趋势

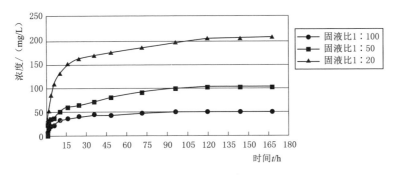

图 4.27　12 号煤不同固液比时总铁浓度变化趋势

为参与物增多，产生物的含量也相应增多。在固液比 1∶100 时，Fe^{2+} 呈现上升，在 72h 后开始趋于稳定；而 Fe^{3+} 浓度在反应时间 2h 左右的浓度先增大后减小再增大，这主要是因为产生的 Fe^{3+} 水解与溶解的某些物质产生沉淀，以及 Fe^{3+} 作为氧化剂参与反应还原为 Fe^{2+}；在 36h 后，Fe^{3+} 浓度波动下降趋于稳定。总铁一直上升，未出现降低趋势，在 96h 后相对稳定。在固液比 1∶50 时，Fe^{2+} 浓度呈逐渐增加的趋势，Fe^{3+} 浓度在 1h 时有一个瞬时增加，这主要是因为含有 Fe^{3+} 的物质在酸性条件下溶解生成 Fe^{3+}，后续浓度逐渐增加趋于稳定，在反应时间 72h 之后 Fe^{3+} 浓度逐渐波动趋于稳定，Fe^{2+} 浓度和总铁浓度持续增加在 96h 后开始达到稳定，未受到 Fe^{3+} 浓度波动的影响。在固液比 1∶20 时，Fe^{2+} 浓度呈逐渐增加的趋势，而 Fe^{3+} 浓度在反应时间 10h 左右的浓度先增加后减小，后又增加逐渐达到稳定，主要受水解作用产生沉淀以及 Fe^{3+} 作为氧化剂参与反应导致浓度变化。在不同固液比条件下，总铁浓度稳定后从小到大依次能达到 50.96mg/L、102.75mg/L 和 204.43mg/L，从此可以看出参与物含量的多少与产生物呈正比例关系。

不同固液比条件下，达到稳定时的 Fe^{2+} 浓度、Fe^{3+} 浓度以及总铁浓度取最后三组数据计算平均值，计算结果见表 4.23。

表 4.23　　　　　　　　　　**12 号煤不同固液比稳定时铁含量统计**

不同固液比	Fe^{2+} 浓度/(mg/L)	Fe^{3+} 浓度/(mg/L)	总铁浓度/(mg/L)
固液比 1∶100（1g）	44.11	6.85	50.96
固液比 1∶50（2g）	90.27	12.48	102.75
固液比 1∶20（5g）	181.63	22.80	204.43

实验中的 Fe 元素主要受吸附和水解的作用，固液比 1∶100、1∶50、1∶20 达到稳定时间根据趋势图分别取 72h、96h 和 120h。采用式（4.3）和式（4.4）计算 12 号煤样品中铁的平均表观溶出率及平均表观释放速率。计算结果见表 4.24。

表 4.24　　　**12 号煤不同固液比时平均表观溶出率及平均表观释放速率计算结果**

不同固液比	平均表观溶出率/%	平均表观释放速率/(mg/h)
固液比 1∶100（1g）	27.11	0.0708
固液比 1∶50（2g）	27.33	0.1070
固液比 1∶20（5g）	21.75	0.1704

从表 4.24 可以看出，固液比 1∶100 和 1∶50 时平均表观溶出率分别为 27.11% 和 27.33%，两者基本相同，固液比 1∶20 的平均表观溶出率最小为 21.75%，其主要原因是由于水解和吸附作用沉淀使总铁浓度溶出率较低。对比三种情况下的平均表观释放速率，固液比越大，释放速率越大，表明反应物的含量影响反应速率的快慢，含量增大，接触面扩大，速率随之增大。

3. 硫酸根离子的变化趋势

将三种不同固液比条件下的 SO_4^{2-} 变化趋势进行对比，详细情况如图 4.28 所示。

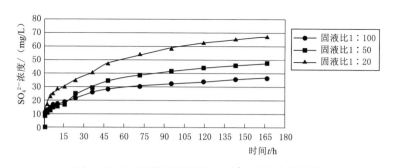

图 4.28　12 号煤不同固液比 SO_4^{2-} 浓度变化趋势

从图 4.28 可以看出，硫酸根离子产生浓度随着固液比的增大，即反应物的增加而增大，固液比 1∶100、1∶50、1∶20 条件下的 SO_4^{2-} 在反应 7d 结束后大约分别为 36mg/L、47mg/L 和 67mg/L。三种条件下的 SO_4^{2-} 浓度上升均为先急速，后逐渐缓慢，然后达到稳定。这主要是因为前期含有硫酸盐类的矿物溶解，导致溶液中 SO_4^{2-} 浓度瞬时增大，当硫酸盐类物质溶解结束便只有煤中硫化矿物的氧化溶解，此时 SO_4^{2-} 浓度趋于缓慢增加，当然反应过程中也伴随着 SO_4^{2-} 与其他离子产生水解沉淀，当反应时间达到 48h 后，三种条件下的 SO_4^{2-} 浓度趋于稳定增长，因此采用 48h 后的稳定增长数据作为计算 SO_4^{2-} 浓度产生速率。采用式（4.5）计算反应速率，SO_4^{2-} 与时间变化关系如图 4.29 所示。

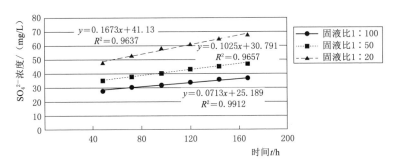

图 4.29　12 号煤 48h 后 SO_4^{2-} 浓度与时间关系

由图 4.29 中趋势线可知固液比 1:100、1:50、1:20 的硫酸根离子产生速率分别为 0.0713mg/(L·h)、0.1025mg/(L·h) 和 0.1673mg/(L·h)。溶液体积为 100mL，通过计算可得到具体反应速率（R），具体见表 4.25。

表 4.25　12 号煤不同固液比时氧化反应速率计算表

不同固液比	SO_4^{2-} 产生速率 /[mg/(L·h)]	SO_4^{2-} 产生速率 /(mmol/h)	FeS_2 反应速率 /(mmol/h)	FeS_2 反应速率 /(mg/h)
固液比 1:100（1g）	0.0713	0.0000743	0.0000372	0.004464
固液比 1:50（2g）	0.1025	0.0001068	0.0000534	0.006408
固液比 1:20（5g）	0.1673	0.0001743	0.0000872	0.010464

4.2.3.3　15 号煤氧化溶解

1. pH 值、Eh 值、EC 值的变化趋势

15 号煤样品在不同固液比情况下反应过程中 pH 值、Eh 值、EC 值变化趋势如图 4.30～图 4.32 所示。

从图 4.30～图 4.32 可以看出，pH 值整体变化呈增大的趋势，Eh 值整体变化呈减小的趋势，EC 值也呈逐渐减小的趋势。不同固液比条件下，pH 值、Eh 值、EC 值也变化不同。固液比越大，pH 值达到稳定状态下时越大，Eh 值达到稳定状态下时越小，EC 值达到稳定状态下时也越小。同时相对稳态时间随固液比呈正相关。固液比 1:100 条件下，pH 值、Eh 值、EC 值在 48h 后就开始趋

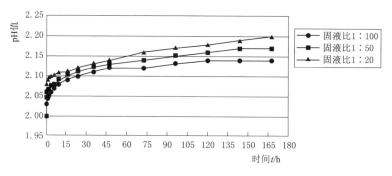

图 4.30 15 号煤不同固液比 pH 值变化趋势

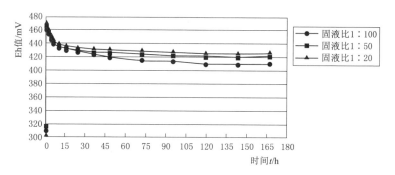

图 4.31 15 号煤不同固液比 Eh 值变化趋势

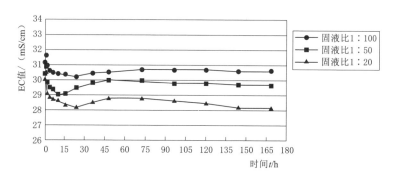

图 4.32 15 号煤不同固液比 EC 值变化趋势

于稳定;固液比 1∶50 条件下,pH 值、Eh 值、EC 值在 72h 后开始趋于稳定;固液比 1∶20 条件下,pH 值、Eh 值、EC 值在 120h 后开始趋于稳定。在前期 6h 之前,pH 值增大的趋势较为明显,其主要原因是反应初期,pH 值等于 2 的酸性溶液与 15 号煤样品颗粒接触后溶解其中可溶性矿物,消耗其中氢离子,导致增速较快,再后来随着时间的延长,pH 值增速较为缓慢,证明溶解可溶性矿物过程结束,开始进行氧化反应,因此 pH 值增速缓慢到后来逐渐趋于稳定。在前期 1h 左右，Eh 值也随时间先升高后降低，其主要原因是反应初期，氧化还原电位主要由溶液中氢离子决定，酸性溶液与 15 号煤样品颗粒接触后，溶解产生氧化性较强的金属离子或溶解的离子水解沉淀产生氢离子，比如溶解的 Fe^{3+} 具有强氧化性、溶解的 Al^{3+}、Zn^{2+}、Pb^{2+}、Cu^{2+} 和 Fe^{3+} 等离子发生水解沉淀产生 H^+ 现象，因此氧化还原电位 Eh 值逐渐升高，随着溶液中氢离子的消耗，溶液 pH 值增大，酸性逐渐降低，因此氧化还原电位逐渐降低趋于稳定状态。电导率 EC 值呈现先降低后升高再降低至稳定的趋势，其主要原因是配置的酸性溶液具有较高的电导率值，反应初期消耗氢离子呈现降低的趋势，随着矿物的溶解，溶液中可溶性离子增多，EC 值呈现波动上升。随着时间的延续，煤中物质逐渐溶解消耗酸，而反应过程中溶解生成的离子相对于氢离子的消耗量而言，电导率相对较低，且反应过程中伴随着离子水解及吸附沉淀等因素，因此电导率 EC 值逐渐降低趋于稳定。

  2. 铁离子的变化趋势

将 15 号煤样品在不同固液比条件下的反应过程中产生的 Fe^{2+}、Fe^{3+} 及总铁浓度变化趋势进行分析，同时也对比不同固液比情况下的总铁浓度差异，具体趋势如图 4.33～图 4.36 所示。

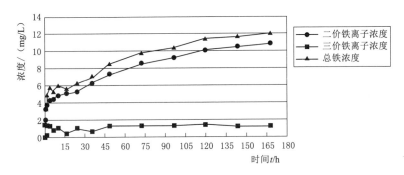

图 4.33　15 号煤固液比 1∶100 时铁浓度变化趋势

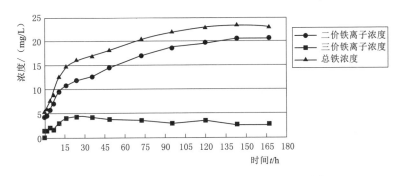

图 4.34　15 号煤固液比 1∶50 时铁浓度变化趋势

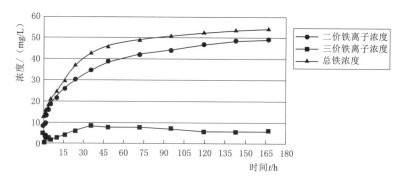

图 4.35　15 号煤固液比 1∶20 时铁浓度变化趋势

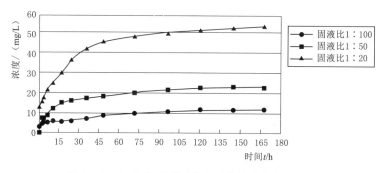

图 4.36　15 号煤不同固液比时总铁浓度变化趋势

从图 4.33～图 4.36 可以看出，无论以何种固液比进行反应，Fe^{2+} 浓度均高于 Fe^{3+} 浓度，且 Fe^{2+}、Fe^{3+} 以及总铁均随着固液比的增大而增大，这主要是因为参与物增多，产生物也随之增多。在固液比 1∶100 时，Fe^{2+} 逐渐上升，在 120h 后趋于稳定；而 Fe^{3+} 浓度在反应时间 4h 左右的浓度先增大后减小再增大，这主要是因为产生的 Fe^{3+} 水解与溶解的某些物质产生沉淀，以及 Fe^{3+} 作为氧化剂参与反应还原为 Fe^{2+}；在 48h 后，Fe^{3+} 浓度波动趋于稳定。总铁一直上升，未出现降低趋势，在 120h 后趋于稳定。可看出固液比 1∶100 条件下 Fe^{2+}、Fe^{3+} 及总铁变化范围均不大，Fe^{3+} 偏于 1mg/L，Fe^{2+} 偏于 10mg/L，总铁浓度偏于 12mg/L。在固液比 1∶50 时，Fe^{2+} 浓度呈逐渐增加的趋势，Fe^{3+} 浓度在 24h 左右先增加后减小，这主要是因为含有 Fe^{3+} 的物质在酸性条件下溶解生成 Fe^{3+}，而溶解生成的 Fe^{3+} 也会发生水解和吸附沉淀，同时作为氧化剂参与反应，含量逐渐减小，在反应时间 72h 后 Fe^{3+} 波动达到平衡，Fe^{2+} 和总铁持续上升在 96h 后开始稳定，未受到 Fe^{3+} 波动的影响。在固液比 1∶20 时，Fe^{2+} 浓度呈逐渐增加的趋势，而 Fe^{3+} 浓度在反应时间 36h 左右的浓度先增加后减小，随后逐渐达到稳定，主要受水解作用产生沉淀以及 Fe^{3+} 作为氧化剂参与反应导致浓度变化。在不同固液比条件下，总铁浓度稳定后从小到大依次能达到 11.64mg/L、22.97mg/L 和 53.17mg/L，从此可以看出参与物含量的多少与产生物量呈正比例关系。

不同固液比条件下，达到稳定时的 Fe^{2+} 浓度、Fe^{3+} 浓度以及总铁浓度取最后三组数据计算平均值，计算结果见表 4.26。

表 4.26　　　　　　　　15 号煤不同固液比稳定时铁含量统计

不同固液比	Fe^{2+} 浓度/(mg/L)	Fe^{3+} 浓度/(mg/L)	总铁浓度/(mg/L)
固液比 1：100（1g）	10.43	1.21	11.64
固液比 1：50（2g）	20.10	2.87	22.97
固液比 1：20（5g）	47.80	5.37	53.17

实验中的 Fe 元素主要受吸附和水解的作用，固液比 1：100、1：50、1：20 达到稳定时间根据趋势图分别取 72h、96h 和 120h。采用式（4.3）和式（4.4）计算 15 号煤样品中铁的平均表观溶出率及平均表观释放速率。计算结果见表 4.27。

表 4.27　　　15 号煤不同固液比时平均表观溶出率及平均表观释放速率计算结果

不同固液比	平均表观溶出率/%	平均表观释放速率/(mg/h)
固液比 1：100（1g）	12.38	0.0162
固液比 1：50（2g）	12.22	0.0239
固液比 1：20（5g）	11.31	0.0443

从表 4.27 可以看出，固液比 1：100、1：50 和 1：20 条件下平均表观溶出率依次降低，分别为 12.38%、12.22% 和 11.31%，其主要原因可能是由于水解和吸附作用沉淀使总铁浓度溶出率较低，反应物增多，伴随着生成物也增多，水解沉淀也相应增多。对比三种情况下的平均表观释放速率，固液比越大，释放速率越大，表明反应物的含量影响反应速率的快慢，含量越大，接触面积增大，反应速率随之增大，但是反应速率低于 12 号煤样品，因为 12 号煤样品硫含量高于 15 号煤样品。

3. 硫酸根离子的变化趋势

将三种不同固液比条件下的 SO_4^{2-} 变化趋势进行对比，详细情况如图 4.37 所示。

从图 4.37 可以看出，硫酸根离子产生浓度随着固液比的增大，即反应物的增加而增大，固液比 1：100、1：50 和 1：20 条件下的 SO_4^{2-} 在反应 7d 结束后大约分别为 21mg/L、24mg/L 和 28mg/L。三种条件下的 SO_4^{2-} 浓度上升均为先急速，后平缓，然后达到稳定。这主要是因为前期含有硫酸盐类的矿物溶解，

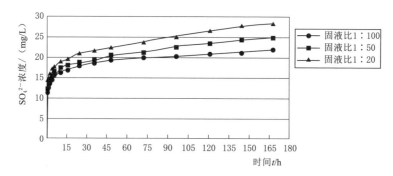

图 4.37 15 号煤不同固液比 SO_4^{2-} 浓度变化趋势

导致溶液中 SO_4^{2-} 浓度瞬时增大，当硫酸盐类物质溶解结束便只有煤中硫化矿物的氧化溶解，此时 SO_4^{2-} 浓度趋于缓慢增加，当然反应过程中也伴随着 SO_4^{2-} 与其他离子产生水解沉淀，当反应时间达到 48h 后，三种条件下的 SO_4^{2-} 浓度趋于稳定增长，因此采用 48h 后的稳定增长数据作为计算 SO_4^{2-} 浓度产生速率。采用式（4.5）计算反应速率。SO_4^{2-} 与时间变化关系如图 4.38 所示。

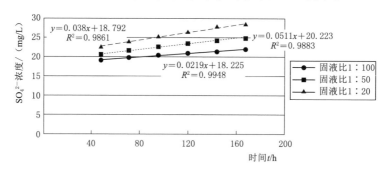

图 4.38 15 号煤 48h 后 SO_4^{2-} 浓度与时间关系

由图 4.38 可知固液比 1∶100、1∶50 和 1∶20 的硫酸根离子产生速率分别为 0.0219mg/(L·h)、0.0380mg/(L·h) 和 0.0511mg/(L·h)。溶液体积为 100mL，通过计算可得到具体反应速率（R），具体见表 4.28。

表 4.28　　　　　　　　15 号煤不同固液比时氧化反应速率计算

不同固液比	SO_4^{2-} 产生速率 /[mg/(L·h)]	SO_4^{2-} 产生速率 /(mmol/h)	FeS_2 反应速率 /(mmol/h)	FeS_2 反应速率 /(mg/h)
固液比 1∶100 (1g)	0.0219	0.0000228	0.0000114	0.001368
固液比 1∶50 (2g)	0.0380	0.0000396	0.0000198	0.002376
固液比 1∶20 (5g)	0.0511	0.0000532	0.0000266	0.003192

4.3　酸性老窑水对水土环境的影响

4.3.1　污染源分布及特征

山底河流域煤矿分布广泛，形成的老空区也分布不一，由此产生的酸性老窑水也较为密布，有多处酸性老窑水出流汇入河道，流量大且水质差，出流水质特征为 pH 值为 $2 \sim 5$，SO_4^{2-} 含量为 4000mg/L 以上，TDS 为 6000mg/L 以上。老窑水中重金属离子以及 SO_4^{2-} 对地表河流及土壤产生了严重污染。

本次调查围绕山底河河流水系及附近支系展开，沿河流自上游曹家掌附近至下游山底村附近进行，主要调查流域范围内的污染源分布，并采取水样对其化验分析。根据现场调查的方式，加上已有资料的描述以及通过当地人进行的了解，现对流域内的几个主要污染源阐述如下：

（1）程家村附近有一座燕龛煤矿的洗煤厂，洗煤厂的污水大量汇入河道，此段水体呈现黑色，水质明显变差。

（2）跃进煤矿附近有一养猪场，养猪场利用跃进煤矿开采产生的矿井水，经水车运输进行养猪场的日常厂区清洗工作，养猪场排放污水如图 4.39（a）所示。滴水崖上游河道跃进煤矿处有矿井水排放，同时建有处理能力为 1 万 m^3/d 的污水处理厂，经过污水处理厂处理后的水质变好，但是处理厂下游排放涵洞中段又有老窑水汇聚排水渠道，因此水质具有老窑水特征，渠道老窑水顺着沟渠在跃进煤矿处汇入山底河流域。污水处理厂进水口如图 4.39（b）所示，跃进煤矿矿井水排放涵洞中段如图 4.39（c）所示，跃进煤矿矿井水排放涵洞入河段如图 4.39（d）所示。此外还有河道周边的居民生活污水排放进入河道。

（3）小沟村处有一露天矿场，矿场内有多处露天矿坑积水，矿坑积水来源于降水或者地下水汇聚，呈黄褐色，水质较差。矿坑积水没有地表径流，但是参与地下入渗。露天矿坑积水如图 4.39（e）所示。

（4）山底村庙沟为煤矿酸性老窑水入河口，主要有 9 号、12 号煤层酸性老窑水出流汇聚，15 号煤层未见出流点，出流点处不断有酸性老窑水出流补给，积水坑中常年积水，水质较差，显褐红色。遇见降雨量大时，酸性老窑水出流量增大，水汇集成股，以径流的方式汇入到河流中，致使河流受到酸性水污染。庙沟煤矿酸性老窑水入河口上游水质良好，雨季水量较大，旱季水量较小。山底村庙沟处煤矿酸性老窑水汇流如图 4.39（f）所示，山底村庙沟处煤矿酸性老窑水入河口见图 4.39（g）所示。

（5）山底村门楼柳沟处有一酸性老窑水出流点，门楼公路一段底下全部有酸性老窑水渗出，丰水期时可见较大渗出量，枯水期时渗出量较小不易发觉。

酸性老窑水在此处出流后经过回填耕地区域又汇入河道，使得河流再次受到酸性老窑水的污染。山底村柳沟酸性老窑水排放点上、中、下段如图 4.39（i）所示。

 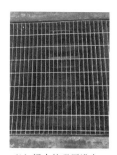 

（a）养猪场排放污水　　（b）污水处理厂进水口　　（c）跃进煤矿矿井水排放涵洞中段

（d）跃进煤矿矿井水排放涵洞入河段

（e）露天矿坑积水

（f）山底村庙沟处煤矿老窑水汇流

图 4.39（一）　污染源调查情况

（g）山底村庙沟处煤矿老窑水入河口

（h）山底村柳沟老窑水排放点上、中、下段

图4.39（二）　污染源调查情况

　　根据此次调查结果，流域内污染主要有煤矿洗煤水、煤矿矿井水排放点、露天矿坑积水、酸性老窑水出流点以及养猪场清洗用水排放、生活污水等。污水的排放对河流水质以及流域环境有较大的影响，尤其以酸性老窑水出流汇入河道最为显著，主要集中在山底村附近。

4.3.2　监测点布置与取样

4.3.2.1　水样

　　根据流域实际情况，在流域范围内沿河流断面自上游至下游布置了11个监测点，分别位于曹家掌、西沟、程家村、杨树湾、跃进煤矿宿舍区、山底村庙沟、山底村庙沟入河口、山底村庙前河道、山底村门楼以及下游山底村河道的不同断面上，如图4.40所示。

　　监测的主要内容包括：水温、电导率、氧化还原电位、pH、Ca^{2+}、Mg^{2+}、K^+、Na^+、Fe^{3+}、Fe^{2+}、Cl^-、SO_4^{2-}、CO_3^{2-}、HCO_3^-、NO_3^-、NO_2^-、F^-、CN^-、H_2S、氨氮、耗氧量、挥发酚、Zn、As、Cr^{6+}、Pb、Mn、Cd、Hg。

4.3.2.2　土样

　　取土样范围是山底村门楼前柳沟处一片耕地，在耕地内布置两条断面，在AB断面上间距河流分别为2m、7m、14m、23m和38m的位置布置取样点，在CD断面上间距河流分别为2m和9m的位置布置点，共10个点。具体取样点的布置如图 4.41 所示。

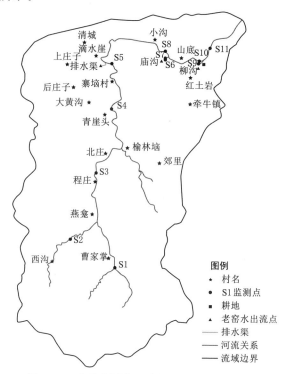

图 4.40 水样监测点及酸性老窑水出流点分布

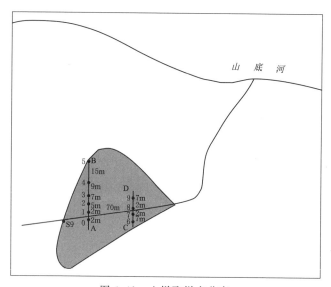

图 4.41 土样取样点分布

采用取土钻，在图 4.41 所示的各点位置，每一处分别取 0cm、20cm 和 50cm 三个深度的土，且每次采取土样的量基本一致，采取后将样品装入采样袋中，做好标记。采取的土样，送至相关资质机构进行分析，检测项目有 SO_4^{2-}、NO_3^-、F^-、Cl^-、Al^{3+}、Fe、Zn、As、Pb、Hg、Cd、Mn、Cr^{6+}。

4.3.3　地表水污染特征分析

4.3.3.1　水质特征

根据调查及资料整理情况，对河道不同断面进行水样采集，水样送至自然资源部太原矿产资源监督检测中心进行水质检测，水质监测结果见表 4.29。

根据表 4.29 检测数据，对河流酸性老窑水污染情况分析评价。河流下游一定距离存在娘子关泉域岩溶渗漏段，所以此次评价依据《地表水环境质量标准》(GB 3838—2002)[231]，以Ⅲ类地表水质量标准值为界限，采用单项指标法进行，将水样的化学组分含量与其进行比较，计算其超标倍数，并进行相应的分析。

表 4.29　　　　　　　　　　水 质 监 测 结 果　　　　　　　单位：mg/L

指标	S1	S2	S3	S4	S5	S6	S7	S8	S9	S10	S11
Ca^{2+}	63.7	60.4	108	225	267	480	333	320	395	412	445
Mg^{2+}	6.53	6.02	37.1	59.2	63.3	1240	1464	95.4	619	207	260
K^+	1.12	0.71	3.06	4.02	4.15	0.28	0.038	4.33	0.036	3.44	2.6
Na^+	52.4	36.4	272	216	206	30.4	30	330	612	250	289
Fe^{3+}	<0.02	<0.02	0.38	0.11	0.043	1276	56	0.36	24	7.1	0.8
Fe^{2+}	<0.02	<0.02	<0.02	<0.02	<0.02	1364	1032	4.28	1050	89.3	5.6
Cl^-	15.8	13	62.2	130	116	158	92.9	65	46.4	65	60.4
SO_4^{2-}	71.4	81.3	627	863	948	19836	18954	1664	7781	2654	3093
CO_3^{2-}	0	0	0	0	0	0	0	0	0	0	0
HCO_3^-	249	193	481	327	215	0	0	24	0	0	0
NO_3^-	14.8	3.05	13.5	19.1	28	1.17	0.5	10.5	0.33	7.73	5.9
NO_2^-	0.44	0.02	34.6	2.04	0.72	0.04	0.5	0.24	0.08	0.1	0.025
F^-	0.62	0.43	1.84	0.97	0.78	15	13	1.08	3.74	0.43	0.9
CN^-	0.18	0.26	0	0	0.044	0.044	0	0	0.35	0	0.13
H_2S	0.122	0.0128	0.132	0.206	0.328	22.2	22.4	0.262	2.73	0.712	1.07
氨氮	<0.078	<0.078	32.6	8.24	6.53	63.8	31.1	6.22	32.7	9.33	7.78
耗氧量	1.01	1.06	25.5	4.84	2.95	5.28	104	4.48	240	11.2	0.8
挥发酚	<0.002	0.002	0.005	<0.002	<0.002	<0.002	0.002	0.002	<0.002	0.005	<0.002
Zn	0.122	0.0128	0.132	0.206	0.328	22.2	22.4	0.262	2.73	0.712	1.07
As	0.0002	0.0001	0.0001	<0.0001	0.0004	0.0005	<0.0001	<0.0001	0.0003	0.0001	0.0002
Cr^{6+}	<0.004	<0.004	<0.004	<0.004	<0.004	<0.004	<0.004	<0.004	<0.004	<0.004	<0.004
Pb	0.0044	0.0053	0.0033	0.004	0.0034	0.0033	0.0033	0.0032	0.0041	0.0034	0.0092

续表

指标	S1	S2	S3	S4	S5	S6	S7	S8	S9	S10	S11
Mn	0.0965	0.0105	0.3	0.48	1.26	77.6	91.2	1.98	27.4	5.98	8.87
Cd	0.0004	0.0018	0.0012	0.0034	0.0028	0.566	0.36	0.005	0.128	0.0113	0.022
Hg	<0.0001	<0.0001	<0.0001	0.0003	0.0005	0.0005	0.0002	0.0003	0.0006	0.0001	<0.0001

单项指标法主要是对所选择的地表水水化学评价指标，以现状地表水含量与标准值逐项进行评价，以确定其污染程度。其评价公式为

$$I = \frac{C_i}{CO_i} \tag{4.6}$$

式中 I——单项污染指数；

$\quad C_i$——某指标的实测浓度；

$\quad CO_i$——某一评价指标的最高允许标准值，即其污染指数 $I \leqslant 1$ 时，则表明该样品的这项指标未受污染；而当 $I > 1$ 时，则表明已受污染，其污染程度由 I 值大小直接表达，该方法的优点在于简便、直观。

根据《地表水环境质量标准》(GB 3838—2002) 要求，结合现有的水质资料，选定以下 18 项为评价对象：Fe^{3+}、Fe^{2+}、Cl^-、SO_4^{2-}、NO_3^-、NO_2^-、F^-、CN^-、氨氮、耗氧量、挥发酚、Zn、As、Cr^{6+}、Pb、Mn、Cd、Hg。

对 2017 年 5 月采集的 11 个样品进行分析，其结果见表 4.30。

表 4.30　　　　　　　　　　单项指标评价结果

指标	S1	S2	S3	S4	S5	S6	S7	S8	S9	S10	S11
Fe^{3+}	0	0	1.3	0.4	0.1	4253.3	186.7	1.2	80.0	23.7	2.7
Fe^{2+}	0	0	0	0	0	4546.7	3440.0	14.3	3500.0	297.7	18.7
Cl^-	0.1	0.1	0.2	0.5	0.5	0.6	0.4	0.3	0.2	0.3	0.2
SO_4^{2-}	0.3	0.3	2.5	3.5	3.8	79.3	75.8	6.7	31.1	10.6	12.4
NO_3^-	1.5	0.3	1.4	1.9	2.8	0.1	0.1	1.1	0	0.8	0.6
NO_2^-	0	0	3.5	0.2	0.1	0	0	0	0	0	0
F^-	0.6	0.4	1.8	1.0	0.8	15.0	13.0	1.1	3.7	0.4	0.9
CN^-	0	0	0	0	0	0	0	0	0	0	0
氨氮	0	0	32.6	8.2	6.5	63.8	31.1	6.2	32.7	9.3	7.8
耗氧量	0.1	0.1	1.3	0.2	0.1	0.3	5.2	0.2	12.0	0.6	0
挥发酚	0	0.4	1.0	0	0	0	0.4	0.4	0	1.0	0
Zn	0.1	0	0.1	0.2	0.3	22.2	22.4	0.3	2.7	0.7	1.1
As	0	0	0	0	0	0	0	0	0	0	0
Cr^{6+}	0	0	0	0	0	0	0	0	0	0	0
Pb	0.1	0.1	0.1	0.1	0.1	0.1	0.1	0.1	0.1	0.1	0.2
Mn	1.0	0.1	3.0	4.8	12.6	776.0	912.0	19.8	274.0	59.8	88.7
Cd	0.1	0.4	0.2	0.7	0.6	113.2	72.0	1.0	25.6	2.3	4.4
Hg	0	0	0	3.0	5.0	5.0	2.0	3.0	6.0	1.0	0

从表 4.30 可以看出，流域内未发生 Cl^-、CN^-、挥发酚、As、Cr^{6+}、Pb 等污染，但其他指标都已受到不同程度的污染。

其中超标的离子中，三价铁离子单项污染指数最低为 1.2，最高为 4253.3，而亚铁离子最低为 14.3，最高为 4546.7；硫酸根离子单项污染指数最低为 2.5，最高为 79.3；硝酸根单项污染指数最低为 1.1，最高为 2.8；亚硝酸根单项污染指数只有一处超标为 3.5；氟化物单项污染指数最低为 1.1，最高为 15；氨氮单项污染指数最低为 6.2，最高为 63.8；耗氧量单项污染指数最低为 1.3，最高为 12；重金属锌单项污染指数最低为 1.1，最高为 22.4；锰单项污染指数最低为 3.0，最高为 912；镉单项污染指数最低为 2.3，最高为 113.2；汞单项污染指数最低为 2，最高为 6。由此可见，三价铁离子、亚铁离子、硫酸根离子、氨氮、锰、镉等指标因子在流域内单项污染指数范围变化较大，而其他指标因子变化范围相对稳定。

4.3.3.2　污染分析

根据水质检测及评价结果，选择具有代表性的指标因子进行分析，根据河道水质变化趋势分析物质浓度的变化原因。河道各断面位置相关离子浓度趋势如图 4.42～图 4.50 所示。

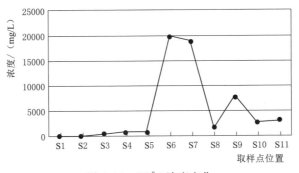

图 4.42　SO_4^{2-} 浓度变化

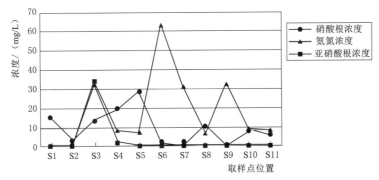

图 4.43　NO_3^-、NO_2^-、氨氮浓度变化

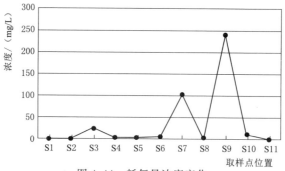

图 4.44 耗氧量浓度变化

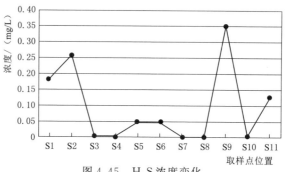

图 4.45 H_2S 浓度变化

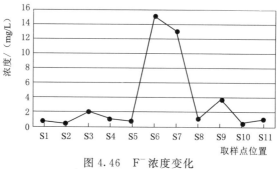

图 4.46 F^- 浓度变化

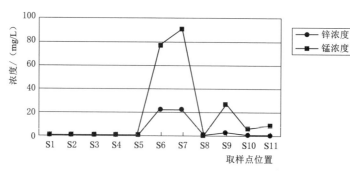

图 4.47 锌和锰浓度变化

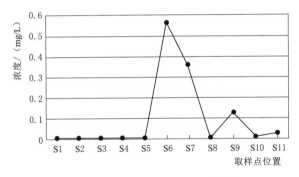

图 4.48　镉浓度变化

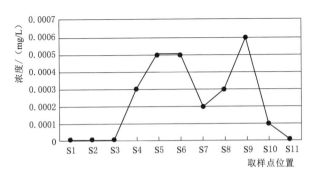

图 4.49　汞浓度变化

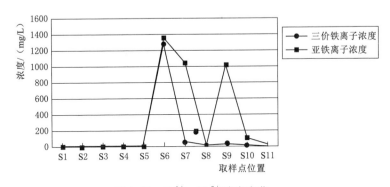

图 4.50　Fe^{3+}、Fe^{2+}浓度变化

从图 4.42～图 4.50 变化趋势看到：

（1）硫酸根离子在河道上游含量较低，在 S6、S7 处剧增，处于峰值状态，S8 处又回落，S9 处再次升高，随后逐渐降低。产生原因主要是 S6、S7 两处是老窑水出流点，硫酸根离子浓度较高；在 S9 处也为老窑水出流点，但经过土壤净化，硫酸根离子浓度较 S6、S7 两处低。

（2）氮的三种形态在 S3 处数值均较大，且氨氮在 S6、S7、S9 处剧增。主要因为在 S3 处有洗煤厂废水排出，S6、S7、S9 三处均为酸性老窑水出流点，洗煤厂废水及酸性老窑水中硫含量均较高，在微生物的作用下容易产生氮的各种形态，因而 NO_3^-、NO_2^- 以及氨氮含量相对较高。

（3）耗氧量在 S3、S7、S9 处浓度相对较大。S3 处主要有洗煤厂废水排出，水体呈黑色，水质较差，硫化物含量高；S7、S9 两处为老窑水出流点，硫含量较高；因此微生物作用明显，耗氧量随之升高。

（4）硫化氢含量在 S1、S2、S9、S11 处浓度相对较高。这四处硫化氢含量较高，主要来源于区域人为活动的影响，有放牧牛羊等产生的排泄物以及酸性老窑水经过微生物作用产生。

（5）氟离子在 S6、S7 处含量相对较大。此处氟离子含量较大主要由于区域土壤特性以及酸性老窑水的流出。

（6）锌、锰、镉在 S6、S7 处各自含量呈现最高值，在 S9 处又出现不同程度的升高。主要原因是老窑水的出流，开采过的煤层经过地下水的溶滤等作用，锌、锰、镉等矿物质溶于水中，随着老窑水的出流而汇入地表水系，因此锌、锰、镉含量较大。

（7）汞在 S4、S5、S6、S7、S8、S9、S10 等处均有相对较大的浓度。汞的来源主要为煤的燃烧、生活垃圾以及有害物的处理，经过降雨冲刷淋滤进入河流水系。

（8）Fe^{3+} 在 S6 处呈现最高值，随后开始减小；Fe^{2+} 在 S6 处达到峰值，S7 处逐渐降低，到 S9 处又上升。出现如此大的浓度主要是由于酸性老窑水出流，煤矿酸性老窑水中含有大量的 Fe^{3+} 和 Fe^{2+}，Fe^{3+} 出流后在河道中迁移距离较短便出现沉淀，导致其浓度降低；而 Fe^{2+} 在没有被氧化成 Fe^{3+} 时，能在酸性水中迁移较长距离，不会轻易沉淀，因此在 S7 处仍有较高浓度。

结合流域污染源调查结果以及河流不同断面水质分析结果，可以得到：在程庄村取样点 S3 之前，即在河流上游，河流水质良好，基本不受污染，其主要原因是上游河流在非雨季时来源于地下水出流补给。在取样点 S3 处附近，发现有煤矿洗煤废水的汇入，此处硫酸盐、氨氮含量升高，但是水体呈现黑色、水质较差。在河流 S3 取样点至 S5 取样点河段，由于河道净化以及溶质沉淀扩散等作用，河流水质逐渐变好，但由于生活垃圾以及生活污水的汇入，导致硫酸盐、硝酸盐、锰和汞的含量逐渐增加，而亚硝酸盐逐渐降低。在取样点 S5 处附近，有利用煤矿矿井水进行养猪场清洁的废水汇入河道，此处水体中硝酸盐含量明显高于其他地方，有机污染较重，同时在跃进煤矿污水处理厂下游涵洞有老窑水汇入。在取样点 S6～S7 段，为酸性老窑水出流后经过的位置，该段 SO_4^{2-}、氨氮、H_2S、F^-、Zn、Fe、Mn、Cd、Hg 的含量均较高，此段河流水体呈褐红色，水质明显较差。在取样点 S9 处，也是老窑水出流点，该点的硫酸根离子、氨氮、氟化物、锌、铁、锰、镉、汞含量很高，水质较差，此处为山底河的一个小支流，出流的酸性老窑水经过耕地区域汇入主河道。在取样点 S8～S10 和 S10～S11 段，两段间均有老窑水汇入河流中，主河道水质较好且水量较大，支流的酸性老窑水汇入主河道经过稀释各因素浓度降低，水质逐渐变好。在取样点 S11 点后，未曾出现新的污染源，随着河道自净能力以及溶质迁移扩散沉淀，河流水质将逐渐恢复。

4.3.4　土壤污染特征分析

4.3.4.1　土壤特征

根据土壤检测结果（表 4.31）显示，耕地内 SO_4^{2-} 含量整体超高，Zn、Cl^-、NO_3^- 含量局部较高，其他离子及重金属含量均相对较低。

表 4.31　　　　　　　　　土壤检测结果　　　　　　　　单位：mg/kg

位置	深度/cm	SO_4^{2-}	NO_3^-	F^-	Cl^-	Al^{3+}	Fe	Zn	As	Pb	Hg	Cd	Mn	Cr^{6+}
0	0	10080	8.3	12.6	46.4	430	31.4	4.84	0.001	0.034	0.001	0.004	35.4	<0.04
	50	9560	11.7	9.8	9.3	245	<0.2	7.82	0.002	0.033	0.002	0.004	15	<0.04
1	0	9980	190	7.8	362	<0.42	<0.2	0.601	0.001	0.036	<0.001	0.003	1.0	<0.04
	20	9940	20.8	7.3	18.6	4.6	<0.2	0.925	<0.001	0.031	<0.001	0.005	1.6	<0.04
	50	9710	5.8	9.3	55.7	12.4	<0.2	1.42	<0.001	0.029	<0.001	0.003	68.3	<0.04
2	0	8630	8.8	7.8	9.3	7.5	<0.2	1.12	<0.001	0.035	<0.001	0.004	72.6	<0.04
	20	11100	35.8	8.7	27.9	<0.42	<0.2	0.825	0.001	0.031	<0.001	0.005	0.38	<0.04
	50	10180	15.8	5.3	9.3	1.1	<0.2	1.29	0.002	0.032	<0.001	0.004	57.2	<0.04
3	0	8820	153	6.1	455	<0.42	<0.2	0.388	0.005	0.037	<0.001	0.003	0.53	<0.04
	20	7700	19.2	8.2	65	0.49	<0.2	0.856	<0.001	0.028	<0.001	0.004	0.32	<0.04
	50	8130	38.8	6.5	27.9	<0.42	<0.2	0.52	<0.001	0.032	<0.001	0.004	2.9	<0.04
4	0	9910	129	12.9	176	<0.42	<0.2	0.599	0.001	0.034	0.001	0.004	2.6	<0.04
	20	9980	42.5	12.9	65	<0.42	0.27	0.45	0.002	0.03	<0.001	0.007	0.2	<0.04
	50	4800	20	7.8	18.6	<0.42	<0.2	0.374	0.002	0.029	<0.001	0.008	<0.2	<0.04
5	0	10330	209	17.3	334	<0.42	<0.2	0.607	0.002	0.033	<0.001	0.002	1.5	<0.04
	20	3600	33.2	8.6	65	<0.42	<0.2	0.624	0.001	0.038	<0.001	0.003	0.2	<0.04
	50	4510	17.2	4.8	83.6	0.45	<0.2	0.253	<0.001	0.028	<0.001	0.004	<0.2	<0.04
6	0	17450	62.5	8.6	176	<0.42	<0.2	0.791	0.002	0.033	<0.001	0.005	<0.2	<0.04
	20	14610	18.8	6.7	121	<0.42	<0.2	0.988	<0.001	0.036	<0.001	0.004	<0.2	<0.04
	50	9050	14.1	<2.0	111	<0.42	<0.2	0.491	0.003	0.031	<0.001	0.007	<0.2	<0.04

续表

位置	深度/cm	SO_4^{2-}	NO_3^-	F^-	Cl^-	Al^{3+}	Fe	Zn	As	Pb	Hg	Cd	Mn	Cr^{6+}
7	0	10800	23.8	7.8	176	<0.42	<0.2	0.538	<0.001	0.032	0.002	0.008	<0.2	<0.04
	20	10120	7.0	6.7	121	<0.42	<0.2	0.45	0.001	0.031	0.001	0.003	<0.2	<0.04
	50	10060	9.4	6.7	83.6	<0.42	<0.2	0.288	<0.001	0.029	<0.001	0.004	<0.2	<0.04
8	0	16130	17.2	3.9	325	164	2.4	2.68	<0.001	0.034	<0.001	0.003	11.1	<0.04
	20	16150	31.2	5.8	325	264	1.0	1.5	<0.001	0.031	0.005	0.005	12.6	<0.04
	50	16240	27.7	10.2	460	176	0.39	1.54	0.002	0.032	<0.001	0.004	22	<0.04
9	0	28630	944	9.5	511	<0.42	<0.2	0.274	0.001	0.036	0.001	0.005	<0.2	<0.04
	20	15480	115	<2.0	158	1.9	<0.2	0.667	<0.001	0.031	<0.001	0.003	7.8	<0.04
	50	15420	104	2.7	158	37.8	0.52	0.645	<0.001	0.029	<0.001	0.004	14.4	<0.04

实地调查时发现耕地中有一宽 30cm 的支沟，耕地中存在一处酸性老窑水出流点，出流的酸性老窑水部分进入支沟进而汇入山底河，部分在耕地中以水坑的形式蓄积。因此，从此次分析的土样中选取具有代表性的硫酸根离子，分析其在水平方向和垂直方向上的分布规律。

4.3.4.2 硫酸根离子水平分布特征

1. AB 断面

由于取样点 0 处取了表层和 50cm 深处，发现土层含水量过高，呈淤泥状态，因此对 AB 断面点 A 一侧不进行对称取样，只考虑 B 侧取样点硫酸根离子浓度变化。AB 断面不同距离 SO_4^{2-} 浓度变化如图 4.51 所示。

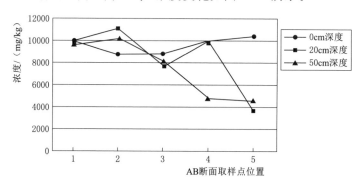

图 4.51 AB 断面不同距离 SO_4^{2-} 浓度变化

由图 4.51 可看出，在深度为 0cm 时，SO_4^{2-} 浓度先降低后升高，整体浓度变化没有显著差异，基本处于 10000mg/kg 左右；在深度为 20cm 时，SO_4^{2-} 浓度呈现先增加后减小，整体趋势偏于减小。这两种深度的土层没有明显趋势主要原因是因为人为种植作物翻耕土地造成的。而在深度为 50cm 时，SO_4^{2-} 浓度整体随着距离的增加呈现降低的趋势，从 10000mg/kg 左右降低至 4500mg/kg 左右。

2. CD 断面

CD 断面考虑耕地的范围和对称性因素，在两岸各取两处土样进行分析。CD 断面不同距离 SO_4^{2-} 浓度变化如图 4.52 所示。

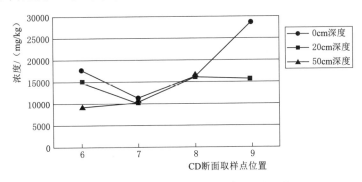

图 4.52　CD 断面不同距离 SO_4^{2-} 浓度变化

由图 4.52 可以知道，在深度为 0cm 时，在支沟两边 SO_4^{2-} 浓度与距离的延长呈正相关，在深度为 20cm 时，CD 断面 C 侧随着距离增加增大，D 侧随着距离增大而减小。此两种深度土壤受耕种翻地的影响，浓度分布不均匀，其次，C 侧受边缘酸性老窑水出流的影响，浓度偏大。在深度为 50cm 时，支沟两侧 SO_4^{2-} 浓度随着距离的增加而呈现降低的趋势。比较 AB 和 CD 断面发现，CD 断面取样点 SO_4^{2-} 浓度普遍高于 AB 断面取样点。

4.3.4.3　硫酸根离子垂直分布特征

1. AB 断面

对该断面上的取样点 1～5 点分别绘制 0cm、20cm、50cm 深度的 SO_4^{2-} 浓度变化图，具体情况如图 4.53 所示。

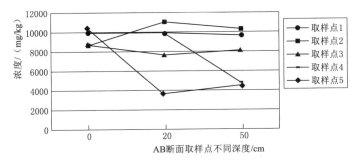

图 4.53　AB 断面不同深度 SO_4^{2-} 浓度变化

从图 4.53 可以看出，AB 断面取样点 1、3、4、5 整体趋势都是随着深度的增加 SO_4^{2-} 浓度呈现降低的趋势，在取样点 3 和取样点 5 两点出现深 20cm 的 SO_4^{2-} 浓度低于深 50cm 情况，此种情况可能是取土时出现不一样深度的土体混合。在取样点 4 处，0cm 深度的 SO_4^{2-} 浓度低于 20cm 深度的浓度，出现这种现象主要是由于作物种植过程中的土壤翻耕，因为 0cm 和 20cm 处的浓度相近，基本没有太大差异。而取样点 2 处三种情况的浓度整体偏高，除了 0cm 处偏低，20cm 和 50cm 处随着深度增加而降低，出现表层土壤浓度偏低可能是由于局部人为或其他因素所造成的。

2. CD 断面

对该断面上的取样点 6～9 点分别绘制 0cm、20cm、50cm 深度的 SO_4^{2-} 浓度变化图，取样点 6 和取样点 7 为支沟右岸，取样点 8 和取样点 9 为支沟左岸，具体情况如图 4.54 所示。

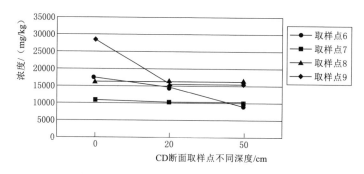

图 4.54　CD 断面不同深度 SO_4^{2-} 浓度变化

由图 4.54 可以看出，CD 断面取样点 6、7、9 三处 SO_4^{2-} 浓度在垂直方向上整体规律是随着深度的增加，离子浓度逐渐减小。而取样点 8 处的 SO_4^{2-} 随着深度的增加，离子浓度也随之增加，出现这种情况可能是取样点 8 处距离支沟近仅 2m，且耕地整体趋势是左岸低，支沟老窑水渗透土壤导致取样点 8 处深度越深，浓度越大。由 AB 和 CD 断面的 SO_4^{2-} 浓度在水平和垂直方向的分布特征可以知道，土壤吸附了老窑水中的 SO_4^{2-}，越靠近出流点或老窑水出流后蓄积而成的积水坑，由于渗透作用，土体中 SO_4^{2-} 含量越高，但由于土壤而产生的扩散作用以及净化吸附，越往深处伴随着 SO_4^{2-} 含量越低。

4.4　黄土吸附酸性老窑水中污染物的机理研究

黄土是一种具有大孔隙和钙结核的松散土状堆积物，具有比表面积大、吸附性强、疏松多孔、垂直节理发育等特点，黄土富含有机质和微生物[144-145]，这些特性为吸附酸性老窑水中污染物提供了生物化学条件。此外，山西丰富的黄土资源为治理酸性老窑水提供了必要的物质基础。

以山西省娘子关泉域山底河流域的黄土为吸附材料，通过吸附实验，研究黄土固液比、吸附时间、初始浓度和温度等因素对黄土吸附酸性老窑水中污染物（SO_4^{2-}、Fe、Mn、Zn）的影响。基于吸附动力学模型，明确吸附材料对酸性老窑水中污染物的吸附过程、吸附速率及达到吸附平衡的时间。利用扫描电子显微镜（SEM）、X 射线衍射仪（XRD）和傅里叶红外光谱仪（FTIR）测试分析黄土吸附酸性老窑水中污染物前后的矿物特征变化，研究分析黄土吸附酸性老窑水中污染物的机理。

4.4.1 实验材料与方法

4.4.1.1 实验材料

水样取自于山西省娘子关泉域山底河流域山底村闭坑煤矿区渗出的酸性老窑水，山底河流域面积约为 $58km^2$，流域范围内的煤矿分布较多，在 2009 年进行兼并重组，整合后的煤矿区只剩下 8 座，其中程庄矿区、燕龛矿区、跃进矿区和闭坑煤矿区的酸性老窑水流入山底河，然后进入下游碳酸盐岩区，造成岩溶水污染。

水样的 pH 值为 2.0，采用铬酸钡分光光度法测定 SO_4^{2-}，利用原子吸收分光光度计测定金属离子，酸性老窑水典型污染物的成分见表 4.32。

表 4.32　　　　　　　　酸性老窑水典型污染物的成分

成　　分	SO_4^{2-}	Fe	Mn	Zn
浓度/（mg/L）	20180.00	1723.20	59.22	16.80
地下水Ⅲ标准/（mg/L）	250.00	0.30	0.10	1.00
超标倍数	80.72	5744.00	592.10	16.80

实验黄土取自于山西省娘子关泉域山底河流域某煤矿区，为第四系上更新统马兰组黄土（Q_3）。将风干后的黄土置于 105℃ 烘箱中 24h 至恒重，过 200 目筛，存储备用。采用激光粒度分析仪测定黄土的粒度成分，采用比表面积测试仪（BET）测定黄土的比表面积、孔隙体积和孔径。黄土的物理性质和化学组成成分见表 4.33 和表 4.34。

表 4.33　　　　　　　　黄土的颗粒组成及物理性质

颗粒组成/%			pH 值	比表面积/（m²/g）	孔隙体积/（cm³/g）	平均孔径/nm
<0.002mm	0.002~0.02mm	0.02~0.075mm				
1.56	22.64	75.80	8.05	36.79	0.25	26.90

表 4.34 黄土的主要元素成分

元素成分	质量百分比/%	元素成分	质量百分比/%
Si	27.57	Cd	0.80×10^{-5}
Ca	5.49	Cr	5.89×10^{-3}
Mg	1.18	Mn	0.054
Fe	2.88	Pb	1.24×10^{-3}
Zn	5.60×10^{-3}	其他	62.81

4.4.1.2 实验方法

1. 静态吸附实验

本实验采用吸附动力学实验和等温吸附实验分别研究了黄土固液比、吸附时间、初始浓度和温度四个因素对黄土吸附酸性老窑水中污染物的吸附特性,具体的实验方案见表 4.35。

表 4.35 静态吸附实验方案

因素	固液比	吸附时间	浓度	温度
固液比	25g/L、50g/L、100g/L、150g/L、200g/L	24h	1:0	25℃
吸附时间	100g/L	5min、10min、0.5h、1h、2h、4h、8h、16h、24h	1:0	25℃
初始浓度	100g/L	24h	1:0、1:0.5、1:1、1:2、1:4	25℃
温度	100g/L	24h	1:0	25℃、30℃、35℃、40℃、45℃

（1）吸附动力学实验。分别研究黄土固液比、吸附时间对黄土吸附酸性老窑水中污染物的影响,实验方案见表 4.35。

1）黄土固液比分别为 25g/L、50g/L、100g/L、150g/L 和 200g/L,按设计的固液比称取黄土置于 100mL 离心管,加入 40mL 酸性老窑水,然后放置在恒温振荡器。在温度 25℃下振荡,振荡速度为 200r/min,振荡时间为 24h,振荡结束后取出样品。设定离心机转速为 4000r/min,离心时间为 5min,取离心后的上清液并过滤,测定滤液中 SO_4^{2-}、Fe、Mn 和 Zn,分析黄土吸附污染物的最佳固液比。

2）吸附时间分别为 5min、10min、0.5h、1h、2h、4h、8h、16h 和 24h,黄土固液比为 100g/L。在温度 25℃下振荡,振荡速度为 200r/min,达到设定的吸附时间后依次取出样品,利用离心机进行固液分离,具体操作步骤同 1）。分析达到吸附平衡时所需的时间及吸附动力学过程。上述实验各重复 3 次,取平均值。根据式（4.7）和式（4.8）计算污染物去除率和吸附量。

去除率（R）由以下计算公式可得

$$R = \frac{C_0 - C_e}{C_0} \times 100\%$$ (4.7)

吸附量（q_e）由以下计算公式可得

$$q_e = \frac{(C_0 - C_e)V}{m}$$ (4.8)

式中　C_0——初始浓度，mg/L；

C_e——吸附平衡浓度，mg/L；

V——溶液体积，L；

m——质量，g。

（2）等温吸附实验。分别研究初始浓度、温度对黄土吸附酸性老窑水中污染物的影响，实验方案见表4.35。

1）在酸性老窑水中加入去离子水，配制不同浓度的酸性老窑水水样，酸性老窑水：去离子水比例分别为1∶0、1∶0.5、1∶1、1∶2、1∶4，利用 HCl 和 NaOH 调节 pH 值。分别称取4g黄土置于离心管，加入40mL不同浓度的水样。在温度25℃下振荡，振荡速度为200r/min，震荡24h后依次取出样品。设定离心机转为4000r/min，离心时间为5min，对样品进行离心处理，取离心后的上清液并过滤。测定滤液中 SO_4^{2-}、Fe、Mn 和 Zn。分析污染物浓度对黄土吸附性的影响。

2）温度分别为25℃、30℃、35℃、40℃、45℃。分别称取4g黄土置于离心管，加入40mL酸性老窑水。振荡速度为200r/min，振荡24h后取出样品。利用离心机进行固液分离，具体操作步骤同1）。分析温度对黄土吸附酸性老窑水中污染物的影响。根据上述式（4.7）和式（4.8）计算污染物的去除率和吸附量。

2. 污染物浓度测试方法

（1）SO_4^{2-} 浓度测试方法。根据国家卫生部颁布的《生活饮用水标准检验方法　无机非金属指标》(GB/T 5750.5—2006)[232]，采用铬酸钡分光光度法（热法）测定 SO_4^{2-} 的浓度。测定样品 SO_4^{2-} 浓度时，需稀释到合适倍数，使被测 SO_4^{2-} 浓度在标线内，此方法测定 SO_4^{2-} 的浓度范围为5～200mg/L。

（2）金属离子（Fe、Mn、Zn）浓度测试方法。根据国家卫生部颁布的《生活饮用水标准检验方法　无机金属指标》(GB/T 5750.6—2006)[233]，采用原子吸收分光光度计对溶液中金属离子（Fe、Mn、Zn）进行测定分析。

3. 黄土吸附机理分析方法

（1）比表面积（BET）。使用美国 Micromeritics 公司的全自动比表面积测试黄土的比表面积、孔隙体积和孔径。采用氮气静态吸附的方法，在温度为150℃、压强1.33Pa的条件下进行测定。

（2）扫描电子显微镜（SEM）。采用扫描电子显微镜（SEM）观察吸附污染物前后黄土表面的微观形貌特征，将预制的干燥样品承载于导电胶，然后对样品进行喷金，放入扫描电镜仪内，调整样品位置进行观察，并将能够反应样品表面结构特征的图像进行拍照，根据测试结果研究分析黄土吸附SO_4^{2-}、Fe、Mn、Zn机理。

（3）X射线衍射仪（XRD）。采用X射线衍射仪（XRD）测定分析吸附前后黄土的矿物成分，XRD测试所用的仪器为日本Rigaku公司生产的Ultima Ⅳ。测试条件为铜靶，管压为40kV，管流为40mA，扫描速度为6°/min。扫描范围为0～65°。

（4）傅里叶红外光谱仪（FTIR）。采用傅里叶红外光谱仪（FTIR）分析黄土吸附酸性老窑水中污染物前后的官能团，傅里叶红外测试采用溴化钾压片法（取100mg干燥的KBr，1～2mg样品，在玛瑙研钵中研细混匀。将混匀的样品倒入模具，模具放在压片机上，加压至10MPa，停留1～2min），所用仪器为德国Bruker公司生产的VERTEX70，扫描范围为500～4000cm^{-1}。

4.4.2 黄土对酸性老窑水污染物的吸附性能研究

4.4.2.1 固液比对黄土吸附酸性老窑水污染物的影响

通过黄土固液比（25g/L、50g/L、100g/L、150g/L、200g/L）的吸附实验，研究了黄土吸附污染物（SO_4^{2-}、Fe、Mn、Zn）的最佳固液比。

1. 固液比对黄土吸附SO_4^{2-}的影响

图4.55为黄土固液比对黄土吸附酸性老窑水中SO_4^{2-}的吸附影响，由图4.55可知：

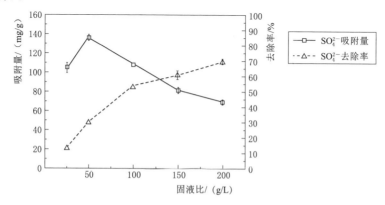

图4.55　黄土固液比对黄土吸附酸性老窑水中SO_4^{2-}的吸附影响

（1）随着黄土固液比的增加，SO_4^{2-} 的去除率呈现增长趋势，当黄土固液比大于 100g/L 时，随着固液比的增加，SO_4^{2-} 去除率增长趋势变缓。主要是由于随着黄土固液比的增加，黄土表面的有效吸附位点和碱性材料（如方解石）增加，导致 SO_4^{2-} 去除率增加。

（2）SO_4^{2-} 吸附量与去除率的变化趋势相反，随着黄土固液比的增加，单位质量黄土对 SO_4^{2-} 的吸附呈现先增加后减小的趋势。当黄土固液比从 25g/L 增加到 50g/L 时，SO_4^{2-} 吸附量从 104.85mg/g 增加到 136.49mg/g；当黄土固液比从 50g/L 增加到 200g/L 时，SO_4^{2-} 吸附量呈现下降趋势。由此可见，黄土吸附 SO_4^{2-} 的最佳固液比为 100g/L，其吸附量为 108.81mg/g，去除率为 53.92%。

2. 固液比对黄土吸附 Fe 的影响

图 4.56 为黄土固液比对黄土吸附酸性老窑水中 Fe 的吸附影响，由图 4.56 可知：

（1）随着黄土固液比的增加，酸性老窑水中 Fe 的去除率先迅速增加然后趋于稳定。当黄土固液比从 25g/L 增加到 50g/L 时，Fe 去除率从 61.83% 增加到 99.04%；当黄土固液比大于 50g/L 时，随着黄土固液比的增加，Fe 的去除率保持在 99% 以上，表明酸性老窑水中 Fe 基本被去除，达到排放标准。这是由于黄土是碱性材料（表 4.34），碱性物质与酸性老窑水发生中和反应，有效地提高了溶液的 pH 值，研究表明当溶液 pH 值大于 4 时，Fe 以氢氧化物的形式沉淀，导致 Fe 的去除率增加。

（2）Fe 的吸附量与去除率的变化趋势相反，随着黄土固液比的增加，单位质量黄土对 Fe 的吸附呈现先迅速下降而后趋于稳定的趋势，吸附量从 77.44mg/g 降低到 8.61mg/g。由此可见，黄土吸附 Fe 的最佳固液比为 50g/L。

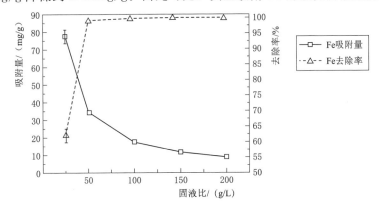

图 4.56　黄土固液比对黄土吸附酸性
老窑水中 Fe 的吸附影响

3. 固液比对黄土吸附 Mn 的影响

图 4.57 为黄土固液比对黄土吸附酸性老窑水中 Mn 的吸附影响，由图 4.57 可知：

（1）随着黄土固液比的增加，酸性老窑水中 Mn 的去除率呈现增长趋势，去除率从 17.96% 增加到 61.19%。黄土固液比对 Mn 的去除效果低于 Fe，这是由于在吸附过程中存在竞争性吸附，大量的 Fe 和 SO_4^{2-} 被吸附在黄土表面，导致黄土表面的有效吸附位点降低，因此黄土对 Mn 的去除效果降低。

（2）Mn 的吸附量与去除率的变化趋势相反，随着黄土固液比的增加，单位质量黄土对 Mn 的吸附呈现先迅速下降而后趋于稳定的趋势，吸附量从 0.44mg/g 降低到 0.16mg/g。

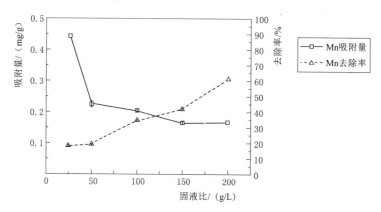

图 4.57　黄土固液比对黄土吸附酸性老窑水中 Mn 的吸附影响

4. 固液比对黄土吸附 Zn 的影响

图 4.58 为黄土固液比对黄土吸附酸性老窑水中 Zn 的吸附影响，由图 4.58

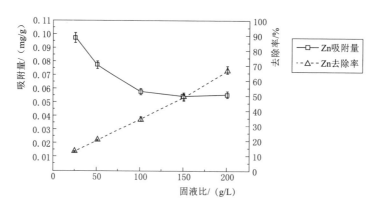

图 4.58　黄土固液比对黄土吸附酸性老窑水中 Zn 的吸附影响

可知：

(1) 随着黄土固液比的增加，酸性老窑水中 Zn 的去除率呈现增长趋势，Zn 的去除率从 12.82% 增加到 66.59%，产生这种现象的主要原因与黄土吸附 Mn 的机理一致。

(2) 单位质量黄土对 Zn 的吸附呈现先下降而后趋于稳定的趋势，当黄土固液比从 25g/L 增加到 100g/L 时，Zn 吸附量呈快速下降趋势，Zn 的吸附量从 0.098mg/g 降低到 0.058mg/g，降幅为 40.8%；当黄土固液比从 100g/L 增加到 200g/L 时，Zn 吸附量下降趋势变缓，Zn 的吸附量从 0.058mg/g 降低到 0.056mg/g，降幅仅为 3.45%。由此可见，黄土吸附 Zn 的最佳固液比为 100g/L。

由上述黄土固液比对黄土吸附酸性老窑水中污染物（SO_4^{2-}、Fe、Mn、Zn）的影响实验结果表明，固液比是影响黄土吸附酸性老窑水中污染物的一个重要因素。适当增加黄土固液比可为黄土吸附酸性老窑水中污染物提供了更多地吸附位点，可以有效地增加去除污染物的效率。但是由于存在吸附性竞争，导致黄土对污染物的去除率不一致。黄土吸附酸性老窑水中污染物的最佳固液比为 100g/L。

4.4.2.2　吸附时间对黄土吸附酸性老窑水污染物的影响

通过吸附动力学实验，研究了吸附时间对黄土吸附酸性老窑水中污染物（SO_4^{2-}、Fe、Mn、Zn）的影响及达到吸附平衡时所需的时间，分析吸附过程中酸性老窑水中污染物从溶液向黄土表面的扩散，以及污染物被吸附在黄土表面的速率。利用准一级动力学模型和准二级动力学模型[234]研究吸附反应级数及探讨吸附机理，吸附动力学模型如下：

准一级动力学模型为

$$\ln(q_e - q_t) = \ln q_e - k_1 t \tag{4.9}$$

式中　q_e——平衡吸附量，mg/g；

　　　q_t——时间 t 时的吸附量，mg/g；

　　　k_1——准一级动力学的速率常数。

准二级动力学模型为

$$\frac{t}{q_t} = \frac{1}{k_2 q_e^2} + \frac{t}{q_e} = \frac{1}{v_0} + \frac{t}{q_e} \tag{4.10}$$

式中　k_2——准二级动力学的速率常数；

　　　v_0——初始吸附速率，$v_0 = k_2 q_e^2$。

1. 吸附时间对黄土吸附 SO_4^{2-} 的影响

图 4.59 为吸附时间对黄土吸附酸性老窑水中 SO_4^{2-} 的吸附影响，由图 4.59 可知，随着吸附时间的增加，黄土对 SO_4^{2-} 的吸附呈现先迅速增加然后趋于稳定

的趋势。当吸附时间从 0 增加到 1h 时，SO_4^{2-} 被黄土快速地吸附，吸附时间为
1h 时，SO_4^{2-} 吸附量可达到平衡吸附量的 81%；当吸附时间从 1h 增加到 24h
时，随着吸附时间的增加，吸附速率变缓，表明吸附达到平衡，黄土吸附 SO_4^{2-}
的平衡时间为 8h。这可能是由于在初始阶段，黄土表面吸附位点较多，吸附速
率较快；在吸附后期，SO_4^{2-} 及其他离子被吸附在黄土表面，导致吸附位点逐渐
减少，所以吸附速率增长缓慢。

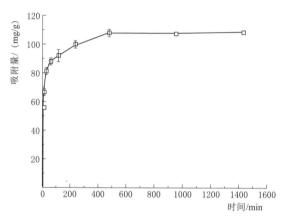

图 4.59　吸附时间对黄土吸附酸性老窑水中 SO_4^{2-} 的吸附影响

　　为了进一步探讨黄土对酸性老窑水中 SO_4^{2-} 的吸附动力学过程，分别采用准
一级动力学模型和准二级动力学模型对 SO_4^{2-} 的吸附数据进行拟合，拟合曲线和
动力学参数分别见图 4.60 和表 4.36。由表 4.36 可知，准一级动力学模型和准
二级动力学模型拟合的相关系数分别为 0.96 和 0.99。虽然两种动力学模型拟合
的相关系数均大于 0.90，但准二级动力学模型拟合的相关系数大于准一级动力
学拟合的相关系数，且根据准二级动力学模型预测的 SO_4^{2-} 吸附量为 109.65mg/g
与实验结果 108.18mg/g 基本一致，表明黄土对 SO_4^{2-} 的吸附更符合准二级动力
学模型，吸附过程可能发生了化学吸附[235]。此外，根据准二级动力学模型可得
黄土吸附 SO_4^{2-} 的起始吸附速率为 8.53mg/(g·min)。

表 4.36　　　　　　黄土吸附 SO_4^{2-} 的动力学模型参数

一级动力学			二级动力学			
q_e/(mg/g)	k_1/min^{-1}	R^2	q_e/(mg/g)	k_2/[g/(mg·min)]	v/[mg/(g·min)]	R^2
46.59	0.0096	0.96	109.65	0.00071	8.53	0.99

　　2. 吸附时间对黄土吸附 Fe 的影响

　　图 4.61 为吸附时间对黄土吸附酸性老窑水中 Fe 的吸附影响，由图 4.61 可知，
吸附过程分为两个阶段：快速吸附阶段（0～10min）和吸附平衡阶段（10min～

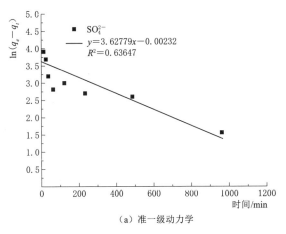

（a）准一级动力学

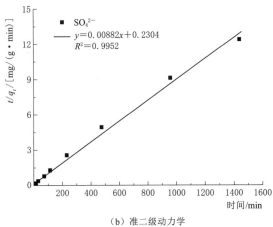

（b）准二级动力学

图 4.60　吸附动力学拟合曲线

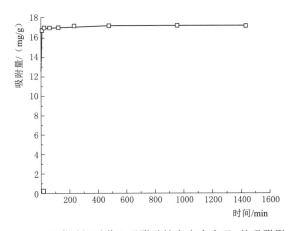

图 4.61　吸附时间对黄土吸附酸性老窑水中 Fe 的吸附影响

273

24h)。在最初 10min 内，Fe 的吸附量迅速增加；吸附时间从 10min 增加到 16h，Fe 的吸附量缓慢增加；在 16h 后，Fe 吸附量差异性不显著，表明吸附反应达到平衡，黄土吸附 Fe 的平衡时间为 16h。

分别采用准一级动力学模型和准二级动力学模型探讨黄土对 Fe 的吸附动力学过程，拟合曲线和拟合参数分别见图 4.62 和表 4.37。由表 4.37 可知，准一级动力学模型和准二级动力学模型拟合的相关系数分别为 0.25 和 1，表明准二级动力学模型具有较好的拟合效果，且准二级动力学模型预测 Fe 的平衡吸附量为 17.22mg/g，实测 Fe 的平衡吸附量为 17.15mg/g，误差为 0.41%，表明黄土对 Fe 的吸附动力学过程更符合准二级动力学模型，吸附过程可能受化学吸附控制[236]，黄土吸附 Fe 的起始吸附速率为 16.35mg/(g·min)。

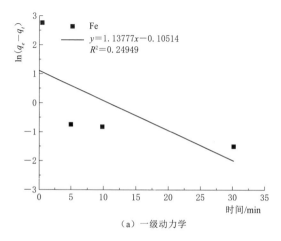

（a）一级动力学

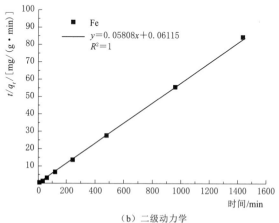

（b）二级动力学

图 4.62 吸附动力学拟合曲线

表 4.37　　　　　　　　　黄土吸附 Fe 的动力学模型参数

一 级 动 力 学			二 级 动 力 学			
q_e/(mg/g)	k_1/min^{-1}	R^2	q_e/(mg/g)	k_2/[g/(mg·min)]	v/[mg/(g·min)]	R^2
3.12	0.11	0.25	17.22	0.055	16.35	1

3. 吸附时间对黄土吸附 Mn 的影响

图 4.63 是吸附时间对黄土吸附酸性老窑水中 Mn 的吸附影响，由图 4.63 可知，吸附过程分为两个阶段：快速吸附阶段（0～0.5h），随着吸附时间的增加，Mn 吸附量迅速从 0 增加到 0.19mg/g；吸附平衡阶段（0.5～24h），随着吸附时间的增加，吸附量从 0.19mg/g 而增加到 0.20mg/g。当吸附时间大于 4h 时，随着吸附时间的增加，Mn 的吸附量差异性不显著（$p > 0.05$），表明吸附反应达到平衡，黄土吸附 Mn 的平衡时间为 4h。

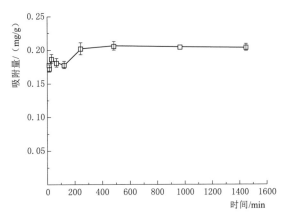

图 4.63　吸附时间对黄土吸附酸性老窑水中 Mn 的吸附影响

采用准一级动力学模型和准二级动力学模型分析了黄土对 Mn 的吸附性，拟合曲线和拟合参数分别见图 4.64 和表 4.38。由表 4.38 可知，准一级动力学模型和准二级动力学拟合的相关系数分别为 0.15、0.99，表明准二级动力学模型对 Mn 的吸附数据具有较好的拟合效果，且准二级动力学模型预测 Mn 的吸附量为 0.21mg/g 与 Mn 的吸附实验结果 0.21mg/g 一致，表明黄土对 Mn 的吸附更符合准二级动力学模型，吸附过程可能发生了化学吸附[236]，黄土吸附 Mn 的起始吸附速率为 0.042mg/(g·min)。

表 4.38　　　　　　　　　黄土吸附 Mn 的动力学模型参数

一 级 动 力 学			二 级 动 力 学			
q_e/(mg/g)	k_1/min^{-1}	R^2	q_e/(mg/g)	k_2/[g/(mg·min)]	v/[mg/(g·min)]	R^2
0.046	0.0077	0.15	0.21	0.98	0.042	0.99

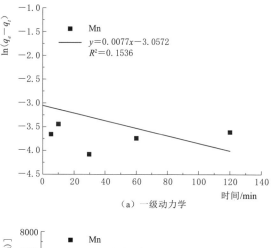

（a）一级动力学

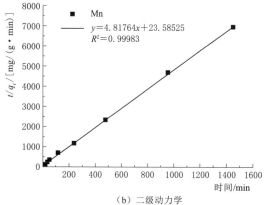

（b）二级动力学

图 4.64　吸附动力学拟合曲线

4. 吸附时间对黄土吸附 Zn 的影响

图 4.65 为吸附时间对黄土吸附酸性老窑水中 Zn 的吸附影响，由图 4.65 可知，黄土对 Zn 的吸附分为两个阶段：当吸附时间从 0 增加到 5min 时，酸性老窑水中 Zn 被快速的吸附，吸附量迅速从 0 增加到 0.051mg/g；当吸附时间从 5min 增加 24h 时，黄土对 Zn 的吸附速率变缓，吸附量从 0.051mg/g 而增加到 0.058mg/g，黄土吸附 Zn 的平衡时间为 4h。

为了进一步探讨黄土对 Zn 的吸附动力学过程，分别采用准一级动力学模型和准二级动力学模型对 Zn 的吸附数据进行拟合，拟合曲线和动力学模型参数分别见图 4.66 和表 4.39。由表 4.39 可知，准二级动力学对实验结果数据拟合的相关系数 0.99，明显高于准一级动力学，且准二级动力学模型预测 Zn 的吸附量为 0.058mg/g 与实验结果 0.058mg/g 一致，表明黄土对 Zn 的吸附更符合准二级动力学模型，吸附过程可能发生了化学吸附[236]。黄土吸附 Zn 的起始吸附速率为 0.0094mg/(g·min)。

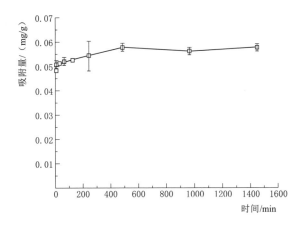

图 4.65　吸附时间对黄土吸附酸性老窑水中 Zn 的吸附影响

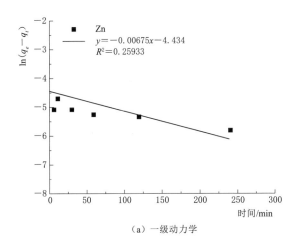

（a）一级动力学

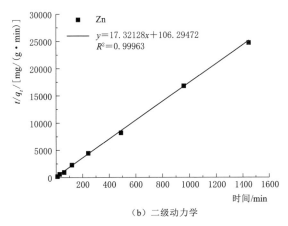

（b）二级动力学

图 4.66　吸附动力学拟合曲线

表 4.39 黄土吸附 Zn 的动力学模型参数

一级动力学			二级动力学			
q_e/(mg/g)	k_1/min^{-1}	R^2	q_e/(mg/g)	k_2/[g/(mg·min)]	v/[mg/(g·min)]	R^2
0.012	0.0068	0.26	0.058	2.82	0.0094	0.99

由上述吸附时间对黄土吸附酸性老窑水中污染物（SO_4^{2-}、Fe、Mn、Zn）的影响实验结果表明，吸附时间对黄土吸附酸性老窑水中污染物有显著性差异，黄土对酸性老窑水中污染物的吸附过程分为两个阶段，即快速吸附阶段和吸附平衡阶段，达到吸附平衡的时间不一致，黄土吸附 SO_4^{2-}、Fe、Mn、Zn 达到吸附平衡的时间分别为 8h、16h、4h 和 4h。黄土对酸性老窑水中污染物的吸附更符合准二级动力学模型，表明吸附过程可能发生了化学吸附。此外，黄土对酸性老窑水中污染物的吸附表现出不同的吸附速率，黄土吸附 SO_4^{2-}、Fe、Mn、Zn 的初始吸附速率分别为 8.53mg/(g·min)、16.35mg/(g·min)、0.042mg/(g·min) 和 0.0094mg/(g·min)。

4.4.2.3 初始浓度对黄土吸附酸性老窑水中污染物的影响

通过等温吸附实验，分析了污染物初始浓度对黄土吸附酸性老窑水中污染物的影响。

1. SO_4^{2-} 浓度对黄土吸附性的影响

图 4.67 为初始浓度对黄土吸附酸性老窑水中 SO_4^{2-} 的吸附影响，由图 4.67 可知：

（1）随着 SO_4^{2-} 初始浓度的增加，吸附量呈现增长的趋势，单位质量黄土对 SO_4^{2-} 的吸附量差异性显著（$p < 0.05$），吸附量从 20.76mg/g 增加到 108.81mg/g，表明黄土适合处理高浓度的 SO_4^{2-}。这是由于随着 SO_4^{2-} 初始浓度的增加，固液界面的 SO_4^{2-} 浓度梯度增大，促进了 SO_4^{2-} 由溶液向黄土表面迁移，导致黄土对 SO_4^{2-} 的吸附量增大。

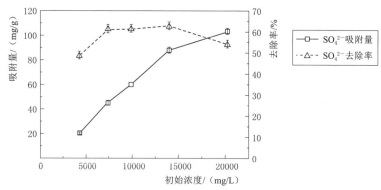

图 4.67 初始浓度对黄土吸附酸性老窑水中 SO_4^{2-} 的吸附影响

（2）随着 SO_4^{2-} 初始浓度的增加，黄土对 SO_4^{2-} 的去除率呈现先增加后减小的趋势，当酸性老窑水中 SO_4^{2-} 初始浓度从 7370.00mg/L 增加到 13990.00mg/L 时，去除率差异性不显著（$p > 0.05$），SO_4^{2-} 的去效率达到最大；当 SO_4^{2-} 初始浓度大于 13990.00mg/L 时，黄土 SO_4^{2-} 的去除率下降，主要原因是黄土中碱性材料与酸性老窑水发生中和反应，形成硫酸钙，附着在黄土表面，致使黄土表面有效的吸附位点减少，进而阻碍吸附反应，所以黄土对 SO_4^{2-} 的去除效果也相应地降低。

2. Fe 浓度对黄土吸附性的影响

图 4.68 为 Fe 初始浓度对黄土吸附酸性老窑水中 Fe 的吸附影响，由图 4.68 可知，随着 Fe 初始浓度的增加，Fe 的吸附量呈线性增长趋势，吸附量从 3.17mg/g 增加到 17.21mg/g，单位质量黄土对 Fe 吸附量的差异性显著（$p < 0.05$）。黄土对 Fe 的去除率并不受浓度的影响，Fe 的去除率保持在 99% 以上。

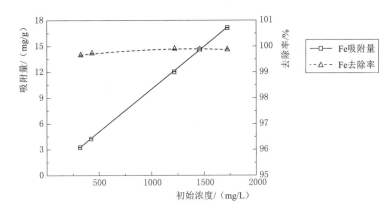

图 4.68　初始浓度对黄土吸附酸性老窑水中 Fe 的吸附影响

3. Mn 浓度对黄土吸附性的影响

图 4.69 为初始浓度对黄土吸附酸性老窑水中 Mn 的吸附影响，由图 4.69 可知：

（1）随着 Mn 初始浓度的增加，黄土对 Mn 的吸附总体呈现下降的趋势，单位质量黄土对 Mn 吸附量的差异性显著（$p < 0.05$）。

（2）随着 Mn 初始浓度的增加，Mn 的去除率呈现先增加然后下降的趋势。当 Mn 的初始浓度小于 14.25mg/L 时，Mn 去除率的差异性不显著（$p > 0.05$）；当 Mn 浓度大于 14.25mg/L 时，随着 Mn 初始浓度增加，黄土对 Mn 的去除率差异性显著（$p < 0.05$）。这可能是由于 Mn 初始浓度较低时，黄土表面的吸附位点多，可以有效地吸附 Mn，但随着初始浓度增加，黄土表面的有效吸附点逐

渐被 Mn 占用，最终达到吸附饱和。此外，由于黄土对酸性老窑水中污染物的吸附存在竞争性吸附，随着酸性老窑水污染物浓度的增加，Fe 和 SO_4^{2-} 首先被黄土吸附，导致黄土对 Mn 的吸附效果降低。

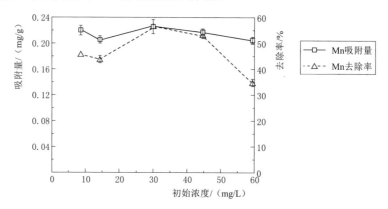

图 4.69 初始浓度对黄土吸附酸性老窑水中 Mn 的吸附影响

4. Zn 浓度对黄土吸附性的影响

图 4.70 为初始浓度对黄土吸附酸性老窑水中 Zn 的吸附影响，由图 4.70 可知，当 Zn 的初始浓度小于 9.36mg/L 时，随着初始浓度的增加，Zn 吸附量和去除率显著增加，Zn 吸附量和去除率的差异性显著（$p < 0.05$）；当 Zn 的初始浓度大于 9.36mg/L 时，随着初始浓度的增加，Zn 吸附量和去除率降低，Zn 吸附量和去除率的差异性显著（$p < 0.05$）。Zn 浓度为 9.36mg/L 时，Zn 的去除率达到最大为 64.94%。产生这种现象的主要原因与黄土对 Mn 吸附的机理一致。

由上述初始浓度对黄土吸附酸性老窑水中污染物的影响实验结果可知，初

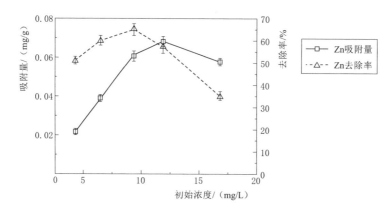

图 4.70 初始浓度对黄土吸附酸性老窑水中 Zn 的吸附影响

始浓度是影响黄土吸附酸性老窑水典型污染的一个重要因素，随着初始浓度的增加，单位质量黄土对酸性老窑水中 SO_4^{2-} 和 Fe 的吸附量呈现增长的趋势，对 Mn 和 Zn 的吸附量呈现先增加后下降的趋势。主要是由于存在竞争性吸附，黄土首先吸附 SO_4^{2-} 和 Fe，导致黄土表面有效吸附位点降低，所以黄土对 Mn、Zn 的吸附效果降低。

4.4.2.4 温度对黄土吸附性的影响

1. 温度对黄土吸附 SO_4^{2-} 的影响

图 4.71 为温度对黄土吸附酸性老窑水中 SO_4^{2-} 的吸附影响，由图 4.71 可知，随着温度的升高，SO_4^{2-} 的吸附量和去除率增加，吸附量从 108.81mg/g 增加到 118.84mg/g，去除率从 53.92％增加到 58.89％，吸附量和去除率的增幅分别为 9.19％和 9.22％，表明升高温度有利于吸附反应进行。主要是由于温度升高，促进了 SO_4^{2-} 与黄土之间的相互作用，增加了 SO_4^{2-} 的，减少了对扩散离子的传质阻力。

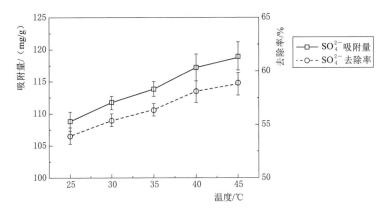

图 4.71　温度对黄土吸附酸性老窑水中 SO_4^{2-} 的吸附影响

2. 温度对黄土吸附 Fe 的影响

图 4.72 为温度对黄土吸附酸性老窑水中 Fe 的吸附影响，由图 4.72 可知，随着温度的升高，黄土对 Fe 的吸附量和去除率增加，吸附量从 17.21mg/g 增加到 17.23mg/g，去除率从 99.88％增加到 99.96％，表明升高温度能够促进黄土对 Fe 的吸附，但升高温度对黄土吸附 Fe 的效果不明显。当温度大于 30℃ 时，随着温度的升高，黄土对 Fe 的吸附量和去除率差异不显著（$p>0.05$）。

3. 温度对黄土吸附 Mn 的影响

图 4.73 为温度对黄土吸附酸性老窑水中 Mn 的吸附影响，由图 4.73 可知，随着温度的升高，黄土对 Mn 的吸附呈现先增长然后趋于稳定的趋势，表明升高温度能够促进黄土对 Mn 的吸附。当温度从 25℃ 增加到 35℃ 时，黄土对 Mn

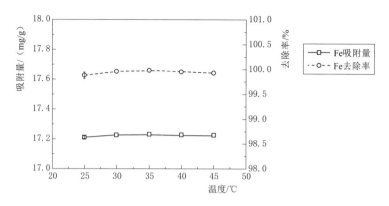

图 4.72 温度对黄土吸附酸性老窑水中 Fe 的吸附影响

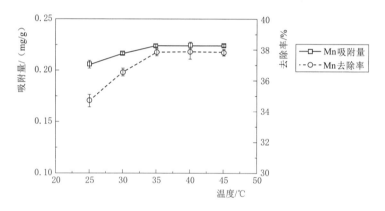

图 4.73 温度对黄土吸附酸性老窑水中 Mn 的吸附影响

的吸附量和去除率差异性显著（$p < 0.05$）；当温度高于 35℃时，随着温度的升高，黄土对 Mn 的吸附量和去除率差异性不显著（$p > 0.05$）。

4. 温度对黄土吸附 Zn 的影响

图 4.74 为温度对黄土吸附酸性老窑水中 Zn 的吸附影响，由图 4.74 可知，随着温度的升高，黄土对 Zn 的吸附呈现先增长然后趋于稳定的趋势，表明升高温度能够促进黄土对 Zn 的吸附。当温度从 25℃增加到 30℃时，黄土对 Zn 的吸附量和去除率差异性显著（$p < 0.05$）；当温度高于 30℃时，随着温度的升高，黄土对 Zn 的吸附量和去除率差异性不显著（$p > 0.05$）。

由上述温度对黄土吸附酸性老窑水中污染物（SO_4^{2-}、Fe、Mn、Zn）的影响实验结果可知，随着温度的升高，黄土对酸性老窑水典型污染物的吸附性均有提高，表明升高温度能够促进黄土对酸性老窑水中污染物的吸附，但吸附效果不明显。

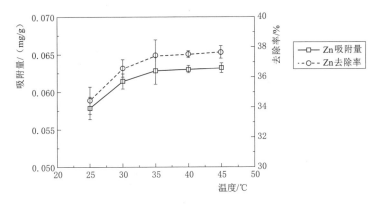

图 4.74　温度对黄土吸附酸性老窑水中 Zn 的吸附影响

4.4.3　黄土吸附酸性老窑水机理探讨

利用扫描电子显微镜（SEM）、X 射线衍射仪（XRD）和傅里叶红外光谱仪（FTIR）测试了吸附酸性老窑水中污染物（SO_4^{2-}、Fe、Mn、Zn）前后的黄土，根据测试结果探讨分析黄土吸附酸性老窑水中污染物的机理。

图 4.75 为黄土吸附酸性老窑水中典型污染物前后的扫描电镜图，由图 4.75（a）可知，吸附前，可以观察到黄土表面粗糙和不规则的孔径结构，这些性质将有效增加黄土的比表面积，同时提供大量的吸附位点，从而提高吸附效果。图 4.75（b）为黄土吸附酸性老窑水典型污染物后的表面微观形貌特征，由图 4.75（b）可知，黄土吸附酸性老窑水典型污染物（SO_4^{2-}、Fe、Mn、Zn）后，黄土表面发生了明显的变化，黄土表面以及孔隙结构被许多颗粒物填充，沉淀物分布较为广泛，且形成具有一定形貌特征的团簇，表明黄土作为低成本的吸附材料，可以有效地处理酸性老窑水。

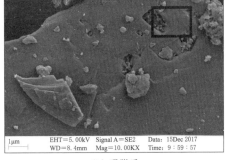

（a）吸附前　　　　　　　　　　　　　（b）吸附后

图 4.75　黄土吸附酸性老窑水中典型污染物前后的扫描电镜图

图 4.76 为黄土吸附酸性老窑水中典型污染物前后的 XRD 图谱，由图 4.76 可知，吸附前，黄土的主要矿物成分有石英、方解石和钠长石等。吸附污染物后，衍射峰的强度发生了变化，位于 $2\theta = 29.365°$ 处的衍射峰为方解石（CaCO$_3$），其衍射峰逐渐降低，而在 $2\theta = 11.575°$ 和 $2\theta = 29.052°$ 处出现了新的衍射峰为（CaSO$_4$），表明黄土吸附硫酸盐的过程中，方解石有着重要作用，即黄土吸附 SO$_4^{2-}$ 的机理是酸性老窑水与黄土中的方解石发生反应形成石膏[237-238]。黄土中的碱性材料（方解石）减少，表明溶液 pH 值升高，金属离子 Fe、Mn、Zn 形成氢氧化物沉淀吸附在黄土表面。

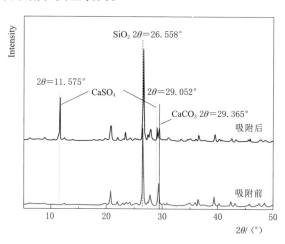

图 4.76 黄土吸附酸性老窑水中典型污染物前后的 XRD 图谱

图 4.77 为黄土吸附酸性老窑水中典型污染物前后的 FTIR 图谱，由图 4.77 可知，吸附前后黄土的特征吸收图谱差异较大。吸附后，在 668cm^{-1} 和 603cm^{-1} 处

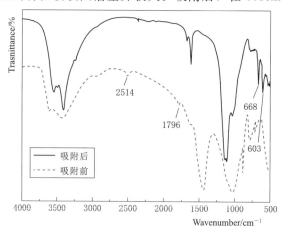

图 4.77 黄土吸附酸性老窑水中典型污染物前后的 FTIR 图谱

出现了两个新的吸收峰[239]，主要是由阴离子 SO_4^{2-} 的晶格振动引起，表明黄土表面存在 SO_4^{2-}；吸附后，在 $2514cm^{-1}$ 和 $1796cm^{-1}$ 处的 C＝O 基团峰值消失[240]，主要是由于方解石与酸性老窑水反应，同时与 SO_4^{2-} 结合形成石膏。

4.5 不同类型钢渣吸附酸性老窑水中污染物的机理研究

钢渣是一种廉价的碱性吸附材料，具有多孔结构和较大的比表面积[241]。此外，由于它的高密度，易于固液分离。因此，近年来钢渣在工业废水处理中的应用受到了广泛关注。尽管钢渣被用来去除污染水中的重金属、磷酸盐及染料，但对于钢渣处理酸性老窑水中污染物的研究鲜有报道。

以不同类型钢渣（铁矿渣、不锈钢钢渣和碳钢渣）为吸附材料，通过吸附实验，研究不同类型钢渣固液比、吸附时间、初始浓度和温度等因素对钢渣吸附酸性老窑水中污染物的影响。基于吸附动力学模型，明确不同类型钢渣对污染物的吸附过程及吸附速率及达到吸附平衡的时间。利用扫描电子显微镜（SEM）、X射线衍射仪（XRD）和傅里叶红外光谱仪（FTIR）测试分析不同类型钢渣吸附酸性老窑水中污染物（SO_4^{2-}、Fe、Mn、Zn）前后的矿物特征变化，研究分析不同类型钢渣吸附酸性老窑水中污染物的机理。

4.5.1 实验材料与方法

4.5.1.1 实验材料

水样取自于山西省娘子关泉域山底河流域山底村闭坑煤矿区渗出的酸性老窑水，pH值为2.0，酸性老窑水典型污染物的成分见表4.32。

不同类型钢渣（铁矿渣、不锈钢钢渣和碳钢渣）均取自于山西省太钢哈斯科科技有限公司，过200目筛，将过筛后的不同类型钢渣储存备用。采用比表面积测试仪测定不同类型钢渣比表面积、孔隙体积和孔径。不同类型钢渣的化学成分和物理性质见表4.40和表4.41。

表 4.40　　　　　　　　　　　不同类型钢渣的化学成分

化学成分	质量百分比/%			化学成分	质量百分比/%		
	铁矿渣	不锈钢钢渣	碳钢渣		铁矿渣	不锈钢钢渣	碳钢渣
Si	16.19	12.48	8.58	Cd	2.00×10^{-6}	2.00×10^{-6}	5.00×10^{-6}
Ca	29.38	34.76	27.12	Cr	2.84×10^{-3}	0.30	0.20
Mg	4.18	3.95	4.44	Mn	0.044	0.36	0.52
Fe	0.63	4.50	23.49	Ni	1.15×10^{-4}	1.18×10^{-2}	1.12×10^{-2}
Zn	6.95×10^{-3}	3.59×10^{-3}	4.91×10^{-2}	Pb	4.19×10^{-4}	2.42×10^{-3}	3.09×10^{-3}

表 4. 41 不同类型钢渣的物理性质

材　　料	比表面积/(m²/g)	孔隙体/(cm³/g)	平均孔径/nm
铁矿渣	5.43	0.11	86.68
不锈钢钢渣	34.69	0.09	10.38
碳钢渣	36.82	0.35	34.49

4.5.1.2 实验方法

（1）静态吸附实验：通过吸附动力学实验和等温吸附实验，研究不同类型钢渣固液比、吸附时间、初始浓度和温度等因素对不同类型钢渣吸附酸性老窑水中污染物的影响。具体操作方法和黄土一致。

（2）钢渣吸附机理分析方法：利用扫描电子显微镜（SEM）、X 射线衍射仪（XRD）和傅里叶红外光谱仪（FTIR）分析不同类型钢渣吸附酸性老窑水中污染物的机理。具体操作方法和黄土一致。

4.5.2 钢渣毒性浸出实验

采用毒性特征浸出法对不同类型的钢渣（铁矿渣、不锈钢钢渣、碳钢渣）进行有害物浸出实验，分析不同类型钢渣作为治理酸性老窑水的吸附材料对环境影响。分别称取 30g 铁矿渣、不锈钢钢渣、碳钢渣样品，将其放入 500mL 锥形瓶中，加入 300mL 去离子水和 pH＝2.0 溶液。在温度为 25℃时振荡，振荡速度为 200r/min，振荡 24h 后取出样品。然后对样品进行离心处理，设定离心机转速为 4000r/min，离心时间为 5min，取离心后的上清液并过滤，测定滤液中的重金属浓度。实验重复 3 次，取平均值。

通过毒性浸出实验分析不同类型钢渣对环境安全性评价，实验结果由表 4.42 可知，不同类型钢渣的毒性较低，低于污水排放标准。溶液碱性增加，产生这种现象的主要原因是钢渣中含有大量的碱性材料（如 CaO）溶解，使溶液呈碱性。

表 4. 42 钢渣重金属浸出毒性测试

方案	重金属类别	pH	Pb	Cr	Cd	Ni	Zn	Cu
一	铁矿渣	10.17	未检出	未检出	未检出	0.0048	未检出	未检出
	不锈钢钢渣	11.65	未检出	未检出	未检出	0.010	未检出	未检出
	碳钢渣	12.04	未检出	未检出	未检出	0.029	未检出	未检出
二	铁矿渣	6.18	0.1043	0.2558	0.0302	0.0749	0.0331	0.0078
	不锈钢钢渣	8.70	0.1504	0.2603	0.035	0.0951	0.0293	0.0068
	碳钢渣	10.60	0.2676	0.2801	0.0041	0.1236	0.0533	0.0165

4.5.3　不同类型钢渣吸附酸性老窑水中污染物的实验研究

4.5.3.1　固液比对不同类型钢渣吸附酸性老窑水中污染物的影响

通过改变不同类型钢渣（铁矿渣、不锈钢钢渣、碳钢渣）固液比的吸附实验，分别研究它们吸附污染物（SO_4^{2-}、Fe、Mn、Zn）的最佳固液比。

1. 固液比对不同类型钢渣吸附 SO_4^{2-} 的影响

图 4.78 为不同类型钢渣固液比对酸性老窑水中 SO_4^{2-} 去除率的影响，由图 4.78 可知，随着不同类型钢渣固液比的增加，SO_4^{2-} 的去除率呈现先迅速增长然后趋于稳定的趋势。铁矿渣固液比从 12.5g/L 增加到 25.0g/L 时，去除率从 32.77% 增加到 55.15%；当铁矿渣固液比大于 25.0g/L 时，随着铁矿渣固液比的增加，去除率趋于稳定。不锈钢钢渣和碳钢渣固液比从 12.5g/L 增加到 100.0g/L 时，不锈钢钢渣对 SO_4^{2-} 的去除率从 37.07% 增加到 91.66%，碳钢渣对 SO_4^{2-} 的去除率从 37.73% 增加到 92.89%；此后，随着不锈钢钢渣和碳钢渣固液比的增加，SO_4^{2-} 去除效率不再有明显的增加。这主要是由于随着不同类型钢渣固液比的增加，碱性材料（CaO）和吸附位点的增加，导致 SO_4^{2-} 去除率增加。在不同类型钢渣固液比相同的条件下，碳钢渣和不锈钢钢渣对 SO_4^{2-} 的去除效果均显著高于铁矿渣。这是由于不锈钢钢渣和碳钢渣比表面均为铁矿渣的 6.5 倍左右（表 4.41），提供更多的吸附位点吸附 SO_4^{2-}。

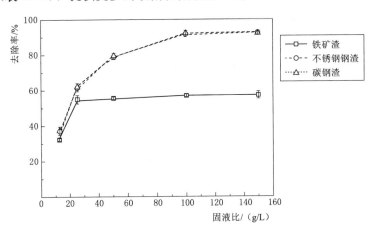

图 4.78　不同类型钢渣固液比对酸性老窑水中 SO_4^{2-} 去除率的影响

图 4.79 为不同类型钢渣固液比对酸性老窑水中 SO_4^{2-} 吸附量的影响，由图 4.79 可知：

（1）随着不同类型钢渣固液比的增加，单位质量钢渣对 SO_4^{2-} 的吸附量呈现下降趋势，碳钢渣对 SO_4^{2-} 吸附量从 609.07mg/g 下降到 124.84mg/g；不锈钢

钢渣对 SO_4^{2-} 吸附量从 598.40mg/g 下降到 125.02mg/g；铁矿渣对 SO_4^{2-} 吸附量从 529.01mg/g 下降到 77.30mg/g。主要是由于随着钢渣固液比的增加，碱性氧化物与酸性老窑水发生中和反应，形成硫酸钙，附着在钢渣表面，阻碍吸附反应，导致钢渣表面有效吸附点的利用率下降，因此单位质量钢渣对 SO_4^{2-} 的吸附量也相应减少。

（2）在钢渣固液比相同的条件下，碳钢渣和不锈钢钢渣对 SO_4^{2-} 的吸附量高于铁矿渣。

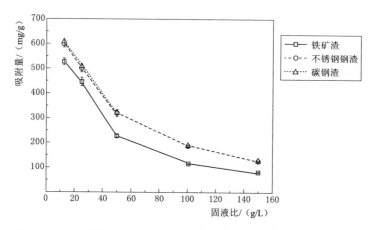

图 4.79　不同类型钢渣固液比对酸性老窑水中 SO_4^{2-} 吸附量的影响

综合考虑不同类型钢渣对酸性老窑水中 SO_4^{2-} 去除率和吸附量的影响，可选用碳钢渣和不锈钢钢渣作为处理酸性老窑水中 SO_4^{2-} 的吸附材料。当固液比从 50g/L 增加到 100g/L 时，碳钢渣和不锈钢钢渣对 SO_4^{2-} 去除率仅增加了 12.34％和 13.46％，增幅较小；当铁矿渣固液比大于 50g/L 时，随着固液比的增加，SO_4^{2-} 去除率趋于稳定。因此，不同类型钢渣吸附 SO_4^{2-} 的最佳固液比为 50g/L。

2. 固液比对不同类型钢渣吸附 Fe 的影响

图 4.80 为不同类型钢渣固液比对酸性老窑水中 Fe 去除率的影响，由图 4.80 可知，随着不同类型钢渣固液比的增加，Fe 去除率呈现先迅速增长然后趋于稳定的趋势。当固液比从 12.5g/L 增加到 50g/L 时，铁矿渣、不锈钢钢渣和碳钢渣对 Fe 的去除率分别为从 84.10％、91.59％和 91.62％增加到 99.94％、99.98％和 99.97％。当固液比从 50g/L 增加到 150g/L 时，Fe 去除效率达到平衡，酸性老窑水中 Fe 浓度低于我国地下水环境质量标准限值（0.30mg/L）。这是由于随着不同类型钢渣固液比增加，钢渣提供更多的吸附位点吸附酸性老窑水中 Fe，且溶液的 pH 值大于 10，Fe 以氢氧化物沉淀的形式附着在不同类型钢渣表面。

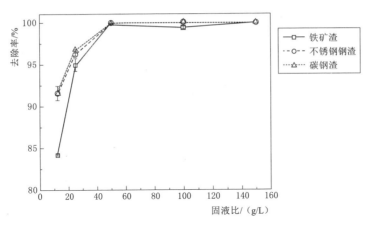

图 4.80　不同类型钢渣固液比对酸性老窑水中
Fe 去除率的影响

图 4.81 为不同类型钢渣固液比对酸性老窑水中 Fe 吸附量的影响，由图 4.81 可知，不同类型钢渣对 Fe 吸附量与去除率的结果相反，随着不同类型钢渣固液比的增加，单位质量钢渣对 Fe 的吸附量呈现下降趋势。铁矿渣对 Fe 吸附量从 115.94mg/g 下降到 11.49mg/g，不锈钢钢渣对 Fe 吸附量从 126.26mg/g 下降到 11.49mg/g，碳钢渣对 Fe 吸附量从 126.30mg/g 下降到 11.49mg/g。主要是由于随着钢渣固液比的增加，溶液中 Fe 被吸附，其浓度变化很小，因此单位质量钢渣对 Fe 的吸附量也相应减少。

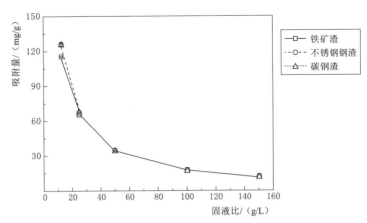

图 4.81　不同类型钢渣固液比对酸性老窑
水中 Fe 吸附量的影响

综合考虑不同类型钢渣固液比对酸性老窑水中 Fe 去除率和吸附量的影响，可选用碳钢渣和不锈钢钢渣作为处理酸性老窑水中 Fe 的吸附材料，最佳固液比为 50g/L。

3. 固液比对不同类型钢渣吸附 Mn 的影响

图 4.82 为不同类型钢渣固液比对酸性老窑水中 Mn 去除率的影响，由图 4.82 可知：

（1）随着固液比的增加，Mn 去除率呈现快速增长然后趋于稳定的趋势，铁矿渣固液比从 12.5g/L 增加到 100g/L 时，去除率从 23.46% 增加到 84.22%。此后，随着固液比的增加，Mn 去除率趋于稳定；不锈钢钢渣和碳钢渣固液比从 12.5g/L 增加到 50g/L 时，Mn 的去除率分别从 26.94%、22.40% 增加到 95.14%、99.34%。此后，固液比的增加对 Mn 去除效率不再有明显的增长作用。这主要是由于随着不同类型钢渣固液比的增加，碱性物质和吸附位点增加，导致去除率增大。

（2）在固液比相同的条件下，碳钢渣和不锈钢钢渣对 Mn 的去除率高于铁矿渣，这主要是由于不锈钢钢渣和碳钢渣的比表面积大于铁矿渣，提供更多的吸附位点，导致不锈钢钢渣和碳钢渣对 Mn 去除效果优于铁矿渣。

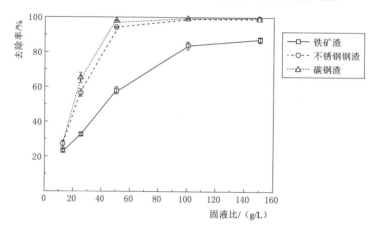

图 4.82　不同类型钢渣固液比对酸性老窑
水中 Mn 去除率的影响

图 4.83 为不同类型钢渣固液比对酸性老窑水中 Mn 吸附量的影响，由图 4.83 可知，随着固液比的增加，单位质量铁矿渣对 Mn 的吸附量呈现下降趋势，单位质量不锈钢钢渣和碳钢渣对 Mn 的吸附量呈现先增加后减小的趋势。在碳钢渣和不锈钢钢渣固液比为 25g/L 时，碳钢渣和不锈钢钢渣对 Mn 的吸附量达到最大，分别为 1.55mg/g 和 1.35mg/g，此时铁矿渣对 Mn 的吸附量仅为 0.78mg/g。主要是由于不锈钢钢渣和碳钢渣固液比较低时，随着固液比的增加，碳钢渣和不锈钢钢渣表面有效的吸附位点增多，对 Mn 的吸附量增加。当固液比继续增加时，虽然碳钢渣和不锈钢钢渣有效吸附位点继续增加，但是由于其

表面的吸附沉淀物减少了有效吸附位点，导致单位质量钢渣对 Mn 的吸附量下降。

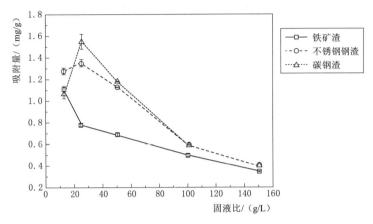

图 4.83 不同类型钢渣固液比对酸性老窑水中 Mn 吸附量的影响

综合考虑不同类型钢渣固液比对酸性老窑水中 Mn 去除效率和吸附量的影响，可选用碳钢渣和不锈钢钢渣作为处理酸性老窑水中 Mn 的吸附材料，最佳固液比为 50g/L。

4. 固液比对不同类型钢渣吸附 Zn 的影响

图 4.84 为不同类型钢渣固液比对酸性老窑水中 Zn 去除率的影响，由图 4.84 可知随着固液比的增加，Zn 的去除率呈现先迅速增长然后趋于稳定的趋势，当不同类型钢渣固液比从 12.5g/L 增加到 50g/L 时，铁矿渣、不锈钢钢渣和碳钢渣对 Zn 的去除率分别从 43.32%、26.19% 和 22.03% 增加到 96.87%、97.05% 和 97.37%。当固液比大于 50g/L 时，随着固液比的增加，Zn 的去除效

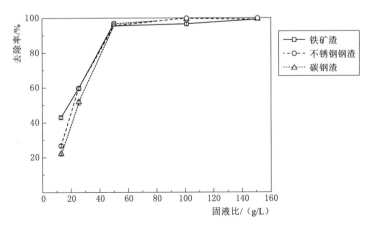

图 4.84 不同类型钢渣固液比对酸性老窑水中 Zn 去除率的影响

率不再显著增加，溶液中 Zn 浓度低于我国地下水环境质量标准限值（1.00mg/L）。这是由于随着固液比的增加，可以提供更多的吸附位点来吸附溶液中 Zn。此外，随着固液比的增加，能有效提高酸性老窑水 pH 值，不仅发生吸附，同时还生成沉淀。

图 4.85 为不同类型钢渣固液比对酸性老窑水中 Zn 吸附量的影响，由图 4.85 可知，随着固液比的增加，单位质量铁矿渣对 Zn 的吸附量呈现下降趋势，单位质量不锈钢钢渣和碳钢渣对 Zn 的吸附量呈现先增加后减小的趋势。当碳钢渣和不锈钢钢渣固液比为 25g/L 时，对 Zn 的吸附量达到最大，分别为 0.35mg/g、0.41mg/g，此时铁矿渣对 Zn 的吸附量为 0.40mg/g，其吸附机理与 Mn 的类似。

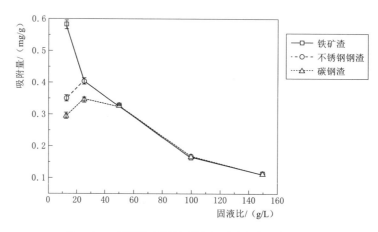

图 4.85 不同类型钢渣固液比对酸性老窑水中 Zn
吸附量的影响

由上述不同类型钢渣（铁矿渣、不锈钢钢渣和碳钢渣）固液比对吸附酸性老窑水中污染物（SO_4^{2-}、Fe、Mn、Zn）的影响实验结果表明，不同类型钢渣固液比是影响吸附酸性老窑水中污染物的重要因素。随着固液比的增加，碱性材料和吸附位点增加，致使酸性老窑水中污染物的去除率升高，而且不锈钢钢渣和碳钢渣对污染物的去除效果优于铁矿渣，但是过量的铁矿渣、不锈钢钢渣和碳钢渣对污染物的去除效果不显著。因此，可选用碳钢渣和不锈钢钢渣作为处理酸性老窑水污染物的吸附材料，最佳固液比为 50g/L。

4.5.3.2 吸附时间对不同类型钢渣吸附酸性老窑水中污染物的影响

通过吸附动力学实验，研究了不同类型钢渣（铁矿渣、不锈钢钢渣、碳钢渣）吸附酸性老窑水中污染物（SO_4^{2-}、Fe、Mn、Zn）达到吸附平衡的时间和吸附量。采用准一级动力学模型和准二级动力学模型分析不同类型钢渣吸附污染物的动力学过程。

1. 吸附时间对不同类型钢渣吸附 SO_4^{2-} 的影响

图 4.86 为吸附时间对不同类型钢渣 SO_4^{2-} 吸附的影响，由图 4.86 可知，随着吸附时间的增加，铁矿渣、不锈钢钢渣和碳钢渣对 SO_4^{2-} 的吸附呈现快速增加然后趋于稳定的趋势。当吸附时间从 0h 增加到 0.5h 时，SO_4^{2-} 被不同类型钢渣快速地吸附，在吸附时间为 0.5h 时，铁矿渣、不锈钢钢渣和碳钢渣对 SO_4^{2-} 吸附量分别达到平衡吸附量的 90.39%、73.54% 和 77.64%；当吸附时间从 0.5h 增加到 24h 时，不同类型钢渣对 SO_4^{2-} 的吸附速率变缓，表明不锈钢钢渣和碳钢渣对 SO_4^{2-} 的吸附达到平衡，不锈钢钢渣和碳钢渣吸附 SO_4^{2-} 的平衡时间为 16h。在吸附时间相同的条件下，碳钢渣和不锈钢钢渣对 SO_4^{2-} 吸附均显著高于铁矿渣。这主要是由于碳钢渣的比表面积大于不锈钢钢渣，且是铁矿渣比表面积的 6.5 倍左右，为吸附 SO_4^{2-} 提供大量的吸附位点，但是随着吸附时间的增加，钢渣中碱性材料（CaO）与 SO_4^{2-} 结合生成硫酸钙附着在不同类型钢渣的表面，导致吸附位点逐渐减少，最终达到吸附平衡。

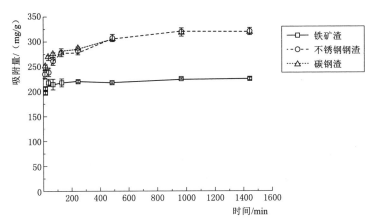

图 4.86　吸附时间对不同类型钢渣 SO_4^{2-} 吸附的影响

分别采用准一级动力学模型和准二级动力学模型对 SO_4^{2-} 的吸附数据进行拟合，拟合曲线和动力学参数分别见图 4.87 和表 4.43。由图 4.87 和表 4.43 可知，准二级动力学模型拟合的相关系数（$R^2 > 0.99$）均大于准一级动力学模型，且准二级动力学模型预测铁矿渣、不锈钢钢渣和碳钢渣对 SO_4^{2-} 的吸附量分别为 225.23mg/g、322.58mg/g 和 321.54mg/g，与实验结果 220.73mg/g、320.24mg/g 和 320.56mg/g 基本一致，表明钢渣对 SO_4^{2-} 的吸附更符合准二级动力学模型，吸附过程可能发生了化学吸附[242]。根据准二级动力学模型可得铁矿渣、不锈钢钢渣、碳钢渣吸附 SO_4^{2-} 的起始吸附速率分别为：铁矿渣 [66.53mg/(g·min)]＞不锈钢钢渣[22.53mg/(g·min)]＞碳钢渣[22.51mg/(g·min)]。

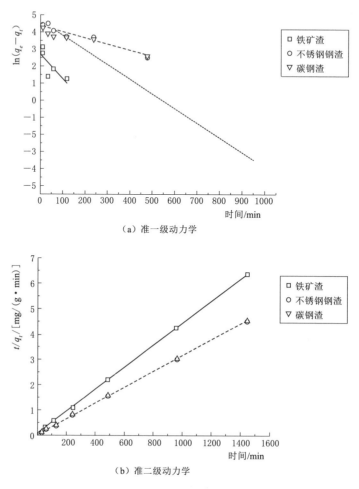

（a）准一级动力学

（b）准二级动力学

图 4.87 吸附动力学拟合曲线

表 4.43 不同类型钢渣吸附 SO_4^{2-} 的动力学模型参数

动力学模型	参数	铁矿渣	不锈钢钢渣	碳钢渣
一级动力学	$q_e/(mg/g)$	13.35	81.80	114.50
	k_1/min^{-1}	0.02	0.0038	0.0083
	R^2	0.46	0.94	0.81
二级动力学	$q_e/(mg/g)$	225.23	322.58	321.54
	$k_2/[g/(mg \cdot min)]$	0.0013	0.00022	0.00022
	$v/[mg/(g \cdot min)]$	66.53	22.53	22.51
	R^2	0.99	0.99	0.99

2. 吸附时间对不同类型钢渣吸附 Fe 的影响

图 4.88 为吸附时间对不同类型钢渣 Fe 吸附的影响，由图 4.88 可知，不同类型钢渣对 Fe 的吸附分为两个阶段：①快速吸附阶段，当吸附时间从 0min 增加到 5min 时，铁矿渣、不锈钢钢渣和碳钢渣快速地吸附 Fe，Fe 吸附量分别达到平衡吸附量的 82.12%、99.71% 和 99.06%；②吸附平衡阶段，当吸附时间大于 5min 时，随着吸附时间的增加，Fe 吸附速率减缓。

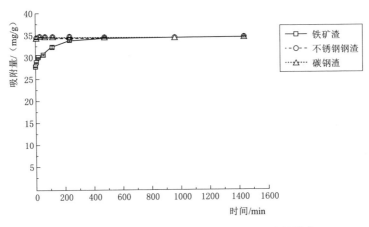

图 4.88　吸附时间对不同类型钢渣 Fe 吸附的影响

对铁矿渣而言，当吸附时间大于 8h 时，随着吸附时间的增加，Fe 吸附量的差异性不显著（$p > 0.05$），表明铁矿渣对 Fe 的吸附达到平衡，铁矿渣吸附 Fe 的平衡时间为 8h；对不锈钢钢渣和碳钢渣而言，当吸附时间大于 0.5h 时，随着时间增加，Fe 吸附量的差异性不显著（$p > 0.05$），表明不锈钢钢渣和碳钢渣对 Fe 的吸附达到平衡，不锈钢钢渣和碳钢渣吸附 Fe 的平衡时间为 0.5h。在吸附时间相同的条件下，不锈钢钢渣和碳钢渣对 Fe 吸附量的差异不显著（$p > 0.05$），但与铁矿渣有显著差异（$p < 0.05$）。

为了进一步探讨不同类型钢渣吸附 Fe 的动力学过程，分别采用准一级动力学模型和准二级动力学模型对 Fe 的吸附数据进行拟合，拟合曲线和参数分别见图 4.89 和表 4.44。由图 4.89 和表 4.44 可知，准二级动力学模型对吸附数据拟合的相关系数（$R^2 > 0.99$）大于准一级动力学模型，且准二级动力学模型预测铁矿渣、不锈钢钢渣和碳钢渣对 Fe 的吸附量分别为 34.57mg/g、34.46mg/g 和 34.46mg/g，与实验结果 34.43mg/g、34.44mg/g 和 34.44mg/g 基本一致，表明不同类型钢渣对 Fe 的吸附更符合准二级动力学模型，吸附过程可能发生了化学吸附[242]。根据准二级动力学模型可得不同类型钢渣吸附 Fe 的初始吸附速率分别为：不锈钢钢渣［2211.49mg/(g·min)］>碳钢渣［1065.43mg/(g·min)］>铁矿渣［8.14mg/(g·min)］。

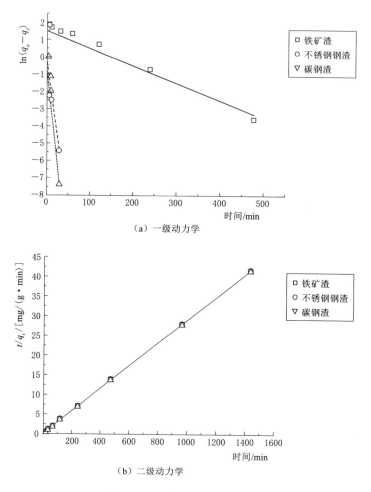

图 4.89 吸附动力学拟合曲线

表 4.44	不同类型钢渣吸附 Fe 的动力学模型参数			
动力学模型	参　　数	铁矿渣	不锈钢钢渣	碳钢渣
一级动力学	$q_e/(\text{mg/g})$	4.62	1.94	1.18
	k_1/min^{-1}	0.01	0.16	0.25
	R^2	0.85	0.90	0.99
二级动力学	$q_e/(\text{mg/g})$	34.57	34.46	34.46
	$k_2/[\text{g/(mg} \cdot \text{min)}]$	0.0068	1.86	0.90
	$v/[\text{mg/(g} \cdot \text{min)}]$	8.14	2211.49	1065.43
	R^2	0.99	1	1

3. 吸附时间对不同类型钢渣吸附 Mn 的影响

图 4.90 为吸附时间对不同类型钢渣 Mn 吸附的影响，由图 4.90 可知，随着吸附时间的增加，不同类型钢渣对 Mn 的吸附呈现快速增加然后趋于稳定的趋势，且达到吸附平衡的时间不一致。对铁矿渣而言，当吸附时间大于 8h 时，随吸附时间的增加，Mn 吸附量的差异性不显著（$p > 0.05$），表明铁矿渣对 Mn 的吸附达到平衡，铁矿渣吸附 Mn 的平衡时间为 8h。对不锈钢钢渣而言，当吸附时间大于 4h 时，随吸附时间的增加，Mn 吸附量的差异性不显著（$p > 0.05$），表明不锈钢钢渣对 Mn 的吸附达到平衡，不锈钢钢渣吸附 Mn 的平衡时间为 4h；对碳钢渣而言，当吸附时间大于 2h 时，随着吸附时间的增加，Mn 吸附量的差异性不显著（$p > 0.05$），表明碳钢渣对 Mn 的吸附达到平衡，碳钢渣吸附 Mn 的平衡时间为 2h。在吸附时间相同的条件下，铁矿渣、不锈钢钢渣和碳钢渣对 Mn 吸附的差异性显著（$p < 0.05$）。

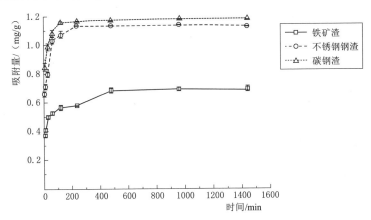

图 4.90　吸附时间对不同类型钢渣 Mn 吸附的影响

在达到吸附平衡时，Mn 的吸附量顺序为：碳钢渣（1.17mg/g）＞不锈钢钢渣（1.15mg/g）＞铁矿渣（0.7mg/g）。这主要是由于碳钢渣的比表面积大于不锈钢钢渣，且是铁矿渣的 6.5 倍左右，为吸附 Mn 提供大量的吸附位点，导致碳钢渣对 Mn 的吸附效果优于不锈钢钢渣和铁矿渣。

分别采用准一级动力学模型和准二级动力学模型分析了不同类型钢渣对 Mn 的吸附过程，拟合曲线和拟合参数分别见图 4.91 和表 4.45。由图 4.91 和表 4.45 可知，准二级动力学模型拟合的相关系数（$R^2 > 0.99$）大于准一级动力学模型，准二级动力学模型预测铁矿渣、不锈钢钢渣和碳钢渣对 Mn 的吸附量分别为 0.70mg/g、1.13mg/g 和 1.18mg/g，与实验结果 0.70mg/g、1.15mg/g 和 1.17mg/g 基本一致，表明不同类型钢渣对 Mn 的吸附更符合准二级动力学模型，吸附过程可能发生了化学吸附[242]。根据准二级动力学模型可得不同类型钢渣吸附 Mn 的起始吸附速率为：碳钢渣$[0.28\text{mg}/(\text{g}\cdot\text{min})]$＞不锈钢钢渣$[0.20\text{mg}/(\text{g}\cdot\text{min})]$＞铁矿渣$[0.04\text{mg}/(\text{g}\cdot\text{min})]$。

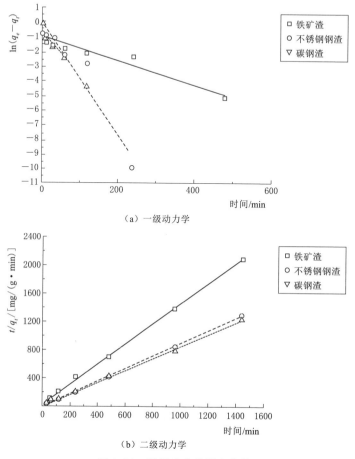

（a）一级动力学

（b）二级动力学

图 4.91　吸附动力学拟合曲线

表 4.45　　　　　　　　　不同类型钢渣吸附 Mn 的动力学模型参数

动力学模型	参　数	铁矿渣	不锈钢钢渣	碳钢渣
一级动力学	$q_e/(\text{mg/g})$	0.39	0.96	0.57
	k_1/min^{-1}	0.0081	0.037	0.032
	R^2	0.851	0.93	0.95
二级动力学	$q_e/(\text{mg/g})$	0.70	1.13	1.18
	$k_2/[\text{g}/(\text{mg}\cdot\text{min})]$	0.08	0.16	0.20
	$v/[\text{mg}/(\text{g}\cdot\text{min})]$	0.04	0.20	0.28
	R^2	0.99	0.99	0.99

4. 吸附时间对不同类型钢渣吸附 Zn 的影响

图 4.92 为吸附时间对不同类型钢渣 Zn 吸附的影响，由图 4.92 可知，吸附时间从 0h 增加到 0.5h，不同类型钢渣对 Zn 的吸附速率较快，吸附时间为 0.5h 时，铁矿渣、不锈钢钢渣和碳钢渣对 Zn 的吸附量分别达到平衡时吸附量的 98.75%、99.81% 和 97.90%；当吸附时间大于 0.5h 时，随着吸附时间的增加，吸附速率减缓。

对于铁矿渣而言，当吸附时间大于 1h 时，随着吸附时间的增加，Zn 吸附量的差异性不显著（$P > 0.05$），表明铁矿渣对 Zn 的吸附达到平衡，铁矿渣吸附 Zn 的平衡时间为 1h；对于不锈钢钢渣而言，当吸附时间大于 0.5h 时，Zn 吸附量的差异性不显著（$P > 0.05$），表明不锈钢钢渣对 Zn 的吸附达到平衡，不锈钢钢渣吸附 Zn 的平衡时间为 0.5h；对于碳钢渣而言，当吸附时间大于 2h 时，随吸附时间的增加，Zn 吸附量的差异性不显著（$P > 0.05$），表明碳钢渣对 Zn 的吸附达到平衡，碳钢渣吸附 Zn 的平衡时间为 2h。

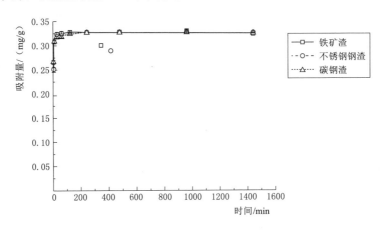

图 4.92 吸附时间对不同类型钢渣 Zn 吸附的影响

采用准一级动力学模型和准二级动力学模型探讨不同类型钢渣对 Zn 的吸附动力学过程，拟合曲线和拟合参数分别见图 4.93 和表 4.46。由图 4.93 和表 4.46 可知，准二级动力学模型拟合的相关系数（$R^2 = 1$）大于准一级动力学模型，准二级动力学模型预测铁矿渣、不锈钢钢渣和碳钢渣对 Zn 的附量分别为 0.33mg/g、0.33mg/g 和 0.33mg/g，与实验结果 0.33mg/g、0.33mg/g 和 0.33mg/g 一致，表明不同类型钢渣对 Zn 的吸附更符合准二级动力学模型，吸附过程可能发生了化学吸附[242]。根据准二级动力学模型得到不同类型钢渣吸附 Zn 的初始吸附速率为：铁矿渣[8.04mg/(g·min)]>不锈钢钢渣[0.60mg/(g·min)]>碳钢渣[0.30mg/(g·min)]。

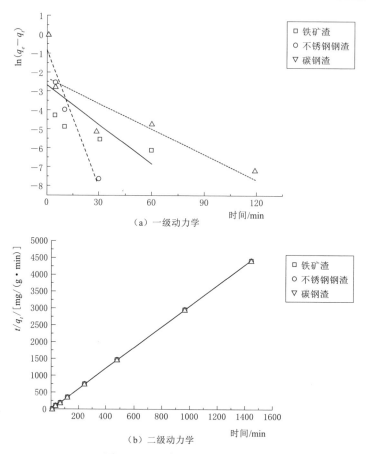

图 4.93　吸附动力学拟合曲线

表 **4.46**　　　　　　　不同类型钢渣吸附 **Zn** 的动力学模型参数

动力学模型	参　　数	铁矿渣	不锈钢钢渣	碳钢渣
一级动力学	$q_e/(mg/g)$	0.07	0.41	0.10
	k_1/min^{-1}	0.07	0.24	0.04
	R^2	0.32	0.92	0.61
二级动力学	$q_e/(mg/g)$	0.33	0.33	0.33
	$k_2/[g/(mg \cdot min)]$	75.84	5.65	2.83
	$v/[mg/(g \cdot min)]$	8.04	0.60	0.30
	R^2	1	1	1

由上述吸附时间对不同类型钢渣（铁矿渣、不锈钢钢渣、碳钢渣）吸附酸性老窑水中污染物（SO_4^{2-}、Fe、Mn、Zn）影响的实验结果表明，不同类型钢渣对酸性老窑水中污染物的吸附分为两个阶段，即快速吸附阶段和吸附平衡阶段，且达到吸附平衡的时间不一致。铁矿渣吸附 SO_4^{2-}、Fe、Mn、Zn 达到吸附

平衡的时间分别为 0.5h、8h、8h 和 4h；不锈钢钢渣吸附 SO_4^{2-}、Fe、Mn、Zn 达到吸附平衡的时间分别为 16h、0.5h、4h 和 0.5h；碳钢渣吸附 SO_4^{2-}、Fe、Mn、Zn 达到吸附平衡的时间分别为 16h、0.5h、2h 和 2h。不同类型钢渣对酸性老窑水中污染物的吸附均符合准二级动力学模型，表明吸附过程可能发生了化学吸附。不同类型钢渣对酸性老窑水中污染物的吸附表现出不同的吸附速率和吸附量，不锈钢钢渣和碳钢渣对污染物的去除效果显著优于铁矿渣。因此，可选用碳钢渣和不锈钢钢渣作为吸附材料吸附酸性老窑水中污染物。

4.5.3.3　污染物浓度对钢渣吸附性的影响

基于等温吸附实验，研究污染物初始浓度对不同类型钢渣吸附酸性老窑水中污染物的影响。

1. SO_4^{2-} 浓度对不同类型钢渣吸附性的影响

图 4.94 为初始浓度对不同类型钢渣去除 SO_4^{2-} 的影响。由图 4.94 可知：

(1) 随着酸性老窑水中 SO_4^{2-} 浓度的增加，SO_4^{2-} 的去除率呈现增长然后的趋势。

(2) 在 SO_4^{2-} 浓度相同的条件下，碳钢渣和不锈钢钢渣对 SO_4^{2-} 的去除效果均显著高于铁矿渣（$p < 0.05$）。这是由于碳钢渣、不锈钢钢渣和铁矿渣比表面积依次减小，导致差异显著。

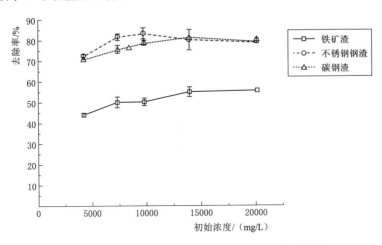

图 4.94　初始浓度对不同类型钢渣去除 SO_4^{2-} 的影响

2. Fe 浓度对不同类型钢渣吸附性的影响

图 4.95 为初始浓度对不同类型钢渣去除 Fe 的影响。由图 4.95 可知，随着酸性老窑水中 Fe 浓度的增加，不同类型钢渣对 Fe 去除率的部分差异性显著（$p < 0.05$），去除率保持在 99% 以上，溶液中 Fe 浓度低于我国地下水环境质量标准限值 0.30mg/L，表明初始浓度对不同类型钢渣吸附 Fe 的影响不显著。

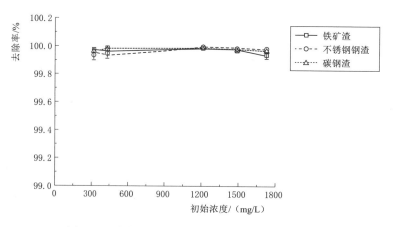

图 4.95 初始浓度对不同类型钢渣去除 Fe 的影响

3. Mn 浓度对不同类型钢渣吸附性的影响

图 4.96 为初始浓度对不同类型钢渣去除 Mn 的影响。由图 4.96 可知：

（1）随着酸性老窑水中 Mn 浓度的增加，Mn 的去除率呈现先增加后降低的趋势，铁矿渣对 Mn 的去除率为 58.23%～68.18%，不锈钢钢渣和碳钢渣对 Mn 的去除率保持在 95% 以上。

（2）在 Mn 浓度相同的条件下，碳钢渣和不锈钢钢渣对 Mn 的去除效果差异不显著（$p > 0.05$），但均显著高于铁矿渣对 Mn 的去除率（$p < 0.05$）。这主要是因为不锈钢钢渣和碳钢渣的比表面积是铁矿渣 6.5 倍，可以提供大量的吸附位点，所以不锈钢钢渣和碳钢渣对 Mn 去除效率高于铁矿渣。

4. Zn 浓度对不同类型钢渣吸附性的影响

图 4.97 为初始浓度对不同类型钢渣去除 Zn 的影响。由图 4.97 可知：

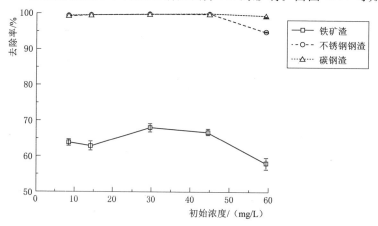

图 4.96 初始浓度对不同类型钢渣去除 Mn 的影响

（1）随着酸性老窑水中 Zn 浓度的增加，Zn 的去除率呈现先增长然后下降的趋势，但是降幅不明显。当 Zn 的初始浓度从 4.31mg/L 增加到 9.36mg/L 时，不同类型钢渣对 Zn 的去除率差异性不显著（$p > 0.05$）；当初始浓度大于 9.36mg/L 时，随着浓度增加，去除率差异性显著（$p < 0.05$）。这是由于污染物浓度增加，大量污染物被吸附在不同类型钢渣表面，导致其表面的有效吸附位点降低，所以 Zn 的去除效率降低，但 Zn 的去除率保持在 96% 以上。

（2）在 Zn 浓度相同的条件下，不同类型钢渣对 Zn 的去除率差异性不显著（$p > 0.05$）。产生这种现象的主要原因与钢渣表面的吸附点位与 Zn 的比例发生了变化，随着 Zn 初始浓度增加，不同类型钢渣表面的有效吸附点逐渐被 Zn 占用，且溶液中存在竞争性吸附，导致不同类型钢渣对 Zn 的吸附效果降低。

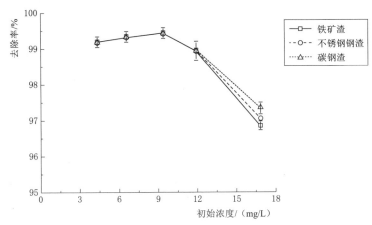

图 4.97   初始浓度对不同类型钢渣去除 Zn 的影响

由上述初始浓度对不同类型钢渣去除酸性老窑水中典型污染物（SO_4^{2-}、Fe、Mn、Zn）的影响实验结果表明，初始浓度是影响不同类型钢渣吸附酸性老窑水污染物的重要因素。随着初始浓度的增加，不锈钢钢渣和碳钢渣对酸性老窑水污染物的去除率增加，铁矿渣对酸性老窑水中污染物的去除效果较差。由于不锈钢钢渣和碳钢渣的比表面积是铁矿渣 6.5 倍，可以提供大量的吸附位点，而且溶液中存在竞争性吸附，导致铁矿渣对污染物的去除效果降低。

4.5.3.4   温度对钢渣吸附性的影响

1. 温度对不同类型钢渣吸附 SO_4^{2-} 的影响

图 4.98 为温度对不同类型钢渣去除 SO_4^{2-} 的影响，由图 4.98 可知：

（1）随着温度的升高，铁矿渣对 SO_4^{2-} 的去除效果没有明显的增加，去除率仅为 55.77% ~ 58.57%；不锈钢钢渣和碳钢渣对 SO_4^{2-} 的去除率有所增加，但是增幅不明显，去除率分别从 79.32%、79.43% 增加到 86.76%、87.26%。这主要是由于温度升高，促进了 SO_4^{2-} 与钢渣之间的相互作用，增加了 SO_4^{2-} 的迁移率，减少了对扩散离子的传质阻力。

（2）在温度相同的条件下，碳钢渣和不锈钢钢渣对 SO_4^{2-} 的去除效果均显著高于铁矿渣。

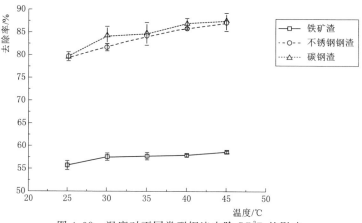

图 4.98　温度对不同类型钢渣去除 SO_4^{2-} 的影响

2. 温度对不同类型钢渣吸附 Fe 的影响

图 4.99 为温度对不同类型钢渣去除 Fe 的影响，由图 4.99 可知，随着温度的升高，不同类型钢渣对铁的吸附略有提升，但去除率增幅不明显，去除率均保持在99％以上。表明不同类型钢渣对 Fe 的吸附属于吸热过程，升高温度有利于吸附反应。

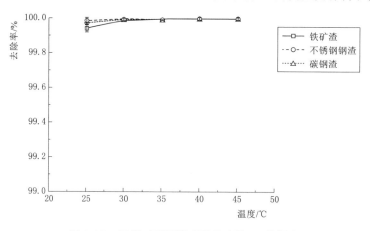

图 4.99　温度对不同类型钢渣去除 Fe 的影响

3. 温度对不同类型钢渣吸附 Mn 的影响

图 4.100 为温度对不同类型钢渣去除 Mn 的影响，由图 4.100 可知：

（1）随着温度的升高，铁矿渣对 Mn 的去除率总体呈现增长趋势，但不锈钢钢渣和碳钢渣对 Mn 的去除效果升高幅度不明显。铁矿渣、不锈钢钢渣和碳钢渣对 Mn 的去除率分别从 58.23% 增加到 87.01%、95.14% 增加到 99.84%、99.34% 增加到 99.79%。

（2）在温度相同的条件下，碳钢渣和不锈钢钢渣对 Mn 的去除率差异性不显著，但显著高于铁矿渣。

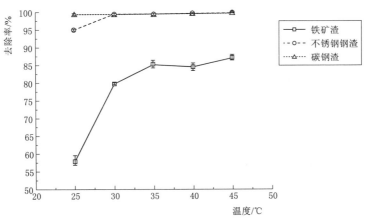

图 4.100　温度对不同类型钢渣去除 Mn 的影响

4. 温度对不同类型钢渣吸附 Zn 的影响

图 4.101 为温度对不同类型钢渣去除 Zn 的影响，由图 4.101 可知，随着温度的升高，不同类型钢渣对 Zn 的去除略有提升，但去除率增幅不明显，去除率均保持在 96% 以上。

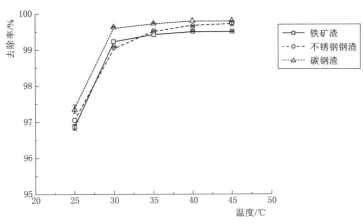

图 4.101　温度对不同类型钢渣去除 Zn 的影响

由上述温度对不同类型钢渣（铁矿渣、不锈钢钢渣和碳钢渣）吸附酸性老窑水中污染物（SO_4^{2-}、Fe、Mn、Zn）的影响实验结果表明，虽然随着温度（25~45℃）的升高，不同类型钢渣对酸性老窑水中污染物的吸附性均有提高，表明温度不仅可以提高钢渣的吸附容量，还可以加快反应速率，但对酸性老窑水中污染物的去除率增加不显著。表明吸附反应是个吸热过程，升高温度有利于吸附反应。

4.5.4 钢渣吸附酸性老窑水的机理探讨

利用扫描电子显微镜（SEM）、X 射线衍射仪（XRD）和傅里叶红外光谱仪（FTIR）测定分析不同类型钢渣（铁矿渣、不锈钢钢渣和碳钢渣）吸附酸性老窑水中污染物（SO_4^{2-}、Fe、Mn、Zn）前后的矿物特征变化，根据测试结果分析不同类型钢渣吸附酸性老窑水典型污染物机理。

图 4.102（a）、（b）和（c）为吸附前不同类型钢渣的形貌特征，由此可知，

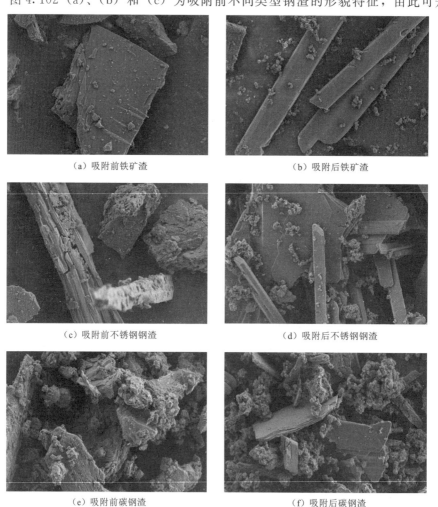

(a) 吸附前铁矿渣   (b) 吸附后铁矿渣

(c) 吸附前不锈钢钢渣   (d) 吸附后不锈钢钢渣

(e) 吸附前碳钢渣   (f) 吸附后碳钢渣

图 4.102 不同类型钢渣吸附酸性老窑水中典型污染物前后的扫描电镜图

铁矿渣、不锈钢钢渣和碳钢渣表面的形貌显著差异，其中铁矿渣颗粒表面密实光滑，而不锈钢钢渣和碳钢渣的表面粗糙，孔隙结构分布不均，具有明显的孔隙结构。这些特征将有效增加不锈钢钢渣和碳钢渣的比表面积，可以提供大量的吸附位点，从而提高吸附效果。

图 4.102（b）、（d）和（f）为不同类型钢渣吸附酸性老窑水典型污染物（SO_4^{2-}、Fe、Mn、Zn）后的扫描电镜 mapping 图，由此可知，铁矿渣、不锈钢钢渣和碳钢渣表面附着不同程度的物质，尤其是不锈钢钢渣和碳钢渣表面以及孔隙结构被大量的颗粒物填充，沉淀物分布广泛，且形成了具有一定形貌特征的团簇。

图 4.103 为不同类型钢渣吸附酸性老窑水中典型污染物前后的扫描电镜

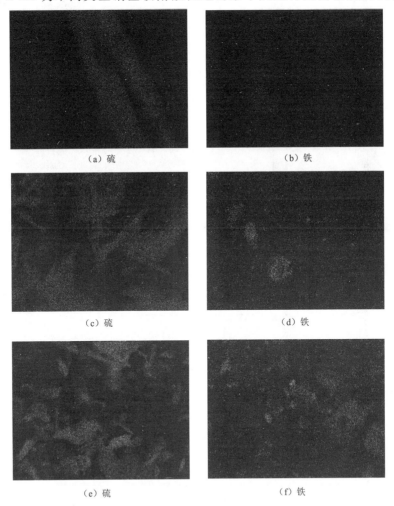

（a）硫　　　　　　　　　　　　　　　（b）铁

（c）硫　　　　　　　　　　　　　　　（d）铁

（e）硫　　　　　　　　　　　　　　　（f）铁

图 4.103　不同类型钢渣吸附酸性老窑水中典型污染物前后的扫描电镜 mapping 图
（a）、（b）吸附后铁矿渣 mapping；（c）、（d）吸附后不锈钢钢渣 mapping；（e）、（f）吸附后碳钢渣 mapping

mapping 图，由图 4.103 可知，碳钢渣和不锈钢钢渣表面有大量的硫和铁，而铁矿渣表面吸附的较少，表明碳钢渣和不锈钢钢渣吸附效果优于铁矿渣，可以有效地处理酸性老窑水。

图 4.104 为不同类型钢渣吸附酸性老窑水中典型污染物前后的 XRD 图谱，

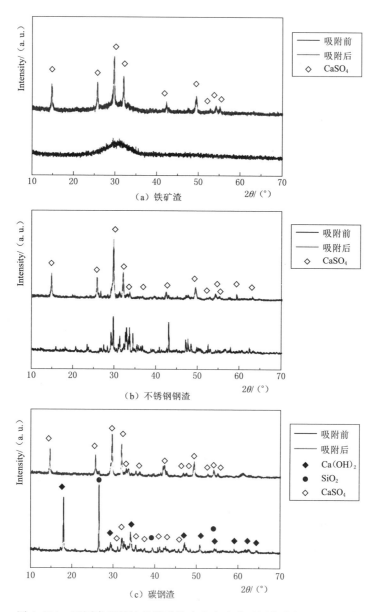

（a）铁矿渣

（b）不锈钢钢渣

（c）碳钢渣

图 4.104　不同类型钢渣吸附酸性老窑水中典型污染物的 XRD 图谱

由图 4.104 可知，吸附前，不锈钢钢渣和碳钢渣的主要矿物成分有二氧化硅、氢氧化钙和硅酸钙等。铁矿渣没有峰值，表明呈非晶态结构[243]。不同类型钢渣吸附酸性老窑水中污染物后，其衍射峰的强度发生了变化，氢氧化钙的衍射峰消失，石膏衍射峰增多[237-238]，且分布广泛，表明钢渣吸附 SO_4^{2-} 的机理是酸性老窑水与钢渣中的氢氧化钙发生中和反应形成石膏，溶液由酸性环境变成碱性。在碱性环境下，金属 Fe、Mn、Zn 形成氢氧化物沉淀吸附在不同类型钢渣的表面。

图 4.105 为不同类型钢渣吸附酸性老窑水中典型污染物前后的 FTIR 图谱，图 4.105 可知，吸附前后钢渣的特征吸收图谱变化较大。不同类型钢渣吸附酸

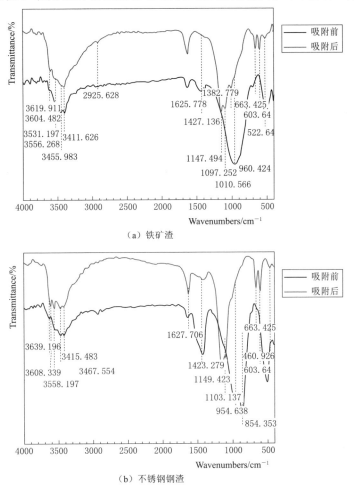

（a）铁矿渣

（b）不锈钢钢渣

图 4.105（一） 不同类型钢渣吸附酸性老窑水中
典型污染物的 FTIR 图谱

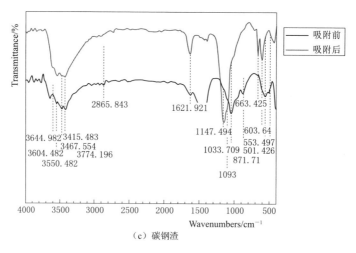

（c）碳钢渣

图 4.105（二）　不同类型钢渣吸附酸性老窑水中
典型污染物的 FTIR 图谱

性老窑水中污染物后，在 663.425$\mathrm{cm^{-1}}$ 和 603.64$\mathrm{cm^{-1}}$ 有不对称振动双峰（v_4）[239]，在 1149$\mathrm{cm^{-1}}$ 和 1103$\mathrm{cm^{-1}}$ 处出现了反对称伸缩振动峰（v_3）[244]，主要是由阴离子 SO_4^{2-} 的晶格振动引起，表明不同类型钢渣表面吸附了 SO_4^{2-}。不同类型钢渣吸附酸性老窑水中金属离子（Fe、Mn、Zn）后，在其表面形成了$-$Fe$-$O、$-$Mn$-$O、$-$Zn$-$O，破坏了不同类型钢渣表面的$-$OH 结构，使得吸附后的钢渣表面水合羟基在 3400～3600 范围内出现细小的尖锐峰[245]，表明金属离子与钢渣表面羟基官能团发生了化学吸附。

由表 4.40 和表 4.41 可知，不同类型钢渣中碱性物质（CaO）的含量分别为：不锈钢钢渣（48.66%）＞铁矿渣（41.13%）＞碳钢渣（37.97%），碳钢渣的比表面积（36.82$\mathrm{m^2/g}$）和不锈钢钢渣的表面积（34.69$\mathrm{m^2/g}$）约为铁矿渣比表面积（5.43$\mathrm{m^2/g}$）的 6.5 倍，但不锈钢钢渣和碳钢渣对 SO_4^{2-} 的吸附能力约为铁矿渣 1.42 倍。结果表明：铁矿渣去除硫酸盐的机理主要是基于化学沉淀，而对于不锈钢钢渣和碳钢渣去除硫酸盐的机理主要是吸附，伴随着化学沉淀。

4.6　PRB 治理酸性老窑水中污染物的实验研究

废弃或闭坑煤矿区渗出的酸性老窑水是矿区生态环境的主要污染源，导致地表水和地下水质量恶化。野外勘察发现，在山西省娘子关泉域山底河流域，部分闭坑煤矿区渗出的酸性老窑水流入河道，然后通过河道的灰岩渗漏段补给岩溶地下水,致使岩溶水污染。目前,对生产矿井的酸性矿井水主要采取提升地面处理的方法,但是对于废弃或闭坑酸性老窑水的处理研究相对较少。根据前人的研究可知,可渗透性反应墙(PRB)是一种可用于原位治理酸性老窑水的技术方法,PRB 治理酸性老窑水主要发生在填充介质区,针对不同污染物,须填充不同的反应介质[246]。由此可见,PRB 填充介质是治理酸性老窑水的关键要素之一,研究表明黄土、碳钢渣作为低成本的吸附材料可以有效地吸附酸性老窑水中污染物。在前期的研究过程中发现,废弃或闭坑煤矿渗出的酸性老窑水污染物成分复杂,特别是 SO_4^{2-}、Fe、Mn、Zn 等离子的浓度严重超标。因此,研究不同材料配比的 PRB 治理酸性老窑水,为治理酸性老窑水提供科学依据。

在静态吸附实验的基础上,开展淋溶实验。选取黄土和粉末状碳钢渣为吸附材料,粗砂和颗粒状碳钢渣作为骨料,采用不同材料配比的 PRB 治理酸性老窑水,研究 PRB 治理酸性老窑水的动态吸附规律及 PRB 填充材料的配比。此外,采用硫酸盐逐级提取法和 BCR 法测试吸附材料中硫酸盐和金属的形态分布。

4.6.1 实验材料与方法

4.6.1.1 实验材料

酸性老窑水的水样取自于山西省娘子关泉域山底河流域山底村闭坑煤矿区渗出的酸性老窑水,酸性老窑水水质严重超标。由静态吸附实验结果可知,碳钢渣能够高效地处理酸性老窑水。但是只考虑以粉末状碳钢渣作为 PRB 填充材料,在淋滤过程中,滤出液的 pH 值大于 12,且酸性老窑水中的金属离子以氢氧化物的沉淀形式附着在碳钢渣表层,导致碳钢渣结块以及渗透性降低,PRB 处理酸性老窑水水量的能力显著下降。因此,本次淋溶实验采用三种浓度酸性老窑水作为不同材料配比 PRB 的淋滤液,其相应的淋溶实验方案见表4.47。PRB 填充材料选取黄土和粉末状碳钢渣为吸附材料,粗砂和颗粒状碳钢渣作为骨料。粗砂(颗粒成分见表 4.48)和颗粒状碳钢渣(1~2mm)作为骨料。

表 4.47   淋 溶 实 验 方 案

方案	编号	填充材料	质量百分比	污染物成分/(mg/L)			
				SO_4^{2-}	Fe	Mn	Zn
方案一	1	黄土:粗砂	1:9				
	2	黄土:粗砂	2:8	20180.0	1723.20	59.22	16.80
	3	黄土:粗砂	3:7				

续表

方案	编号	填充材料	质量百分比	污染物成分/(mg/L)			
				SO_4^{2-}	Fe	Mn	Zn
方案二	1	碳钢渣：粗砂	0.5：9.5	14326.7	330.82	58.10	15.48
	2	碳钢渣：粗砂	1：9				
	3	碳钢渣：粗砂	2：8				
方案三	1	碳钢渣：碳钢渣颗粒	1：9	8241.7	19.39	33.46	7.16
	2	碳钢渣：碳钢渣颗粒	2：8				
	3	碳钢渣：碳钢渣颗粒	3：7				

表 4.48 　　　　　　　　　　粗 砂 颗 粒 级 配

粒径/mm	＞5	2～5	1～2	0.5～1	0.25～0.5	0.075～0.25	＜0.075
质量百分比/%	2.70	17.60	22.70	31.20	12.10	11.90	1.80

4.6.1.2　实验方法

土柱采用内径为10cm的有机玻璃管材，柱体高度为50cm，填充材料高度为30cm。采用定水头供水，水头高度为10cm。

设计9组淋溶实验（图 4.106），填充材料配比方案见表 4.47。土柱底部铺设2cm厚的石英砂（1～2mm），以保证土体底部均匀排水。然后分段填装土柱，每次称取一定质量的填充材料，然后进行击实，击实次数为4次，分6次填装完成。填装完成后在其上部铺设2cm厚的石英砂（1～2mm），以防治水流对填充材料的冲刷。

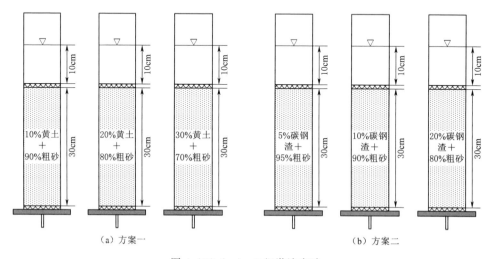

（a）方案一　　　　　　　　　　　　　　　（b）方案二

图 4.106（一）　9组淋溶实验

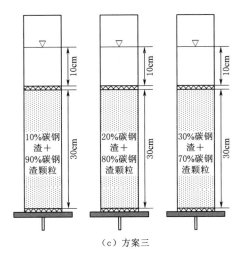

（c）方案三

图 4.106（二）　9 组淋溶实验

采样频率为每隔一天采样，运行 30d，测定水样 pH 值、SO_4^{2-}、Fe、Mn、Zn。

4.6.2　PRB 治理酸性老窑水的动态吸附性研究

4.6.2.1　滤出液 pH 值的变化规律分析

pH 值是衡量环境酸碱性强弱的主要指标。酸碱变化将会影响吸附材料表面可变电荷数量，进而影响吸附解吸反应平衡，也会影响其氧化还原和生物化学作用。图 4.107 为不同黄土与粗砂配比下滤出液中 pH 值随时间变化的，由图

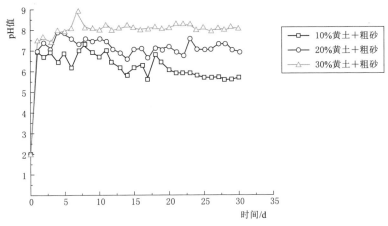

图 4.107　不同黄土与粗砂配比下滤出液中
pH 值随时间变化的规律

4.107 可知：当黄土含量为 10％和 20％时，随淋滤时间的增加，滤出液中 pH 值的变化趋势为升高—下降—趋稳，30d 后，滤出液中 pH 值分别为 5.68 和 7.12；当黄土含量为 30％时，随淋滤时间的增加，滤出液中 pH 值快速升高然后趋于稳定，30d 后，滤出液中 pH 值为 8.05。这是因为黄土中含有碱性物质（方解石），当酸性溶液和黄土接触时，方解石溶解，碳酸盐与氢离子发生酸碱中和反应致使溶液 pH 值升高。随着黄土含量的增加，pH 值升高，这是由于黄土含量增加，其碱性物质增加，导致 pH 值升高。

图 4.108 为不同碳钢渣与粗砂配比下滤出液中 pH 值随时间变化的规律，由图 4.108 可知，当碳钢渣含量为 5％和 10％时，随淋滤时间的增加，滤出液 pH 值的变化趋势为升高—下降—趋稳，30d 后，滤出液中 pH 值分别为 5.68 和 6.82；当碳钢渣含量为 20％时，随淋滤时间的增加，滤出液中 pH 值快速升高然后趋于稳定，30d 后，滤出液 pH 值为 12.05。这是因为碳钢渣中 CaO 和 MgO 等碱性氧化物成分在与酸性老窑水接触时，碱性物质溶解，与酸性老窑水发生酸碱中和反应，导致溶液 pH 值的升高。当碳钢渣含量为 20％，pH 值大于 12，滤出液碱性增强。随着碳钢渣含量增加，滤出液中 pH 值升高。

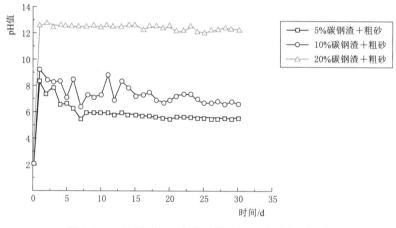

图 4.108　不同碳钢渣与粗砂配比下滤出液中 pH 值
随时间变化的规律

图 4.109 为不同碳钢渣与碳钢渣颗粒配比下滤出液中 pH 值随时间变化的规律。由图 4.109 可知，随淋滤时间的增加，滤出液中 pH 值快速升高然后趋于稳定。当碳钢渣含量为 10％时，30d 后，滤出液中 pH 值为 8.01；当碳钢渣含量大于 20％时，滤出液中 pH 值大于 12，滤出液碱性增强。

综上，在材料配比相同的情况下，黄土与粗砂配比下 PRB 滤出液中 pH 值小于碳钢渣与粗砂配比下 PRB 滤出液 pH 值小于碳钢渣与粗砂配比下 PRB 滤出液中 pH 值。主要是由于：①黄土碱性物质含量低于碳钢渣；②在淋滤过程中，

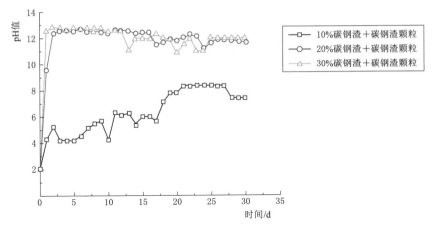

图 4.109　不同碳钢渣与碳钢渣颗粒配比下滤出液中
pH 值随时间变化的规律

碳钢渣颗粒中碱性物质也会溶解，导致 pH 值升高。研究表明，当溶液 pH 值高于 10，水生植物及微生物难以生长，鉴此，PRB 中粉末状碳钢渣含量不宜高于 10%。

4.6.2.2　滤出液 SO_4^{2-} 的变化规律分析

图 4.110 为不同黄土与粗砂配比下滤出液中 SO_4^{2-} 随时间变化的规律，由图 4.110 可知：当黄土含量为 10% 时，随淋滤时间的增加，滤出液 SO_4^{2-} 浓度逐渐升高，去除效率降低。30d 后，SO_4^{2-} 去除率为 25% 左右，表明 SO_4^{2-} 去除率明显下降；当黄土含量为 20% 和 30% 时，随淋滤时间的增加，滤出液中 SO_4^{2-} 浓度变化趋势为上升—稳定。15d 后，SO_4^{2-} 去除率趋于稳定，去除率分别为 55% 和 62.5% 左右。随着黄土含量的增加，硫酸盐去除率增加。这是因为土柱中黄土含量增加：①黄土的比表面积和碱性物质（方解石）增加，可以有效地吸附硫酸盐；②渗透性降低，黄土与硫酸盐的接触时间增加，导致硫酸盐的去除率增加。当土柱黄土含量从 20% 增加到 30% 时，去除率仅提高了 7.5%，但其渗透性降低，处理酸性老窑水的水量下降，因此，黄土含量不宜高于 20%。

图 4.111 为不同碳钢渣与粗砂配比下滤出液中 SO_4^{2-} 随时间变化的规律，由图 4.111 可知：当碳钢渣含量为 5% 和 10% 时，随淋滤时间的增加，硫酸盐去除效率降低。30d 后，硫酸盐去除率为 11.78% 和 28.97% 左右；当碳钢渣含量为 20% 时，随淋滤时间的增加，硫酸盐去除效率呈现快速升高然后趋于稳定，30d 后，硫酸盐去除率为 92% 左右。随着碳钢渣含量的增加，硫酸盐去除率增加。这是因为随着碳钢渣含量的增加：①碳钢渣比表面积和碱性材料（CaO）增加，所以在淋滤过程中酸性老窑水中污染物被吸附在碳钢渣表面；②渗透系数降低，

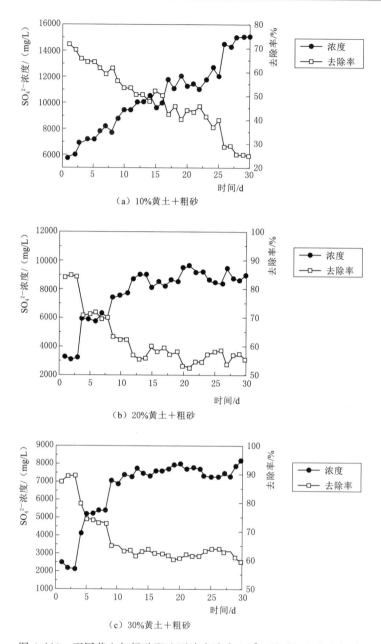

（a）10%黄土＋粗砂

（b）20%黄土＋粗砂

（c）30%黄土＋粗砂

图 4.110 不同黄土与粗砂配比下滤出液中 SO_4^{2-} 随时间变化的规律

可以增加硫酸盐与碳钢渣的接触时间，致使其去除效率增加。然而由于碳钢渣含量增加，导致其渗透性降低，处理酸性老窑水的水量下降，因此，碳钢渣含量应低于 10%。

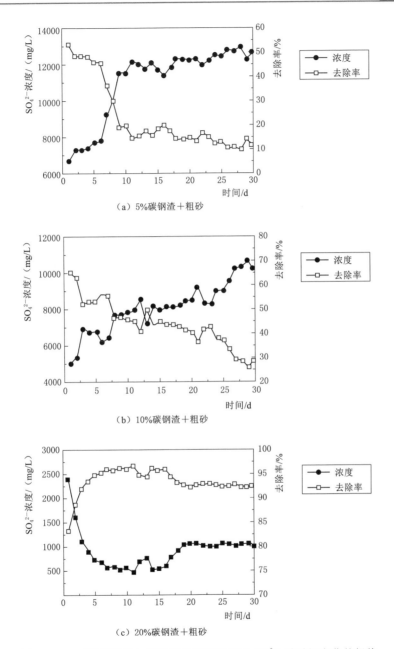

（a）5%碳钢渣＋粗砂

（b）10%碳钢渣＋粗砂

（c）20%碳钢渣＋粗砂

图 4.111　不同碳钢渣与粗砂配比下滤出液中 SO_4^{2-} 随时间变化的规律

　　图 4.112 为不同碳钢渣与碳钢渣颗粒配比下滤出液中 SO_4^{2-} 随时间变化的规律，由图 4.112 可知：当粉末状碳钢渣含量为 10% 时，随淋滤时间的增加，硫酸盐的浓度变化规律为下降—稳定—上升，30d 后，硫酸盐去除率为 52.40% 左

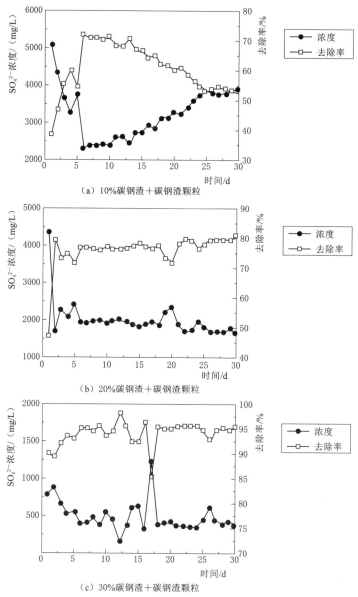

图 4.112 不同碳钢渣与碳钢渣颗粒配比下滤出液中 SO_4^{2-} 随时间变化的规律

右。这由于在初始阶段，渗透性大，淋滤过程中硫酸盐与吸附材料接触时间短，未能有效地吸附硫酸盐。随着淋滤时间增加，污染物被吸附，致使其渗透性降低，接触时间增加，硫酸盐去除率增大。在后期，大量污染物被吸附，导致吸附材料的吸附能力减弱，去除率降低；当粉末状碳钢渣含量为 20% 时，随淋滤时间的增加，硫酸盐相对浓度的变化规律为下降—稳定，30d 后，硫酸盐去除率为 80.03％左右。当粉末状碳钢渣含量为 30％时，随淋滤时间的增加，滤出液硫酸盐浓度稳定，去除率为 92.85％。

4.6.2.3 滤出液 Fe 的变化规律分析

图 4.113 为不同黄土与粗砂配比下滤出液中 Fe 随时间变化的规律，由图 4.113 可知，随着土柱中黄土含量的增加，Fe 的去除率呈增加趋势。当土柱中

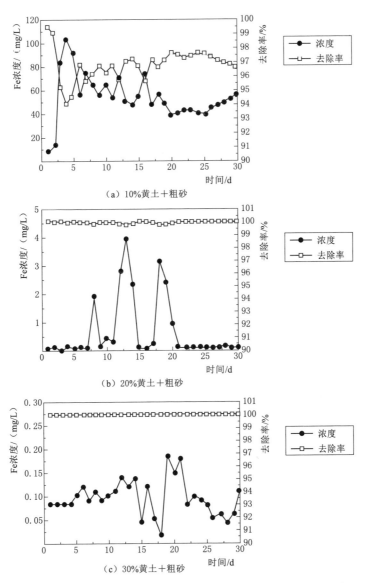

（a）10%黄土＋粗砂

（b）20%黄土＋粗砂

（c）30%黄土＋粗砂

图 4.113　不同黄土与粗砂配比下滤出液中 Fe 随时间变化的规律

黄土含量为 10% 时，滤出液中 Fe 的浓度表现为上升—下降—趋稳的变化规律，其 30d 后的浓度为 55.30mg/L，去除率为 96.80%。当土柱中黄土含量为 20% 和 30% 时，随淋滤时间的增加，滤出液中 Fe 的浓度稳定，其 30d 后的浓度分别为 0.13mg/L 和 0.11mg/L，均低于三类水标准。这是因为随着黄土含量的增加，碱性材料增加，土柱中材料的渗透性降低，Fe 与黄土的有效接触时间增加，致使 Fe 发生吸附、沉淀、离子交换等作用，提高了土柱对 Fe 的处理效率。

图 4.114 为不同碳钢渣与粗砂配比下滤出液中 Fe 随时间变化的规律。由图

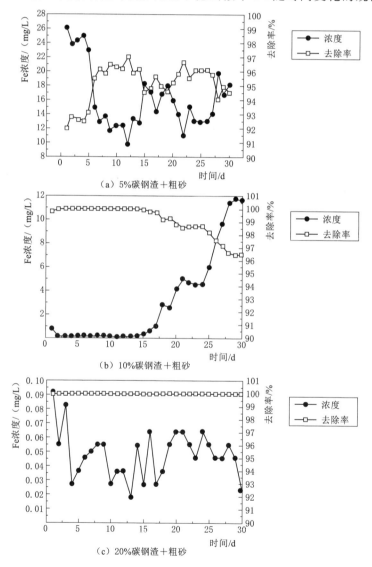

（a）5%碳钢渣＋粗砂

（b）10%碳钢渣＋粗砂

（c）20%碳钢渣＋粗砂

图 4.114 不同碳钢渣与粗砂配比下滤出液中 Fe 随时间变化的规律

4.114 可知：当土柱中碳钢渣含量为 5％时，滤出液中 Fe 的浓度表现为升高—下降—趋稳的变化规律，其 30d 后的浓度为 18.19mg/L，去除率为 94.50％；当土柱中碳钢渣含量为 10％时，在最初的 14d 内，随淋滤时间的增加，滤出液中 Fe 的浓度稳定，低于三类水标准。在 15d 后，随淋滤时间的增加，滤出液中 Fe 的浓度升高，其 30d 后的浓度为 11.64mg/L，去除率为 96.50％；当土柱中碳钢渣含量为 20％时，随淋滤时间的增加，Fe 的浓度稳定，其 30d 后的浓度为 0.0255mg/L，低于三类水标准。

图 4.115 为不同碳钢渣与碳钢渣颗粒配比下滤出液中 Fe 随时间变化的曲线，由图 4.115 可知：当粉末状碳钢渣含量为 10％和 20％，滤出液中 Fe 的浓度表现为下降—趋稳的变化规律，30d 后滤出液的 Fe 浓度分别为 0.64mg/L 和 0.05mg/L，去除率为 96.80％和 99.77％。这是由于在淋滤前期，土柱中吸附材

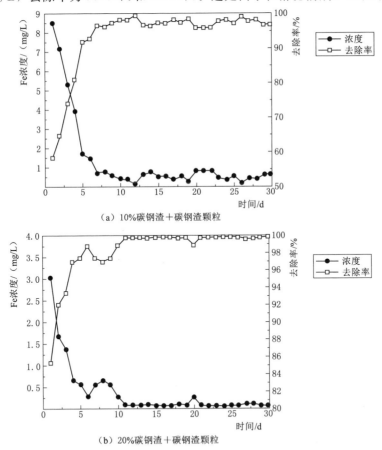

（a）10％碳钢渣＋碳钢渣颗粒

（b）20％碳钢渣＋碳钢渣颗粒

图 4.115（一）　不同碳钢渣与碳钢渣颗粒配比下滤出液中
Fe 随时间变化的规律

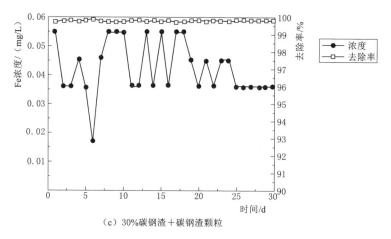

（c）30%碳钢渣+碳钢渣颗粒

图 4.115（二） 不同碳钢渣与碳钢渣颗粒配比下滤出液中
Fe 随时间变化的规律

料的渗透性较大，污染物与碳钢渣接触时间少，去除效果不明显。随着淋滤时间增加，污染物被吸附，导致其渗透性降低，增加了污染物与碳钢渣接触时间，Fe 的去除效率增加；当粉末状碳钢渣为 30％时，随淋滤时间的增加，Fe 离子的相对浓度稳定，其 30d 后的浓度为 0.04mg/L，低于三类水标准。

4.6.2.4 滤出液 Mn 的变化规律分析

图 4.116 为不同黄土与粗砂配比下滤出液中 Mn 随时间变化的规律，由图 4.116 可知，随淋滤时间的增加，滤出液中 Mn 的相对浓度表现为下降—趋稳—上升的变化规律。随着土柱中黄土含量的增加，Mn 的相对浓度降低，表明 Mn 的去除率增加。在 30d 后，黄土含量分别为 10％、20％和 30％时，对应的滤出液浓度为 40.83mg/L、32.68mg/L 和 17.59mg/L，去除率仅为 31.05％、44.81％和 70.29％。与铁相比，去除率显著下降，由于存在竞争性吸附，Fe 优先被吸附，导致黄土表面有效吸附位点减少，所以 Mn 的去除效率降低。此外，当滤出液中 pH 值大于 4 时，Fe 生成氢氧化物沉淀，附着在吸附材料表面，致使其他金属离子与吸附材料接触减少，因此，Mn 去除率降低。

图 4.117 为不同碳钢渣与粗砂配比下滤出液中 Mn 随时间变化的曲线，由图 4.117 可知，随着土柱中碳钢渣含量的增加，滤出液 Mn 的浓度呈下降趋势，表明 Mn 的去除率逐渐增加。当碳钢渣含量为 5％和 10％时，随淋滤时间的增加，滤出液中 Mn 的浓度呈上升趋势，在 30d 后，Mn 的去除率分别为 39.95％和 59.38％。当碳钢渣含量为 20％时，随淋滤时间的增加，滤出液中 Mn 的浓度趋于稳定，其 30d 后的 Mn 离子浓度为 0.01mg/L，低于三类水标准。当碳钢渣含量为 20％时，可以有效地去除 Mn，但是由于渗透性差，处理酸性老窑水的水量

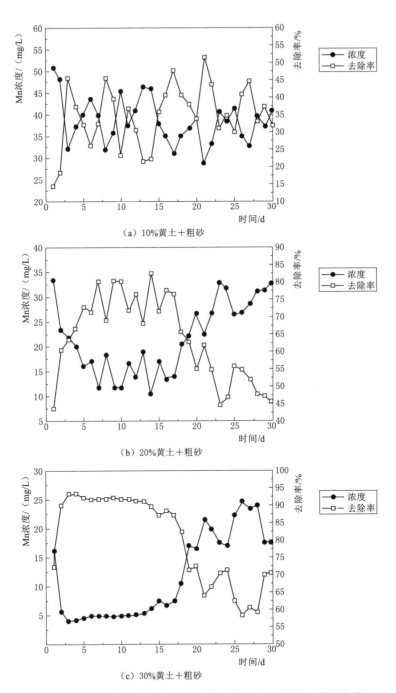

（a）10%黄土＋粗砂

（b）20%黄土＋粗砂

（c）30%黄土＋粗砂

图 4.116　不同黄土与粗砂配比下滤出液中 Mn 随时间变化的规律

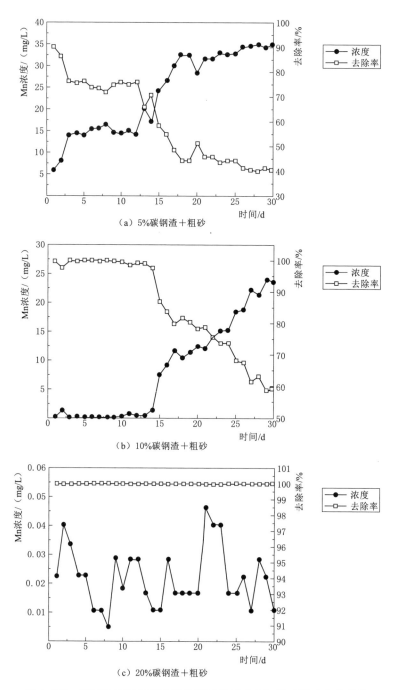

（a）5%碳钢渣＋粗砂

（b）10%碳钢渣＋粗砂

（c）20%碳钢渣＋粗砂

图4.117 不同碳钢渣与粗砂配比下滤出液中Mn随时间变化的规律

下降，因此 PRB 中碳钢渣含量低于 10%。

图 4.118 为不同碳钢渣与碳钢渣颗粒配比下滤出液中 Mn 随时间变化的规

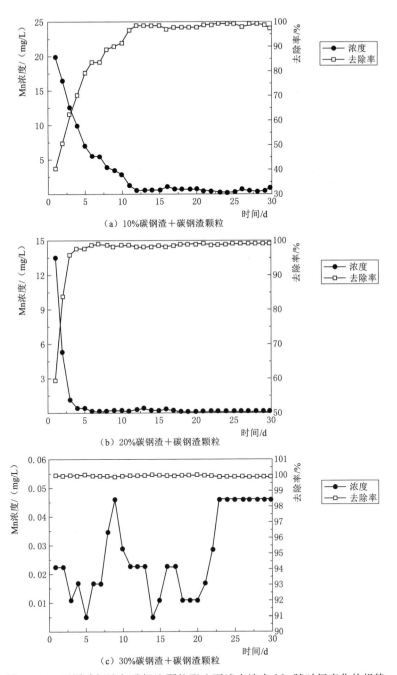

（a）10%碳钢渣＋碳钢渣颗粒

（b）20%碳钢渣＋碳钢渣颗粒

（c）30%碳钢渣＋碳钢渣颗粒

图 4.118　不同碳钢渣与碳钢渣颗粒配比下滤出液中 Mn 随时间变化的规律

律。由图 4.118 可知，当粉末状碳钢渣含量为 10% 和 20% 时，滤出液中 Mn 浓度表现为下降—趋稳的变化规律。这是由于在淋滤前期，其渗透性较大，污染物与碳钢渣的接触时间少，去除效果不明显。随着时间增加，污染物被吸附，导致其渗透性降低，增加了污染物与碳钢渣的接触时间，提高了土柱对 Mn 的处理效率，在 30d 后，Mn 去除效率分别为 97.17% 和 99.86%；当粉末状碳钢渣为 30% 时，随淋滤时间的增加，Mn 相对浓度稳定，在 30d 后，滤出液 Mn 浓度分别为 0.46mg/L，低于三类水标准。

4.6.2.5 滤出液 Zn 的变化规律分析

图 4.119 为不同黄土与粗砂配比下滤出液中 Zn 随时间变化的规律，由图 4.119 可知，当土柱中黄土含量为 10% 时，随淋滤时间的增加，滤出液中 Zn 浓度表现为先下降后上升的变化规律；当土柱中黄土含量为 20% 时，随淋滤时间的增加，滤出液中 Zn 的相对浓度表现为下降—趋稳—上升的变化规律；当土柱中黄土含量为 30% 时，随淋滤时间的增加，滤出液中 Zn 的相对浓度表现为下降—趋稳的变化规律。随着土柱中黄土含量的增加，滤出液中 Zn 的浓度呈下降趋势，表明 Zn 的去除率增加。在 30d 后，黄土含量分别为 10%、20% 和 30% 时，滤出液中 Zn 的浓度分别为 13.26mg/L、4.45mg/L 和 0.05mg/L，去除率分别为 21.07%、73.51% 和 99.72%。

图 4.120 为不同碳钢渣与粗砂配比下滤出液中 Zn 随时间变化的规律，由图 4.120 可知，当碳钢渣含量为 5% 时，随淋滤时间的增加，滤出液中 Zn 的浓度呈上升趋势，在 30d 后，Zn 的去除率为 48.90%；当碳钢渣含量为 10% 时，在最初的 18d 内，滤出液中 Zn 的相对浓度稳定，低于三类水标准。淋滤时间从 19d 增加到 30d，滤出液中 Zn 的浓度升高，在 30d 后，滤出液中 Zn 浓度为 2.38mg/L，去除率为 84.62%；当碳钢渣含量为 20% 时，随淋滤时间的增加，滤出液中 Zn 的浓度稳定，其 30d 后的 Zn 浓度为 0.01mg/L，低于三类水标准。随着土柱中碳钢渣含量的增加，滤出液 Zn 的浓度呈下降趋势，表明 Zn 的去除率逐渐上升。

图 4.121 为不同碳钢渣与碳钢渣颗粒配比下滤出液中 Zn 随时间变化的规律。由图 4.121 可知，当粉末状碳钢渣含量为 10% 和 20% 时，滤出液中 Zn 浓度表现为下降—趋稳的变化规律。这是由于在淋滤前期，其渗透性较大，污染物与碳钢渣接触时间少，去除效果不明显。随着淋滤时间的增加，酸性老窑水污染物被吸附，导致其渗透性降低，增加了污染物与碳钢渣接触时间，提高了土柱对 Zn 的处理效率；当粉末状碳钢渣为 30% 时，随淋滤时间的增加，Zn 相对浓度稳定。在 30d 后，碳钢渣含量分别为 10%、20% 和 30% 时，滤出液中 Zn 浓度为 0.33mg/L、0.05mg/L 和 0.03mg/L，低于三类水标准。

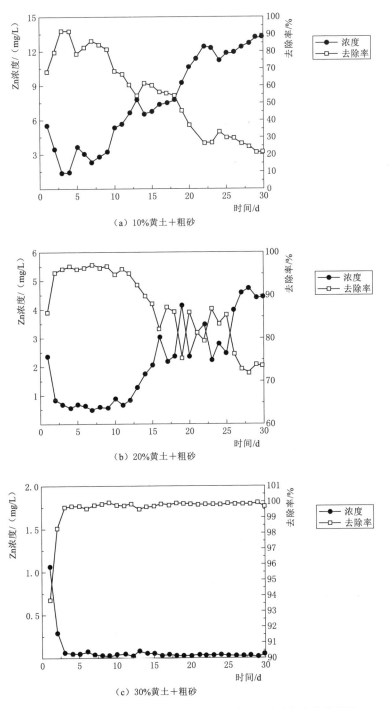

（a）10%黄土＋粗砂

（b）20%黄土＋粗砂

（c）30%黄土＋粗砂

图 4.119　不同黄土与粗砂配比下滤出液中 Zn 随时间变化的规律

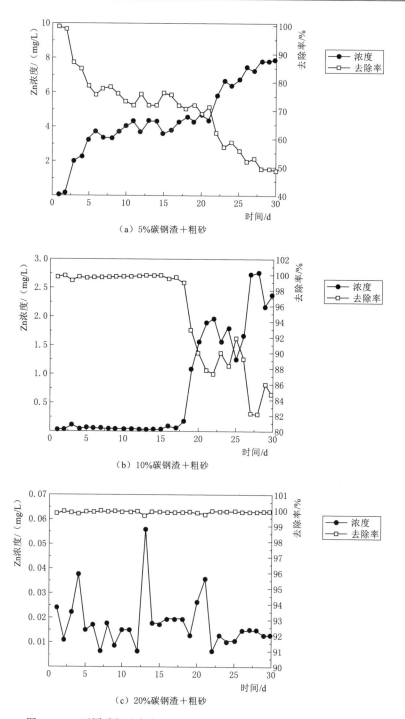

图 4.120　不同碳钢渣与粗砂配比下滤出液中 Zn 随时间变化的规律

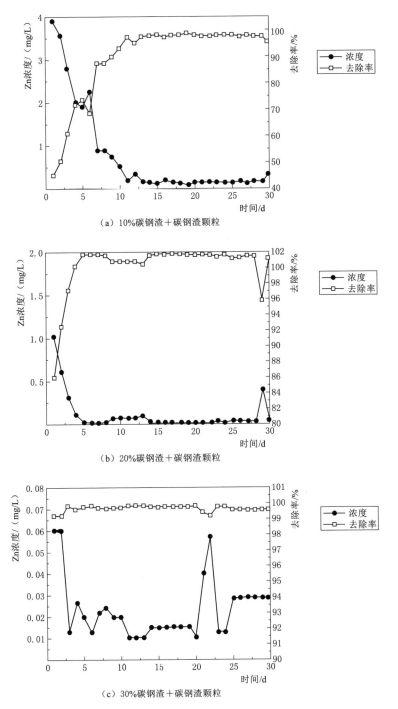

（a）10%碳钢渣＋碳钢渣颗粒

（b）20%碳钢渣＋碳钢渣颗粒

（c）30%碳钢渣＋碳钢渣颗粒

图 4.121　不同碳钢渣与碳钢渣颗粒配比下滤出液中 Zn 随时间变化的规律

4.7　酸性老窑水中硫酸盐在 PRB 中迁移的数值模拟研究

数值模拟作为评价和预测污染物迁移的重要方法之一，可以在短时间内，模拟分析不同材料配比的 PRB 治理酸性老窑水的效果。通过数值模拟，研究污染物在 PRB 中迁移规律及对 PRB 结构进行优化，可以提高处理酸性老窑水的效率，为保证 PRB 系统长期有效地运行提供科学依据。

以硫酸盐作为模拟因子，采用 Hydrus – 1D 软件分别对不同材料配比 PRB 的淋溶实验进行模拟及参数确定，然后对不同宽度 PRB 治理酸性老窑水进行模拟计算，通过分析其流速和硫酸根离子迁移速率，研究 PRB 的最优宽度。

4.7.1　PRB 模型建立

4.7.1.1　模型概化

本次模拟酸性老窑水污染物在不同材料配比 PRB 中的迁移转化，PRB 系统概化为均质一维稳定流。水流方向从左向右流动，左右边界均为恒定水头边界，水头差为 10cm。由静态吸附实验和 PRB 实验结果分析可知，酸性老窑水经过不同材料配比 PRB 处理后，SO_4^{2-} 的去除率显著低于金属离子的去除率，因此本次数值模拟考虑 SO_4^{2-} 作为模拟因子。在模拟过程中，当观测点 SO_4^{2-} 浓度达到初始浓度时，表明 PRB 已经失去了治理功能。

4.7.1.2　数学模型

1. 水流模型

在不考虑水的密度和温度变化的条件下，构建一维饱和水流模型，数学模型为

$$\frac{\partial}{\partial x}\left(k\,\frac{\partial h}{\partial x}\right)=\mu_s\,\frac{\partial h}{\partial t} \quad h(x,t)=h_0 \quad x=0 \tag{4.11}$$

式中　k——渗透系数，L/T；

$\quad\quad\ h$——水头，L。

2. 溶质运移模型

溶质运移模型是基于水动力弥散理论的对流-弥散方程。由上述淋溶实验结果可知，PRB 对污染物的吸附既有瞬时吸附平衡也有受时间限制的溶质迁移过程，属于化学非平衡溶质迁移。在此前提下，溶质运移的一维水动力弥散方程的数学模型为

$$\frac{\partial c}{\partial t}=D\,\frac{\partial^2 c}{\partial x^2}-v_x\,\frac{\partial c}{\partial x}-\frac{\rho}{n}\,\frac{\partial S_k}{\partial t} \tag{4.12}$$

$$S_k=S_k^e+S_k^k \tag{4.13}$$

$$S_k^e = fS \tag{4.14}$$

$$S = \frac{K_d c}{1 + \eta c} \tag{4.15}$$

$$\frac{\partial S_k^k}{\partial t} = \alpha \left[(1-f) \frac{K_d c}{1 + \eta c} - S_k^k \right] \tag{4.16}$$

$$C(x,t) = C_0 \quad x = 0 \tag{4.17}$$

式中　D——水动力弥散系数，L^2/T；

　　　　v_x——平均渗流速度，L/T；

　　　　c——离子浓度，M/L^3；

　　　　ρ——容重，M/L^3；

　　　　n——孔隙度；

　　　　S_k——化学非平衡作用产生的溶质增量，M/T；

　　　　S_k^e——瞬时吸附点位吸附量，M/M；

　　　　S_k^k——动态吸附点位吸附量，M/M；

　　　　S——吸附量，M/M；

　　　　f——平衡时可交换点位的比率；

　　　　K_d——吸附分配系数；

　　　　η——吸附常数；

　　　　α——阶动力学速率常数。

4.7.1.3　模拟方案

利用 Hydrus-1D 软件对淋溶实验进行模型验证。根据上述淋溶实验的研究与分析，分别验证淋溶实验的三种材料配比：①土柱中填充材料配比为 10%黄土和 90%粗砂；②土柱中填充材料配比为 5%碳钢渣和 95%粗砂；③土柱中填充材料配比为 10%碳钢渣和 90%碳钢渣颗粒。然后利用建立的模型模拟不同宽度（30cm、60cm、90cm、120cm 和 150cm）PRB 去除酸性老窑水中污染物的效果，通过分析其流速和硫酸根离子的迁移速率，确定不同材料配比下 PRB 的最佳宽度范围，具体模拟方案见表 4.49。

表 4.49　　　　　　　　　　　　PRB 模 拟 方 案

方案	填充材料	质量百分比	SO_4^{2-}/(mg/L)	PRB 宽度/cm
方案一	黄土：粗砂	1：9	20180.00	30、60、90、120、150
方案二	碳钢渣：粗砂	0.5：9.5	14326.70	
方案三	碳钢渣：碳钢渣颗粒	1：9	8241.70	

4.7.2　PRB 模型参数确定

利用 Hydrus-1D 软件的化学非平衡两点模型[247]分别对三种材料配比下

PRB 处理酸性老窑水中硫酸盐的实验进行模拟验证,溶质运移参数包括土样容重 (ρ)、弥散系数 (D),其中土样容重利用环刀法在实验室内测量得到,弥散系数利用"三点公式"计算。吸附系数 (K_d)、一阶动力学速率常数 (α) 和平衡时可交换点位的比率 (f) 根据静态吸附实验和淋溶实验进行拟合。模拟验证结果如图 4.122,由图 4.122 可知,不同材料配比 PRB 模拟验证的相关系数 (a)、(b) 和 (c) 分别为 0.92、0.86 和 0.96,标准误差 (a)、(b) 和 (c) 分别为 0.1402、0.07279 和 0.1698,表明实测值与模拟的结果基本一致,本书建立的 PRB 模型是正确的,其参数合理,可以用于模拟不同宽度 PRB 处理酸性老窑水。

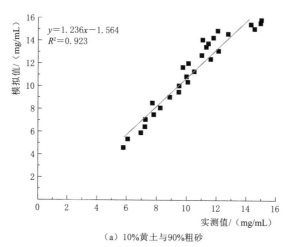

$y = 1.236x - 1.564$
$R^2 = 0.923$

(a) 10%黄土与90%粗砂

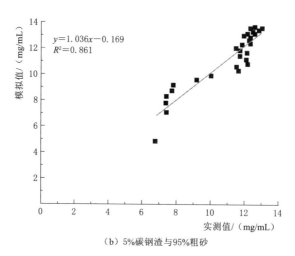

$y = 1.036x - 0.169$
$R^2 = 0.861$

(b) 5%碳钢渣与95%粗砂

图 4.122 (一) 硫酸盐模拟值与实测值验证

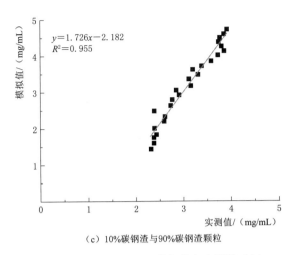

（c）10%碳钢渣与90%碳钢渣颗粒

图 4.122（二）　硫酸盐模拟值与实测值验证

表 4.50 为模型验证后得到的相关参数，由表 4.50 可知，不同材料配比的 PRB 处理酸性老窑水下的硫酸盐吸附系数（K_d）拟合值分别为 19.68mL/g、37.09mL/g 和 36.81mL/g。通过分析三种材料配比的吸附系数 K_d，其中（b）和（c）材料配比的 K_d 为（a）的 1.88 倍和 1.87 倍，表明 PRB 中添加碳钢渣可有效提高吸附分配系数，增加了吸附材料对硫酸盐的阻滞效应，使其吸附材料与硫酸盐进行充分吸附和反应，增强了 PRB 去除酸性老窑水中典型污染物的效率。不同材料配比 PRB 处理酸性老窑水中硫酸盐的 f 的拟合值分别为 0.083、0.113 和 0.115，表明瞬时吸附平衡所占比例较低，吸附材料对硫酸盐的吸附主要是受时间限制的吸附类型。添加碳钢渣显著增加了硫酸盐瞬时吸附平衡点位所占的比例，使 f 值由 0.083 分别上升至 0.113 和 0.115。

表 4.50　　　　　　　　　　　不同材料配比 PRB 模型参数

PRB 填充材料	n	k /(cm/d)	ρ /(cm/d)	D /cm	K_d /(mL/g)	η	α /d^{-1}	f
10%黄土与90%粗砂（a）	0.38	21.35	1.68	18.25	19.68	0.018	0.18	0.083
5%碳钢渣与95%粗砂（b）	0.46	43.25	1.64	20.15	37.09	0.12	0.10	0.113
10%碳钢渣与95%碳钢渣颗粒（c）	0.39	24.36	1.76	12.65	36.81	0.065	0.086	0.115

4.7.3　PRB 治理酸性老窑水的模拟结果与分析及 PRB 结构优化

利用 Hydrus-1D 软件模拟一维水平饱和流溶质迁移[248]，对三种情景下（每种情景对应五种不同宽度 PRB）处理酸性老窑水进行模拟计算。

1. 黄土与粗砂配比下 PRB（情景 1）处理酸性老窑水的模拟研究

图 4.123 为不同宽度 PRB（填充材料为 10％黄土和 90％粗砂）对酸性老窑水中 SO_4^{2-} 吸附的影响，表 4.51 为不同宽度 PRB 的 SO_4^{2-} 穿透时间。由图 4.123 和表 4.51 可知，随着 PRB 宽度的增加，SO_4^{2-} 的穿透时间增加，表明 PRB 处理酸性老窑水的运行时间增加，可以有效地去除污染物。当 SO_4^{2-} 浓度达到地下水三类水标准（250mg/L）时，不同宽度 PRB 所对应的时间分别为 1.60d、58.35d、222.88d、514.19d 和 945.53d。在不同宽度 PRB 中出流的 SO_4^{2-} 相对浓度 C/C_0（出水中测定 SO_4^{2-} 浓度与原液中 SO_4^{2-} 浓度的比值）为 0.5 的时间分别为 43.06d、258.80d、677.27d、1307.53d 和 2154.88d。根据相关公式计算离子迁移速率[249]，当 PRB 宽度分别为 30cm、60cm、90cm、120cm 和 150cm 时，SO_4^{2-} 在 PRB 中迁移速率分别为 0.70cm/d、0.23cm/d、0.13cm/d、0.09cm/d 和 0.07cm/d。随着 PRB 宽度的增加，SO_4^{2-} 在 PRB 中迁移速率下降，这主要是由于随着 PRB 宽度增加，SO_4^{2-} 在 PRB 中停留的时间增加，填充材料可以有效地吸附硫酸盐。

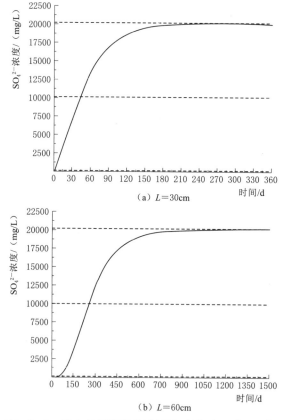

图 4.123（一）　黄土与粗砂配比下 PRB 宽度对 SO_4^{2-} 吸附的影响

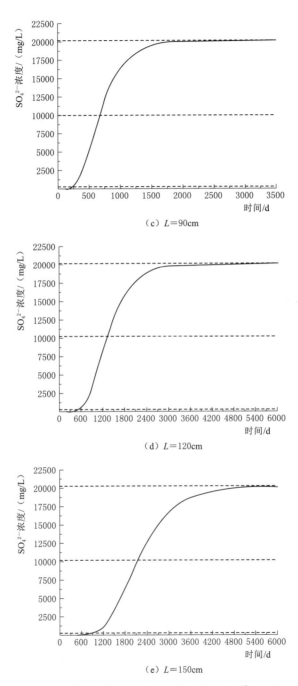

（c）$L=90cm$

（d）$L=120cm$

（e）$L=150cm$

图 4.123（二）　黄土与粗砂配比下 PRB 宽度对 SO_4^{2-} 吸附的影响

表 4.51 黄土与粗砂配比下 PRB 宽度对 SO_4^{2-} 穿透时间的影响

PRB 宽度 /cm	时 间/d		
	$T(C=250mg/L)$	$T(C/C_0=0.5)$	$T(C/C_0=1)$
30	1.60	43.06	220.00
60	58.35	258.80	924.86
90	223.88	677.27	2126.00
120	514.19	1307.53	3665.00
150	945.53	2154.88	5513.72

2. 碳钢渣与粗砂配比下 PRB（情景 2）处理酸性老窑水的模拟研究

图 4.124 为不同宽度 PRB（填充材料为 5% 碳钢渣和 95% 粗砂）对酸性老窑水中 SO_4^{2-} 吸附的影响，表 4.52 为不同宽度 PRB 的 SO_4^{2-} 穿透时间。由图 4.124 和表 4.52 可知，该情景下变化规律与情景 1 类似，但对 SO_4^{2-} 去除效率有差异。当 SO_4^{2-} 浓度达到三类水标准（250mg/L）时，不同宽度 PRB 所对应

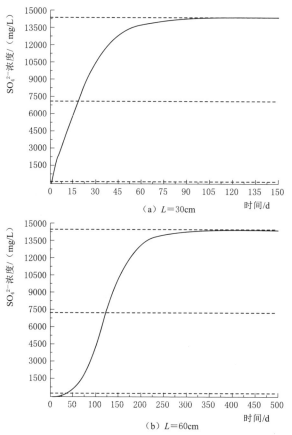

（a）$L=30cm$

（b）$L=60cm$

图 4.124（一） 碳钢渣与粗砂配比下 PRB 宽度对 SO_4^{2-} 吸附的影响

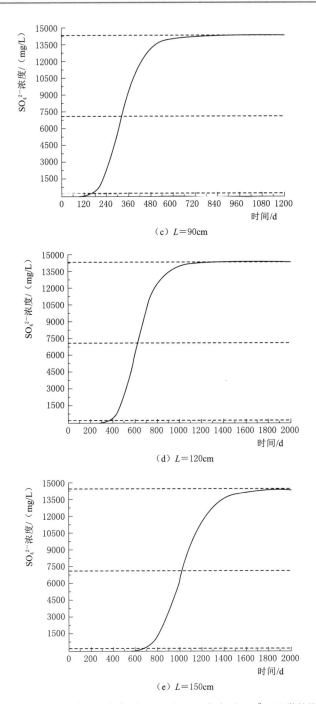

（c）$L=90\text{cm}$

（d）$L=120\text{cm}$

（e）$L=150\text{cm}$

图 4.124（二）　碳钢渣与粗砂配比下 PRB 宽度对 SO_4^{2-} 吸附的影响

的时间分别为 1.42d、39.63d、155.51d、357.30d 和 652.56d。当 PRB 宽度分别为 30cm、60cm、90cm、120cm 和 150cm 时，出流的 SO_4^{2-} 相对浓度 C/C_0（出水中测定 SO_4^{2-} 浓度与原液中 SO_4^{2-} 浓度的比值）为 0.5 的时间分别为 18.72d、122.27d、320.72d、618.19d 和 1019.19d，对应的 SO_4^{2-} 在 PRB 中迁移速率分别为 1.60cm/d、0.49cm/d、0.28cm/d、0.19cm/d 和 0.15cm/d，表明 SO_4^{2-} 迁移速率随着 PRB 宽度的增加而降低。

表 4.52　碳钢渣与粗砂配比下 PRB 宽度对 SO_4^{2-} 穿透时间的影响

PRB 宽度 /cm	时　间/d		
	$T(C=250\mathrm{mg/L})$	$T(C/C_0=0.5)$	$T(C/C_0=1)$
30	1.42	18.72	111.00
60	39.63	122.27	364.00
90	155.51	320.72	749.84
120	357.30	618.19	1365.94
150	652.56	1019.19	2000.00

3. 碳钢渣与碳钢渣颗粒配比下 PRB（情景 3）处理酸性老窑水的模拟研究

图 4.125 为不同宽度 PRB（填充材料为 10%碳钢渣和 90%碳钢渣颗粒）处理酸性老窑水中 SO_4^{2-} 吸附的影响，表 4.53 为不同宽度 PRB 的 SO_4^{2-} 穿透时间。由图 4.125 和表 4.53 可知，该情景下 SO_4^{2-} 变化规律与情景 1 和情景 2 类似。当 SO_4^{2-} 浓度达到地下水三类水标准（250mg/L）时，不同宽度 PRB 所对应的时间分别为 12.89d、183.51d、577.29d、1226.82d 和 2155.79d。当 PRB 宽度分别为 30cm、60cm、90cm、120cm 和 150cm 时，出流的 SO_4^{2-} 相对浓度 C/C_0（出水中测定 SO_4^{2-} 浓度与原液中 SO_4^{2-} 浓度的比值）为 0.5 的时间分别为 84.19d、457.34d、1150.00d、2169.26d 和 3532.79d，SO_4^{2-} 在 PRB 中迁移速率分别为 0.36cm/d、0.13cm/d、0.08cm/d、0.06cm/d 和 0.04cm/d。

由上述模拟结果可知：

（1）情景 3 与情景 1 下，PRB 处理酸性老窑水相比，在 PRB 宽度相同的条件下，其渗透系数几乎一致，情景 3 的吸附分配系数是其 2 倍，但离子迁移速率降低 2 倍，表明情景 3 对硫酸盐的去除效果优于情景 1，PRB 运行时间增加。

（2）情景 3 与情景 2 下，PRB 处理酸性老窑水相比，在宽度相同的条件下，其吸附分配系数几乎一致，情景 3 渗透系数是其 0.5 倍，但离子迁移速率降低 2 倍，表明情景 3 对硫酸盐的去除效果优于情景 2，PRB 运行时间增加。PRB 填充介质的吸附分配系数和渗透系数是影响其处理酸性老窑水效率和水量的主要因素。

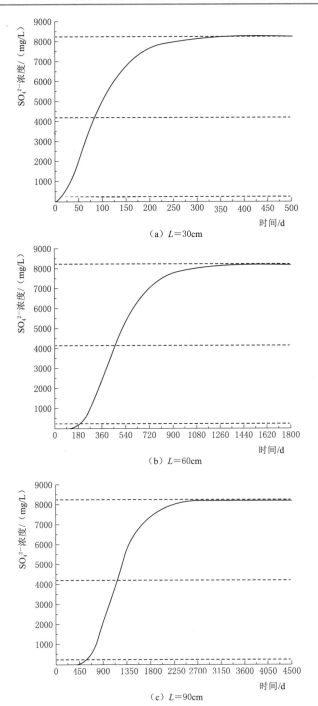

（a）$L=30\text{cm}$

（b）$L=60\text{cm}$

（c）$L=90\text{cm}$

图 4.125（一） 碳钢渣与碳钢渣颗粒配比下 PRB 宽度对 SO_4^{2-} 吸附的影响

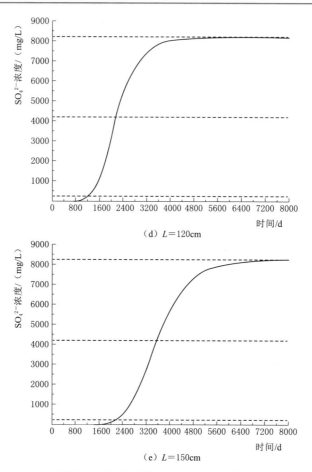

（d）$L=120cm$

（e）$L=150cm$

图 4.125（二） 碳钢渣与碳钢渣颗粒配比下 PRB 宽度对 SO_4^{2-} 吸附的影响

表 4.53 碳钢渣与碳钢渣颗粒配比下 PRB 宽度对 SO_4^{2-} 穿透时间的影响

PRB 宽度 /cm	时 间/d		
	$T(C=250mg/L)$	$T(C/C_0=0.5)$	$T(C/C_0=1)$
30	12.89	84.19	405.77
60	183.51	457.34	1581.51
90	577.29	1150.00	3327.15
120	1226.82	2169.26	5531.48
150	2155.79	3532.79	8000.00

4.7.4 PRB 结构优化分析

PRB 宽度设计对于处理酸性老窑水的效率至关重要，因为其宽度是酸性老窑水典型污染物在反应介质中迁移通过的距离，只有保证污染物在 PRB 中停留足够的时间，填充材料才能有效地吸附污染物，以达到 PRB 去除或降低污染物浓度的目标。在利用 Hydrus – 1D 模拟不同宽度 PRB 处理酸性老窑水的基础上，通过对比分析其流速和硫酸根离子迁移速率，研究 PRB 的最优宽度。

1. 黄土与粗砂配比下 PRB（情景 1）宽度优化分析

图 4.126 为不同材料配比下 PRB 宽度对离子迁移速率和流速的影响，由图 4.126 可知，SO_4^{2-} 在 PRB 中迁移速率的变化趋势和流速一致，随着 PRB 宽度的增加，流速和 SO_4^{2-} 迁移速率降低。当 PRB 宽度从 30cm 增加到 60cm 时，流速和 SO_4^{2-} 迁移速率快速下降，流速从 7.12cm/d 下降到 3.56cm/d，降幅为 50%，SO_4^{2-} 迁移速率从 0.70cm/d 下降到 0.23cm/d，降幅为 67.14%；从 60cm 增加到 90cm 时，流速和离子迁移速率下降趋势变缓，出现拐点，流速从 3.56cm/d 下降到 2.37cm/d，降幅为 33.43%，SO_4^{2-} 迁移速率从 0.23cm/d 下降到 0.13cm/d，降幅为 43.48%；从 90cm 增加到 150cm 时，流速和离子迁移速率呈缓慢的下降趋势，流速从 2.37cm/d 下降到 1.42cm/d，降幅为 40.08%，SO_4^{2-} 迁移速率从 0.13cm/d 下降到 0.07cm/d，降幅为 46.15%。鉴于 PRB 对酸性老窑水中 SO_4^{2-} 的去除率和处理水量，PRB 宽度的最优范围为 60~90cm。

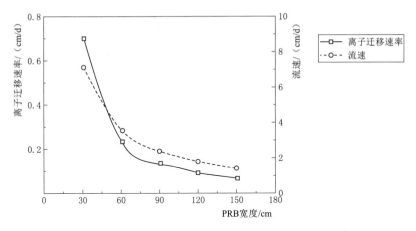

图 4.126　黄土与粗砂配比下 PRB 宽度对流速和离子迁移速率的影响

2. 碳钢渣与粗砂配比下 PRB（情景 2）宽度优化分析

图 4.127 为碳钢渣与粗砂配比 PRB 宽度对流速和离子迁移速率的影响，由图 4.127 可知，该情景下流速和 SO_4^{2-} 迁移速率变化趋势与情景 1 相似，只是流速和离子迁移速率是其两倍。这主要是由于该情景下的渗透系数是情景 1 的 2 倍，导致其流速和迁移速率增加，表明 SO_4^{2-} 与 PRB 填充材料接触时间减少，SO_4^{2-} 的去除率略有下降。鉴于 PRB 对 SO_4^{2-} 的去除率和处理水量，PRB 宽度的最优范围为 60~90cm。

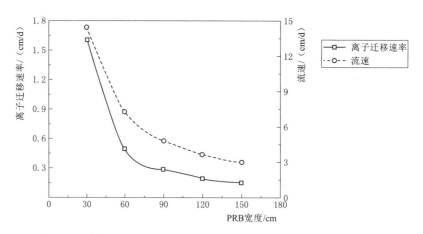

图 4.127　碳钢渣与粗砂配比下 PRB 宽度对流速和离子迁移速率的影响

3. 碳钢渣与碳钢渣颗粒配比下 PRB（情景 3）宽度优化分析

图 4.128 为碳钢渣与碳钢渣颗粒配比 PRB 宽度对流速和离子迁移速率的影响，由图 4.128 可知，该情景下流速和 SO_4^{2-} 迁移速率变化趋势与情景 1 和情景 2 相似，其流速与情景 1 基本一致，但其离子迁移速率是情景 1 的 0.5 倍。这主要是由于该情景下的吸附分配系数是情景 1 的 2 倍，导致其迁移速率降低，表明 SO_4^{2-} 与 PRB 填充材料接触时间增加，可以有效地吸附 SO_4^{2-}。鉴于 PRB 对 SO_4^{2-} 的去除率和处理水量，PRB 宽度的最优范围为 60～90cm。

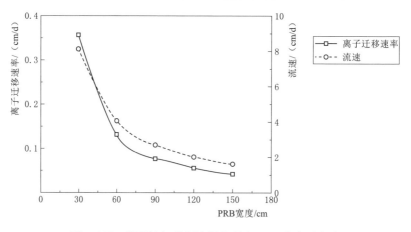

图 4.128　碳钢渣与碳钢渣颗粒配比 PRB 宽度对流速
和离子迁移速率的影响

由上述模拟结果与分析可知，针对不同浓度的酸性老窑水，不同材料配比下 PRB 处理酸性老窑水的最优宽度范围为 60～90cm。

4.8　湿地植物治理酸性老窑水中污染物的实验研究

4.8.1　现场调查

阳泉市是山西省煤炭主产区之一，该区域自然生态环境脆弱，长期矿业活动致使周边环境污染问题突出。2009 年以后，由于煤矿资源衰竭以及国家政策的影响，许多煤矿被关闭或整合，这些关闭煤矿的采空区经过一段时间的积水后形成酸性老窑水。因此本书以山西省阳泉市山底河流域老窑水出流处某湿地作为调查区域，采集区域内的植物、土壤及水样进行污染分析。

4.8.1.1　研究区概况

山底河流域位于阳泉市西北部，毗邻盂县，流域面积约 58km²。以第四系-二叠系为主，东北部小面积出漏中奥陶碳酸盐岩，地层总体由北东向南西倾斜。局部背斜褶皱轴构成地下水隔水边界。年平均降雨量为 570mm，年蒸发量为 1162.2mm。流域地理坐标为东经 113°27′33.13″ ～ 113°33′10.96″，北纬 37°56′35.25″～38°02′23.85″。流域内交通较为发达，湿地区域实景如图 4.129 所示。

图 4.129　湿地区域实景

4.8.1.2　调查结果

通过在研究区老窑水出流处某湿地进行实地调查，发现老窑水流经处生长有 3 种湿地植物：芦苇、香蒲和三棱草（图 4.130）。采集了 3 种植物、老窑水及附近的土壤带回实验室进行检测分析，为了分析老窑水出流地受污染程度，本实验采集了太原市汾河边未受污染的土壤作为参照。测量结果见表 4.54 和表 4.55。

|（a）芦苇|（b）香蒲|（c）三棱草|

图 4.130　湿地现场的湿地植物

表 4.54　老窑水出流处某湿地采集的植物、土壤及水样中污染物质含量

项　　目	S	Fe	Mn	Zn
芦苇/（mg/g）	5.13	2.09	0.38	0.11
香蒲/（mg/g）	7.85	2.79	0.66	0.15
三棱草/（mg/g）	8.44	2.45	0.54	0.10
土壤/（mg/g）	31.3	365.5	2.8	0.14
水/（mg/L）	1665.74	297.12	9.11	2.74

表 4.55　　　太原市汾河边采集的植物及土壤中污染物质含量

项　　目	S	Fe	Mn	Zn
芦苇/（mg/g）	2.51	0.99	0.08	0.02
香蒲/（mg/g）	3.12	1.33	0.11	0.04
三棱草/（mg/g）	3.89	1.23	0.14	0.04
土壤/（mg/g）	0.50	30.2	0.51	0.072

4.8.1.3　污染评价

根据山西省地表水水环境功能区划，山底河水环境功能区划执行《地表水环境质量标准》（GB 3838—2002），[250] Ⅳ类标准，各标准限值详见表 4.56。将 SO_4^{2-} 标准值换算为 S 的标准值，即 83.33mg/L。

表 4.56　　　　　地表水环境质量标准基本项目标准限值　　　　　单位：mg/L

序号	项　　目	标 准 值	序号	项　　目	标 准 值
1	硫酸盐（以 SO_4^{2-} 计）	250	3	锰	0.1
2	铁	0.3	4	锌	0.2

因为在《土壤环境质量 农用地土壤污染风险管控标准（试行）》（GB 15618—2018）（表 4.57）中，只规定了 Zn 在土壤中的标准限值，所以选择汾河

边未受污染的土壤中全硫量、Fe、Mn 的含量值作为评价标准，来对采集的土样进行评价。

表 4.57　　　　　　　　　农用地土壤污染风险值筛选值（基本项目）　　　　　单位：mg/kg

污染物项目	风 险 筛 选 值			
	pH≤5.5	5.5＜pH≤6.5	6.5＜pH≤7.5	pH＞7.5
Zn	200	200	250	300

根据土壤样品所测得的 pH 值，选定 Zn 的标准限值为 250mg/kg，即 0.25mg/g，根据汾河边土壤中的全硫量、Fe、Mn 的含量值，选定 Fe 的标准限值为 30.2mg/g，选定 Mn 的标准限值为 0.51mg/g，全硫量的标准限值为 0.50mg/g。

1. 单项指标法

单项指标法主要是对所选定的地表水水化学评价因子，以现状地表水中的化学组分含量与标准值逐项进行评价，以确定其污染程度。其评价公式为

$$I = \frac{C_i}{CO_i} \tag{4.18}$$

式中　　I——单因子污染指数；

　　　　C_i——实测浓度；

　　　　CO_i——标准值。

当污染指数 $I≤1$ 时，即某项指标的含量没有超过标准值，则表明该样品的此项指标未受污染；而当 $I＞1$ 时，则表明已受到污染。该方法的优点在于简便、直观，可直接了解水质状况与评价标准之间的关系。

由上述评价结果（表 4.58）可知，除了湿地土壤中 Zn 含量不超标以外，其余各项评价因子均受到不同程度的污染。芦苇受各项评价指标的污染程度为 Zn＞Mn＞Fe＞S，香蒲和三棱草受各项评价指标的污染程度为 Mn＞Zn＞S＞Fe，土壤受各项评价指标的污染程度为 S＞Fe＞Mn＞Zn，水受各项评价指标的污染程度为 Fe＞Mn＞S＞Zn。

表 4.58　　　　　　　　　　　　　单项指标法评价结果

项　　目	S	Fe	Mn	Zn
芦苇	2.04	2.11	4.75	5.50
香蒲	2.52	2.10	6.00	3.75
三棱草	2.17	1.99	3.86	2.50
土壤	62.60	12.10	5.49	0.56
水	19.99	990.40	91.10	13.70

使用单项指标法进行评价,可直观反映出每一个评价因子的污染程度,便于各污染因子之间进行相互比较分析,从而快速判断出主要污染因子。该方法目标明确、操作简便,但实际中某一区域的环境往往是多种污染因素共同作用的结果,所以同时采用平均等标污染指数法和内梅罗综合指标法进行评价,确定污染的综合情况。

2. 平均等标污染指数法

平均等标污染指数法是将水样中的评价指标的含量与标准值的比值进行算术平均。其评价公式为

$$I = \frac{1}{n} \sum_{i=1}^{n} P_i \tag{4.19}$$

$$P_i = \frac{C_i}{CO_i} \tag{4.20}$$

式中 I——平均等标污染指数;

   C_i——实测浓度;

   CO_i——标准值。

当污染指数 $I \leqslant 1$ 时,表明该样品总体未受污染;而当 $I > 1$ 时,则表明已受到污染。

由平均等标污染指数法评价的结果(表 4.59)可知,湿地植物、土壤及水体均受到不同程度的污染,水体和土壤受污染程度严重。平均等标污染指数法将各污染项平均考虑,不能反映污染最大项和污染最小项的影响,可能会掩蔽高浓度参数污染的影响。可以采用内梅罗综合指标法,充分考虑污染浓度最大的污染因子的影响。

表 4.59   平均等标污染指数法评价结果

项 目	S	Fe	Mn	Zn	I
芦苇	2.04	2.11	4.75	5.50	3.60
香蒲	2.52	2.10	6.00	3.75	3.59
三棱草	2.17	1.99	3.86	2.50	2.63
土壤	62.60	12.10	5.49	0.56	20.19
水	19.99	990.40	91.10	13.70	278.80

3. 内梅罗综合指标法

内梅罗综合指标法将评价指标的监测结果与相应的地表水环境质量标准值进行对比。并给予相应的分数,最终计算出综合指数。计算公式为

$$I = \sqrt{\frac{(P_{i\max})^2 + \left(\frac{1}{n} \sum_{i=1}^{n} P_i\right)^2}{2}} \tag{4.21}$$

其中，I 值的大小表示污染程度，I 值越大，表示污染程度越高。

由内梅罗综合指标法的评价结果（表 4.60）可知，湿地植物、土壤和水体均受到污染，水中 I 值最高，受污染程度最严重。将内梅罗指数与平均等标污染指数进行比较，内梅罗指数均高于平均等标污染指数。在选定的四种污染因子中，铁的污染程度最高。由于内梅罗综合指标法充分考虑到浓度最大的污染因子的影响，说明研究区的水体污染中，铁污染造成比较大的影响。

表 4.60　　　　　　　　　内梅罗综合指标法评价结果

项　目	S	Fe	Mn	Zn	I
芦苇	2.04	2.11	4.75	5.50	4.65
香蒲	2.52	2.10	6.00	3.75	4.94
三棱草	2.17	1.99	3.86	2.50	3.30
土壤	62.60	12.10	5.49	0.56	46.51
水	19.99	990.40	91.10	13.70	727.54

4.8.2　不同湿地植物治理酸性老窑水的盆栽实验研究

4.8.2.1　实验材料与方法

1. 实验材料

（1）供试植物。芦苇、香蒲、三棱草、水葱，购自河北省保定市安新县水云寨水生植物种植专业合作社，供试植物的生态习性及经济价值见表 4.61。

（2）供试水样。实验所用酸性老窑水取自山西省阳泉市北郊区山底村一处酸性老窑水出流点，酸性老窑水的基本理化性质见表 4.62。

（3）供试土壤。取自山西省晋中市榆次区东赵乡一处农田区，基本理化性质见表 4.63。

表 4.61　　　　　　　　　供试植物的生态习性及经济价值

植物名称	生　态　习　性	经济价值
芦苇	多年水生或湿生的高大禾草，生长在灌溉沟渠旁、河堤沼泽地等，世界各地均有生长，常以其迅速扩展的繁殖能力，形成连片的芦苇群落	入药、造纸、建材、编织材料、观赏价值
香蒲	多年生水生或沼生草本，生长于湖泊、池塘、沟渠、河流的缓流浅水带，亦见于湿地和沼泽，可耐 -30℃ 的低温	入药、造纸、食用、编织材料、观赏价值
三棱草	为莎草科多年生草本，多生长在潮湿处或沼泽地	药用、编织材料
水葱	多年生宿根挺水草本植物，产于中国多省地，生长在湖边或浅水塘中，能耐低温	观赏、编织席子

表 4.62 供试水样的基本理化性质

pH 值	电导率/(mS/cm)	SO_4^{2-}/(mg/L)	Fe/(mg/L)	Mn/(mg/L)	Zn/(mg/L)
3.62	7.44	9398.53	117.98	24.42	8.45

表 4.63 供试土壤的基本理化性质

有机质/(g/kg)	全氮 N/(g/kg)	全钾 K/(g/kg)	全磷 P/(g/kg)	全硫 S/(mg/kg)	Mn/(mg/kg)	Zn/(mg/kg)	pH 值	CEC/(mmol/kg)
11.11	0.78	18.97	0.84	153.27	227.07	150.35	8.14	102.63

2. 实验方法

本次实验使用长方形套盆来进行。内盆长 71cm、宽 50cm、高 43cm，装土 40cm 深，盆底有孔。外盆长 73cm、宽 52cm、高 48.5cm，内盆底部铺垫一层细砂网以防止土壤的流失。每种植物 4 个浇灌处理梯度（实验水样的配制方法见表 4.64），即每种植物 4 个套盆，筛选出长势一致的四种植物移栽到各个花盆中，每个花盆种植 30 株植物，每两天浇灌一次实验水样，每次 1L，保持统一的管理方式，持续观测。每天测定盆栽环境的温度、湿度等因子。种植 2 个月后收获。

表 4.64 实验水样配制

编号	名称	蒸馏水∶老窑水	SO_4^{2-}/(mg/L)	Mn/(mg/L)	Zn/(mg/L)
CK	对照组	1∶0	0	0	0
C1	低浓度老窑水处理组	3∶1	2315.51	6.24	2.34
C2	中浓度老窑水处理组	1∶1	4605.32	11.25	4.33
C3	高浓度老窑水处理组	0∶1	9398.53	24.42	8.45

3. 测试方法

收获的植物样品用清水洗净后，再用蒸馏水冲洗，以排除植株上矿物质的干扰，直尺测量并计算平均株高，每个处理中随机取 3 株植物，放置在恒温烘箱中，105℃下杀青半小时，在 80℃下脱水至恒重。根据《土壤农业化学分析方法》中 HNO_3-HClO_4 消煮法检测植物全硫含量，用火焰原子分光光度计（型号：AAS990）测定植物材料中 Mn、Zn 元素的含量。植物过氧化氢酶（CAT）活性、谷胱甘肽（GSH）含量委托青岛某质量检测有限公司测定。

4.8.2.2 结果与分析

1. 不同浓度老窑水灌溉对 4 种植物株高的影响

图 4.131 显示了不同浓度老窑水灌溉对 4 种植物株高的影响，从中可以看出，随着老窑水浓度的增加，水葱和芦苇的株高逐渐降低，且均低于 CK 组；不

同浓度老窑水处理组香蒲的株高均高于 CK 组，且随着老窑水浓度的增加，香蒲的株高先上升后保持稳定；C1、C2 处理组的三棱草株高与 CK 组无显著差异，而 C3 处理组的三棱草株高显著低于 CK 组。

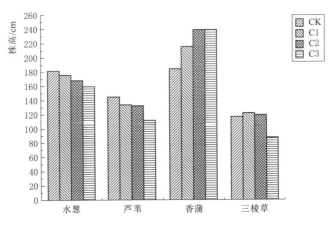

图 4.131　不同浓度老窑水灌溉对 4 种植物株高的影响

试验结果表明，不同浓度的老窑水灌溉对水葱和芦苇的生长有抑制作用，且浓度越高，抑制作用越强；灌溉老窑水可促进香蒲生长；低浓度老窑水灌溉对三棱草生长无显著影响，而高浓度老窑水灌溉对其生长有抑制作用。

2. 不同浓度老窑水灌溉对 4 种植物 CAT 活性的影响

如图 4.132 所示，随着老窑水浓度的增加，水葱和三棱草的 CAT 活性逐渐降低，香蒲的 CAT 活性逐渐升高，而芦苇的 CAT 活性先升高后降低，且在 C1 处理时达到最高。

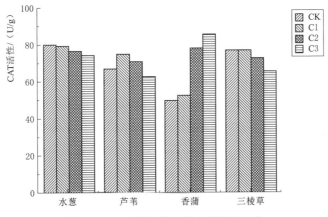

图 4.132　不同浓度老窑水灌溉对 4 种
植物过氧化氢酶（CAT）活性的影响

在植物生长发育的过程中，其内部活性氧的产生与消耗处在一种均衡状态，当受到外界不良因素干扰时，均衡状态被破坏，使活性氧增多，对植物细胞构成威胁。植物内部存在一种活性氧防御系统，过氧化氢酶是该系统最关键的抗氧化酶之一。本研究结果显示，水葱和三棱草在长期浇灌老窑水的情况下，致使植物细胞长时间维持在较高 O^{2-} 浓度，损伤了细胞内的活性物质包括酶，因此 CAT 活性下降。而香蒲在老窑水的胁迫下，抗氧化酶的合成表达增加，CAT活性逐渐升高，表明香蒲对老窑水胁迫更具有抗性，而芦苇的 CAT 活性先升高而后降低，说明抗氧化酶是有承受限度的，当污染物含量超出其承受限度后，酶活性就会下降。

3. 不同浓度老窑水灌溉对 4 种植物 GSH 含量的影响

图 4.133 为不同浓度老窑水的浇灌对四种植物谷胱甘肽（GSH）含量的影响，随着老窑水浓度的增加，水葱、芦苇和三棱草的 GSH 含量先升高然后降低，在 C2 处理下，水葱和芦苇的 GSH 含量达到最高，在 C1 处理下，三棱草的 GSH 含量达到最高，香蒲的 GSH 含量随着老窑水浓度的增加而逐渐升高。

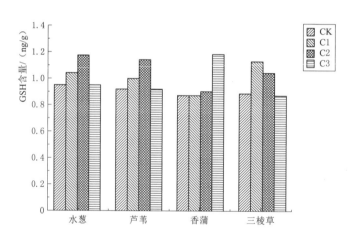

图 4.133　不同浓度老窑水灌溉对 4 种植物
谷胱甘肽（GSH）含量的影响

近年来，谷胱甘肽由于在植物体受胁迫情况下具有多重角色而受到越来越多的关注，来源于城市污水、工业废水废料及农药喷洒的重金属离子能在水体和土壤中积累并通过根系进入植物体内，对植物有极高的潜在毒性[251]。谷胱甘肽（GSH，glutathione）广泛分布于生物体内，外源和异源有毒物质的解毒主要依靠 GSH 及其依赖的酶系统，可通过亲核取代和加成作用使有毒亲电物质极性降低、毒性减弱[252]。本研究结果显示，在 C2 处理下，水葱和芦苇体内合成 GSH 缓解体内的毒害，但随着污染物浓度的加大，体内合成 GSH 的能力受到抑制，GSH 含量下降。三棱草的 GSH 含量变化原因亦是如此。而随着老窑水浓度的增加，香蒲体内的 GSH 含量增加，这是植物对抗重金属胁迫的一种机制，说明香蒲对老窑水的胁迫具有很好的抵抗力。

4. 植物对硫、Mn 和 Zn 的吸收作用

硫（S）是植物生长发育不可缺少的营养元素之一，植物吸收的硫部分用于合成有机硫以满足其生长需要，剩余的以硫酸根离子的形态储存在液泡中。本文以植物体内的全硫量为指标来反映植物对老窑水中 SO_4^{2-} 的吸收作用。

从图 4.134（a）可以看出，在老窑水处理下 4 种植物的全硫量均高于其在 CK 处理下的含量。水葱和香蒲在 C2 处理下，体内硫含量最高，分别是 27.41mg/g 和 16.34mg/g，随着老窑水浓度继续增加，其体内硫含量降低。芦苇在 C1 处理下体内硫含量最高，为 10.43mg/g，然后随着老窑水浓度的增加开始下降。在 C3 处理下三棱草体内硫含量最高，为 13.25mg/g，C1 与 C2 处理下其体内硫含量无显著差异。

从图 4.134（b）可以看出，随着老窑水浓度的增加，水葱、芦苇和香蒲 Mn 含量呈上升趋势，均高于 CK；在 C3 处理下，水葱，芦苇和香蒲的 Mn 富集量分别为 0.67mg/g、0.18mg/g 和 0.65mg/g；三棱草的 Mn 含量在 C2 处理下最高，为 0.42mg/g。

从图 4.134（c）可以看出，在老窑水处理下，4 种植物体内 Zn 含量均高于 CK，不同浓度的老窑水处理对水葱和芦苇 Zn 含量的影响规律相似，在 C2 处理下达到峰值，分别是 0.06mg/g 和 0.04mg/g。随着老窑水浓度的增加，香蒲和三棱草 Zn 含量呈上升趋势，在 C3 处理下达到峰值，分别是 0.07mg/g 和 0.05mg/g。

4 种植物在不同浓度老窑水处理下的污染元素（硫、Mn、Zn）含量与其在 CK 处理下含量的比值见表 4.65。C1 处理下，水葱对硫、Mn 的吸收作用最强，含量分别是 CK 的 1.85 倍和 1.43 倍，三棱草对 Zn 的吸收作用最强，含量是 CK 的 1.06 倍；C2 处理下，水葱对硫、Mn 的吸收作用最强，含量分别是 CK 的 2.09 和 1.45 倍，三棱草对 Zn 的吸收作用最强，含量是 CK 的 1.29 倍；C3 处理下，水葱对 Mn 的吸收效果最好，含量是 CK 的 1.57 倍，三棱草对硫和 Zn 的吸收效果最好，含量分别是 CK 的 1.54 倍和 1.41 倍。结果表明，在老窑水处理下，4 种植物对 SO_4^{2-}、Mn 和 Zn 均有吸收作用，而三棱草和水葱的吸收作用更强。

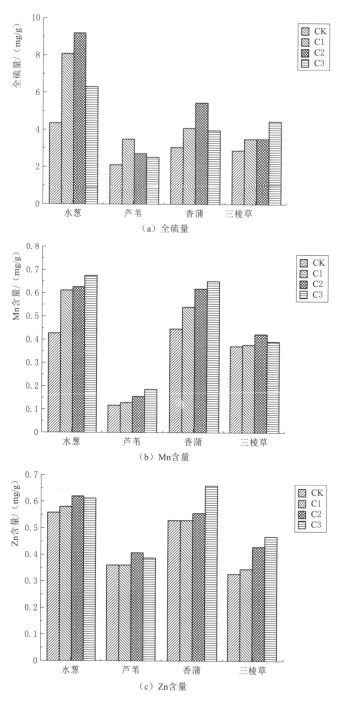

图 4.134 不同浓度老窑水灌溉对 4 种植物全硫量、Mn 和 Zn 含量的影响

表 4.65　在不同浓度老窑水处理下植物体内污染物含量与 CK 含量的比值

污染物质	不同水处理	水葱	芦苇	香蒲	三棱草
硫	CK	1.00	1.00	1.00	1.00
	C1	1.85	1.65	1.35	1.22
	C2	2.09	1.28	1.78	1.22
	C3	1.42	1.21	1.29	1.54
Mn	CK	1.00	1.00	1.00	1.00
	C1	1.43	1.06	1.20	1.02
	C2	1.45	1.26	1.36	1.13
	C3	1.57	1.48	1.45	1.05
Zn	CK	1.00	1.00	1.00	1.00
	C1	1.03	1.03	1.01	1.06
	C2	1.10	1.16	1.06	1.29
	C3	1.08	1.11	1.25	1.41

4.8.3　不同湿地植物治理酸性老窑水的水培实验研究

盆栽实验通过对植物生理指标及体内污染物质的测量分析，优选出了对老窑水适应性更强和修复作用更好的植物，但无法直观地反映出各植物对老窑水中污染物质的去除率，因此为了更好地探究不同湿地植物对老窑水中污染物质的净化效果及净化机理，进行了水培实验，并通过查阅资料，添加了另外两种具有修复潜力的湿地植物。

4.8.3.1　实验材料与方法

1.实验材料

（1）供试植物。芦苇、香蒲、三棱草、水葱、黄花鸢尾（以下简称鸢尾）和灯芯草，均购自河北省保定市安新县水云寨水生植物种植专业合作社，供试植物的生态习性及经济价值见表 4.66。

（2）供试水样。为了排除矿区出流的老窑水中诸多杂质的干扰，更好地分析湿地植物对酸性老窑水的净化作用及机理，本实验研究根据阳泉市山底河流域老窑水中的主要污染离子来人工配制老窑水。称取一定质量的 Na_2SO_4、$MnCl_2$、$Zn(NO_3)_2 \cdot 6H_2O$ 和 $Cd(NO_3)_2 \cdot 4H_2O$ 粉末加入去离子水中，配制三种硫酸盐浓度的合成废水，使用 HCl 调节四种水样的初始 pH 值为 6，水培实验方案见表 4.67。

表 4.66   供试植物的生态习性及经济价值

植物名称	生态习性	经济价值
黄花鸢尾	多年生草本，植株基部有老叶残留的纤维，生于山坡草丛、林缘草地及河旁沟边的湿地，喜光，也较耐阴，喜温凉气候，耐寒性强	黄花鸢尾叶片翠绿如剑，花色艳丽而大型，是观赏价值很高的水生植物，也可供药用
灯芯草	多年生草本水生植物，适宜生长在河边，池旁，水沟边，稻田旁，草地上，沼泽湿处	药用及编织器具，灯芯草的茎髓供药用或做灯芯、枕芯等皮供编织

表 4.67   水培实验方案   单位：mg/L

编号	名称	SO_4^{2-}	Mn	Zn	Cd
CK	对照组	0	0	0	0
C1	低浓度老窑水处理组	500	18	10	0.5
C2	中浓度老窑水处理组	2000	18	10	0.5
C3	高浓度老窑水处理组	4000	18	10	0.5

2. 实验方法

首先，将购买的 6 种植物用自来水认真洗涤，彻底清洗干净植物根部的泥土，再用去离子水冲洗两遍，然后将植物表面的水分吸干，在室内条件下，称量重量相同（每个量杯 150g）的不同植物，利用模拟的合成废水进行水培实验：2000mL 的量杯，加入 1000mL 合成废水，植物根部进入水体，标记水位刻度，每天加入 5mL 1/5 浓度的 Hoagland 营养液，不够刻度的用蒸馏水补充。从 2020 年 8 月 10 日开始进行水培实验，2020 年 10 月 9 日结束实验，历时 60d，每 10d 测定一次水体中元素（SO_4^{2-}、Mn、Zn、Cd）的含量，从净化时间和净化效果对植物进行考察分析，实验结束后测定植物体内的全硫量及 Mn、Zn、Cd 含量，分析污染物的迁移转化情况。

4.8.3.2 结果与分析

1. 植物生长状况

从图 4.135 可以看出，在实验开始进行时，各植物生长状况良好。当实验进行 60d 时（图 4.136、表 4.68），各植物间生长状况显示出较大差异，其中灯芯草的生长状况最好，可以看到老枝虽然有枯黄现象，但生长出许多新芽。而三棱草虽然也长出许多新芽，但其生物量太小，不适用于修复老窑水中污染物质。芦苇老枝中存在枯黄现象，但有新芽生长，且不存在烂根现象。鸢尾中有小部分由于不适应水培环境出现枯黄、烂根现象，但大部分生长状态较好，叶片翠绿。水葱的适应性较差，老枝枯黄现象较为严重，一部分有烂根现象且新芽数量不多，并感染虫害。香蒲在实验过程中遭遇虫害，感染了许多黑色蚜虫，且较难根除，因此生长状况较差，新芽数量不多。

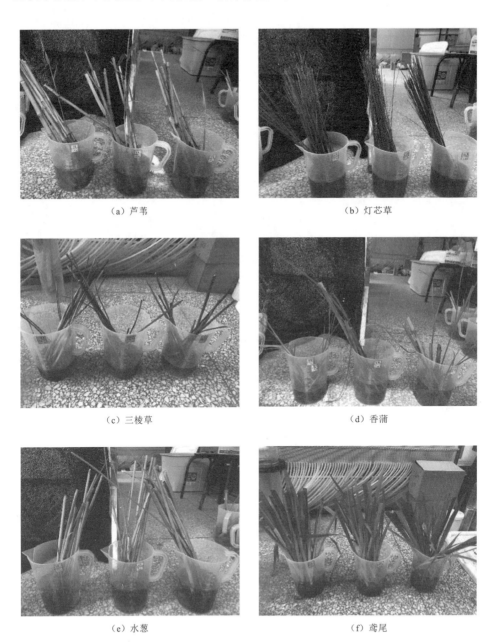

（a）芦苇

（b）灯芯草

（c）三棱草

（d）香蒲

（e）水葱

（f）鸢尾

图 4.135　实验开始时（2020 年 8 月 10 日）各植物生长状态

| （a）芦苇 | （b）灯芯草 | （c）三棱草 |

| （d）香蒲 | （e）水葱 | （f）鸢尾 |

图 4.136　实验结束时（2020 年 10 月 9 日）各植物生长状态

表 4.68　　　　　　　　植 物 生 长 状 态

植物	新芽数量	老枝状态	枯黄现象	烂根现象	虫害
芦苇	一般	一般	有	无	无
灯芯草	多	一般	有	无	无
三棱草	多	差	有	有	无
香蒲	一般	差	有	有	有
水葱	一般	一般	有	有	有
鸢尾	一般	好	有	有	无

2. 老窑水中污染物质的变化规律

研究表明，无论是水质变化、植物生长、还是微生物的生长繁殖都受到水体 pH 值的影响，且不同植物适宜生长的最佳 pH 值不同，不同植物适宜净化污染物质的最佳 pH 值也不同。而植物在生长的过程中反过来也会影响和调节水体的 pH 值。从图 4.137 可以看出，在污染水体中栽种了水生植物后，将 4 种硫酸盐浓度水样的 pH 值从 6 调节至 7 以上，栽种植物 20d 之后，水样的 pH 值一直在 7.5 左右波动，水样从弱酸性环境变成弱碱性环境。

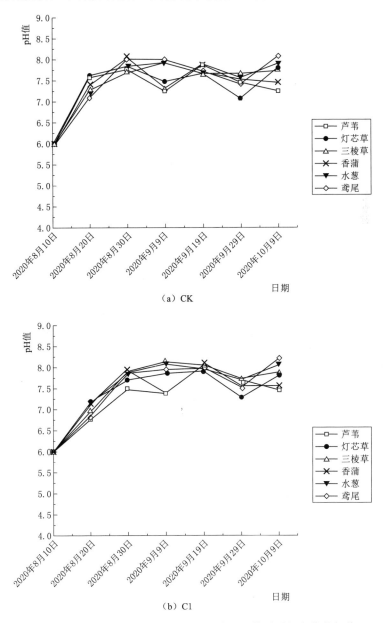

图 4.137（一）　不同硫酸盐浓度水样中 pH 值随时间变化的规律

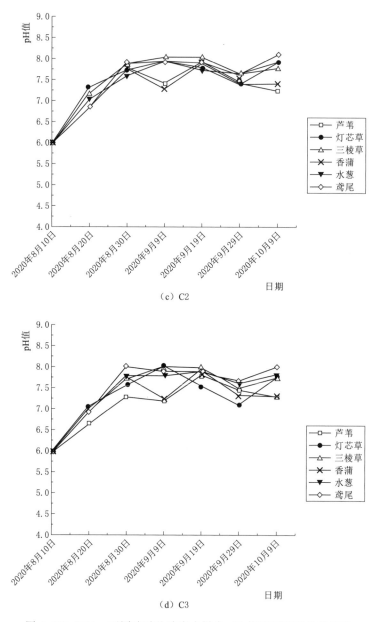

（c）C2

（d）C3

图 4.137（二） 不同硫酸盐浓度水样中 pH 值随时间变化的规律

溶液的电导率高低相依于其内含溶质盐的浓度，或其他会分解为电解质的化学杂质。水溶液的电导率测量是水的含盐成分、含离子成分、含杂质成分等的重要指标。水越纯净，其电导率就越低。从图 4.138 可以看到，CK（对照组）中灯芯草水样的 EC 值（电导率）降低较多。芦苇水样的 EC 值在初始值

（0.515mS/cm）处上下波动，变化幅度很小。而其余 4 种植物水样的 EC 值都有不同程度的升高，这主要是由于这 4 种植物在实验后期存在的烂根现象，导致植物自身成分的溶解释放，使水样整体的电导率升高；在 C1 中，灯芯草、芦苇和香蒲水样的 EC 值下降，水葱和鸢尾水样的 EC 值先下降后稍有上升，三棱草

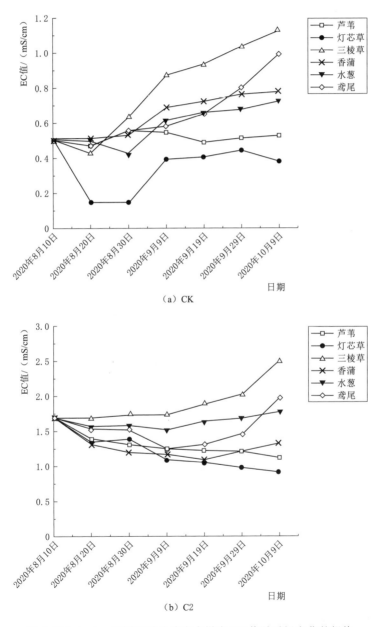

（a）CK

（b）C2

图 4.138（一） 不同硫酸盐浓度水样中 EC 值随时间变化的规律

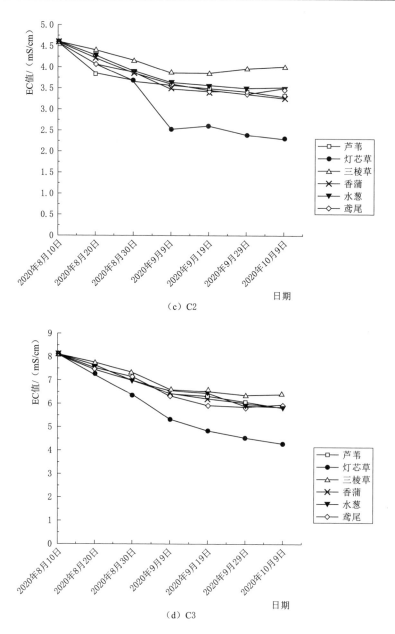

（c）C2

（d）C3

图 4.138（二） 不同硫酸盐浓度水样中 EC 值随时间变化的规律

水样的 EC 值上升幅度较大，这是由三棱草的生长状态和对水样较弱的净化作用
共同导致的；在 C2 和 C3 水样中，6 种植物水样的 EC 值均下降，这是因为相比
于植物自身成分的溶解释放，水样中污染物质的去除对溶液电导率的降低效果
更加显著，其中灯芯草水样的 EC 值下降幅度最大。

从图 4.139 可以看出，C1 浓度（SO_4^{2-} 浓度为 500mg/L）水样中，随着时间的增长，6 种植物水样中硫酸根离子的去除率逐步上升，其中灯芯草水样中硫酸根离子的去除率最高，在实验 60d 时（10 月 9 日）达到了 66.78％。其余 5 种植物水样中 SO_4^{2-} 去除率的差别较小，且均小于 40％，水样最高 SO_4^{2-} 去除率为灯芯草＞水葱＞香蒲＞鸢尾＞芦苇＞三棱草。

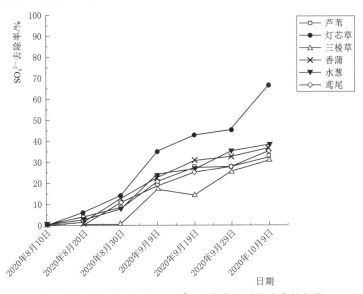

图 4.139　C1 浓度水样中 SO_4^{2-} 去除率随时间变化的规律

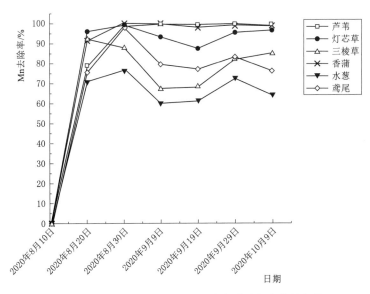

图 4.140　C1 浓度水样中 Mn 去除率随时间变化的规律

从图 4.140 可以看出，芦苇和香蒲水样中 Mn 的去除率最高，在实验 20d 时（8月 30 日）均达到了 99％以上，且之后一直保持平稳，其次 Mn 去除效果较好的水样为灯芯草水样，在实验 10d 时（8月 20 日）去除率就达到了 95％以上，之后一直在95％左右波动，其余 3 种植物水样中 Mn 的去除率相对较低，在实验后期均小于90％，水样最高 Mn 去除率为香蒲＞芦苇＞灯芯草＞鸢尾＞三棱草＞水葱。

从图 4.141 可以看出，6 种植物水样中 Zn 的去除率在实验 20d 时（8月 30 日）均达到了 90％以上，之后除个别点以外，去除率均在 98％以上，各植物水样间无显著差异，水样最高 Zn 去除率为三棱草＞香蒲＞灯芯草＞鸢尾＞芦苇＞水葱。

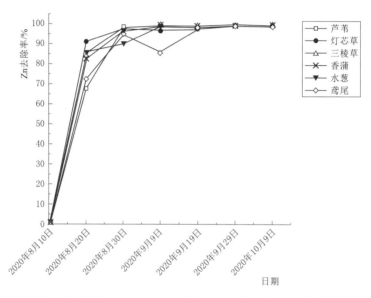

图 4.141　C1 浓度水样中 Zn 去除率随时间变化的规律

从图 4.142 可以看出，芦苇、三棱草和鸢尾水样中 Cd 去除率在实验 20d 时（8月 30 日）达到稳定，灯芯草、香蒲和水葱水样中 Cd 去除率在实验 10d 时（8月 20 日）达到稳定，6 种植物水样中 Cd 的去除率在实验 20d 时（8月 30 日）均达到了 94％左右，之后一直保持平稳，水样最高 Cd 去除率为水葱＞香蒲＞三棱草＞灯芯草＝鸢尾＞芦苇。

从图 4.143 可以看出，C2 浓度（SO_4^{2-} 浓度为 2000mg/L）水样中，随着时间的增长，6 种植物水样中 SO_4^{2-} 的去除率逐步上升，其中灯芯草水样中 SO_4^{2-}的去除率最高，在实验 60d 时（10 月 9 日）达到了 60.77％，其次 SO_4^{2-} 去除率较高的水样为鸢尾水样，在实验 60d 时（10 月 9 日）达到了 40.74％。其余 4 种植物水样中 SO_4^{2-} 去除率相对较小，水样最高 SO_4^{2-} 去除率为灯芯草＞鸢尾＞三棱草＞水葱＞香蒲＞芦苇。

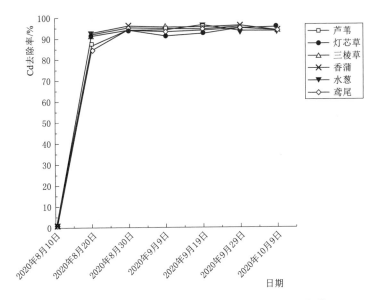

图 4.142　C1 浓度水样中 Cd 去除率随时间变化的规律

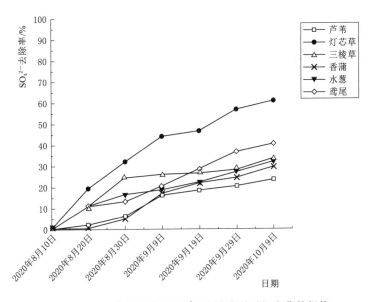

图 4.143　C2 浓度水样中 SO_4^{2-} 去除率随时间变化的规律

　　从图 4.144 可以看出，芦苇和香蒲水样中 Mn 的去除率在实验 20d 时（8 月 30 日）就达到了 99％以上，且之后一直保持平稳，其次 Mn 去除率较高的为灯芯草和三棱草水样，在实验 60d 时（10 月 9 日）去除率为 90％左右，其余两种植物水样中 Mn 的去除率相对较差，在实验 60d 时（10 月 9 日）去除率均低于

70%，水样最高 Mn 去除率为香蒲＞芦苇＞三棱草＞鸢尾＞灯芯草＞水葱。

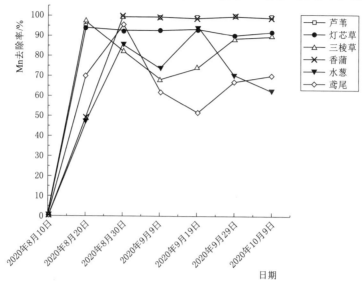

图 4.144　C2 浓度水样中 Mn 去除率随时间变化的规律

从图 4.145 可以看出，6 种植物水样中 Zn 去除率的变化趋势均为先上升后稳定，实验 30d（9 月 9 日）以后去除率均在 96％以上，水样最高 Zn 去除率为三棱草＞鸢尾＞香蒲＞水葱＞芦苇＞灯芯草。

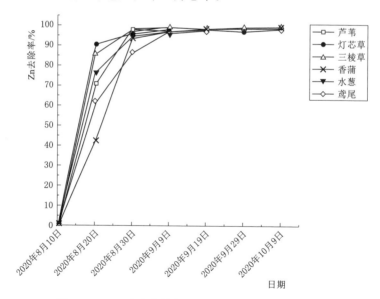

图 4.145　C2 浓度水样中 Zn 去除率随时间变化的规律

　　从图 4.146 可以看出，6 种植物水样中 Cd 的去除率在实验 20d 时（8 月 30 日）均达到了 92％以上，之后一直保持平稳，水样最高 Cd 去除率为水葱＞三棱草＞鸢尾＞香蒲＞芦苇＞灯芯草。

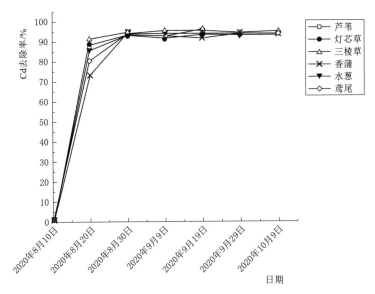

图 4.146　C2 浓度水样中 Cd 去除率随时间变化的规律

　　从图 4.147 可以看出，C3 浓度（SO_4^{2-} 浓度为 4000mg/L）水样中，随着时

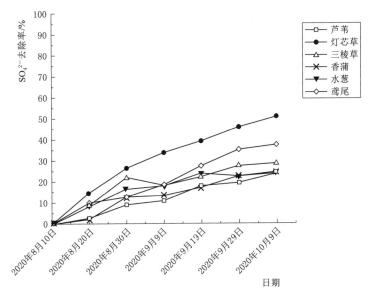

图 4.147　C3 浓度水样中 SO_4^{2-} 去除率随时间变化的规律

间的增长，6 种植物水样中 SO_4^{2-} 的去除率逐步上升，其中灯芯草水样中 SO_4^{2-} 的去除率最高，在实验 60d 时（10 月 9 日）达到了 50.74%，其次 SO_4^{2-} 去除率较高的水样为鸢尾水样，在实验 60d 时（10 月 9 日）达到了 37.49%。其余 4 种植物水样中 SO_4^{2-} 去除率小于 30%，水样最高 SO_4^{2-} 去除率为灯芯草＞鸢尾＞三棱草＞香蒲＞水葱＞芦苇。

从图 4.148 可以看出，芦苇和香蒲水样中 Mn 的去除率在实验 20d 时（8 月 30 日）就达到了 99% 以上，其次 Mn 去除率较高的水样为灯芯草水样，去除率一直保持 90% 以上，而实验后期水葱、鸢尾及三棱草水样的 Mn 去除率降低，主要是由于这 3 种植物后期的枯黄及烂根现象，导致被植物体吸收的 Mn 的重新释放。水样最高 Mn 去除率为香蒲＞芦苇＞灯芯草＞三棱草＞水葱＞鸢尾。

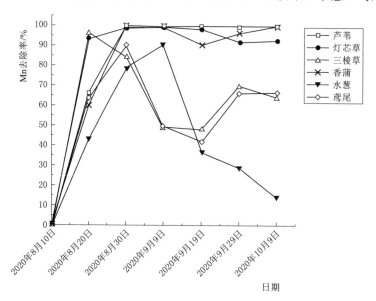

图 4.148　C3 浓度水样中 Mn 去除率随时间变化的规律

从图 4.149 可以看出，6 种植物水样中 Zn 去除率的变化趋势均为先上升后稳定，在实验 20d 时（8 月 30 日）去除率均达到了 90% 以上，实验 60d 时（10 月 9 日）去除率均达到 97% 以上，水样最高 Zn 去除率为三棱草＞香蒲＞鸢尾＞芦苇＞灯芯草＞水葱。

从图 4.150 可以看出，6 种植物水样中 Cd 的去除率在实验 20d 时（8 月 30 日）均达到了 92% 以上，之后一直保持平稳，水样最高 Cd 去除率为香蒲＝三棱草＞鸢尾＞芦苇＞灯芯草＞水葱。

3. 植物中的污染物质积累情况

由于不同 SO_4^{2-} 浓度老窑水中污染物质变化规律差异较小，且 C3 浓度水样

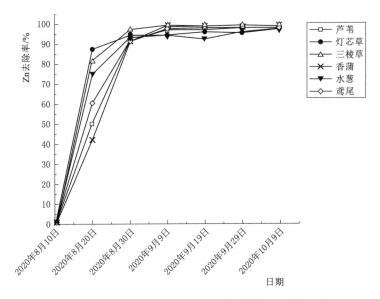

图 4.149　C3 浓度水样中 Zn 去除率随时间变化的规律

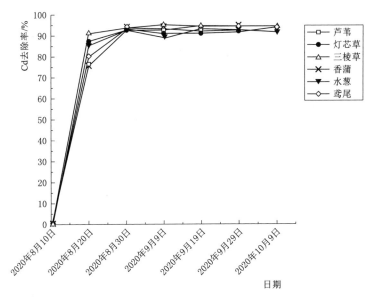

图 4.150　C3 浓度水样中 Cd 去除率随时间变化的规律

的 SO_4^{2-} 浓度更高，对于研究植物对老窑水的修复更加典型，因此本书以 C3 浓度水样中污染物质的迁移转化规律作为研究内容，检测了试验结束后 CK 及 C3 浓度水样中各植物体内的全硫量及 Mn、Zn、Cd 含量，将其差值作为各植物的硫、Mn、Zn、Cd 吸收量，其差值与 C3 浓度水样的污染物质初始含量之比作为各植物的硫、Mn、Zn、Cd 吸收率。

由图 4.151 可知，灯芯草对硫的吸收量最大，硫吸收率达到了 18.23%，其余 5 种植物的硫吸收率差别不大，为 6%～8%，各植物的硫吸收效果为灯芯草＞芦苇＞香蒲＞水葱＞鸢尾＞三棱草，但由实验结果可知，植物的硫吸收量占硫总去除量的比例不到 40%，这是由于在实验中，各个浓度水样中植物表面都析出了白色结晶，且硫酸盐浓度越高的水样，其植物析出的白色结晶越多，且时间越长，白色结晶析出量越大，经检测发现其主要成分为硫酸钠，说明植物首先将硫酸钠吸收进体内，而后将其自身无法吸收转化的部分排出体外。

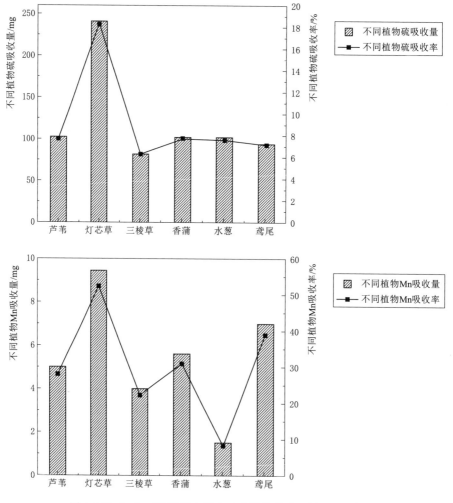

图 4.151（一）　C3 浓度水样中 6 种植物的硫、Mn、Zn 和 Cd
吸收量及吸收率

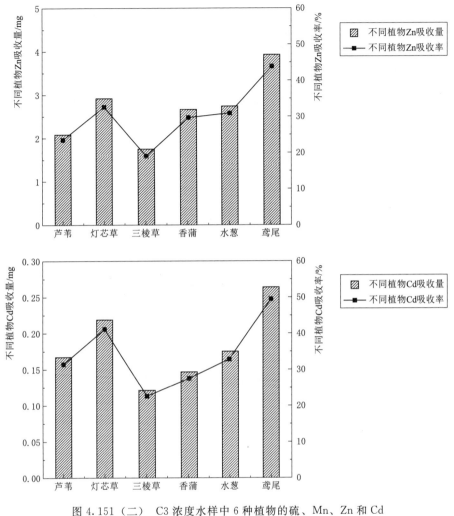

图 4.151（二）　C3 浓度水样中 6 种植物的硫、Mn、Zn 和 Cd
吸收量及吸收率

从图 4.151 中可以看到，灯芯草对 Mn 的吸收率最高，为 52.44%，其次为鸢尾，吸收率为 38.89%，各植物的 Mn 吸收效果为灯芯草＞鸢尾＞香蒲＞芦苇＞三棱草＞水葱；鸢尾对 Zn 的吸收率最高，达到了 43.47%，其次为灯芯草，吸收率为 32.37%，各植物的 Zn 吸收效果为鸢尾＞灯芯草＞水葱＞香蒲＞芦苇＞三棱草；鸢尾对 Cd 的吸收率最高，达到了 49.27%，其次为灯芯草，吸收率为 43.85%，Cd 吸收效果为鸢尾＞灯芯草＞水葱＞芦苇＞香蒲＞三棱草。

第5章 结 论 与 建 议

5.1 结 论

本次研究得到的主要结论如下：

(1) 裂隙场不同区域的渗透系数主要取决于岩体破坏程度，渗透系数随裂隙率的增加总体上呈非线性增大趋势。冒落带内采动岩体的渗透系数为 $0.081\sim6.847\mathrm{cm/s}$，裂隙带内采动岩体垂向渗透系数为 $0.067\sim0.228\mathrm{cm/s}$，水平渗透系数为 $0.744\sim2.546\mathrm{cm/s}$。采动岩体渗透系数最大值位于规则冒落带内的裂隙发育区，最小值位于煤壁支撑区与不规则冒落带内的重新压实区。

(2) 煤层顶板采动覆岩及松散层底板黏土弱透水层的变形破坏，以及裂隙场渗透性能的空间差异是造成松散含水层地下水位下降速率增大的主控因素。当隔采比与隔裂比满足一定条件时，含水层受影响范围可形成开采直接影响区、开采扰动影响区与开采影响轻微区 3 个区域。

(3) 采煤对松散含水层的影响程度受开采条件、松散含水层底板弱透水层性质以及松散含水层水力特征等因素的影响。当基岩隔水层厚度大于 140m，或含水层底板弱透水层厚度大于 40m 或渗透系数小于 $10^{-6}\mathrm{cm/s}$，均能有效防止松散含水层地下水位的下降。

(4) 采空区裂隙对于地表径流、壤中流与河道回流过程都有一程度的影响，表现在对地表径流及壤中流的削减，对壤中流及地下水流的补给，其影响程度与裂隙发育程度及降雨强度等都有关系。

(5) 在径流模拟方面，产流采用双超模型，坡面汇流采用瞬时单位线模型，河道汇流采用圣维南方程构建分布式概念性水文模型，在山西省汾河水库控制流域内无采空区范围内及采空区出现前适用性很好，但采空区出现后以后的大部分场次洪水模拟效果较差。考虑采空区地表水下渗增加补给地下水和采空区的作用，引入参数对采空区出现后的洪水进行模拟，可有效提高场次洪水模拟精度。

(6) 酸性老窑水的形成基础主要有空间、水源、通道。降水为重要来源，地下水变化与气象条件紧密相关。砂岩含水层及第四系含水层中水渗入，同时发生物理化学作用，黄铁矿氧化生成硫酸盐，SO_4^{2-} 浓度增加，pH 值逐渐降低，逐渐形成 $SO_4-Ca\cdot Mg$ 型水，即形成酸性老窑水。固液比与铁元素的释放速率呈正相关。河流水质已受到不同程度的污染，三价铁离子、亚铁离子、硫酸根离子、氨氮、锰、镉等指标因子在流域内单项污染指数范围变化较大。越靠近出流点，土体中 SO_4^{2-} 含量越高，但随着深度的增加而产生的扩散作用，深度越大伴随着 SO_4^{2-} 含量越低。

（7）吸附材料固液比、吸附时间和初始浓度对吸附材料去除酸性老窑水中污染物的影响显著，而温度对其影响不显著。适当提高吸附材料固液比可以有效地去除污染物，黄土的最佳固液比为 100g/L。不同类型钢渣的最佳固液比为 50g/L，且不锈钢钢渣和碳钢渣对酸性老窑水中污染物的吸附显著高于铁矿渣。

（8）滤出液中 pH 值随淋滤时间及吸附材料含量的增加而升高。不同材料配比的 PRB 滤出液中 SO_4^{2-}、Fe、Mn 和 Zn 的浓度随淋滤时间的增加而逐渐升高。随着吸附材料含量的增加，去除率增加。在不同材料配比下，PRB 中黄土含量不宜高于 20%；PRB 中粉末状碳钢渣含量不宜高于 10%。鉴于不同材料配比的 PRB 对酸性老窑水中污染物的去除率和处理水量，确定 PRB 的最优宽度范围为 60～90cm。

（9）在不同浓度的老窑水处理下，湿地植物对 SO_4^{2-}、Mn 和 Zn 均有不同程度的吸收作用。因此，根据水样中污染物质的整体去除率、各植物自身对污染物质的吸收效果以及结合植物的生长状态，优选出灯芯草、鸢尾和水葱作为优势植物。

5.2 建　议

本书深入研究了采煤对地下水、地表水环境的影响以及煤矿酸性老窑水对水土环境的影响与修复等三个关键科学问题，研究内容与成果可为我国矿区水环境影响评价及煤矿酸性老窑水的修复等提供理论依据。考虑到采动岩体为动态变化的复杂系统，影响壤中流与地下径流的土壤质地存在差异性，以及矿坑排水的影响，今后工作需加强如下方面的研究：

（1）针对具体问题，优化实验装置，增加控制因素，使实验条件更接近工程实际，实验结果更满足工程需要，为我国西北厚黄土区煤炭资源开采与水资源保护协调发展提供理论依据。

（2）开展不同类型土壤下的裂隙发育对产汇流过程影响的分析，进一步完善裂隙发育对产汇流过程影响机制的研究。开展现场试验，进行实际河道产汇流过程的对比分析。

（3）研究硫酸盐还原菌处理酸性老空水的机制，在 PRB 协同人工湿地修复酸性老窑水系统中添加硫酸还原菌可以更加有效治理酸性老空水，为实现酸性老窑水深度处理与资源化利用提供技术支撑。

参 考 文 献

［1］ 刘春红 . 2019 年上半年煤炭市场供求情况分析以及下半年走势预测［J］. 商业经济研究，2019（21）：185 - 186.

［2］ 王双明，孙强，乔军伟，等 . 论煤炭绿色开采的地质保障［J］. 煤炭学报，2020，45（1）：8 - 15.

［3］ BIAN Z，MIAO X，LEI S，et al. The Challenges of Reusing Mining and Mineral - Processing Wastes［J］. Science，2012，337（6095）：702 - 703.

［4］ GUO W，GUO M，TAN Y，et al. Sustainable Development of Resources and the Environment：Mining-Induced Eco-Geological Environmental Damage and Mitigation Measures—A Case Study in the Henan Coal Mining Area，China［J］. Sustainability，2019，11（16）：4366.

［5］ LIU L Q，LIU C X，SUN Z Y . A survey of China's low-carbon application practice—Opportunity goes with challenge［J］. Renewable & Sustainable Energy Reviews，2011，15（6）：2895 - 2903.

［6］ ZHANG J，FU M，GENG Y，et al. Energy saving and emission reduction：A project of coal - resource integration in Shanxi Province，China［J］. Energy Policy，2011，39（6）：3029 - 3032.

［7］ 姚西龙，STYVE，高燕桃 . 我国煤炭产业的转型发展研究［J］. 煤炭经济研究，2018，38（11）：11 - 16.

［8］ 孙艺杰，刘宪锋，任志远，等 . 1960—2016 年黄土高原干旱和热浪时空变化特征［J］. 地理科学进展，2020，39（4）：591 - 601.

［9］ 陈超，胡振琪 . 我国采动地裂缝形成机理研究进展［J］. 煤炭学报，2018，43（3）：810 - 823.

［10］ 李叶鑫，王道涵，吕刚，等 . 煤矿区土体裂缝特征及其生态环境效应研究进展［J］. 生态学杂志，2018，37（12）：3769 - 3779.

［11］ ZHANG D，FAN G，LIU Y，et al. Field trials of aquifer protection in longwall mining of shallow coal seams in China［J］. International Journal of Rock Mechanics & Mining Sciences，2010，47（6）：908 - 914.

［12］ HOWLADAR M F . Coal mining impacts on water environs around the Barapukuria coal mining area，Dinajpur，Bangladesh［J］. Environmental Earth Sciences，2013，70（1）：215 - 226.

［13］ 牛仁亮 . 山西省煤炭开采对水资源的破坏影响及评价［M］. 北京：中国科学技术出版社，2003.

［14］ 彭致圭 . 山西煤炭经济发展战略［M］. 北京：煤炭工业出版社，1999.

［15］ 李建中 . 闭坑煤矿含水层破坏模式与风险管理研究［D］. 武汉：中国地质大学，2018.

［16］ 童珏 . 采煤引起的水资源与生态环境效应分析［D］. 北京：中国地质大学，2013.

[17] 黄岑丽. 潞安矿区煤炭开采对地质环境影响的研究 [D]. 北京：中国矿业大学，2013.

[18] 李涛. 陕北煤炭大规模开采含隔水层结构变异及水资源动态研究 [D]. 北京：中国矿业大学，2012.

[19] 王芳. 山西煤炭开采对水资源的影响研究 [J]. 河南水利与南水北调，2015(19)：50-51.

[20] CUTRUNEO C, OLIVEIRA M, WARD C R, et al. A mineralogical and geochemical study of three Brazilian coal cleaning rejects：Demonstration of electron beam applications [J]. International Journal of Coal Geology, 2014, 130：33-52.

[21] DIAS C L, OLIVEIRA M, HOWER J C, et al. Nanominerals and ultrafine particles from coal fires from Santa Catarina, South Brazil [J]. International Journal of Coal Geology, 2014, 122 (Complete)：50-60.

[22] DUARTE A L, DABOIT K, OLIVEIRA M, et al. Hazardous elements and amorphous nanoparticles in historical estuary coal mining area [J]. Geoscience Frontiers, 2019, 10 (3)：13.

[23] XU Y, CHANG Q, YAN X, et al. Analysis and lessons of a mine water inrush accident resulted from the closed mines [J]. Arabian Journal of Geosciences, 2020, 13 (14).

[24] ARENAS-LAGO D, VEGA F A, SILVA L F O, et al. Soil interaction and fractionation of added cadmium in some Galician soils [J]. Microchemical Journal, 2013, 110：681-690.

[25] ARENAS-LAGO D, VEGA F A, FELIPE L, et al. Environmental Science and Pollution Research Copper distribution in surface and subsurface soil horizons Copper distribution in surface and subsurface soil horizons [J]. Environmental Science and Pollution Research, 2014, 21 (18)：10997-11008.

[26] CERQUEIRA B, VEGA F A, SERRA C, et al. Time of flight secondary ion mass spectrometry and high - resolution transmission electron microscopy/energy dispersive spectroscopy：A preliminary study of the distribution of Cu^{2+} and Cu^{2+}/Pb^{2+} on a Bt horizon surfaces [J]. Journal of Hazardous Materials, 2011, 195：422-431.

[27] CERQUEIRA B, VEGA F A, SILVA L F O, et al. Effects of vegetation on chemical and mineralogical characteristics of soils developed on a decantation bank from a copper mine [J]. Science of The Total Environment, 2012, 421-422 (none)：220-229.

[28] CIVEIRA M, OLIVEIRA M, HOWER J C, et al. Modification, adsorption, and geochemistry processes on altered minerals and amorphous phases on the nanometer scale：examples from copper mining refuse, Touro, Spain [J]. Environmental Science & Pollution Research, 2016, 23 (7)：6535-6545.

[29] CIVEIRA M, PINHEIRO R, GREDILLA A, et al. The properties of the nano-minerals and hazardous elements：Potential environmental impacts of Brazilian coal waste fire [J]. Science of The Total Environment, 2016, 544 (fcb. 15)：892-900.

[30] CIVEIRA M S, RAMOS C G, OLIVEIRA M L S, et al. Nano-mineralogy of suspended sediment during the beginning of coal rejects spill [J]. Chemosphere, 2016, 145 (FEB.)：142-147.

[31] GREDILLA A, VALLEJUELO F O D, GOMEZ-NUBLA L, et al. Are children play-

grounds safe play areas? Inorganic analysis and lead isotope ratios for contamination assessment in recreational (Brazilian) parks [J]. Environmental Science and Pollution Research, 2017, 24 (31): 24333 - 24345.

[32] GREDILLA A, VALLEJUELO F, RODRIGUEZ-IRURETAGOIENA A, et al. Evidence of mercury sequestration by carbon nanotubes and nanominerals present in agricultural soils from a coal fired power plant exhaust [J]. Journal of Hazardous Materials, 2019, 378: 120747.

[33] JUCIANO G, RODRIGUES C P, DA B, et al. Obese rats are more vulnerable to inflammation, genotoxicity and oxidative stress induced by coal dust inhalation than non-obese rats [J]. Ecotoxicology and Environmental Safety, 2018, 165: 44 - 51.

[34] 中华人民共和国住房和城乡建设部，中华人民共和国国家质量监督检查检疫总局. 煤矿采空区岩土工程勘察规范：GB 51044—2014 [S]. 北京：中国计划出版社，2014.

[35] 刘峰. 矿井酸性老空水的形成及其水质类型 [C]. 2011煤矿安全高效开采地质保障技术国际研讨会，2011：250 - 253.

[36] 魏里阳. 动态老空水的形成与防治技术 [J]. 神华科技，2013，11 (3)：19 - 21.

[37] 司芽，张应红，刘立，等. 新时代我国绿色矿山建设与发展的思考 [J]. 中国矿业，2020，29 (2)：59 - 64.

[38] 钱鸣高，许家林，王家臣. 再论煤炭的科学开采 [J]. 煤炭学报，2018，43(1)：1 - 13.

[39] 阿维尔申. 煤矿地下开采的岩层移动 [M]. 北京：煤炭工业出版社，1959.

[40] 蓝楠. 国外地下水资源保护法律制度对我国的启示 [J]. 中国国土资源经济，2011，24 (8)：33 - 35，43.

[41] 白海波，缪协兴. 水资源保护性采煤的研究进展与面临的问题 [J]. 采矿与安全工程学报，2009，26 (3)：253 - 262.

[42] 范立民. 神木矿区的主要环境地质问题 [J]. 水文地质工程地质，1992，19(6)：37 - 40.

[43] HILL J G, PRICE D R. The impact of deep mining on an overlying aquifer in Western Pennsylvania [J]. Groundwater Water MonitR, 2007, 3 (1): 138 - 143.

[44] STONER J D. Probable hydrologic effects of subsurface mining [J]. Groundwater Water MonitR, 2007, 3 (1): 128 - 137.

[45] LINES G C. Ground - water system and possible effects of underground coal mining in the Trail Mountain area, Central Utah [J]. US Geological Survey Water Supply Paper, 1985, 22 (59): 1 - 32.

[46] BOOTH C J. Strata - movement Concepts and the Hydrogeological Impact of Underground Coal Mining [J]. Groundwater, 1986, 24 (4): 507 - 515.

[47] BOOTH C J, SPANDE E D. Potentiometric and Aquifer Property Changes Above Subsiding Longwall Mine Panels Illinois Basin Coalfield [J]. Ground Water, 1992, 30 (3): 362 - 368.

[48] 韩宝平，郑世书，谢克俊，等. 煤矿开采诱发的水文地质效应研究 [J]. 中国矿业大学学报，1994，23 (3)：70 - 77.

[49] BOOTH C J. Confined - Unconfined Changes above Longwall Coal Mining Due to Increases in Fracture Porosity [J]. Environmental & Engineering Geoscience, 2007, 13 (4): 355 - 367.

[50] 张发旺，李铎，赵华. 煤矿开采条件下地下水资源破坏及其控制 [J]. 河北地质学院

学报，1996，19（2）：115-119.

[51] 赵明明，张永波. 山阴县玉井煤矿开采对地下水的影响分析 [J]. 矿业安全与环保，2013，40（2）：102-104.

[52] 曾庆铭，施龙青. 山东省煤炭开采对水资源的影响分析及对策研究 [J]. 山东科技大学学报，2009，28（2）：42-46.

[53] 冀瑞君，彭苏萍，范立民，等. 神府矿区采煤对地下水循环的影响：以窟野河中下游流域为例 [J]. 煤炭学报，2015，40（4）：938-943.

[54] 顾大钊，张建民. 西部矿区现代煤炭开采对地下水赋存环境的影响 [J]. 煤炭科学技术，2012，40（12）：114-117.

[55] MALUCHA P, RAPANTOVA N. Impact of underground coal mining on quaternary hydrogeology in the czech part of the upper silesian coal basin [C] //International Multidisciplinary Scientific GeoConference Surveying Geology and Mining Ecology Management SGEM Albena Bulgaria，2013，1：507-514.

[56] 李涛，李文平，常金源，等. 陕北近浅埋煤层开采潜水位动态相似模型试验 [J]. 煤炭学报，2011，36（5）：722-726.

[57] 焦阳，白海波，张勃阳，等. 煤层开采对第四系松散含水层影响的研究 [J]. 采矿与安全工程学报，2012，29（2）：239-244.

[58] 高学通. 底部含水层孔隙水压力采动波动及影响机制的试验研究 [J]. 矿业安全与环保，2016，43（2）：8-12.

[59] 黄庆享，蔚保宁，张文忠. 浅埋煤层黏土隔水层下行裂隙弥合研究 [J]. 采矿与安全工程学报，2010，27（1）：39-43.

[60] HUANG Q X. Research on cracks zone of clay aquiclude in overburden [J]. Appl Mech-Mater，2014，548：1744-1747.

[61] 张志祥，张永波，王雪，等. 煤层开采厚度变化对上覆松散含水层影响研究 [J]. 煤矿开采，2017，22（2）：61-64.

[62] 张志祥，张永波，付兴涛，等. 煤矿开采对地下水破坏机理及其影响因素研究 [J]. 煤炭技术，2016，35（2）：211-213.

[63] 徐树媛，张永波，时红，等. 厚黄土覆盖区煤炭开采对松散含水层影响的相似模拟研究 [J]. 矿业安全与环保，2019，46（3）：1-5.

[64] 张金才，刘天泉，张玉卓. 裂隙岩体渗透特征的研究 [J]. 煤炭学报，1997，22（5）：481-485.

[65] 张发旺，陈立，王滨，等. 矿区水文地质研究进展及中长期发展方向 [J]. 地质学报，2016，90（9）：2464-2475.

[66] 陈立. 长治盆地群采区含水层结构变异及水资源动态研究 [D]. 北京：中国地质大学，2015.

[67] FORCHHEIMER P H. Wasserbewegung durch boden [J]. ZVerDtsch Ing，1901，49：1736-1749&50：1781-1788.

[68] IZBASH S V. O filtracii V Kropnozernstom Materiale [M]. USSR：Leningrad，1931.

[69] BRINKMAN H C . A calculation of the viscous force exerted by a flowing fluid on a dense swarm of particles [J]. Applied Scientific Research，1949，1（1）：27-34.

[70] POLUBARINOVA-KOCHINA P Y. Theory of Ground-Water Movement (first Edition)

［M］. Nauka Moscow（in Russian），translatedfrom the Russian by J. M. Roger de Weist Princeton Princeton Univ Press USA，1962.

［71］ SCHEIDEGGER A E. The physics of flow through porous media（3rd Edition）［M］. Toronto：University of Toronto Press，1974：38 - 39.

［72］ BACHMAT Y. Basic transport coefficients as aquifer characteristics［C］// IASH Symp Hydrology of Fractured Rocks Dubrovnik，1965：63 - 75.

［73］ ERGUN S. Fluid Flow through Packed Columns［J］. Chem Eng Prog，1952，48：89 - 94.

［74］ SCHNEEBELI G. Expériences sur la limite de validitéde la loi de Darcy et l′apparition de la turbulence dans un écoulement de filtration［J］. La Houille Blanche，1955，10（2）：141 - 149.

［75］ BEAR. 多孔介质流体动力学［M］. 李竞生，陈崇希，译. 北京：中国建筑工业出版社，1983.

［76］ 缪协兴，陈占清，茅献彪，等. 峰后岩石非 Darcy 渗流的分岔行为研究［J］. 力学学报，2003，35（6）：660 - 667.

［77］ 胡大伟，周辉，谢守益，等. 峰后大理岩非线性渗流特征及机制研究［J］. 岩石力学与工程学报，2009，28（3）：451 - 458.

［78］ 刘卫群. 破碎岩体的渗流理论及其应用研究［J］. 岩石力学与工程学报，2003，22（8）：1262 - 1262.

［79］ 李顺才，缪协兴，陈占清. 破碎岩体非达西渗流的非线性动力学分析［J］. 煤炭学报，2005（5）：557 - 561.

［80］ 师文豪，杨天鸿，刘洪磊，等. 矿山岩体破坏突水非达西流模型及数值求解［J］. 岩石力学与工程学报，2016，35（3）：446 - 455.

［81］ 杨天鸿，师文豪，李顺才，等. 破碎岩体非线性渗流突水机理研究现状及发展趋势［J］. 煤炭学报，2016，41（7）：1598 - 1609.

［82］ 杨天鸿，陈仕阔，朱万成，等. 矿井岩体破坏突水机制及非线性渗流模型初探［J］. 岩石力学与工程学报，2008，27（7）：1411 - 1416.

［83］ 陈占清，郁邦永. 采动岩体渗流力学研究进展［J］. 西南石油大学学报（自然科学版），2015，37（3）：69 - 76.

［84］ 程宜康，陈占清，缪协兴，等. 峰后砂岩非 Darcy 流渗透特性的试验研究［J］. 岩石力学与工程学报，2004，23（12）：2005 - 2009.

［85］ 刘玉. 水沙混合物非 Darcy 裂隙渗流的试验研究［D］. 徐州：中国矿业大学，2014.

［86］ 吴金随. 破碎岩体非达西渗流研究及其应用［D］. 武汉：中国地质大学，2015.

［87］ 李健，黄冠华，文章，等. 两种不同粒径石英砂中非达西流动的实验研究［J］. 水利学报，2008，39（6）：726 - 732.

［88］ 李健. 多孔介质中非达西流动实验的研究［D］. 北京：中国农业大学，2007.

［89］ 蒋中明，陈胜宏，冯树荣，等. 高压条件下岩体渗透系数取值方法研究［J］. 水利学报，2010，41（10）：1228 - 1233.

［90］ 刘明明，胡少华，陈益峰，等. 基于高压压水试验的裂隙岩体非线性渗流参数解析模型［J］. 水利学报，2016，47（6）：752 - 762.

［91］ LI Z X，WAN J W，ZHAN H B，et al. Particle size distribution on Forchheimer flow and transition of flow regimes in porous media［J］. Journal of Hydrology，2019，574（7）：

1-11.

[92] 王浩，陆垂裕，秦大庸，等. 地下水数值计算与应用研究进展综述 [J]. 地学前缘，2010，17 (6)：1-12.

[93] 方樟，肖长来，姚淑荣，等. 黑龙江宝清露天煤矿首采区多层含水层地下水数值模拟 [J]. 吉林大学学报（地球科学版），2010，40 (3)：610-616.

[94] 殷晓曦，陈陆望，林曼利，等. 采动影响下任楼煤矿地下水流三维数值模拟 [J]. 合肥工业大学学报，2013，36 (1)：93-98.

[95] 李治邦，张永波. Visual Modflow 在煤矿开采地下水数值模拟中的应用 [J]. 矿业安全与环保，2014，41 (4)：63-65.

[96] 邓强伟，张永波. 大恒煤矿开采对地下水疏下的影响 [J]. 水土保持通报，2014，34 (6)：123-125.

[97] 赵春虎. 蒙陕矿区采煤对松散含水层地下水资源影响的定量评价 [J]. 中国煤炭，2014，40 (3)：30-34.

[98] 赵春虎，虎维岳，靳德武. 西部干旱矿区采煤引起潜水损失量的定量评价方法 [J]. 煤炭学报，2017，42 (1)：169-174.

[99] 赵春虎，王强民，靳德武，等. 寒旱区井工煤矿开采与含水层失水协同分析模型构建及应用 [J]. 干旱区资源与环境，2020，34 (6)：109-116.

[100] 李杨. 浅埋煤层开采覆岩移动规律及对地下水影响研究 [D]. 北京：中国矿业大学（北京），2012.

[101] 杨殿海. 露天煤矿开采的研究 [J]. 科技创新与应用，2013 (15)：34.

[102] 林柏泉，常建华，翟成. 我国煤矿安全现状及应当采取的对策分析 [J]. 中国安全科学学报，2006 (5)：42-46，146.

[103] 李运强，黄海辉. 世界主要产煤国家煤矿安全生产现状及发展趋势 [J]. 中国安全科学学报，2010，20 (6)：158-165.

[104] 韩松廷. 矿区土地复垦立法研究 [D]. 哈尔滨：黑龙江大学，2018.

[105] 管丽英. 我国煤矿区土地复垦立法研究 [D]. 武汉：华中科技大学，2010.

[106] 蒋晓辉，谷晓伟，何宏谋. 窟野河流域煤炭开采对水循环的影响研究 [J]. 自然资源学报，2010，25 (2)：300-307.

[107] 张思锋，马策，张立. 榆林大柳塔矿区乌兰木伦河径流量衰减的影响因素分析 [J]. 环境科学学报，2011，31 (4)：889-896.

[108] 吕新，王双明，杨泽元，等. 神府东胜矿区煤炭开采对水资源的影响机制：以窟野河流域为例 [J]. 煤田地质与勘探，2014，42 (2)：54-57，61.

[109] 郭巧玲，韩振英，杨琳洁，等. 煤矿开采对窟野河地表径流影响的水文模拟 [J]. 水利水电科技进展，2015，35 (4)：19-23.

[110] 郭巧玲，韩振英，丁斌，等. 窟野河流域径流变化及其影响因素研究 [J]. 水资源保护，2017，33 (5)：75-80.

[111] GUO Q, HAN Y, YANG Y, et al. Quantifying the impacts of climate Change, coal mining and soil and water conservation on streamflow in a coal mining concentrated watershed on the Loess Plateau, China [J]. Water, 2019, 11 (5): 1054.

[112] GUO Q, SU N, YANG Y, et al. Using hydrological simulation to identify contribution of coal mining to runoff change in the Kuye River Basin, China [J]. Water Re-

soure，2017，44（4）：586－594.

[113] GUO Q，YANG Y，SU N，et al. Impact assessment of climate change and human activities on runoff variation in coal mining watershed NW China [J]. Water Resources，2019，46（6）：871－882.

[114] GUO Q，YANG Y，XIONG X. Using hydrologic simulation to identify contributions of climate change and human activity to runoff changes in the Kuye River Basin，China [J]. Environ Earth Sci，2016，75（5）：417.

[115] 李舒，陈元芳，李致家. 井工矿开采对窟野河水资源的影响 [J]. 河海大学学报（自然科学版），2016，44（4）：347－352.

[116] 李舒，陈元芳，李致家，等. 煤炭开采对窟野河月径流扰动的模拟研究 [J]. 人民黄河，2016，38（4）：13－17，21.

[117] LI S，CHENG YF，LI ZJ，et al. Applying a statistical method to streamflow reduction caused by underground mining for coal in the Kuye River Basin [J]. Science China-Technological Sciences，2016，59（12）：1911－1920.

[118] 文磊，刘昌军，庾从蓉，等. 构建考虑煤矿采空区特殊下垫面的水文模型并在山西省小流域应用 [J]. 冰川冻土，2017，39（2）：375－383.

[119] WU X J，DONG Y. Recognition of runoff changes in mining area based on SWAT model [J]. Environmental Science & Technology，2018，41（6）：175－180.

[120] 丁薇. 煤矿采空区对降雨径流的影响研究 [J]. 山西水利科技，2018（4）：59－62，92.

[121] SRACEK O，CHOQUETTE M，GÉLINAS P，et al. Geochemical characterization of acid mine drainage from a waste rock pile，Mine Doyon，Québec，Canada [J]. Journal of Contaminant Hydrology，2004，69（1－2）：45－71.

[122] HOLMES P R，CRUNDWELL F K. The kinetics of the oxidation of pyrite by ferric ions and dissolved oxygen：An electrochemical study [J]. Geochimica et Cosmochimica Acta，2000，64（2）：263－274.

[123] MICHAEL N，HAJIME M，Petrus B. The effects of sulphate ions and temperature on the leaching of pyrite 2 Dissolution rates [J]. Hydrometallurgy，2013，133：182－187.

[124] ANINDA M，TATIANA G，HARALD S. Abiotic oxidation of pyrite by Fe（III）in acidic media and its implications for sulfur isotope measurements of lattice－bound sulfate in sediments [J]. Chemical Geology，2008，253（1－2）：30－37.

[125] 华凤林，王瑚，王则成. 矿山酸性废水的形成机理及防治途径初探 [J]. 河海大学学报，1993，21（5）：55－61.

[126] 刘成. 德兴铜矿酸性废水成因的研究 [J]. 有色矿山，2001，30（4）：49－54.

[127] 岳梅，赵峰华，任德贻. 煤矿酸性水水化学特征及其环境地球化学信息研究 [J]. 煤田地质与勘探，2004，32（3）：46－49.

[128] 郑仲，蔡昌凤. 煤矿酸性矿井水形成机理的研究进展 [J]. 资源环境与工程，2007，21（3）：323－327.

[129] DOLD B，FONTBOTE L. A mineralogical and geochemical study of element mobility in sulfide mine tailings of Fe oxide Cu-Au deposits from the Punta del Cobre belt，northern Chile [J]. Chemical Geology，2002，189（3－4）：135－163.

[130] WISSKIRCHEN C, DOLD B, FRIESE K, et al. Geochemistry of highly acidic mine water following disposal into a natural lake with carbonate bedrock [J]. Applied Geochemistry, 2010, 25 (8): 1107 - 1119.

[131] DELGADO J, PÉREZ-LÓPEZ R, GALVÁN L, et al. Enrichment of rare earth elements as environmental tracers of contamination by acid mine drainage in salt marshes: A new perspective [J]. Marine Pollution Bulletin, 2012, 64 (9): 1799 - 808.

[132] ZALACK J T, SMUCKER N J, VIS M L. Development of a diatom index of biotic integrity for acid mine drainage impacted streams [J]. Ecological Indicators, 2010, 10 (2): 287 - 295.

[133] GAMMONS C H, DUAIME T E, PARKER S R, et al. Geochemistry and stable isotope investigation of acid mine drainage associated with abandoned coal mines in central Montana, USA [J]. Chemical Geology, 2010, 269 (1): 100 - 112.

[134] 赵峰华, 孙红福, 李文生. 煤矿酸性矿井水中有害元素的迁移特性 [J]. 煤炭学报, 2007, 32 (3): 261 - 266.

[135] LIAO J, WEN Z, XUAN R, et al. Distribution and migration of heavy metals in soil and crops affected by acid mine drainage: Public health implications in Guangdong Province, China [J]. Ecotoxicology & Environmental Safety, 2016, 124: 460 - 469.

[136] 何绪文, 贾建丽. 矿井水处理及资源化的理论与实践 [M]. 北京: 煤炭工业出版社, 2009.

[137] 冯朝朝, 韩志婷, 张志义, 等. 矿山水污染与酸性矿井水处理 [J]. 煤炭技术, 2010, 29 (5): 12 - 14.

[138] DEMCHIK M, GARBUTT K. Growth of woolgrass in acid mine drainage [J]. Journal of Environmental Quality, 1999, 28 (1): 243 - 249.

[139] 张宗元, 赵志怀, 陈宇松. 人工湿地处理酸性煤矿废水的机理研究及展望 [J]. 科技情报开发与经济, 2007, 17 (5): 158 - 159.

[140] MAYS P A, EDWARDS GS. Comparison of heavy metal accumulation in a natural wetland and constructed wetlands receiving acid mine drainage [J]. Ecological Engineering, 2001, 16 (4): 487 - 500.

[141] WHITEHEAD P G, PRIOR H. Bioremediation of acid mine drainage: anintroduction to the wheal jane wetlands project [J]. Science of the Total Environment, 2005, 338 (1 - 2): 15 - 21.

[142] SHEORAN A S, SHEORAN V. Heavy metal removal mechanism of acid mine drainage in wetlands: a critical review [J]. Minerals Engineering, 2006, 19 (2): 105 - 116.

[143] 尹秀贞, 赵志怀, 张宗元. 煤矿酸性废水的微生物处理方法分析 [J]. 科技情报开发与经济, 2007, 17 (4): 163 - 165.

[144] 赵志怀, 尹秀贞, 杨军耀, 等. 脱硫酸菌去除煤矿酸性废水中硫酸盐的初步研究 [J]. 太原理工大学学报, 2007, 38 (2): 112 - 115.

[145] 赵志怀, 武胜忠, 陈宇松. 黄土处理煤矿酸性废水的实验研究 [J]. 工程勘察, 2012 (5): 38 - 41.

[146] 杨军耀, 刘洁, 贡俊, 等. 利用天然排水矿坑生物修复煤矿酸性废水的实验研究 [J]. 太原理工大学学报, 2008, 39 (3): 307 - 310.

[147] GILLHAM R W, OHANNESIN S F. Metal‐catalysed abiotic degradation of halogenated organic compounds [J]. Ground Water, 1991, 29 (5).

[148] GILLHAM R W, OHANNESIN S F. Enhanced degradation of halogenated aliphatics by zero valent iron [J]. Ground Water, 1994, 32 (6): 958 – 967.

[149] THOMAS V N, FRANCOIS L, JAN D, et al. Impact of microbial activities on the mineralogy and performance of column‐scale permeable reactive iron barriers operated under two different redox conditions [J]. Environmental Science & Technology, 2007, 41 (16): 5724 – 5730.

[150] AYALA-PARRA P, SIERRA-ALVAREZ R, FIELD J A. Treatment of acid rock drainage using a sulfate‐reducing bioreactor with zero-valent iron [J]. Journal of Hazardous Materials, 2016, 308: 97 – 105.

[151] ZHU B W, LIM T T. Catalytic reduction of Chlorobenzenes with Pd/Fe nanoparticles: reactive sites, catalyst stability, particle aging, and regeneration [J]. Environmental Science & Technology, 2007, 41 (21): 7523 – 7529.

[152] 狄军贞, 安文博, 王明昕, 等. UAPB 和 PRB 反应器处理酸性矿井水 [J]. 中国给水排水, 2016, 32 (13): 120 – 124.

[153] 狄军贞, 朱志涛, 江富, 等. 麦饭石井下原位处理煤矿酸性废水的强化试验研究 [J]. 非金属矿, 2015, 38 (2): 71 – 73.

[154] 郑刘春, 党志, 曹威, 等. 基于改性农业废弃物的矿山废水中重金属吸附去除技术及应用 [J]. 华南师范大学学报, 2015, 47 (1): 1 – 12.

[155] 党志, 卢桂宁, 杨琛, 等. 金属硫化物矿区环境污染的源头控制与修复技术 [J]. 华南理工大学学报, 2012, 40 (10): 83 – 89.

[156] 徐建平, 万海洮. 利用活性炭处理酸性矿井废水研究 [J]. 水处理技术, 2014, 40 (3): 57 – 59.

[157] 蔡昌凤, 孙敬, 罗飞翔, 等. 基于不同形式 MFC 的 PRB 对 AMD 处理效果影响 [J]. 煤炭学报, 2016, 41 (5): 1301 – 1308.

[158] 刘小锋. 常村煤矿水文地质条件分析 [J]. 煤, 2008, 17 (1): 39 – 40, 46.

[159] 崔可锐. 水文地质学基础 [M]. 合肥: 合肥工业大学出版社, 2010.

[160] 周勇. 陕北煤炭基地萨拉乌苏组含水层的特征 [J]. 陕西煤炭, 2017, 36 (4): 68 – 71.

[161] 林韵梅. 实验岩石力学: 模拟研究 [M]. 北京: 煤炭工业出版社, 1984.

[162] 徐智敏, 孙亚军, 董青红, 等. 隔水层采动破坏裂隙的闭合机理研究及工程应用 [J]. 采矿与安全工程学报, 2012, 29 (5): 613 – 618.

[163] MA D, MIAO X X, JIANG G H, et al. An experimental investigation of permeability measurement of water flow in crushed rocks [J]. Transport Porous Med, 2014, 105 (3): 571 – 595.

[164] BOOTH C J, SPANDE E D, PATTEE C T, et al. Positive and negative impacts of longwall mine subsidence on a sandstone aquifer [J]. Environ Geol, 1998, 34 (2 – 3): 223 – 233.

[165] 黄庆享, 刘腾飞. 浅埋煤层开采隔水层位移规律相似模拟研究 [J]. 煤田地质与勘探, 2006, 34 (5): 34 – 37.

[166] ZHANG D S, FAN G W. Field trials of aquifer protection in longwall mining of shallow coal seams in China [J]. International Journal of Rock Mechanics and Mining Sciences, 2010, 47 (6): 908 - 914.

[167] 刘纯贵. 马脊梁煤矿浅埋煤层开采覆岩活动规律的相似模拟 [J]. 煤炭学报, 2011, 36 (1): 7 - 11.

[168] 黄万朋, 高延法, 王波, 等. 覆岩组合结构下导水裂隙带演化规律与发育高度分析 [J]. 采矿安全与工程学报, 2017, 34 (2): 330 - 335.

[169] 李建伟, 刘长友, 卜庆为. 浅埋厚煤层开采覆岩采动裂缝时空演化规律 [J]. 采矿与安全工程学报, 2020, 37 (2): 238 - 246.

[170] 钱鸣高, 石平五, 许家林. 矿山压力与岩层控制 [M]. 北京: 中国矿业大学出版社, 2010.

[171] 刘天泉. 煤矿地表移动与覆岩破坏规律及其应用 [M]. 北京: 煤炭工业出版社, 1981.

[172] 国家煤炭工业局. 建筑物、水体、铁路及主要井巷煤柱留设与压煤开采规范 [M]. 北京: 煤炭工业出版社, 2017.

[173] 许兴亮, 张农, 田素川. 采场覆岩裂隙演化分区与渗透性研究 [J]. 采矿与安全工程学报, 2014, 31 (4): 564 - 568.

[174] BASAK P, MADHAV M R. Analytical solutions to the problems of transient drainage through trapezoidal embankments with Darcian and non - Darcian flow [J]. Journal of Hydrology, 1979, 41 (1 - 2): 49 - 57.

[175] 史贵君, 胡林, 林涛, 等. 关中地区黄土边坡饱和渗透系数变异性和各向异性研究 [J]. 灾害学, 2019, 34 (S1): 213 - 219.

[176] 高学平, 张效先. 水力学 [M]. 北京: 中国建筑工业出版社, 2006.

[177] 王昌益, 贺可强. 论地下水运动规律及其研究方法 [J]. 青岛理工大学学报, 2010, 31 (2): 93 - 101, 117.

[178] 李佩成. 地下水非稳定渗流解析法 [M]. 北京: 科学出版社, 1990.

[179] 代群力. 地下水非线性流动模拟 [J]. 水文地质与工程地质, 2000 (2): 50 - 51, 55.

[180] BASAK P. Non-Darcy flow and its implications to seepage problems [J]. Journal of the Irrigation and Drainage Division, 1977, 103 (4): 459 - 473.

[181] 黄达, 曾彬, 王庆乐. 粗粒土孔隙比及级配参数与渗透系数概率的相关性研究 [J]. 水利学报, 2015, 46 (8): 900 - 907.

[182] 张电吉, 白世伟, 杨春和. 裂隙岩体渗透性分析研究 [J]. 勘察科学技术, 2003 (1): 24 - 27.

[183] 黄阳. 充填裂缝岩体渗透特性分析与试验研究 [J]. 公路交通科技 (应用技术版), 2019, 15 (7): 65 - 69.

[184] 卢文喜. 地下水运动数值模拟过程中边界条件问题探讨 [J]. 水利学报, 2003 (3): 33 - 36.

[185] 刘天泉. 厚松散含水层下近松散层的安全开采 [J]. 煤炭科学技术, 1986 (2): 14 - 18, 63.

[186] SCANLON B R, MACE R E, BARRETT M E, et al. Can we simulate regional ground-water flow in a karst system using equivalent porous media models? Case study, Barton

Springs Edwards aquifer, USA [J]. Journal of Hydrology, 2003, 276 (1 - 4): 137 - 158.

[187] 魏加华，郭亚娇，王荣，等. 复杂岩溶介质地下水模拟研究进展 [J]. 水文地质工程地质，2015，42 (3)：27 - 34.

[188] 陈崇希. 岩溶管道—裂隙—孔隙三重介质地下水流模型及模拟方法研究 [J]. 地球科学，1995，20 (4)：361 - 366.

[189] 赵坚，赖苗，沈振中. 适于岩溶地区渗流场计算的改进折算渗透系数法和变渗透系数法 [J]. 岩石力学与工程学报，2005，24 (8)：1341 - 1347.

[190] 丁留谦，许国安. 三维非达西渗流的有限元分析 [J]. 水利学报，1990 (10)：49 - 54.

[191] CHOE T G, KO I J. Method of simulation and estimation of SCW system considering hydrogeological conditions of aquifer [J]. Energy and Buildings, 2018, 163: 140 - 148.

[192] 谭杰，王杰，杨操静. 浅谈地下水流模拟中河流的处理方法 [J]. 地下水，2006，28 (4)：28 - 30.

[193] 中国地质调查局. 水文地质手册 [M]. 2 版. 北京：地质出版社，2012.

[194] 黄梦琪，蔡焕杰，黄志辉. 黄土地区不同埋深条件下潜水蒸发的研究 [J]. 西北农林科技大学学报（自然科学版），2007，35 (3)：233 - 237.

[195] 钱鸣高，许家林. 覆岩采动裂隙分布的"O"形圈特征研究 [J]. 煤炭学报，1998 (5)：466 - 469.

[196] 徐光，许家林，吕维赟，等. 采空区顶板导水裂隙侧向边界预测及应用研究 [J]. 岩土工程学报，2010，32 (5)：724 - 730.

[197] 薛禹群，谢春红. 地下水数值模拟 [M]. 北京：科学出版社，2007.

[198] 范立民，向茂西，彭捷，等. 西部生态脆弱矿区地下水对高强度采煤的响应 [J]. 煤炭学报，2016，41 (11)：2672 - 2678.

[199]《山西河湖》编纂委员会. 山西河湖 [M]. 北京：中国水利水电出版社，2013.

[200]《汾河水库志》编纂委员会. 汾河水库志 [M]. 太原：山西人民出版社，1991.

[201] 杨默远，王中根，潘兴瑶，等. 一种新型人工降雨入渗实验系统研制 [J]. 水文，2017，37 (1)：39 - 45.

[202] 袁建平，蒋定生，文妙霞. 坡地土壤降雨入渗试验装置研究 [J]. 水土保持通报，1999 (1).

[203] 杨峰. DEM 在小流域洪水预报中的应用研究 [J]. 人民长江，2013，44 (15)：22 - 25.

[204] 牟乃夏. ArcGIS 10 地理信息系统教程：从初学到精通 [M]. 北京：测绘出版社，2012.

[205] 芮孝芳. 单元嵌套网格产汇流理论 [J]. 水利水电科技进展，2017，12：1 - 4.

[206] 中华人民共和国质量监督检验检疫总局，中国国家标准化管理委员会. 水文情报预报规范：GB/T 22482—2008 [S]. 北京：中国标准出版社，2008.

[207] 邱林，薛飞. 双超模型在小流域洪水预报中的应用 [J]. 河南水利与南水北调，2017 (1)：15 - 16.

[208] 赵双庆，范文，于宁宇. 基于小波和 MK 检验的董志塬年降水量分析 [J]. 河北工程

大学学报（自然科学版），2020，37（1）：84-90.

[209] 潘长俊. 基于 PW-MK 的辽阳季节性降水特性分析 [J]. 陕西水利，2020，（4）：29-31，34.

[210] 胡倩，贺新光，卢希安，等. 湖南省近54年冬季降水分区及趋势分析 [J]. 热带气象学报，2019，35（1）：135-144.

[211] 叶磊，周建中，曾小凡，等. 水文多变量趋势分析的应用研究 [J]. 水文，2014，34（6）：33-39.

[212] 刘春生，张晓春. 实用小波分析 [M]. 北京：中国矿业大学出版社，2002.

[213] 陈立武. 煤矿技术创新的实践与探索 [M]. 北京：煤炭工业出版社，2005.

[214] 彭宗刚，王书新. 煤矿采空积水区积水量计算方法的探讨 [J]. 科技致富向导，2011（27）：312.

[215] 许光泉，岳梅，严家平，等. 四台煤矿酸性矿井水化学特征分析与防治 [J]. 煤炭科学技术，2007（9）：106-108.

[216] 董兴远. 常见矿井充水水源类型及特点 [J]. 企业技术开发，2013，32（12）：166-167.

[217] 高波. 贾汪矿区煤矿关闭后地下水化学特征 [D]. 北京：中国矿业大学，2014.

[218] 蒋群. 煤矿酸性矿井水特征、机理实验及防治研究 [D]. 淮南：安徽理工大学，2007.

[219] 尚钰姣，牛奕，陈先锋，等. 不同升温速率下黄铁矿氧化动力学及补偿效应 [J]. 安全与环境学报，2016，16（1）：77-81.

[220] 王楠，易筱筠，党志，等. 酸性条件下黄铁矿氧化机制的研究 [J]. 环境科学，2012，33（11）：3916-3921.

[221] 周桂英，阮仁满，温建康，等. 紫金山铜矿浸出过程黄铁矿的氧化行为 [J]. 北京科技大学学报，2008（1）：11-15.

[222] 刘云. 黄铁矿氧化机理及表面钝化行为的电化学研究 [D]. 广州：华南理工大学，2011.

[223] 王楠. 酸性条件下黄铁矿氧化过程的电化学研究 [D]. 广州：华南理工大学，2012.

[224] 岳梅，赵峰华，李大华，等. 煤系黄铁矿氧化溶解速率与矿物粒径的关系 [J]. 中国矿业大学学报，2004（6）：35-39.

[225] 岳梅，赵峰华，孙红福，等. 煤系黄铁矿氧化溶解地球化学动力学研究 [J]. 煤炭学报，2005（1）：75-79.

[226] 蒋磊，周怀阳，彭晓彤. 氧化亚铁硫杆菌对黄铁矿的氧化作用初探 [J]. 矿物学报，2007（1）：25-30.

[227] 王立艳，王璐，张云剑，等. 微生物在酸性矿井水形成过程中的作用 [J]. 洁净煤技术，2010，16（3）：104-107.

[228] 兰叶青，周钢，刘正华，等. 不同条件下黄铁矿氧化行为的研究 [J]. 南京农业大学学报，2000（1）：81-84.

[229] 卢龙，王汝成，薛纪越，等. 黄铁矿氧化速率的实验研究 [J]. 中国科学（D辑：地球科学），2005（5）：434-440.

[230] 郑仲，蔡昌凤，王丽丽. 煤系黄铁矿氧化产酸的动力学研究 [J]. 安徽工程科技学院学报（自然科学版），2006（3）：7-11.

［231］ 国家环境保护总局. 地表水环境质量标准：GB 3838—2002 ［S］. 北京：国家环境保护总局，2002.

［232］ 中华人民共和国卫生部，中国国家标准化管理委员会. 生活饮用水标准检验方法 无机非金属指标：GB/T 5750.5—2006 ［S］. 北京：中国标准出版社，2006.

［233］ 中华人民共和国卫生部，中国国家标准化管理委员会. 生活饮用水标准检验方法 金属指标：GB/T 5750.6—2006 ［S］. 北京：中国标准出版社，2006.

［234］ DUONG D D. Adsorption Analysis：Equilibrium and Kinetics ［M］. London：Imperial College Press，1998.

［235］ 顾怡冰，马邕文，万金泉，等. 类水滑石复合材料吸附去除水中硫酸根离子 ［J］. 环境科学，2016，37（3）：1000 - 1007.

［236］ LI W，JING W，ZI W，et al. Enhanced antimonate（Sb（V））removal from aqueous solution by La-doped magnetic biochars ［J］. Chemical Engineering Journal，2018，354：623 - 632.

［237］ CHUNG F H. Quantitative interpretation of x-ray diffraction patterns of mixtures. Ⅲ. Simultaneous determination of a set of reference intensities ［J］. Journal of Applied Crystallography，1975，8（1）：17 - 19.

［238］ MEHMET T. Quantitative Phase Analysis Based on Rietveld Structure Refinement for Carbonate Rocks ［J］. Journal of Modern Physics，2013，4（8）：1149 - 1157.

［239］ ANBALAGAN G，MUKUNDAKUMARI S，MURUGESAN K S，et al. Infrared，optical absorption，and EPR spectroscopic studies on natural gypsum ［J］. Vibrational Spectroscopy，2009，50（2）：226 - 230.

［240］ WANG Y，TANG X，CHEN Y，et al. Adsorption behavior and mechanism of Cd（Ⅱ）on loess soil from China ［J］. Journal of Hazardous Materials，2009，172（1）：30 - 37.

［241］ DHOBLE Y N，AHMED S. Review on the innovative uses of steel slag for waste minimization ［J］. Journal of Material Cycles and Waste Management，2018，20（3）：1373 - 1382.

［242］ DUAN J M，SU B. Removal characteristics of Cd（Ⅱ）from acidic aqueous solution by modified steel - making slag ［J］. Chemical Engineering Journal，2014，246（15）：160 - 167.

［243］ NIFOROUSHAN M R，OTROJ S. Absorption of Lead Ions by Various Types of Steel Slag ［J］. Iranian Journal of Chemistry and Chemical Engineering - International English Edition，2008，27（3）：69 - 75.

［244］ CARRICK M E，STEPHAN H B，WERNER S B，et al. Surface Complexation of Sulfate by Hematite Surfaces：FTIR and STM Observations ［J］. Geochimica et Cosmochimica Acta，1998，62（4）：585 - 593.

［245］ 周代华，李学垣 . Cu^{2+} 在针铁矿表面吸附的红外光谱研究 ［J］. 华中农业大学学报，1996，15（2）：153 - 156.

［246］ THIRUVENKATACHARI R，VIGNESWARAN S，NAIDU R. Permeable reactive barrier for groundwater remediation ［J］. Journal of Industrial and Engineering Chemistry，2008，14（2）：145 - 156.

［247］ SIMUNEK J. The HYDRUS 1D Software Package for Simulating the One-dimensional

Movement of Water，Heat，and Multiple Solutes in Variably Saturated Porous Media [J]．Hydrus Software，2005，68．

[248] DAVID R，JIRKA S，DIRK M，et al. The HYDRUS-1D Software Package for Simulating the One－Dimensional Movement of Water Heat and Multiple Solutes in Variably-Saturated [M]．Media：Tutorial，2018．

[249] 赵勇胜．地下水污染场地的控制与治理 [M]．北京：科学出版社，2015．

[250] 国家环境保护总局．地表水环境质量标准：GB 3828—2002 [S]．北京：中国环境出版集团，2019．

[251] CLEMENS S. Molecular mechanisms of plant metal tolerance and homeostasis [J]．Planta，2001，212：475－486．

[252] DIXON D P，CUMMINS I，COLE D J，et al. Glutathione－mediated detoxification systems in plants [J]．Current Opinion in Plant Biology，1998，1 (3)：258－266．